Lutz Führer

Pädagogik des Mathematikunterrichts

Aus dem Programm Didaktik der Mathematik

Der Mathematikunterricht in der Primarstufe
von G. Müller und E. Ch. Wittmann

Grundfragen des Mathematikunterrichts
von E. Ch. Wittmann

Entdeckendes Lernen im Mathematikunterricht
von H. Winter

Gotik und Graphik im Mathematikunterricht
von R. J. Neveling

DERIVE für den Mathematikunterricht
von W. Koepf

Didaktische Probleme der elementaren Algebra
von G. Malle

Pädagogik des Mathematikunterrichts
von L. Führer

Mathematikunterricht in der Sekundarstufe II (2 Bände)
von U.-P. Tietze, M. Klika und H. Wolpers

Vieweg

Lutz Führer

Pädagogik des Mathematikunterrichts

Eine Einführung in die Fachdidaktik für Sekundarstufen

Springer Fachmedien Wiesbaden GmbH

Adressen des Autors:
Prof. Dr. Lutz Führer
Institut für Didaktik der Mathematik
J. W. Goethe-Universität Frankfurt am Main
Postfach 11 19 32
60054 Frankfurt

privat:
Am Kupferberg 14
53619 Rheinbreitbach
FAX: 02224-76531

Abbildung auf der 1. Umschlagseite
mit freundlicher Genehmigung von Dr.-Ing. Otto Patzelt.
Aus: O. Patzelt, Faszination des Scheins, Verlag für Bauwesen 1991.

Ursprünglich erschienen bei Friedr. Vieweg & Sohn Verlagsgesellschaft mbH, Braunschweig/Wiesbaden 1997

Der Verlag Vieweg ist ein Unternehmen der Bertelsmann Fachinformation GmbH.

Druck und buchbinderische Verarbeitung: Hubert & Co., Göttingen
Gedruckt auf säurefreiem Papier

ISBN 978-3-528-06911-7 ISBN 978-3-663-14678-0 (eBook)
DOI 10.1007/978-3-663-14678-0

Vorwort

Dieses Buch handelt von „gutem Mathematikunterricht“. Es wendet sich an Lehrerinnen und Lehrer in Sekundarstufen und an solche, die es werden wollen, und es ist ein Buch *über* den Mathematikunterricht, keine Einführung *in* den Unterrichtsstoff und auch keine Einführung in irgendwelche Vermittlungstechniken. Ausgangspunkt ist vielmehr die Überzeugung, daß guter Unterricht - jedenfalls auf Dauer - nicht einfach aus der geschickten Kombination von solidem Fachwissen mit choreografischer Vituosität entsteht, sondern daß vor allem seriöse Einstellungen auf Lehrerseite erforderlich sind. Um solche Einstellungen zu Schülern, zur Sache Mathematik, zur Schule und zu den erzieherischen Komponenten des Mathematikunterrichts soll es hauptsächlich gehen.

Will man über guten Mathematikunterricht nachdenken, dann müssen natürlich gute Mathematikkenntnisse vorausgesetzt werden. Gedacht ist an Leser (fortan der Kürze halber stets beliebigen Geschlechts), die die einschlägige Mathematik schon studiert haben und die den üblichen Mathematikunterricht wenigstens in groben Zügen kennen, sei es aus eigenem Erleben oder aus praktischer Lehrerfahrung, die aber mehr über alternative Wege oder inhaltliche Begründungen wissen möchten. Ihnen wird eine Einführung in die unterrichtsbezogene Mathematikdidaktik und -pädagogik mit historischen Reminiszenzen geboten. Dabei ist die gedankliche Linie auf drei pädagogische Fragenkreise konzentriert: Wie kann man Mathematik erfolgversprechend lehren? (Kapitel 1 bis 4) Was soll man inhaltlich betonen? (Kapitel 5 bis 7) Wie soll sich der Lehrer verhalten? (Kapitel 8) Die Trennung ist natürlich unscharf, denn jedesmal geht es um dieselbe Sache Mathematikunterricht, nur eben aus anderer Perspektive. Jeder Fragenkreis wird auch die beiden anderen berühren, aber die verschiedenen Blickwinkel werden mitunter zu ganz anderen Akzentuierungen bei den möglichen und vertretbaren Antworten führen.

In die wissenschaftliche Fachdidaktik wird nebenbei und nur unterrichtsbezogen eingeführt, Vorrang hat stets der Blick auf das Unterrichtsganze, deshalb heißt das Buch nicht „Mathematikdidaktik“, sondern „Pädagogik des Mathematikunterrichts“. Es ist der Versuch, meine Eindrücke und Einsichten aus fast zwei Jahrzehnten Praxis als Lehrer systematisch mit Erfahrungen und Kenntnissen zu verbinden, die ich in noch längerer Zeit bei der Ausbildung von Sekundarlehrern in der ersten und zweiten Phase gewonnen habe. Ob es ein gutes Buch geworden ist, werden die Leser entscheiden. Daß ich den Mut und die Ausdauer aufbrachte, es zu schreiben, verdanke ich vielen Kollegen, Studenten und Referendaren, mit denen ich im Laufe der Jahre zusammenarbeiten, diskutieren oder streiten durfte. Ihnen allen bin ich verpflichtet, besonders den Studenten, die meine Frankfurter Didaktikvorlesung im letzten Sommer bis zum Schluß hartnäckig besuchten und nach einem Skript verlangten. Daraus wuchs schließlich mit einiger Hilfe dieses Buch. Geholfen haben mir vor allem Prof. Benno Artmann (Darmstadt), der mich wiederholt mit Zuspruch und fachlichen Ergänzungen versorgt hat, meine Frau, die viel Geduld aufbrachte und den Anhang geschrieben hat, sowie Katja Krüger, Michaela Scharloth und Dr. Manfred Grathwohl vom Frankfurter Institut für Didaktik der Mathematik, die Korrekturen und kritische Bemerkungen beigesteuert haben. Ich danke ihnen herzlich.

Frankfurt am Main, im November 1996 Lutz Führer

Inhaltsverzeichnis

Bildnachweis

Seite 11	Portrait von Rousseau Aus: Die Großen der Welt, Verlag Sebastian Lux
Seite 17	Portrait von Herbart Aus: Walter Asmus, Johann Friedrich Herbart, Eine pädagogische Biographie, Band 1 © Quelle und Meyer Verlag Wiesbaden
Seite 20	Portrait von Gaudig Aus: Karl Frey, Die Projektmethode, Beltz Verlag 1990 Bildquelle unbekannt
Seite 23	Portrait von Kerschensteiner Aus: Karl Frey, Die Projektmethode, Beltz Verlag 1990 Bildquelle: Stadtarchiv München
Seite 27	Portrait von Petersen Aus: P. und E. Petersen, Die Pädagogische Tatsachenforschung, Verlag Ferdinand Schöningh Besorgt von Theodor Rutt, 1965
Seite 43	Portrait von Dewey Aus: Karl Frey, Die Projektmethode, Beltz Verlag 1990 Bildquelle: Georg Westermann Verlag
Seite 48	Portrait von Wagenschein Aus: Martin Wagenschein, Erinnerungen für morgen, Pädagogische Bibliothek, Beltz Verlag 1989
Seite 50	Portrait von Freudenthal Foto von der Universität Utrecht erhalten
Seite 53	Portrait von Klein
Seite 60	Portrait von Bruner Aus: Jerome Bruner, Das Unbekannte denken, Klett-Cotta 1990, Foto von Stanley Seligson
Seite 69	Portrait von Polya Aus: George Polya, The Polya Picture Album, Birkhäuser Boston 1987
Seite 113	Portrait von Ries Aus: Hans Wußing, Adam Ries, Teubner-Verlag 1989, Foto: UB Leipzig
Seite 128	Comic zur Kreisberechnung Aus: Harold R. Jacobs, Mathematics, A Human Endeavor, W.H. Freeman 1970 By permission of Johnny Hart and Creators Syndicate, Inc., Los Angeles
Seite 139	Hogarth: Falsche Perspektive Aus: J. Frisby, Illusionen, Bucher-Verlag 1973 Bildquelle: British Museum, London
Seite 141	Daumier: Wie man ein großer Mathematiker wird Aus: Michael Klant, SchulSpott, Fackelträger-Verlag 1983 Quelle: Litographie aus Charivari, 15.12.1845
Seite 262	Karte aus „C.F. Gauß und die Landesvermessung in Niedersachsen“ Herausgegeben vom Niedersächsischen Landesvermessungsamt Hannover, 1955 Vervielfältigt mit Erlaubnis des Niedersächsischen Landesverwaltungsamtes - Landesvermessung - B5 - 958/96

Einleitung

Bevor ich auf den Inhalt und auf die etwas ungewöhnliche Anlage des Buches etwas näher eingehe, möchte ich meine Hoffnung begründen, mit dieser Einführung in die Mathematikdidaktik Lehrern zu nützen. Nicht selten hört man ja, erziehungswissenschaftliche und didaktische Theorien seien für Praktiker völlig belanglos, wenn nicht gar hinderlich.

Absichten des Buches

In dieser Schärfe kann ich dem natürlich nicht zustimmen, es ist schließlich mein Beruf, und ich werde unten noch ein paar bessere Gründe nennen. Trotzdem ist etwas daran. Wenn nämlich Mathematikdidaktik streng wissenschaftlich aufgefaßt wird - was immer man darunter verstehen mag -, dann kann sie sich nur auf solche Fragen beziehen, die den jeweils als wissenschaftlich akzeptierten Methoden zugänglich sind. Diese Fragen werden, soweit sie überhaupt den Mathematikunterricht betreffen, nur Ausschnitte des Unterrichts beleuchten und das Unterrichtsganze nicht erfassen, es sei denn, man hat einen ungeheuer toleranten Wissenschaftsbegriff. Glücklicherweise brauchen wir uns auf die heikle Frage nach dem Wissenschaftsverständnis der heutigen Fachdidaktik nicht einzulassen. Der Lehrer hat es immer mit dem Unterrichtsganzen zu tun, wissenschaftliche Fachdidaktik kann ihm nicht mehr sein als eines der Mittel zum Zweck. Und genau so wollen wir es im Buch halten. Deshalb heißt es im Titel „Pädagogik des Mathematikunterrichts“ und nicht „Mathematikdidaktik“.

„Pädagogik des Mathematikunterrichts“? Klingt das nun nicht wieder ziemlich angestaubt und allzu unwissenschaftlich? Manche werden es so sehen. Aber: Der übliche Mathematikunterricht *ist* selber ein wenig angestaubt, und guter Unterricht läßt sich - noch einmal sei es gesagt - nie ganz in wissenschaftliche Kategorien fassen. Jenseits von Fachkompetenzen, die dafür immer notwendig, aber nie hinreichend sind, handelt es sich auf Lehrerseite um persönliche Einstellungen, besser: um gelebte Haltungen zu Schülern, zur Institution Schule, zur Mathematik, zum Mathematikunterricht usw. Wer gut unterrichten will, muß intuitiv sicher und vor allem berufbar handeln können. Das setzt beim Lehrer, jedenfalls auf Dauer, reflektierte Haltungen voraus. Wie man sie erwirbt, ist kein wissenschaftliches Thema. Das sollte uns aber nicht hindern, wissenschaftliche Erkenntnisse da heranzuziehen, wo sie weiterhelfen. Und so ist dieses Buch auch eine Einführung in die Mathematikdidaktik, jedenfalls soweit sie pädagogische Interessen betrifft.

Von Haltungen wird im weiteren noch oft die Rede sein. Haltungen kann man nicht mitteilen, sie wollen erworben sein. Ich bin überzeugt, daß dem Mathematikunterricht zu allererst dadurch zu helfen ist, daß Lehrer etwas Vernünftiges wollen. Was vernünftig ist, kann man nicht der Mathematik entnehmen. Es hat viel mit so antiquierten Begriffen wie Anstand, Redlichkeit, Empathie oder Pflichtbewußtsein zu tun. Auch der Mathematikunterricht ist pädagogisch zu denken, und jeder Mathematiklehrer muß *sich* - früher oder später - einen tragfähigen Begriff von seriösem Unterricht machen und an *seinen* Vorstellungen rational arbeiten.

Das ist keine leichte Aufgabe, und keine, die sich irgendwann endgültig lösen läßt. Jedes neue Erlebnis mit Schülern, Eltern oder Vorgesetzten wird das Bild verändern; die eigenen Lebenserfahrungen werden sich auf die Perspektiven auswirken; man wird durch Schüler Mathematik anders sehen lernen; und jeder Lehrer wird älter, manche auch reifer... Es wäre unredlich, wollte ich meine - heutige - Auffassung von vernünftigem Mathematikunterricht als Patentlösung für alle Probleme anpreisen. Dafür habe ich zuviel erlebt. Ich kann nur sinnvolle Alternativen vorstellen, erörtern und vorschlagen, das Urteilen muß ich dem Leser überlassen. Meine Meinung werde ich allerdings dann sagen, und dann ganz unverblümt unwissenschaftlich, wenn ich glaube, daß vor offenkundigen Fehlentwicklungen oder vor gängigem Unsinn zu warnen ist. Leider sind die Gelegenheiten dazu nicht selten.

Was am Ende von diesem Buch bleiben soll, ist viel Einerseits-Andrerseits und manches Aber-so-nicht. Anfänger wird das enttäuschen. Aber mehr ist kaum zu hoffen, denn meine Leser sind mir unsichtbar, und die Schulwirklichkeit fehlt auf dem Papier vorn und hinten. Ich kann und ich will auch niemandem seine Suche nach seinem rechten Weg abnehmen, weil Lehrer pädagogische Freiheit wie die Luft zum Atmen brauchen, sonst könnten sie nicht optimal auf ihre Schüler eingehen. Jede Freiheit mutet eine Qual der Wahl zu. Zum Trost und Ansporn sei gesagt: Es gibt keine richtige oder beste Haltung zum Mathematikunterricht. Es gibt sie - um ein Wort von George Polya aufzugreifen - ebenso wenig wie es die beste Methode gibt, ein Theaterstück aufzuführen, eine Klaviersonate zu spielen, ein Fest zu feiern, ein Buch zu lesen. Jeder muß/darf selbst seinen Weg finden, und der Erfolg von morgen wird für übermorgen nicht mehr und nicht weniger bringen als neuen Mut, sich wieder optimistisch und neugierig auf das Abenteuer Unterricht einzulassen. Dazu soll dieses Buch nützen.

Wie kann es das? Braucht ein guter Lehrer überhaupt didaktische Theorien? Ich behaupte, er hat sie schon, spätestens dann, wenn ihn Schüler, Eltern oder Vorgesetzte angreifen oder auch nur ein bißchen kritisieren. Wie krisenfest ein Lehrer ist, hängt sehr davon ab, wie gut und vor allem wie stimmig seine verbalisierbaren Hilfstheorien sind. Kann der Lehrer wirklich gut sein, der nicht krisenfest ist? Haben gute Lehrer etwa immer Sonntag? Zu viele behaupten das, überfordern sich damit selbst und leiden heimlich an ihrem Beruf. Ich komme am Schluß des Buches auf diese Berufskrankheit zurück, im Moment sollen uns die beiden Einsichten genügen, daß fast alle Praktiker wenigstens bruchstückhafte Alltagstheorien brauchen und daß die Bruchstücke zueinander passen müssen. Letzteres ist nicht ohne theoretische Arbeit zu haben, wie wir gleich zeigen werden.

Nehmen wir zur Illustration ein paar typische Versatzstücke aus verbreiteten Alltagstheorien: „Was guter Unterricht ist, spürt man, wenn sich guter Unterricht ereignet." Vielleicht ist das oft so, vielleicht auch nicht. Es ist jedenfalls immer sehr viel Atmosphärisches und Persönliches im Spiel, Flüchtiges und Irrationales. Das gute Gefühl braucht nicht anzuhalten, es kann auch täuschen: Wie steht es mit der Substanz, mit der objektiven Qualität, mit dem Respekt vor dem Eigenrecht der verhandelten Gegenstände, mit der Tragfähigkeit des Erlebten und Gelernten auf Dauer? Wer hat was verstanden, und was war tatsächlich gemeint? Vielleicht haben wir nur eine gute Show erlebt. Kurz: Wer guten Unterricht als Schüler oder Lehrer erlebt, soll sich getrost freuen, aber er sollte nicht glauben, er wüßte nun auf alle Zeit, wie man guten Unterricht macht. Das weiß vermutlich niemand. Die größten Durchblicker, die ich getroffen habe, sonnten sich nur in populären Vorurteilen. Meistens beteten sie schneidige Weisheiten aus dem didaktischen Nähkästchen nach, zum Beispiel, aber immerhin in repräsentativer Auswahl:

- Schule machen heißt unterrichten, vor allem Grundlagen wie Mathematik;
- der pädagogische Sinn und Zweck der Mathematik liegt in ihr selbst;
- wer gut Mathe kann, kann auch gut unterrichten - dabei reicht die Schulmathematik allemal;
- wer sie einmal drauf hat, hat fürderhin wenigstens fachlich seine Ruhe;
- denn Mathematikunterricht erklärt niedere Mathematik und übt das Erklärte gründlich ein;
- guter Mathematikunterricht tut das schmerzlos, immer freundlich und möglichst angenehm für alle Beteiligten;
- das nennt man Motivation;
- wenn's nicht klappt, muß man mehr üben;
- was Schüler lernen sollen, wollen sie auch, man muß sie nur machen lassen, auf jeden eingehen und sich überhaupt als Lehrer richtig anstellen;
- was Schüler lernen sollen, ergibt sich aus dem typischen Fassungsvermögen ihres Alters und steht ansonsten im Lehrplan;
- gut unterrichten lernt man, indem man guten Unterricht anguckt, erklärt bekommt und nachmacht - oder notfalls, indem man mäßigen Unterricht optimiert;
- gut unterrichten lernt man beim Unterrichten, wie schwimmen beim Schwimmen - also schon gar nicht aus didaktischen Büchern, an der Uni, im Studienseminar oder bei Fortbildungsveranstaltungen...

In jedem Fall handelt es sich um Halbwahrheiten, um viel zu grobe Klötze, um geistige „Software" im wörtlichen Sinne - und oft sogar um recht gefährliche.

Will man das einsehen, dann reicht es nicht, mit solidem Mathematikwissen in den Unterricht einzutauchen und nach Gefühl und Wellenschlag zu urteilen. Der Teufel steckt, wie bei allen ernsthaften pädagogischen Fragen, im Detail, genauer: in der Vielschichtigkeit jedes Unterrichtsganzen und in der Legitimität völlig konträrer Befindlichkeiten, Interessen und Sichtweisen. Die Fülle der Aspekte und Standpunkte auch nur näherungsweise zu erfassen, ist gar nicht leicht, und weil das so ist, sind die erwähnten Grobstrickmuster so hartnäckig beliebt. Gutem Unterricht nützen sie mitnichten. Ich werde mich deshalb bemühen, die Widersprüche nicht zuzuschütten und statt dessen didaktische, methodische, pädagogische und manchmal auch bildungspolitische Gesichtspunkte möglichst parallel anzusprechen. Leicht wird das, wie gesagt, nicht.

Jede rationale Auseinandersetzung mit Vorurteilen kostet Zeit und Mühe, und sie irritiert auch. Sie muß irritieren, wenn sie Vorurteile aufbrechen will. Am meisten wird Berufsanfänger die schmerzhafte Einsicht stören, daß guter Unterricht vielen konfligierenden Ansprüchen unterliegt, Ansprüchen, die alle sehr wohl begründet sind und doch nie vollständig eingelöst werden können, weil sie einander partiell widersprechen. Gerade von fröhlichen, optimistischen Studentinnen mit offenkundiger Begabung zum Lehramt wurde ich mehrfach gefragt: „Wollen Sie uns vom Lehrberuf abschrecken? Wie soll man denn mit Begeisterung unterrichten, wenn man's doch keinem recht machen kann?"

Meine Antwort ist immer noch dieselbe: „Ich hoffe, daß Sie rechtzeitig merken werden, daß genau darin Ihre Freiheit liegt, *Ihre* Freiheit und die einzige Chance, sich Ihre Begeisterung im Berufsalltag auf Dauer zu erhalten. Ich möchte Ihnen helfen, mit dieser Freiheit verantwortungsvoll, selbstbewußt und standhaft umzugehen."

Um frei zu handeln, muß man gangbare Alternativen kennen. Eine gründliche Einführung in die „Pädagogik des Mathematikunterrichts" kann Schule nicht einfach „neu denken", wie es ein pädagogischer Bestseller unserer Tage forderte. Pädagogik muß sich mit vorgefundenen Bedingungen und Traditionen auseinandersetzen, mit guten wie mit schlechten, und auch mit solchen Traditionen, die Schule schon früher ganz neu denken wollten und doch nur Spuren in der schulischen Alltagspraxis und ihrer Feiertagstheorie hinterlassen haben. Nur so wird erkennbar, was möglich ist, und nur so werden flüchtige Moden von seriösen Ansätzen unterscheidbar, die zukunftsweisend sind und einige Aussicht auf Bestand bieten.

Wir werden deshalb immer wieder eine historische Perspektive einnehmen - gewiß nicht um eine Ehrentafel auszumeißeln, dafür fehlen zu viele der ehrwürdigsten Namen - sondern um jene Gedanken in ihren Wurzeln zu begreifen, die heute didaktische Praxis und die wichtigsten Reformvorschläge bestimmen. In den meisten Fällen wird sich zeigen, daß das Neue am Neusten lediglich andere Bezeichnungen und veränderte Kontexte sind. „Jede Zeit ist anders," heißt es, „besonders die eigene." Das braucht uns nicht zu hindern, das Alte neu zu sehen. Neue, gute und tiefe Ideen entstehen auch in der Pädagogik nicht sehr oft. Wir haben deshalb allen Grund, respektvoll mit ihnen umzugehen und sowohl Bewährtes als auch einstmals Revolutionäres für unsere Zeit abzuwägen.

Die historisierende Perspektive bietet noch einen weiteren Vorteil: sie „verfremdet". Man könne den Alltag unserer Zeit nicht auf der Bühne darstellen, indem man Alltägliches zeige und im Alltagsjargon spreche, hat Brecht die Theaterleute gelehrt, auf der Bühne klinge alles Wirkliche hohl und lächerlich. Genau so scheint es sich mit realem Unterricht zu verhalten. Zahllose „Transkripte", d.h. minutiöse Unterrichtsmitschriften, und Videos belegen es. Man kann Unterrichtswirklichkeit nicht aufzeichnen und anschließend über die entstandene Konserve lamentieren, sie sei nicht lebendig genug, es handle sich um ein neuerliches Beispiel real existierenden, leider fürchterlich sterilen und banalen Unterrichts. In der Sprache der Realität kann man Realität weder vollständig fassen noch bedenken, und in der Kunstsprache der zeitgenössischen Erziehungswissenschaft läßt sich nicht gut über aktuelle Reformbestrebungen urteilen. Hier können historische Unterrichtsbeispiele, Sicht- und Denkweisen durch ihre ganz andere Perspektive und Sprache helfen, eigene Standpunkte und den heutigen Pädagogenjargon abzuklopfen und auf ihre Substanz zu befragen. Es geht weniger darum, was damals gemeint war - ich wende mich ja nicht an Historiker -, sondern um das Aufbrechen heutiger Klischees. Überraschungen sind dabei nicht ausgeschlossen.

Zur Anlage des Buches

Im Vorwort war davon die Rede, daß anhand von drei Fragen in die Fachdidaktik und -pädagogik eingeführt werden soll: Wie kann man Mathematik erfolgversprechend lehren? Was soll man inhaltlich betonen? Wie soll sich der Lehrer verhalten? Dem entsprechen drei Blickwinkel, die die Reihenfolge der Kapitel nach meist steigendem Schwierigkeitsgrad bestimmen.

1. In den ersten vier Kapiteln soll der Mathematikunterricht hauptsächlich aus *unterrichtsmethodischer Sicht* diskutiert werden. Wir denken ihn nicht neu, denn wir wissen, daß es ihn schon lange gibt - und das in allen möglichen Formen und mit mancherlei lehrreichen Erfahrungen.

   Im ersten Kapitel werden einige Bezeichnungen und allgemeine Grundsatzfragen geklärt. Im zweiten Kapitel folgen noch einige Vokabeln und Hinweise, die nicht sehr präzise erläutert werden, weil man sie am ehesten schätzen lernt, indem man sie - etwa an den Materialien im Anhang - benutzt. Sie sollen die Orientierung und Verständigung erleichtern, wenn man über Unterrichtsbeispiele spricht, und es ist nicht nötig, daß der Leser alles sofort durchschaut. Die präzisen Bedeutungen sollten später zunehmend klarer werden. Im dritten Kapitel geht es dann endlich um den Unterricht selbst, und zwar um den in Sekundarstufen am meisten verbreiteten und oft unfair kritisierten „fragend-entwickelnden Unterricht". Seine Theorie stammt größtenteils aus dem vorigen Jahrhundert und wird meistens den Herbartianern zugeschrieben. Weil die Praxis dieses Unterrichts jeder erlebt hat, wollen wir uns die Theorie Herbarts und die der Herbartianer nur in aller Kürze ansehen, bevor wir im vierten Kapitel sehr viel ausführlicher auf die hauptsächlichen reformpädagogischen Ansichten aus dem ersten Drittel des ablaufenden Jahrhunderts zu sprechen kommen. Das ist sinnvoll, weil die meisten heutigen Reformvorschläge lediglich Grundideen der klassischen Reformpädagogik variieren oder fortschreiben.

2. In den anschließenden drei Kapiteln rücken *Begründungsfragen* zunehmend in den Vordergrund. Es geht dort um eher *bildungstheoretische* Rechtfertigungen verschiedener Aspekte von Mathematikunterricht.

   Das fünfte Kapitel handelt von diversen genetischen Prinzipien, vom Entdeckungslernen und von Problemorientierungen. Es leitet damit vom methodischen zum bildungstheoretischen Blickwinkel über. Deutlicher ausgeprägt ist die zweite Perspektive dann im nächsten Kapitel, wo wir eher fachliche, soziologische und philosophische Konzepte diskutieren. In diesem recht anspruchsvollen Kapitel werden wir im einzelnen an ökonomische und moralische Aspekte in der Strukturwelle der sechziger und siebziger Jahre erinnern, von fundamentalen Ideen im Sinne Bruners reden und auf tiefere Beziehungen zwischen Mathematik, Sprache und Wahrheitsanspruch eingehen. Im siebenten Kapitel wollen wir uns dann von den Höhenflügen erholen und über Anwendungsorientierung nachdenken. Daß wir das erst so spät tun, obwohl dieses Schlagwort heute jedem sofort einfällt, den man nach Verbesserungen des Mathematikunterrichts fragt, hat einen systematischen Grund. Wir werden nämlich zwischen materialer und formaler Anwendungsorientierung unterscheiden, und das setzt einiges Fachwissen voraus.

3. Im letzten, besonders langen Kapitel befassen wir uns mit der *Lehrerrolle im Mathematikunterricht*. Diese Perspektive drängt sich auch vorher schon immer wieder auf, wenn man nämlich über die konkreten Materialien im Anhang nachdenkt oder diskutiert.

   Natürlich könnte man allein über diesen Blickwinkel ein ganzes Buch schreiben. Aber das ließe sich von den früheren Kapiteln genauso sagen. Es ist also auch hier das Wichtigste auszuwählen. Was ist besonders wichtig an der Lehrerrolle? Jeder wird da seine eigene Antwort geben. Ich habe mich für zwei Aspekte entschieden: den Umgang mit Fehlern und den Fetisch vom idealen Lehrer. Für das erste, weil es in Mathematik oberflächlich nur um Richtiges zu gehen scheint, und für das zweite, weil es beim guten Lehrer oberflächlich nur um selbstlose Hingabe an Schüler zu gehen scheint. Über beides muß gesprochen werden, weil Oberflächlichkeit schadet und weil guter Unterricht keine dauernde Mimikry verträgt.

Die Form, in der das Buch abgefaßt ist, wird für viele etwas gewöhnungsbedürftig sein, weil sie gegen die natürliche Linearität von Texten verstößt. Neben dem Haupttext für den großen Überblick gibt es eine Fülle von Fußnoten und einen umfangreichen Anhang mit Materialien und Hinweisen, auf die zu allem Unglück auch noch im Haupttext bezug genommen wird. Das klingt zunächst verwirrend, hat aber einen großen Vorteil, auf den ich nicht verzichten wollte: das Buch sollte dem eiligen Leser einen flüssig lesbaren Überblick über die wichtigsten theoretischen Aspekte des Mathematikunterrichts geben, und es sollte zugleich Lehramtsstudenten und -referendaren als Arbeitsbuch dienen können. Mir ist trotz vielem Nachdenken leider kein besserer Kompromiß zwischen einem erträglichen drucktechnischen Aufwand und meinem Versprechen eingefallen, die Vielschichtigkeit des Unterrichtsganzen zu berücksichtigen und den Widersprüchlichkeiten des Schulalltags nicht aus dem Wege zu gehen.

Es gibt also *drei Textebenen*, denen sich jeder Leser nach Geschmack oder Interesse zuwenden mag. Der *Haupttext* verfolgt die gedankliche Linie im Großen. Um den Überblick zu erleichtern, wird dort das Wichtigste in Form von Thesen herausgearbeitet, die am Schluß noch einmal vollständig aufgelistet sind. Es liegt in der Natur der Sache, daß eine knappe und doch halbwegs vollständige Auseinandersetzung mit Formen und Sinngebungen des Mathematikunterrichts Gefahr läuft, immer abstrakter zu geraten und schließlich den Bodenkontakt zu verlieren. In der Vorlesung bremsen mich dann mutige Studenten, im Buch tun es die immer wieder eingeflochtenen Unterrichtsbeispiele. Der Leser sollte sie unbedingt als integralen Bestandteil des Haupttextes auffassen, auch wenn sie bis auf wenige Ausnahmen erst im Anhang dokumentiert sind.

Die ausführliche Dokumentation der meisten Beispiele zum Mathematikunterricht erfolgt hauptsächlich deswegen erst im *Anhang*, weil die theoretische Gedankenführung nicht ständig unterbrochen werden soll. Es steht dem Leser auf diese Weise frei, die Beispiele nach seiner Interessenlage und bei ganz anderer Gelegenheit nachzulesen. Dies hat noch einen weiteren Vorteil: Die Materialien und Hinweise des Anhangs sind für die vielfältigsten Übungen zu Veranstaltungen der ersten oder zweiten Ausbildungsphase bequemer greif- und nutzbar. Aus diesem Grund und auch, weil ich die selbständige Bedeutung der ausgewählten Texte unabhängig von ihrer Funktion für dieses Buch respektieren möchte, habe ich sie zwar in der Reihenfolge angegeben und zugeordnet, in der sie am besten zum Haupttext passen, ich habe aber bewußt darauf verzichtet, bestimmte Übungsaufgaben oder Arbeitsaufträge zu formulieren. Nach meiner Erfahrung lautet des beste Mittel gegen allzu flüchtige Kenntnisnahme in den meisten Fällen: „Suchen Sie erst *alles* Positive aus dem Text heraus! Kritik stellen Sie bitte an den Schluß." Studenten und Referendare waren oft überrascht, wieviel man aus derartigen Texten herauslesen und lernen kann, wenn man sie wohlwollend studiert.

Unter dem Haupttext finden sich zahlreiche, manchmal recht umfängliche *Fußnoten*. Sie enthalten nicht nur wie üblich die genaueren Quellenangaben, sondern auch Querverweise, Detailinformationen, Spekulationen über Hintergründe und subjektive Kommentare. Vieles ist dort sehr persönlich ausgedrückt, manches auch bewußt provozierend. Ich hatte ja oben versprochen, mit meiner Meinung im Krisenfall nicht hinter dem Berg zu halten. Daß ich sie manchmal so drastisch ausspreche, soll nicht nur zum Widerspruch anregen. Es ist auch Ausdruck meiner Betroffenheit von manchen Entwicklungen im Schul- und Bildungswesen, die nach so vielen Jahren leider immer noch zunimmt. Wer das nicht lesen will, mag es schadlos ignorieren. Jeder Leser sollte seine ganz andere Meinung vertreten, vor allem wenn er sie besser begründen kann.

Auf jeden Fall sollte man sich mit den Fußnoten nur befassen, wenn man mit dem Haupttext und mit den Beispielen keine ernsthaften Schwierigkeiten hat. Wer das Buch zur ersten Einführung nimmt, wolle die Fußnoten bitte - mit einer Ausnahme - übergehen. Die Ausnahme betrifft einige Standardvokabeln des fachdidaktischen Jargons. In den meisten Fällen werden sie direkt in der nächsten Fußnote erläutert, ab und zu kommen jedoch Schlagworte vor, die zunächst, dem gängigen Sprachgebrauch folgend, ganz absichtlich informell benutzt werden, bevor sie später eine genauere Erläuterung erfahren. Ungeduldigen Lesern, die es gleich genauer wissen möchten, helfen dann entsprechende Querverweise.

1 „Mathematikdidaktik"

Unter *„Didaktik (im weiteren Sinne)"* werden heute alle wissenschaftlichen Untersuchungen und Theorien subsumiert, die sich auf Lehr- oder Lernprozesse und darüber hinaus auf jedwedes erziehende, bildende oder schulische Geschehen beziehen. Während sich die Didaktik als Wissenschaft vom Lehren und Lernen um möglichst objektive Sichtweisen, Methoden und Formulierungen bemüht, haftet dem älteren Begriff *„Pädagogik"*[1] stärker der Sinn einer absichtsvollen *„Kunst der Erziehung"* im vermuteten Interesse des Kindes oder Jugendlichen an. Als „didaktisch" werden daher im heutigen Sprachgebrauch eher solche Aktivitäten, Vorhaben oder Theorien bezeichnet, deren i.w. *rationale Begründung* offengelegt wurde oder auf naheliegende Weise offengelegt werden kann. Aktivitäten, Vorhaben oder Theorien, deren Antriebs- oder Zielmomente wesentlich (auch) aus *emotionalen, intuitiven Komponenten* bestehen[2], werden eher als „pädagogisch" eingestuft. Der Sprachgebrauch ist - wie oft in den Erziehungswissenschaften, und das aus guten Gründen - nicht trennscharf, zeugt aber von respektvoller Koexistenz:

Jeder Didaktiker, der sich für Lehre und Erziehung interessiert[3], erkennt heute wohl an, daß Lehren unvermeidlich Erziehungswirkungen hat und daß diese Wirkungen um so tiefer, fruchtbarer und nachhaltiger greifen, je stärker didaktische und pädagogische Komponenten im Lernprozeß zusammenwirken.

These 0: **Lehr- und Lernprozessen sind Erziehungswirkungen immanent.**

These 1: **In der Lehrpraxis sollen didaktische und pädagogische Anliegen zusammenwirken!**[4]

---

1 von „paidagogike téchne" bzw. „paideia" = Kunst bzw. antikes Programm der Kindes- und Jugenderziehung durch musikalisch-geistige, gymnastisch-körperliche und politisch-soziale Bildung

2 etwa erzieherisches Engagement, Liebe zum Kinde, „pädagogischer Bezug" oder auch Ausstrahlung der Lehrpersönlichkeit, temperamentvolle Unterrichtsführung, Humor ...

3 Es gibt auch andere.

4 Es ist daher nicht immer sinnvoll, didaktische von pädagogischen Erwägungen zu trennen. - Das führt bei manchen Vertreterinnen oder Vertretern „harter" Wissenschaften (Sciences) oft zur abfällig gemeinten Auffassung, Didaktik und Pädagogik seien keine Wissenschaften, sondern so etwas wie Kunsthandwerk, etwa am Rande der „Kunst zu vermitteln und zu erklären". Lehrer/innen werden in diesem - etwas sehr schlichten - Weltbild folgerichtig als Handwerker/innen der Erklärkunst eingestuft, und Universitätslehrer/innen als Schöpfer/innen des zu Erklärenden, d.h. als die eigentlichen Künstler (kraft Amtes in der Regel mit intuitiv vollkommener Lehrkunst begnadet). Nicht selten paart sich diese Auffassung mit einer noch abfälligeren gegenüber „weichen" Wissenschaften wie Philosophie, Geschichte oder Psychologie: „Da

Traditionell geschieht Lehre und Erziehung der Jugend an (mehr oder minder) öffentlichen Schulen seit der Antike über weite Bereiche *themenzentriert*, d.h. im mehrfachen Wortsinn *„diszipliniert"*, nach Fachbereichen, Fächern und Themenkreisen einerseits und im gemeinschaftlichen Bemühen um subjektiv Neues andererseits, d.h. in Konzentration auf individuellen, aber „öffentlichen", sozial verpflichteten Erwerb von Einsichten, Haltungen, Tugenden, Fähigkeiten, Kenntnissen, Fertigkeiten... Folgerichtig befaßt sich *Mathematikdidaktik* mit dem Teil von Lehre und Erziehung, der sich mathematischer Themen bedient. Ernster Bedarf ergibt sich aus der

These 2: **Wissenschaftliche Mathematik wird in der Regel gegenüber aktuellen oder potentiellen Erziehungswirkungen neutral formuliert. Sie ist in dieser Hinsicht meist sogar ambivalent und sollte daher Jugendliche i.allg. nicht ohne pädagogische Reflexion gelehrt werden.**

Mit dieser These ist die landläufige Vorstellung vom Tisch, „guter Mathematikunterricht" bestehe darin, zwischen Schülern und Stoff zu vermitteln, etwa indem *„nett und optimal erklärt"* würde.

These 3: **Gute Erklärungen und geschickte Stoffvermittlung sind Werkzeuge der Erziehung. Als Ziele sind sie von niederer Ordnung - notwendig zweifellos, aber mitnichten hinreichend.**

Die Primärziele des öffentlichen Schulwesens können bekanntlich sehr verschieden umschrieben werden (vgl. etwa Grundgesetz, s. Anhang 1.1; verschiedene Landesverfassungen, s. Anhänge 1.2-1.4; oder Rahmenrichtlinien). Kurz und grob läßt sich vielleicht sagen, daß es stets darauf ankommt, alle Einzelschüler zu zivilisieren und zu kultivieren, d.h. sie zu möglichst anständigen und starken *Persönlichkeiten* zu *sozialisieren.*

These 4: **Gesellschaft und Lehrer teilen die konfliktgeladene Überzeugung, daß schulische Arbeit zugleich der Zukunft jedes „Zöglings" und der der Gesellschaft diene. Pädagogischer Eros und Contrat social legitimieren das schulische Handeln.**

Ohne Generationenvertrag fehlte die öffentliche Finanzierung; ohne die Bereitschaft der Einzellehrer, im pädagogischen Bezug zu jedem Einzelschüler zu handeln, fehlte die humane Funktion. Statt „Contrat social" oder Gesellschaftsvertrag könnte auch von einem stillschweigenden Generationenvertrag gesprochen werden, aber das würde vielleicht zu sehr an die finanzielle Seite der Altersversicherung erinnern. Vermutlich muß jede Form eines modernen Demokratieverständnisses auf irgendeine Idee eines indirekten Gesellschaftsvertrags zurückgreifen.[5] Erziehungswissenschaftler spielen gern auf Jean-Jacques Rousseau (1712-1778) an, und ich schließe mich dem an, obwohl das seine Tücken hat. (Vgl. den Kasten auf der nächsten Seite.)

---

weiß man ja nun gar nicht mehr, wozu die gut sein könnten." Manche Menschen müssen halt so verbraucht werden wie sie sind. (Volksmund)

[5] Vgl. etwa W. Kersting 1994.

Mathematikdidaktik soll helfen aufzuklären, welche untergeordneten Ziele, Gegenstände, Methoden und Formen vor diesem Hintergrund vernünftig zu verantworten sind („*Mathematikdidaktik im engeren Sinne*“). Sie muß dazu auch studieren, welche Darstellungsvarianten fachlicher Inhalte in welchen Formen des Unterrichts mehr oder minder geeignet sind („*Fach- bzw. Unterrichtsmethodik*“).[6] Vor jedem modalen „Wie?“ stehen grundsätzlich intentionale Fragen: „Was? Warum? Wozu? Für wen? Mit welcher Intensität? ...“ („*Primat der Didaktik, relativiert durch ein Vetorecht der Methodik*“).

Der Lehrplan will sie dem Lehrer nicht klären, der Schüler sollte es nicht!

Zum Erziehungsideal Rousseaus

(*Du contrat social ou principes du droit politique*

bzw. *Émile ou De l'éducation*, beides 1762)

Rousseaus Bildungsroman „Émile“ wird oft als Urbild einer extrem libertinistischen Erziehung zur demokratischen „Tugend“ und damit als geistige Wurzel der seit hundert Jahren propagierten „Pädagogik vom Kinde aus“ genannt, auf die wir später noch eingehen werden. Das Schlagwort „Zurück zur Natur!“ aus dem „Émile“ wird dann gern aus dem Zusammenhang gerissen und so interpretiert, als habe der scharfsinnige Philosoph überzeugend begründet, warum den noch unverdorbenen Kindern die bessere menschliche Natur innewohne, an der sich die Zukunft heutiger Gesellschaften orientieren könne.

Tatsächlich hat schon Rousseau die ehrgeizlose Welt „der Wilden“, d.h. der Menschen im vermeintlich ursprünglichen, gesellschaftsfreien Zustand, für hochzivilisierte Staaten als endgültig verloren angesehen: „Wer im zivilisierten Zustand den Primat der natürlichen Gefühle bewahren will, weiß nicht, was er will. Stets im Widerspruch mit sich selbst, stets schwankend zwischen seinen (natürlichen; I.F.) Neigungen und seinen (gesellschaftlich-moralischen; I.F.) Verpflichtungen wird er niemals weder Mensch noch Staatsbürger sein.“ (Rousseau, zitiert nach I. Fetscher 1993, S. 111.)

(Fortsetzung nächste Seite)

6 Es gibt noch andere Aufgabenbereiche der Fachdidaktik, z.B. empirische Studien realer Lern- und Lehrprozesse, Sichtung und Aufbereitung mathematischer Gegenstände für den Unterricht, Entwicklung sachgerechter Sprach- und Theoriebausteine, bildungspolitische Einflußnahme u.v.a.m.

Im Idealstaat, dessen Chancen Rousseau sehr pessimistisch beurteilte und den er sich nur als basisdemokratischen Kleinstaat vorstellen konnte, würden sich alle Bürger zuerst als gesetzgebende, „tugendhafte" und patriotische Mitglieder der Gemeinschaft fühlen und ihren Ehrgeiz im Wohle der Gemeinschaft finden. (Die „moderne" Idee einer Schule als Lebensgemeinschaft erinnert daran, aber schon Rousseau hätte das wohl als weltfremdes und gefährliches Täuschungsmanöver abgetan.) Ein solcher Idealstaat, die „Republik", müsse durchaus erzieherischen Zwang ausüben, um die „amour-propre", den Eigennutz der menschlichen Natur, zu überwinden. „Man macht sich ein falsches Bild von Rousseau, wenn man immer nur den ersten, freilich wichtigsten Teil seiner Erziehungslehre, die 'negative Pädagogik', ins Auge faßt. In dem entscheidenden Augenblick, da die mächtigen Leidenschaften des amour-propre entstehen, gegen die das Individuum zunächst ohnmächtig ist, greifen durchaus auch 'positive' Erziehungsmaßnahmen ein und hat autoritativer Zwang seinen legitimen Ort... Der Zwang, den hier der Erzieher im Interesse der sittlichen Freiheit (Autonomie des vernünftigen und vom Gewissen geleiteten Menschen) ausübt, findet seine genaue Entsprechung im Contrat Social, der dem Staat das Recht zuerkennt, ihn gegen Bürger anzuwenden, die dem Gemeinwillen den Gehorsam versagen." (I. Fetscher 1993, S. 90f.)

Rousseaus bleibendes Verdienst ist, auf Grundprobleme jedes demokratischen Gemeinwesens aufmerksam gemacht zu haben: Wie kann der auf Dauer allen förderliche Gemeinwille konsensfähige Gesetzeskraft bekommen, und wie kann der Einzelne dahin gebracht werden, seine Untugenden dem Gemeinwillen unterzuordnen? Nach Rousseau braucht es ein demokratisches, humanes und moralisches Gemeinschaftsbewußtsein, und genau dies ist die ethische Legitimation staatlichen Zwanges in der Erziehung, auf die sich die obige These bezieht. Der beste Weg zum Gemeinschaftsbewußtsein ist nach Rousseau Einsicht - mittels möglichst spontaner, eigenständiger und freiwilliger Erfahrung seiner Notwendigkeit -, aber es wäre naiv, auf den weisen und notfalls strengen Erzieher verzichten zu wollen. (Dies sah übrigens auch noch John Dewey so, auf den sich heutige Befürworter schülerzentrierter Aktivitätspädagogik gern berufen; vgl. Kapitel 4.)

In den Anhängen 1.5 und 1.6 finden sich nähere Informationen zu Rousseau und Leseproben aus dem Èmile.

2 Orientierungspunkte zum Mathematikunterricht an Allgemeinbildenden Schulen

Dies sind nur einige - mehr oder weniger - gängige Schlagwörter, mit denen versucht wird, Ordnung in die Anlage, Beobachtung, Erörterung oder Beurteilung von Lehr-Lern-Prozessen zu bringen.[7]

---

[7] Die kleinen Kästen sind als verschiebliche Kärtchen für Übungen im Stil des *„concept mappings“* zu denken (s. Anhang 2.2): Man nehme Unterrichtsbeispiele des Anhangs (z.B. dort 2.1) und lege die Kärtchen so aus, daß sie umso näher beieinander liegen, je besser sie in Bezug auf das Unterrichtsbeispiel sachlich zusammenzugehören scheinen. Anschließend versuche man, die zunächst nur gefühlsmäßig bestimmten Zusammenhänge zu erläutern.

> Vernünftiger Unterricht antwortet auf diese Multifrage[8]: **Wer** (Lehrer, Schüler) **soll was** (Erkennen, Handeln) **mit wem** (Organisationsformen) **wie lange, wie intensiv und mit welcher Hilfe** (Differenzierung) **zu welchem Zweck und warum** (Bildungs- oder Erziehungsziel) **tun?**

Früher sprach man über Mathematikunterricht gern im Zusammenhang mit dem sogenannten „pädagogischen Dreieck“, an dessen Ecken „Lehrer“, „Schüler“ und „Stoff“ standen. Wir haben dieses Dreieck in die Kärtchensammlung aufgenommen, obwohl es ein äußerst oberflächliches und nicht mehr gebräuchliches Bild ist: Der „Stoff“, um den es im Unterricht vordergründig geht, sollte besser nicht außerhalb der Schüler- und Lehrerköpfe gedacht werden...

Natürlich entfaltet sich jeder Unterricht an materiellen oder geistigen Gegenständen. Mit und an diesen Gegenständen wird gelernt. Wir werden im folgenden trotzdem nur gelegentlich auf mathematische Themen und Stoffpläne eingehen. Damit soll keineswegs ausgedrückt werden, wir würden die fachlichen und stoffdiaktischen Probleme geringschätzen. Das wäre völlig wirklichkeitsfremd, denn eine der wichtigsten Aufgaben des Lehrers bei der täglichen Unterrichtsvor- und -nachbereitung liegt in der richtigen Stoffauswahl und in der situationsgerechten methodischen Aufarbeitung. Um diese Aufgabe anhaltend gut bewältigen zu können, muß der Lehrer freilich schon seine „mathematische“ *und* seine „pädagogische Kultur“ entwickelt haben. Ohne reflektierte Standpunkte und Haltungen zum „Stoff“ wird er auf Dauer nicht überzeugen können. Zur Entwicklung solcher Standpunkte und Haltungen will dieses Buch in erster Linie Anregungen und Informationen bieten.

Hinter diesem Anliegen muß und kann in einer mathematisch-pädagogischen Einführung die fachmethodische Akzentuierung einzelner Unterrichtsthemen aus mehreren Gründen (vorerst) zurückstehen und auf Beispiele beschränkt werden:

- Obgleich die Stoffpläne von landeseigenen Rahmenrichtlinien oder Lehrplänen weitgehend vorgegeben werden, bleiben den Lehrern erhebliche Gestaltungsspielräume. Diese Spielräume dürfen nicht unnötig eingeengt werden, wenn Lehrer den Unterricht auf ihre Schüler sinnvoll abstimmen sollen.
- Stoffdidaktische Probleme sind naturgemäß höchst spezieller Natur. Sie müssen im Detail studiert werden, und das kann im Voraus immer nur exemplarisch geschehen.
- Eine fachmethodisch annähernd optimale Ausgestaltung muß immer noch auf die Schüler zugeschnitten werden, mit denen der Lehrer konkret zu tun hat, bevor daraus guter Unterricht entstehen kann. Literarische Unterrichtsbeispiele sind notwendig unvollständig und unbefriedigend, weil immer eine hypothetische Lerngruppe dazugedacht werden muß, außerdem ein konkretes Unterrichtsklima, eine bestimmte Uhrzeit, Lernvorgeschichte, organisatorische Einbettung, Lehrerpersönlichkeit usw. usw.

---

[8] frei nach H. Lümets/W. Naumann 1982, S. 160.

- Zur „Stoffdidaktik", d.h. zur Auswahl von Unterrichtsdetails, zur fachlichen Schwerpunktsetzung und zur fachmethodischen Aufbereitung, gibt es neben den Schulbüchern eine ausgedehnte Literatur, die leicht zugänglich und bei ausgebildetem mathematisch-pädagogischen „Geschmack" gut umzusetzen ist.
- Die Hochschulausbildung der Mathematiklehrer ist meist schwerpunktmäßig auf die Entwicklung mathematischer Kompetenzen gerichtet.

Wir wollen uns deshalb im folgenden mehr auf die pädagogische Seite des Mathematikunterrichts konzentrieren und die nötigen fachmathematischen Details jeweils voraussetzen. Mit den klassischen Hauptthemen des Mathematikunterrichts dürfte jeder Leser überdies wenigstens grob vertraut sein. Er hat sie ja in der eigenen Schulzeit schon einmal durchgearbeitet, und es sind immer noch dieselben Schwerpunkte:

- das Rechnen mit natürlichen Zahlen und etwas geometrische Propädeutik in der Primarstufe,
- Dezimal-/Bruchrechnung mit positiven Zahlen, geometrisches Zeichnen und Bezeichnen in den Klassen 5 und 6 (Orientierungsstufe),
- negative und rationale Zahlen, Dreisatz und Prozente, lineare Funktionen, Buchstabenrechnung, Kongruenzgeometrie und vielleicht auch Baumdiagramme in den Klassen 7 und 8,
- Wurzeln und reelle Zahlen, quadratische Gleichungen und Funktionen, Potenzen, exponentielles Wachstum, etwas Ähnlichkeitsgeometrie (Strahlensätze), Pythagoras, Kreis- und Volumenberechnung, beschreibende Statistik, manchmal auch die Binomialverteilung (wenigstens in den Plänen!) in den Klassen 9 und 10,
- Teile aus der Differential- und Integralrechnung, der Linearen Algebra und Analytischen Geometrie (Vektorgeometrie) und aus der Stochastik auf der Oberstufe.

Daß sich die Dinge so langsam ändern und daß sich die amtlichen Lehrpläne der meisten Schulformen als Reduktionen des traditionellen Gymnasialkanons darstellen, hat nicht nur schlechte Gründe. Um das Rechtsgut der Freizügigkeit sicherzustellen, müssen die fachlichen Lehrpläne der Länder auf einander abgestimmt werden. Darum bemüht sich die „Ständige Konferenz der Kultusminister" (KMK). Schon dies hat zur Folge, daß sich die geltenden Lehrpläne nur sehr langsam verändern können. Hinzu kommt, daß niemand frühzeitig gehindert werden soll, seinen Bildungsgang zu ändern oder zu erweitern. So dürfen sich auch die Stoffpläne zwischen den einzelnen Schulformen und Jahrgangsstufen nicht allzu stark unterscheiden, was natürlich - man mag das bedauern oder nicht - rasche Reformen erschwert und die Stoffpläne von Haupt-, Real- und Gesamtschulen fast zu Teilmengen des herkömmlichen Gymnasialkatalogs gerinnen ließ.[9]

Zur Einführung in spezielle Themenbereiche empfehle ich folgende Bücher und Zeitschriften:

[9] Eine detailliertere Auflistung des traditionellen Gymnasialstoffs gibt die Tabelle auf Seite 88. In der dort angegebenen Quelle finden sich zu jedem Stichwort die Klassenstufen, auf denen das jeweilige Thema z.Z. in den Bundesländern zu behandeln ist.

Hauptsächliche Stoffgebiete:

zur Bruchrechnung F. Padberg 1995; zur Arithmetik und Algebra H.-J. Vollrath 1995; zur Elementargeometrie G. Holland 1996 und E.C. Wittmann 1987; zur Stochastik M. Borovcnik 1992; zum Oberstufenstoff U.-P. Tietze u.a. 1982.

Stoffgebiete für die Hauptschule:

H.-J. Vollrath 1980-1984.

Unterrichtsbeispiele und -anregungen

findet man für alle Schultypen in der Zeitschrift „Mathematik lehren", für gymnasiale Lerngruppen in den Zeitschriften „Praxis der Mathematik" (PM), „Der mathematische und naturwissenschaftliche Unterricht" (MNU) und „Der Mathematikunterricht" (MU).

Zur Geschichte der Mathematik, des Schulstoffs und des Mathematikunterrichts:

H. Wußing 1989 und D.J. Struik 1980 sind besonders empfehlenswert, weil sie auch kultur- und sozialhistorische Hintergründe berücksichtigen. Das (leider sehr teure) Standardwerk für historische Datierungen in Arithmetik und Algebra ist J. Tropfke 1980. In L. Führer 1986 findet man Unterrichtsanregungen und eine ausführlichere kommentierte Literaturliste. Zur Geschichte des Schulstoffs lese man F. Pahl 1913 (allgemein), W. Lietzmann 1916/1919 (und spätere Auflagen; gymnasial), H. Inhetveen 1976 (gymnasial), E. Schuberth 1971 (allgemein) und H. Lenné 1975 (gymnasial). Die Entstehung des Mathematiklehrerberufs und Prüfungswesens behandelt G. Schubring 1983, 1985.

Fachdidaktische deutsche Zeitschriften:

Die bekanntesten sind - mit wachsendem Abstraktionsgrad aufgelistet: „Mathematik in der Schule" (MiS), „Mathematica didactica", „Journal für Mathematik-Didaktik" (JMD), „Zentralblatt für Didaktik der Mathematik" (ZDM) und „Mathematische Semesterberichte" (Gymnasialmathematik und Überblicke vom höheren Standpunkt; MSb).

3 Fragend-entwickelnder Unterricht

„Konservative" Kritik am „heuristischen Unterrichtsverfahren" (1827; s. Anhang 3.1).

Johann Friedrich Herbart (1776-1841; *Allgemeine Pädagogik* 1806, *Umriß pädagogischer Vorlesungen* 1841):

Hochziel allen Unterrichts und aller Erziehung sei die persönliche *„Moralität"*, die „Charakterstärke der Sittlichtkeit". In der Erziehungsarbeit werde sie stufenweise über Teilziele angesteuert:

1. Auffassen des Tatsächlichen (Vorstufe);
2. Gutes und schlechtes Wollen beobachten und unterscheiden lernen, „Einsicht" gewinnen;
3. Anwendung auf das eigene Wollen, „moralisches Urteil" gewinnen;
4. Hinführung zu verantwortlicher Freiheit, Wollen und Einsicht harmonisieren;
5. Bewährung der gewonnenen Tugendhaftigkeit (=Moralität) im freien Handeln.

Johann Friedrich Herbart

Mittel der Erziehung seien Regierung, Zucht und Unterricht. Indem sachliche Gegebenheiten gründlich „aufgefaßt" würden, bildeten sich „Vorstellungen". Würden „rechte" Vorstellungen sinnvoll mit anderen verwoben, dann müßten sich - wegen der angeborenen positiven Seelenkräfte zwangsläufig - aus der logisch-ästhetischen Einsicht in Willensverhältnisse moralisches Urteil und sittliches Wollen ergeben.[10] Zum Erwerb vieler rechter Vorstellungen sollten einerseits sachlich-natürliche Darstellungen der Welt aufgefaßt werden (z.B. Form und Maß, Biologie, Erdkunde), andererseits ästhetisch-ethische Darstellungen (z.B. Literatur, Kunst, historische Charakterbilder). Der Unterricht habe dementsprechend immer wieder zwischen *„Vertiefung"* (Details beachten, an Bekanntes assoziieren) und *„Besinnung"* (Systematisierung im Geiste, verantwortlich-freie Bewegung im Anwenden) abzuwechseln. Zur Ausbildung des „spekulativen Interesses", d.h. des rationalen Erkenntnisapparats, sei nach Herbarts Auffassung Mathematikunterricht in erheblichem Umfange sinnvoll und sogar notwendig.[11]

---

[10] Die bis in die erste Hälfte unseres Jahrhunderts populäre *„Assoziationspsychologie"* interpretierte das Denken als mehr oder minder unwillkürliche Verbindung von Vorstellungen. Je nach Geläufigkeit sollten die Vorstellungen mit unterschiedlich starken *„Reproduktionstendenzen"* geladen sein, die wiederum das assoziative Denken bis zum Wollen auszurichten vermögen (vgl. Ideologien des Übens und der Hausaufgaben!). Kinder unterschieden sich von Erwachsenen nicht qualitativ, sondern nur quantitativ - durch ein geringeres Reservoir von Vorstellungen und Assoziationen.

[11] Herbart war zeitweise Berater W. von Humboldts in pädagogischen Fragen. Da Humboldt der Mathematik eher fernstand, darf man vermuten, daß die heute noch unangefochtene Stellung

Bei den vor hundert Jahren pädagogisch führenden „Herbartianern“[12] wurde daraus ein starres, aber praktikables Unterrichtssystem mit folgenden (gar nicht so fernen) Kennzeichen:

- Anknüpfen an Bekanntes, von der Vorstellungswelt der Kinder ausgehen!
- Nicht erraten, sondern im „heuristischen“ Unterrichtsgespräch folgern, erschließen und eindeutig bestimmen lassen (Ziller: „Disputationsmethode“)!
- Die Stoffe gemäß den Kulturstufen der Menschheit aufeinander folgen lassen, da sie aus Zwecken geboren sind, die auch in der Individualentwicklung nacheinander vorherrschen!
- Moralisierende Überbetonung von Gesinnungsstoffen, da sie „psychologisch“ den Weg zur Moralität abkürzen. (Psychologismus statt des Herbartschen logizistischen Idealismus; Mathematisches nur noch Nebensache)
- Absichtlich (für die Schüler erkennbar) Falsches einstreuen, um Kritik herauszufordern! (Ziller; nach T. Schwerdt 1952, S. 42)

Der „fragend-entwickelnde Unterricht“, der auch heute noch auf den Sekundarstufen weit verbreitet ist, hat sich nicht inhaltlich, wohl aber unterrichtsmethodisch aus der Stufenfolge der Herbartianer entwickelt:

In inhaltsneutraler Fassung haben sich allgemein Zillers ***„fünf Formalstufen des Stundenablaufs“*** in der Formulierung des Ziller-Schülers Wilhelm Rein durchgesetzt:

1. *„Vorbereitung“* (heute: *„Einführung ins Thema“*, *„Einstieg“* oder *„Motivationsphase“*)
2. *„Darbietung“* (heute: *„fragend-entwickelndes Unterrichtsgespräch“*)
3. *„Vergleichung“* (kaum noch üblicher Versuch, das Neue mit Früherem zu verbinden; geschieht heute allenfalls in einer 0. Phase der „Wiederholung“ durch den Lehrer)
4. *„Zusammenfassung“* (heute ebenso; nicht selten in Form papierner *„Merksätze“*)
5. *„Anwendung“* (heute ebenso; meist als *„Still-“* oder *„Partnerarbeit“*, gefolgt von Hausaufgaben)

---

der Mathematik im Schulwesen auch Herbart (und Süvern) zu verdanken ist. (Vgl. dazu F. Pahl 1913 und H.N. Jahnke 1990.)

[12] führend Tuiskon Ziller (Leipzig; *Vorlesungen über Allgemeine Pädagogik*, 1878), später Wilhelm Rein (Jena; 1847-1929)

Beispiele:

1. *Die ganz alte Fragemethode (nach W. Lietzmann, 1919; s. Anhang 3.2)*
2. *Eine Mathematiklehrprobe von Georg Kerschensteiner (1912; s. Anhang 3.3)*
3. *Zwei Unterrichtsstunden zum regelmäßigen Sechseck (s. Anhang 2.1)*
4. *Zwei Unterrichtsreihen von Martin Wagenschein* (s. Anhänge 5.1.1 und 5.1.2)

„Progressive" Kritik ab 1900:

- Das Verfahren ist intellektuell unredlich: „Wer's weiß, fragt - wer's nicht weiß, soll antworten!" (Gaudig um 1906) Es ist im Kern rezeptiv, in der Praxis eher verwirrend als ergreifend.
- Normenprobleme (Was ist „exemplarisch"? Was soll oder sollte „Moralität" heute sein?...)
- Die Assoziationspsychologie wurde im 20. Jh. von zahlreichen Seiten überholt: Sozialismus; sozialpädagogische Gemeinschaftsverehrung (Landschulheime; P. Petersens Jena-Plan-Gesamtschule); fächerübergreifender Gesamtunterricht (B. Otto, W. Albert); Eigenmacht des Unterbewußten (S. Freud, C.G. Jung, A. Adler); Kunsterziehungsbewegung (H. Scharrelmann, F. Gansberg: Unterricht als Kunstwerk zwecks Erweckung/Befreiung tätiger Kräfte, Inhalte sekundär); Gestaltpsychologie (W. Köhler, M. Wertheimer, W. Metzger; Waldorf-Bewegung; P. van Hiele); Aktivitätspädagogik (H. Gaudig, G. Kerschensteiner, M. Montessori, J. Dewey, E. Parkhurst, C. Washburne); genetische Epistemologie (J. Piaget, H. Aebli); emanzipatorischer Strukturalismus (Frankfurter Schule); Radikaler Konstruktivismus (E. von Glasersfeld, P. Watzlawick); christlicher Wertkonservativismus (F. W. Foerster) ...

4 Beispiele zur Aktivitätspädagogik

Mit „Aktivitätspädagogik" bezeichne ich solche methodischen oder didaktischen Unterrichtskonzepte, die der Selbsttätigkeit der Schüler besonderen Rang beimessen Ich folge damit einem etwas ungebräuchlichen Vorschlag von Theodor Schwerdt 1952, dessen Buch ich unten wegen der klassischen Unterrichtsbeispiele wiederholt benutze - ohne freilich seine Ansichten überall zu teilen. Zur Aktivitätspädagogik gehören neben den diversen Ausprägungen der sogenannten *„Reformpädagogik"* wie „Arbeitsschulbewegung", „Projektmethode", Montessori-Pädagogik, Waldorfschulen, „polytechnischer Unterricht" oder Schulgemeinden (Landschulheime, Jena-Plan-Gesamtschulen) aus dem ersten Drittel unseres Jahrhunderts auch viele aktuelle Bemühungen, wie etwa *„Freiarbeit"*, *„entdecken(lassen)der Unterricht"* oder computergestützte experimentelle Mathematik[13].

4.1 „Freie geistige Tätigkeit" nach Hugo Gaudig (1860-1923)

„Die Reihe der 19" (K. Lingner, Leipzig 1921, Klasse 6; s. Anhang 4.1.1)

Hugo Gaudig

Als Direktor einer Leipziger Mädchenschule mit angeschlossenem Lehrerinnenseminar hat sich Hugo Gaudig seit Anfang des Jahrhunderts intern und überregional für schülerzentrierte Bildungsarbeit eingesetzt. Der interne Erfolg seines begeisternden und eloquenten Einsatzes führte dazu, daß an seiner Schule 1921 auf ministeriellen Wunsch eine öffentliche „pädagogische Woche" mit Vorstellungen alltäglicher Unterrichtsarbeit veranstaltet wurde. Das obige Beispiel von Käthe Lingner stammt aus dieser Veranstaltung. Seine grundsätzlichen Auffassungen hatte Gaudig überregional zunächst in Aufsätzen, Vorträgen und Streitschriften dargelegt, bevor er sie am Beginn der 20er Jahre in einer Reihe von Büchern veröffentlichte.

---

[13] Eine späte Parallele zu den alten Schülerexperimenten in den naturwissenschaftlichen Fächern. Auf die hitzige aktuelle Diskussion über mögliche Auswirkungen der „Neuen Medien" (Computer, Internet usw.) auf den Mathematikunterricht gehe ich im folgenden nicht ein, weil ich sie zwar für notwendig, aber im gegenwärtigen Zustand auch für übertrieben aufgeregt und für unausgegoren halte (vgl. ausführlicher L. Führer 1984c, 1985). Ich glaube nicht, daß die Computer viel aufregendere Veränderungen *des Mathematikunterrichts* bringen werden als andere Arbeitsmittel sie früher gebracht haben, z.B. Farbkreide, Taschenrechner oder Overheadprojektoren. Wirklich dramatische Veränderungen erwarte ich jedoch für das kollektive Bewußtsein von Wissen und Wahrnehmung allgemein und für das Selbstverständnis der mathematischen Wissenschaften im besonderen, aber das ist ein historischer Prozeß, der - vergleichbar mit der Erfindung des Buchdrucks mit beweglichen Lettern am Beginn der Neuzeit - gerade erst angelaufen ist. (Vgl. dazu die Einleitung von Kapitel 6.)

Oberstes Ziel war ihm die Entfaltung „*autonomer*", d.h. (nur) sich selbst verantwortlicher, kulturschöpferischer Persönlichkeiten. Er war (lange vor Piaget) überzeugt, daß sich geistige Kräfte nur im Probehandeln entwickeln können. Das geistige Wachstum finde am ehesten bei „*selbsttätiger Arbeit*" an emotional bejahten, also „*frei gewählten*" Aufgaben statt. Sachgebundene Selbsttätigkeit schaffe zugleich Bildung und eine aktivitätsbereite Grundhaltung. Solche Tätigkeit forme aber nur dann den Menschen, wenn er sich zu ihr bekenne, was wiederum im Prinzip freie Wahl der Ziele und daraus folgende freiwillige Unterordnung unter bejahte Zwecke voraussetze.

Gaudigs Unterrichtsprinzip der „*freien geistigen Arbeit*" fordert, die Schülerinnen und Schüler mögen beim Lösen der Unterrichtsaufgaben

1. aus eigenem Antrieb,

2. mit eigenen Kräften,

3. auf selbstgewählten Bahnen

4. zu frei gewählten Zielen

... ***selbst handeln!***

Kritikpunkte:

- Aufgabenwahl und Einstieg scheinen doch vom Lehrer zu stammen. (Effekt der Schaustunde?)
- Die Arbeitstechniken werden von Schülern nur angewandt, nicht entdeckt oder erfunden.
- Von wie vielen und welchen Schülern?
- Die Methodenwahl setzt in der Regel reifere Einsichten in die Sachstruktur voraus als sie Reifende haben.
- Das einseitig betonte Selbsttätigkeitsprinzip schließt Gesamtschauen und tiefere Gefühle aus.
- „Frei" entworfene Persönlichkeitsbilder sind ideologisch äußerst anfällig. (Gaudig selbst und viele andere der alten Reformpädagogen dachten betont vaterländisch und wertkonservativ, und z.B. Peter Petersen (s. Abschnitt 4.3) zeigte sich dem aufkommenden Nationalsozialismus sehr aufgeschlossen. Vgl. J. Oelkers 1992, S. 167f.)

These 5: **Methodenbeherrschung und Methodenbewußtsein stehen in einem Spannungsverhältnis zur Entfaltung kulturschöpferischer Persönlichkeiten.**

Positiv bleibt anzuerkennen, daß sich Gaudig als einer der ersten gegen die Zumutung rezeptiver Passivität im autoritär darbietenden Unterricht wandte. Er hat das Unterrichtsgeschehen schülerzentriert bereichert, insbesondere um Methodenbewußtsein bei den

Schülern und um arbeitsteiligen Gruppenunterricht. Damit hat er zur Renovierung der verkrusteten Lehrerfunktion angeregt. In der historischen Oppositionsrolle mußte er natürlich polemisieren und einseitig pointieren. Man bedenke: *Damals*, vor dem gewachsenen Autoritätsverhältnis zwischen Gesellschaft, Schule und „Zöglingen", bestand keine Gefahr des Abgleitens in Aktivismus und Verantwortungslosigkeit gegenüber den *„materialen"* Unterrichtszielen (Unterrichtsgegenständen wie Stoffe, Gehalte, Einsichten usw.).

4.2 „Arbeitsunterricht" nach Georg Kerschensteiner (1854-1932)

„Der Starenkasten" (aus einem Vortrag Kerschensteiners 1926; s. Anhang 4.1.1)

Der Münchner Kerschensteiner war ursprünglich Gymnasiallehrer für Mathematik und Physik, arbeitete dann 1895-1909 als Stadtschulrat, war 1912-1919 Reichstagsabgeordneter der Fortschrittlichen Volkspartei und ab 1920 Professor an der Münchner Universität. Als Schulorganisator bildete er die Münchner Fortbildungsschulen zu fachlich gegliederten „Berufsschulen" um, führte „Arbeitsunterricht" in Volksschulen ein, schuf einen (international) fortschrittlichen Lehrplan für Volksschulen und gilt u.a. als Begründer des Werkunterrichts und als Mitbegründer der physikalischen Schülerexperimente. In Wort und Schrift gehörte Kerschensteiner zu den eindrucksvollsten Persönlichkeiten der deutschen Pädagogik. Vor allem seine frühen Schriften vor dem Ersten Weltkrieg und sein Bestseller *„Die Seele des Erziehers und das Problem der Lehrerbildung"* sind immer noch sehr lesenswert und lesbar. Wir kommen in Abschnitt 8.2 noch ausführlich auf dieses Buch zurück.

Grundsätze des ***„Arbeitsunterrichts"*** Kerschensteinerscher Prägung sind:

„Spontaneität" in der Aufgabengewinnung (zunächst nur Veredlung egozentrischer Zwecke)

„Totalität" im Bezug auf die Werkaufgabe (Erfassung von Verstand, Willen und Gemüt)

„Betätigungsfreiheit" (eine gewisse Offenheit für Gestaltungsmöglichkeiten und lehrreiche Fehlwege)

„Wachstumsbewußtsein" (Möglichkeiten zu Erfolgserlebnissen[14], Werkstolz, Ehrgeiz)

„Selbstprüfungsmöglichkeit" aufgrund des „Strebens nach Werkvollendung" (Orientierung auf bzw. am Qualitätsbewußtsein des „bündigen Ausdrucks", sachimmanente Maßstäbe)

---

[14] heute: *„Stärkung des Schüler-Ichs"* (vgl. etwa H.-W. Heymann 1996).

Die ersten vier Grundsätze sind offensichtlich eher psychologisch-methodischer Natur. Bildungswirkungen erzeugt dagegen hauptsächlich der zentrale Motor und Maßstab der „Werkvollendung":

Sowohl körperliche Arbeit zur Gestaltung der stofflichen Umwelt als auch künstlerische oder geistige Arbeit zur Gestaltung von Bewußtseinsinhalten zielten tendenziell auf Objektivationen ab, d.h., sie neigen dazu, sich in quasigegenständlichen Produkten zu verdichten oder - wie es Kerschensteiner ausdrückte - „eine bündige Form von gegenständlichen Sachverhalten" hervorzubringen, „die wir *Werk* nennen". In theoretischen, ästhetischen, sozialen, technischen und geistigen Werken schlügen sich Werte der Wahrheit, Schönheit, der geistigen Liebe oder der Ökonomie nieder. Die Gesamtheit relativ vollendeter Werke mache die Kultur aus. Bildend könnten solche Kulturgüter wirken, wenn es gelänge, den schöpferischen Prozeß zum Werk durchleben oder aus dem eingefrorenen Zustand wiedererwecken zu lassen. Der Unterricht habe die Aufgabe, die „objektivierte, gleichsam erstarrte seelische Lava wieder in einer verwandten Seele aufglühen zu lassen" (*„Kulturprinzip der Kerschensteinerschen Didaktik"*). Durch permanente Orientierung auf eine krönende *„Werkvollendung"*, der unerläßlichen *„Sachliebe"*, werde der Schüler aus der Sache heraus zur Selbstkritik, zur sach- und gemeinschaftsadäquaten Sprache, zur Anerkennung und Gewährung von Hilfen, zur Reflexion der Sach- und Mittelstrukturen sowie zu sozialem Verhalten bewegt, schließlich gar (in der späten Theorie Kerschensteiners) zu staatsbürgerlich verantwortungsvollem Verhalten.

Georg Kerschensteiner

Offensichtlich ist Gaudigs Eintreten für die *„Arbeitsschule"* (starke Selbsttätigkeit) eindrucksvoller im Methodischen, weniger überzeugend dagegen aus didaktischer Sicht, nämlich in der Fixierung auf die Förderung kulturschöpferischer Persönlichkeiten. Kerschensteiners Ansatz ist stärker didaktisch pointiert, indem er den Egozentrismus durch Sachorientierung und durch ein Kulturprinzip oberhalb der Methodenwahl zu überwinden trachtet. Seine Auffassung der *„Arbeitsschule"* sieht die Frage der Schüler- oder Lehrerzentrierung als abhängige Variable des jeweiligen Werkstudiums. Im Gegensatz zu Gaudig werden auch Inhaltsfragen entschieden: Er streitet wider den Enzyklopädismus und plädiert für eigenständige Bildungswerte naturwissenschaftlicher, handwerklicher und technischer Arbeit. Seine unterrichtsmethodischen Vorschläge haben oft *„Projektcharakter"* - nicht zufällig reflektierte er seine unterrichtsmethodischen Vorstellungen an Veröffentlichungen John Deweys, dem Vater der Projektmethode.[15]

---

[15] In der Allgemeinpädagogik wird oft die immer noch schleppende Rezeption Deweys hierzulande beklagt. Andreas Flitner schreibt z.B. (vermutlich im verschärfenden Anschluß an J. Oelkers 1993): „Schließlich mag auch eine Rolle gespielt haben, daß der rührigste und bekannteste Verteidiger der Deweyschen Erziehungslehre in Deutschland, nämlich Georg Kerschensteiner, zwar als Schulpolitiker und Praktiker Anerkennung genoß, als Theoretiker und Philosoph jedoch seinem amerikanischen Lehrmeister bei weitem nicht gewachsen war." (A. Flitner 1992, S. 101.) Ich halte derartige Bemerkungen, die leider im nostalgischen Trend liegen, für irreführend. Auch der spätere Kerschensteiner hat sich nicht als Philosoph verstanden, sondern

Kritikpunkte:

- Es wird sehr auf die Begeisterungsfähigkeit, das Durchhaltevermögen und Qualitätsinteresse der Schüler gesetzt.
- Wie lassen sich spontane individuelle Zielsetzungen organisatorisch im Schulalltag aufnehmen und durchhalten? Wie lange, wie oft darf wer spontan sein?
- Es fehlt ein Ersatzmotor für die Themen oder Schüler, die sich nicht (mehr) im laufenden Projekt erreichen lassen.
- Ob Kultur überhaupt als Summe ihrer Objektivationen angesehen werden kann, ist zumindest umstritten.
- Wer sucht die bildungswirksamsten Kulturgüter nach welchen Kriterien aus? Wie harmonisiert man Spontaneität und Relevanz? Welche Chance haben kulturkritische Ansätze?
- Die Nacherfindung ausgesuchter Kulturgüter und die lokale Entwicklung bzw. Erfahrung guter sozialer Beziehungen schaffen nicht notwendig Urteilsvermögen, Verantwortlichkeit und Kritikfähigkeit.
- Der Bezug zur staatsbürgerlichen Erziehung wirkt gesucht und - nach dem Dritten Reich - wenig überzeugend. (Vgl. Anhang 4.6.1)

- nach heutigem Sprachgebrauch - eher als praxisorientierter Erziehungswissenschaftler. Die theoretischen Begründungen lehnte er vor allem explizit an die Philosophie und Psychologie seines idealistischen Freundes E. Spranger an. Dewey war demgegenüber pädagogisch engagierter Philosoph in der pragmatischen Tradition und mit gewissen Anklängen an Hegel. Was Dewey für die heutige pädagogische Diskussion so interessant macht, sind gerade seine schulpraxisbezogenen Ansichten, die sich mit denen Kerschensteiners - jedenfalls im Positiven - weitgehend decken. Die pragmatistische Hintergrundtheorie Deweys, von der sich schon Peirce und Russell distanzierten, dürfte uns heute ebenso wenig überzeugen wie die elitär-nationalistische Sprangers. Für unsere Frage nach gutem Unterricht ist das nicht entscheidend. Man sollte nur nicht in den modischen Fehler verfallen, den immensen Einfluß Deweys auf das anglo-amerikanische Bildungswesen, von dem keineswegs alle Amerikaner und Engländer begeistert sind, als Nachweis überlegener Hintergrundphilosophie zu nehmen. Deweys Wirkung muß vor der spezifisch amerikanischen Geistesgeschichte, insbesondere im Kontrast zu puritanischen Traditionen, verstanden werden, und das kann hier nicht unser Thema sein. (Vgl. Abschnitt 6.4 und die Kritik in B. Russell 1976, S. 294-296, sowie K. Mainzer 1991.)

Eine gewisse Verwandtschaft zu Deweys und Kerschensteiners Ansatz, die Sache sprechen zu lassen, hat methodisch der sehr stark individualisierende und materialgebundene Ansatz von Maria Montessori (1870-1952) mit Schlagworten wie *„minimale Hilfen!"*, *„freie Materialwahl!"*, *„Lehrer als dienender Helfer!"* oder *„periphere Belehrung!"*. Eine wirklich ausgeprägte Form hat die Montessori-Pädagogik meines Wissens nur für den Vor- und Grundschulbereich entwickelt, und das ist hier nicht unser Thema.

Die bei Kerschensteiner neu angelegte Wertschätzung polytechnischer Bildung ist von sozialistischer Seite stark ausgebaut worden. Im Westen markieren heute Schulpraktika und das duale Ausbildungssystem für Lehrberufe eine gewisse didaktische Stagnation seit Kerschensteiner.

These 6: **Selbsttätigkeit und Werkstolz sind nicht automatisch sozialisierend. Moralisches Urteilsvermögen, Wertempfinden und -streben, soziales Verhalten und seelische Gesundheit sind körperlicher oder geistiger Arbeit ebensowenig immanent wie kultureller Unterweisung.**

These 7: **Schülerzentrierte Arbeitsformen setzen Disziplin, Ausdauer, Methodenkenntnis, Engagement und Wißbegierde voraus. In größeren Lerngruppen sind diese Voraussetzungen nicht immer und nicht immer bei jedem Schüler gegeben oder erzeugbar[16].**

4.3 Selbstunterricht und Fachleistungsgruppen: Dalton-, Winnetka- und Jena-Plan

„The 'long division'" (C. Washburne 1929; s. Anhang 4.3.1)

Die amerikanische Lehrerin Helen Parkhurst suchte nach unguten Erfahrungen in einer einklassigen Landschule mit acht „Abteilungen" (Jahrgängen) nach ruhigen und differenzierbaren Unterrichtsformen, die neben Üben und Anwenden von Bekanntem auch ein stetiges inhaltliches Fortkommen der Schüler ermöglichen. Von Deweys Reformideen beeinflußt, ging sie nach Italien, studierte dort bei Maria Montessori, wurde vorübergehend deren Assistentin und Leiterin der amerikanischen Montessorischulen und legte dann 1920 ihr eigenes Konzept vor. Nach erfolgreicher Erprobung an einer Behinderten-Schule wurde ihr Unterrichtsplan zuerst in einer öffentlichen Schule in Dalton eingeführt. Grundsatz war, *„die Energie des Schülers auf die Betreibung und Organisation seiner Studien auf seine eigene Art hinzulenken"* (Parkhurst 1922; zitiert nach T. Schwerdt 1952, S. 176). Diese Grundidee ist heute unter diversen anderen Namen bekannt: Statt des Gemeinschaftsunterrichts in Jahrgangsklassen erledigten die Schüler je nach Neigung wöchentliche oder monatliche Pflicht- und Freiarbeiten (*„free work"*) in sogenannten „Laboratorien", „subject rooms" oder Facharbeitsräumen. Dort warteten Lehrer mit Arbeitsmaterialien, Arbeitsblättern und minimalen Hilfeleistungen[17]. Deren wichtigste Aufgabe war neben der Materialerstellung, Aufsichtsführung, gelegentlichem Kleingruppenunterricht und individueller Schülerberatung die Leistungsüberwachung im „Pupil's Contract Graph" (Kontrollkarte) einerseits und im „Instructor's Laboratory Graph" (Kursheft) andererseits. Die Aufgabenprogramme waren nach Minimal-, Mittel- und Höchstanforderungen mit dem Einzelschüler abgestimmt. Hausaufgaben entfielen.

---

16 ... jedenfalls, wenn man von den begnadeten 5% von jenen 10% Lehrer(inne)n absieht, die sich für begnadet halten - oder es kraft höheren Amtes sind. Übrigens ersetzt auch pädagogische Begnadung keine intellektuell redliche Auseinandersetzung mit didaktischen Begründungsfragen (Didaktik im engeren Sinne).

17 Ganz im Sinne Montessoris sagt Parkhurst: „Solange dem Schüler nicht die Möglichkeit gegeben wird, seinem individuellen Tempo gemäß zu arbeiten, wird er nie etwas Gründliches erlernen können." (1922; zit. n. T. Schwerdt 1952, S. 201) Man beachte: In der Übersetzung ist von „Erlernen" die Rede, nicht von „Erfassen" oder „Erwerben" - das ist wenigstens ehrlich...

Es ist klar, daß die Qualität des von Schülern Leistbaren wesentlich von der Qualität der schriftlichen Arbeitsblätter abhing (klare Aufgabenumschreibung und -stellung, methodische Winke, Anschaulichkeit, Verstehensforderungen, Anwendungen mit bescheidenen Reorganisations- und Transferforderungen). Im wesentlichen handelte es sich um materialgestützten *„Selbstunterricht"* und um *„Selbstsorge"* - wohlgemerkt: aus der Not geboren. Im Gegensatz zu Gaudigs Ansatz wurde die Methodenwahl allerdings nicht dem Schüler überlassen, sondern durch das Material vorstrukturiert. Offensichtlichen Schwächen wie Vereinzelung, Absonderung oder fehlender Sozial-, Kommunikations- und Niveaubindung sollte durch *„Interaction"* von Einzel- und Klassenunterricht vorgebeugt werden.[18]

These 8: **Je stärker Unterricht individualisiert, desto eher sind „tendenziell globale Werte" wie Erlebnisfähigkeit im gemeinschaftlichen Sachbezug, Teamfähigkeit, Sozialbindung oder ganzheitliche Bildung gefährdet.**

Der damals für den Chicagoer Vorort Winnetka zuständige Schulrat Carleton Washburne übernahm die Ideen Helen Parkhursts für seine drei Volksschulen (1.-6. Klasse) und eine Mittelschule (7.-8. Klasse). Um den erwähnten Schwächen zu begegnen, stellte er der „individual and free work" jedoch im ganztägigen Unterricht hälftig „group and creative activities" gegenüber. Die zugehörigen Leistungsgruppen („first grade room", ..., „sixth grade room" etc.) blieben jahrgangsunabhängig. Oberhalb der Gruppen hatten noch Vollversammlungen unter Schülervorsitz ihren festen Platz. Dort ging es vornehmlich um Gemeinschafts- und Schulordnungsfragen, weniger um fächer- und jahrgangsübergreifenden Gesamtunterricht[19].

Im angelsächsischen Raum wurde der Winnetka-Plan Washburnes stark aufgegriffen und verfeinert. Sehr ähnliche deutsche Varianten wie die Versuchsschule von Peter Petersen an der Jenaer Universität (um 1930) betonten demgegenüber zusätzlich das Gemeinschaftsleben und wurden zum Vorbild vieler heutiger IGS und Ganztagsschulen, ohne allerdings - außer schöneren Vokabeln - wesentlich neue Ansätze sachorientierten Unterrichts über Selbstunterricht, Gruppen- und Projektarbeit hinaus beizusteuern.[20]

---

18 Man beachte die für Finanzminister attraktive Offenheit der Schüler-Lehrer-Relation!

19 etwa im Sinne der dt. Modellschulen ähnlicher Richtung wie der von Bertholt Otto (Berlin), Peter Petersen (Jena) oder der Landerziehungsheime nach Hermann Lietz.

20 Auf die Verherrlichung der Schulgemeinschaft als *„Schulgemeinde"* mit allgemeiner Priorität aller Aktivitäten des *„Schullebens"* im Jena-Plan, auf den sich heute viele Gesamtschulen berufen, sei wenigstens am Rande hingewiesen, weil sie qualifizierten Fachunterricht ernsthaft bedroht (wieder einmal, nach sechzig Jahren). In unser Zeit der kalten Sparsamkeit feiern nämlich solche Kuscheltöne fröhliche Urständ, nicht ohne das Ganze gleich noch in Richtung eines Stadtteilgemeindezentrums aufblasen zu wollen. Ergreifende Stichworte sind beispielsweise: „Haus des Lernens", „Öffnung der Schule" zur „Stadtteilschule", „fächerübergreifendes Lernen", „Schulfrühstück" für die Oberstufe, „Karaoke" für die Eltern, „Worldcharts" zur Einführung in die Statistik und „Hitparade der Volksmusik" für den ganzen Stadtteil. Als besonders originell, zukunftsweisend und natürlich nachahmenswert wurde kürzlich ein Schulmodell aus Kanada angepriesen: Gruppenarbeit wurde entdeckt, Projektarbeit, Lehrer machen sich unsichtbar, Rollenspiele, Elternberatung, Schulfrühstück, Selbstfortbildung der Lehrer am Sonn-

Dalton-, Winnetka- und Jena-Plan

„Den Grundsatz der Gestaltung des Unterrichts und des Lernens vom Kinde aus suchten drei Schuleinrichtungen noch in besonderer Form zu verwirklichen: 1. das Unterrichtssystem der amerikanischen Lehrerin Helen Parkhurst in Dalton im Staate Massachussetts, USA., 2. der Schulplan des Schulrats Carlton W. Washburne in Winnetka bei Chicago und 3. die Schule an der Universität Jena, ehemals unter Leitung von Professor Peter Petersen, geb. 1884.

Petersen war Lehrer an der höheren Schule in Hamburg und wurde nach dem I. Weltkrieg der erste Leiter der Lichtwarkschule. Bereits früher war er mit der Arbeit der Landerziehungsheime bekannt geworden. Seit 1920 war er Professor in Hamburg. Nach seiner Berufung nach Jena gestaltete er die dortige Universitätsschule nach seinen Plänen um.

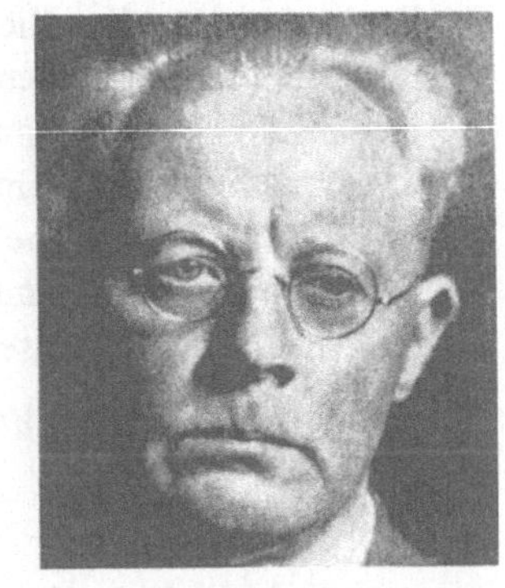

Peter Petersen

Allen drei Unterrichtssystemen sind folgende Züge eigentümlich. 1. Der Lehrer tritt in der Arbeit dieser Schulen völlig zurück. Er bietet den Lehrstoff nicht dar, er entwickelt nicht und prägt nicht ein, sondern er gibt nur Aufgabenanweisungen, er beobachtet den Schüler und berät ihn, wenn er fragt. 2. Die Schüler arbeiten allein nach der Anweisung des Lehrers oder nach Lehranweisungen, die sie gedruckt in die Hand bekommen, sie

---

tag - das alles kennt man auch hierzulande. Wirklich umwerfend war die regelmäßige Einladung zum Dinner ins Lehrerzimmer bei guten Leistungen, wobei die Lehrer kochten und kellnerten. Alles angeblich nach der Devise „Ehre, wem Ehre gebührt!" Diese erzieherische Flagellomanie im Angesicht des ohnehin miserablen Sozialstatus nordamerikanischer Lehrer wurde denn auch prompt mit dem Carl-Bertelsmann-Preis bedacht. (S. DIE ZEIT, Nr. 39 vom 20. 9. 1996, S. 48; zum allgemeinen Kuscheltrend vgl. etwa das erstaunlich (?) preiswerte Paperback Bildungskommission NRW 1995.)

Man könnte über derartiges schmunzeln, wäre es nicht bereits flächendeckender, parteiübergreifender Ernst: Im „ARD-Bericht aus Bonn" vom 24. 10. 1996 erklärte Jürgen Rüttgers, immerhin als für Bildungsfragen zuständiger Bundesminister, er habe nichts gegen Sponsoring in den öffentlichen Schulen, schließlich strömten täglich etwa 1800 Werbeinformationen auf die Jugendlichen ein, da brauchten die Schulen sich nicht abzuschotten. Auch Herr Rüttgers wird wissen, was das Sponsoring im Privatfernsehen, im Sport, in der Tagespresse und an Universitäten bewirkt hat. Aber die Empfehlung zur Kommerzialisierung des Schulwesens ist keineswegs als Kurzschluß eines Ministers anzusehen, sie ist längst parteiunabhängig. Erst wird Land auf, Land ab das besondere Schulprofil verlangt, dann die Schule als Weltreiseveranstalter und schließlich die Finanzautonomie der Einzelschulen. Zu Fachlehrern ausgebildeten, „verkopften", d.h. verbildeten, Lehrpersonen wird überall nahegelegt, sich beförderungsschnittig *„mit Kopf, Herz und Hand"* als Sozial-, Kultur- und Betreuungsarbeiter zu profilieren. (Vgl. z.B. Hess. Kultusministerium 1995b.) Als Ungelernte in diesen Professionen werden natürlich später alle - außer PayTV-reifen Talenten vom Schlage eines Thomas Gottschalk - mit Gehaltskürzungen rechnen müssen. Das kommt aber erst dann richtig dick (vielleicht wieder einmal nach amerikanischem „Vorbild"), wenn genügend viele den Sirenen aus Schreibtischpädagogik, Behörden und Lokalpolitik verfallen sein werden. (Zu den heutigen Auswirkungen auf Lehrer vgl. Abschnitt 8.2.)

kontrollieren sich auch größtenteils selber an Hand von gegebenen Lösungen. Wenn sie gemeinsam arbeiten - wofür besondere Stunden und Arbeitsgebiete bestimmt sind -, müssen sie sich die Mittel und Wege je nach Art des Stoffes selber überlegen und gegebenenfalls die Arbeit auch unter sich innerhalb der Gruppe aufteilen. (Gruppenunterricht.) 3. Damit werden die Klassen bisheriger Prägung aufgelöst, es gibt einerseits Einzelunterricht (fast Selbstunterricht) und andererseits Gruppenunterricht. -

Erzieherisch wollen diesen Schulen vor allem durch das Gemeinschafsleben wirken: durch die Arbeit in den Gruppen, durch Beteiligung ihrer Schüler an der Gestaltung des Lebens in der Schule, besonders der gemeinsamen Feiern und Feste, und durch die Gewöhnung an kameradschaftliches Benehmen untereinander. Die beiden amerikanischen Schulpläne haben auch in England Verbreitung gefunden. Alle diese Schuleinrichtungen sind in ihrer reinen Form auf die allgemeine Volksschule nur unter ganz ausnahmsweise günstigen Umweltverhältnissen übertragbar."

Aus J. von den Driesch/J. Esterhues 1952, S. 435f.

4.4 Gruppenunterricht

„Drei Verfahren für Lineare Gleichungssysteme" (1982; Ein mißglücktes Beispiel, 8. Kl. Gymnasium)

Planung und Verlauf:

Auf Anraten des Fachlehrers wollte der Referendar L. drei Lösungsverfahren für Lineare Gleichungssysteme, die zuvor nacheinander behandelt worden waren, auf der Basis von Gruppenarbeit vergleichend beurteilen lassen. Dazu wurden 26 Schüler/Innen der Klasse zu Beginn einer 3. Stunde gemäß Sitzordnung auf Gruppen zu 3-4 Schüler/Innen verteilt. Jede Gruppe erhielt dasselbe Paar von zwei 2-2-Systemen nebst einer Textaufgabe. Aufgabe war, die 2-2-Systeme arbeitsteilig nach dem Gleichsetzungs-, Einsetzungs- bzw. Additionsverfahren zu lösen, die Verfahren zu bewerten und - falls noch Zeit sei - die Textaufgabe nach einem Verfahren freier Wahl zu lösen.

Nach ca. 30 Minuten schrieb ein Schüler die erste Aufgabe in den drei Fassungen seiner Gruppe still an und setzte sich anschließend auf seinen Platz. Im lehrerzentrierten Unterrichtsgespräch wurden einige Detailfragen des Anschriebs geklärt. Die anderen Gruppen kamen aus Zeitmangel nicht mehr zum Zuge. Als Hausaufgabe sollten dann alle Schüler die drei Gleichungssysteme mit den noch nicht verwandten Verfahren lösen.

Destruktive Kritik:

Die Hausaufgabe zeigt, daß der Zeitbedarf erheblich unterschätzt wurde. In den Gruppen wurde tatsächlich lebhaft und sachbezogen „diskutiert" - das hieß hier: Es wurden Zwischenergebnisse verglichen und aufgetretene Fehler partnerschaftlich geklärt und behoben. Im Hinblick auf das Ziel der Stunde wäre diese Arbeitsform eher als „Partner- oder Stillarbeit" einzustufen, denn als „Gruppenarbeit". Da „reproduktives Üben" überwog, konnten jedenfalls die „sozialethischen Vorzüge des Gruppenunterrichts" nur sehr eingeschränkt realisiert werden. Erst die Textaufgabe stellte für die Schüler/Innen ein tieferes Problem dar, das gemeinsames Bemühen nahegelegt hätte. Als Kernproblem der Stunde kam diese Aufgabe aber viel zu spät, und sie war überdies durch Übersetzungsprobleme und rechentechnische Detailschwierigkeiten stark belastet. Aus fachmethodischer Sicht läßt sich feststellen, daß ein halbwegs akzeptables Urteil bei dieser Materie nicht auf der Basis von drei Beispielen gewonnen werden kann. Didaktisch ist das völlig inakzeptabel, weil die Untugend des vorschnellen Verallgemeinerns gefördert wird.

Konstruktive Kritik:

Gruppenarbeit ist organisatorisch und zeitlich sehr aufwendig. Sie bedarf daher einer gründlichen didaktischen und pädagogischen Rechtfertigung.[21] Das Leitproblem muß rasch und transparent herausgestellt und im Schülerverständnis abgesichert werden. Es sollte sich um ein „Problem" handeln, nicht um eine „Aufgabe"[22], das sich einerseits zwanglos in relativ abgeschlossene Teilaufgaben zerlegen läßt, andererseits aber einen nichttrivialen „ganzheitlichen Aspekt"[23] behält, der die abschließende „Plenararbeit" erfordert und damit aus Schülersicht sinnvoller motiviert als das Herunterbeten von Rechnereien. Das Leitproblem sollte 1. hinreichend vielschichtig, 2. technisch und fachlich vorbereitet, 3. zeitlich angemessen, 4. zwanglos zerlegbar und 5. zur Beurteilung durch Schüler herausfordernd sein. Die gedankliche Antizipation möglicher Gruppenaktivitäten fordert allerdings die Lehrerphantasie und seine Organisationsbereitschaft erheblich!

Besonders bei heterogenen Gruppen müssen die vorauszusetzenden Kenntnisse und Methoden allen Schülern hinreichend geläufig sein, um den Blick auf das Ganze nicht durch Detailprobleme zu verstellen.[24] Reine Übungsstunden sind für „arbeitsteilige Gruppenarbeit" weniger geeignet (vgl. jedoch den Abschnitt „Entdeckendes Lernen", unten, und vor allem den wichtigen Aufsatz H. Winter 1982, s. Anhang 5.2.1), günstiger sind Anfang oder Ende einer Stoffsequenz. Homogenere Leistungsgruppen sind oft sachlich wünschenswert, bergen aber ihre eigenen Probleme: Unruhe, Organisationsaufwand, Pygmalioneffekte, affektive Probleme, Verständigung in der Plenarar-

---

21 „Irgendwie" miteinander reden tun „die" Schüler sowieso: in Pausen, in Stillarbeiten, im Un terrichtsgespräch und bei schlechtem Unterricht.

22 Bei *„Aufgaben"* handelt es sich um die Anwendung bekannter Techniken, bei *„Problemen"* müssen subjektiv neue gedankliche Leistungen erbracht werden, z.B. Reorganisations-, Transfer- oder Kreativitätsleistungen.

23 Als *„ganzheitlichen Aspekte"* bezeichnet man solche Charakteristika eines Problems oder einer Sache, die sich nicht aus der analytischen Zergliederung in Details erfassen lassen. Es handelt sich um die Aspekte eines Betrachtungsobjekts, die *„das Ganze als mehr denn die Summe seiner Teile erkennen lassen"* (Aristoteles, auch *Grundprinzip der Gestalttheorie).*

24 Die Vorkenntnisbedingung bewirkt einen gewissen *„Trivialisierungsdruck"* in Bezug auf den sachlichen Lernfortschritt der Schüler. Das wird auch von erklärten Anhängern dieser Unterrichtsform zugegeben (vgl. z.B. K. Wöhler 1981, S. 16, 27 u. 32f.), sie betonen demgegenüber die sozialethischen und formalbildenden Vorzüge, auf die wir noch näher eingehen werden.

beit usw. Der Zeitrahmen muß großzügig gewählt werden[25], sonst kommt das Wichtigste zu kurz:

Die zusammenfassende „Plenararbeit“ in der Großgruppe muß effektiv ablaufen. Dazu gehört eine deutliche Zäsur nach der Kleingruppenarbeit (Pause, Sammlungsgebot). Als Hilfsmittel bieten sich Simultananschriebe und in den Kleingruppen erstellte oder ausgefüllte OP-Folien an. Verständnisfragen müssen von jedem Gruppenmitglied beantwortet werden können[26] (Stichproben durch die Wortzuteilung des Moderators), weil jeder Schüler sich affektiv an die Gruppenarbeit binden und in der Plenararbeit als Fachmann/frau erscheinen soll. Im Idealfall sollte jeder Beitrag einer Kleingruppe zum Leitproblem Stellungnahmen mit emotionaler Bindung ermöglichen, um einen tieferen Lernerfolg im Plenum zu bewirken: gemeinsame Verteidigung des Gruppenurteils, Konfliktbewältigung in der Begegnung mit Vorurteilen, Einsicht, Argumentation, Kritik, differenzierendes Urteil, Teamwork, ...

Verbesserungsvorschlag zum gewählten Thema:

Leitproblem: Vergleichende Beurteilung der drei bekannten Lösungsverfahren zu linearen Gleichungssystemen. Klassenstufe: 8, besser 9. Zeitrahmen: Doppelstunde. 6 Gruppen auf homogenem Leistungsniveau (alternativ: gleiches Durchschnittsniveau und ansteigender Schwierigkeitsgrad der Aufgaben). Die Gruppen erhalten Aufgabenblätter und vorstrukturierte OP-Folien mit verschiedenen Aufgabenpaaren sowie ein bis zwei Pufferaufgaben aus anderen Gruppen, um Zeitdifferenzen abzufangen. Die Niveaus sind wie folgt charakterisiert:

Unteres Niveau: Typ A: $3x = 5y - 2$ *und* $6y - 0{,}5 = 3x$
(Gleichsetzung!)

Unteres Niveau: Typ B: $0{,}7y - 5x = 7$ *und* $5x = 0{,}0812y + 67{,}1$
(Einsetzung!)

Mittleres Niveau: Typ C: $6x - 0{,}89y + 0{,}67 = 0$ *und* $-4x + 0{,}89y - 2 = 0$
(Additionsverfahren!)

Mittleres und oberes Niveau: Typ D: einfaches 3-3-Gleichungssystem
(Additionsverfahren!)

Oberes Niveau: Typ E: Kreisgleichung und lineare Gleichung
(Einsetzungsverfahren!)

Oberes Niveau: Typ F: Parabelschnitt
(Gleichsetzungsverfahren!)

Plenararbeit: schülerzentrierte Ergebnispräsentation, Aufstellung von Optimalitätskriterien in der Schülersprache, Sicherung Tafel/Heft, geeignete ad-hoc-Hausaufgabe, vertiefender Lehrervortrag über „Vorzüge standardisierter Schreibweisen - Maschinenverfahren - Rechenzeiten“.

---

25 Doppelstunde?

26 Das bedarf auf Schülerseite der Gewöhnung!

„Übungen zur Potenzrechnung: Zinseszinsen" (1982; Ein fast geglücktes Beispiel, 10. Klasse, Gymnasium)

Planung und Verlauf:

Ungünstigste Voraussetzungen: 6. und letzte Stunde an einem Freitag im Oktober; bisher keine Gruppenarbeit in Mathematik. Die Klasse aus 26 Schüler/Innen ist freundlich, lebhaft, aggressionsarm und eher sprachlich, weniger mathematisch leistungsfähig. Unsichere Vorkenntnisse über Potenzrechnung mit ganzen Exponenten. Zwei Parallelbeispiele zur Abzinsung am gestrigen Donnerstag im Unterrichtsgespräch (Lichtverlust bei Glasplatten; Wertverlust eines unverzinsten Barkapitals); Hausaufgabe zu heute: Werte nach 3 bzw. 43 Jahren, zusätzlich Auffrischung von Parabelkenntnissen anhand von Buchaufgaben mit gegebenen Lösungen.

Leitaufgabe:

Wie hoch ist der Wert von 1 DM nach 1980 Jahren bei 5% Zinssatz (auch auf Bruchteile von Pfennigen)?

Der Lehrer präsentiert die Leitaufgabe in möglichst lockerer Form (... Der vierte der Heiligen Drei Könige hat ein besonderes Sparbuch mitgebracht, bei dem auch Bruchteile von Pfennigen verzinst werden, die Auszahlung soll als Goldkugel erfolgen...); zwanglose Zerlegung in drei Teilprobleme (s. die Arbeitsblätter auf den vorigen Seiten).

Form:

Gruppenunterricht mit Arbeitsteilung, innerer und äußerer Differenzierung. Fünf leistungsheterogene Gruppen nach vorgefundener Sitzordnung (Unruhe und Unordnung, 6. Std.!); abgestufte und nach oben offene Aufträge auf vorgefertigten Arbeitsblättern und Folien (für den Ergebniseintrag mit löschbaren Stiften) mit frühem Beitrag zum Gesamtproblem (Zeitbedarf); verstärkte Lehrerhilfen zum zentralen „Blatt I" (2 „mittlere" Gruppen), wenig Lehrerhilfe zu „Blatt II" (i.w. Übung; 1 „schwache" Gruppe), interne Lehraufträge für die leistungsstärksten Schüler in den beiden „starken" Gruppen zu „Blatt III" (ungewohnt: Formel noch unbekannt; eine Gruppe bat um eine Formelsammlung, die andere fand sie im Buch auf S. 223, verstand sie aber nicht); angekündigt: „Zu jedem Blatt sollen am Schluß 3 Schüler vortragen!" Beachten: Projektor beschaffen, Hausaufgaben-Ergebnisse mitteilen (Kontrolle evtl. während der Gruppenarbeit), zügige Präsentation, danach Arbeitsblätter nur an die jeweiligen Gruppenmitglieder austeilen, vor Plenararbeit Kopien der Folienvorlagen an alle (Mitschriftshilfe, Zeitbedarf)!

„Eine DM bei 5% in 1980 Jahren?

Auszahlung als Goldkugel!

(Bruchteile von Pfennigen sollen ausnahmsweise verzinst werden.)

Bearbeitung in arbeitsteiliger Gruppenarbeit (10. Klasse, Gymnasium)

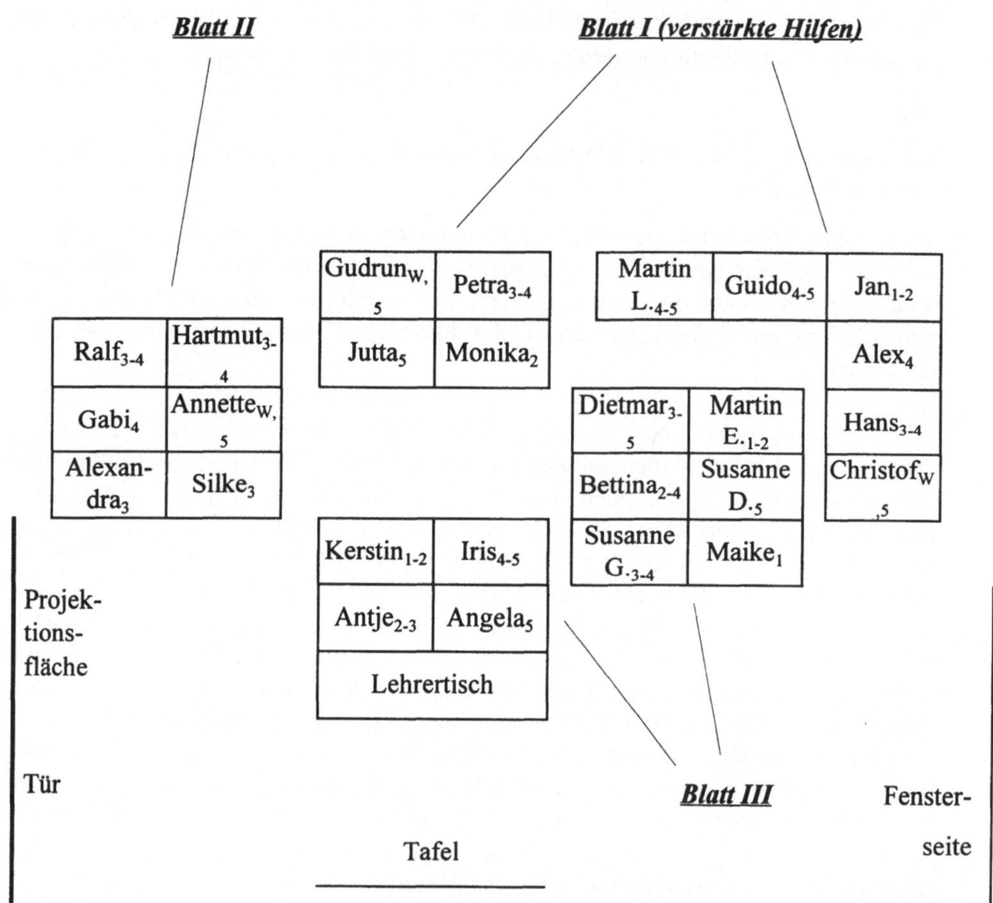

Die angehängten Ziffern geben die letzte Notenbesprechung wieder, W := Wiederholer.

Blatt I

Mit „strengem" Zinseszins, will heißen: auch Bruchteile von Pfennigen werden ausnahmsweise verzinst, sollen 1 DM mit 5% p.a. bzw. 100 DM mit 10% p.a. verzinst werden, Es wird kein Geld abgehoben. Die Zinsen werden an jedem Jahresende dem Guthaben zugeschlagen, bevor im nächsten Jahr neu verzinst wird.

bei 5% p.a.:	***bei 10% p.a.:***
Wieviel besitzt der Einleger nach 1 Jahr? Guthaben: .... *DM* Wieviel besitzt er nach 2 Jahren? Guthaben: .... *DM* *Erklärung:* *Guthaben nach 1 Jahr:* *davon Zinsen bei 5%:* *zusammen:* Wie hoch ist das Guthaben nach 5 Jahren? Guthaben: .... *DM* Wie hoch ist das Guthaben nach 15 Jahren? Guthaben: .... *DM* Guthaben nach 100 Jahren: .... *DM* Guthaben nach 1980 Jahren: .... *DM*	Wieviel hat die 100 DM-Einlegerin nach 1 Jahr? Guthaben: .... *DM* Wieviel besitzt sie nach 2 Jahren? Guthaben: .... *DM* Wie hoch ist das Guthaben nach 5 Jahren? Guthaben: .... *DM* Wie hoch ist es nach 15 Jahren? Guthaben: .... *DM* Guthaben nach 100 Jahren? .... *DM* Guthaben nach 1980 Jahren? .... *DM*
Formel: Nach *n* abgelaufenen Jahren beträgt das Guthaben bei einem „strengen" Zinssatz von 5% genau .... *DM*	***Formel:*** Nach *n* abgelaufenen Jahren beträgt das Guthaben bei einem „strengen" Zinssatz von 10% genau .... *DM*

Zusatz:

Besitzt man am Anfang 77 DM, dann hat man bei einem „strengen" Zinssatz von p% nach einem Jahr das ....-Fache von 77 DM, nach zwei Jahren das ....-Fache von 77 DM, nach .... Jahren das ....-Fache von 77 DM und allgemein nach n Jahren das ....-Fache von 77 DM.

Verallgemeinerung:

Eine Kapitaleinlage (Startguthaben) von K_0 DM wächst bei „strenger" Verzinsung mit p% p.a. nach n Jahren auf
.... $\cdot K_0$ an.

Faustregel für den Bankschalter:

Bei einem Zinssatz von *p%* verdoppelt sich eine Einlage nach ca. 72 : *p* Jahren!

Blatt II

Bezieht man Gold in 10g-Barren, dann kostet heute (1982) 1 g etwa 39,76 DM incl. MWSt.

Wieviel Gold bekäme man für $9 \cdot 10^{41}$ DM, wenn die Goldvorräte unbegrenzt wären?

Ausführliche Rechnung mit Stichworten:

Ergebnis in kg: .... kg

Um dieses Ergebnis „anschaulich" zu deuten, bieten sich Vergleiche mit anderen Massen an. Stellt dazu die Goldmasse jedesmal als Vielfaches der folgenden Objekte dar:

- Masse eines Elektrons: ca. $9{,}1 \cdot 10^{-31}$ kg

  Die Goldmasse entspräche .... Elektronen.

- Masse eines Neutrons oder Protons: ca. $1{,}7 \cdot 10^{-27}$ kg

  Die Goldmasse entspräche ....Neutronen.

- Masse eines Liters Wasser: ca. 1 kg

  Die Goldmasse entspricht .... Liter Wasser.

- Masse eines Lehrer-Pkw (Kleinwagen): ca. 1 t

  Die Goldmasse wiegt .... Pkw auf.

- Erdmasse: ca. $5{,}977 \cdot 10^{24}$ kg

  Goldmasse : Erdmasse = ...

- Mondmasse: ca. Erdmasse : 81,3

  Goldmasse : Mondmasse = ...

- Sonnenmasse: ca. Erdmasse $\cdot$ 333 $\cdot$ 10^3

  Goldmasse : Sonnenmasse = ...

Blatt III

1 cm^3 Gold hat eine Masse von 19,3 g. Ein Kubikmeter Gold hat demnach .... kg.

Wieviel Kubikmeter Gold gehören zu 2,26·10^37 kg?

Ausführliche Rechnung mit Stichworten:

Ergebnis: $2{,}26 \cdot 10^{37}$ kg Gold entsprechen .... m^3 Gold.

Stellt man sich diese Goldmenge als Kugel vor, so interessiert natürlich deren Radius.Bei gegebenem Radius r (Einheit nicht vergessen!) beträgt das Kugelvolumen V_K laut Buch oder Formelsammlung:

$$V_K = \text{......................}$$

In unserem Fall sind das Volumen zu .... m^3 gegeben und der Kugelradius gesucht.

Berechnung:

Ergebnis: Eine Goldkugel von .... m^3 Rauminhalt besitzt den Radius r = ... m bzw. r = ... km.

Um sich diesen Wert anschaulicher vorstellen zu können, soll r jeweils als Vielfaches der folgenden Maße dargestellt werden:

- Atomradius: grob ca. 10^{-10} m
- Mondradius: ca. 1738 km
- Erdradius: ca. 6371 km (schwache Birnenform!)
- Abstand Erde-Mond: ca. 384 Tsd. km
- Abstand Erde-Sonne: ca. $150 \cdot 10^6$ km

Verlauf:

Nach 5 Minuten zügiger Anfang in den Gruppen. Bei Blatt I wurden nur Werte notiert, die Zinsfaktoren 1,05 und ihr Potenzaufbau brauchten Anleitung. Sehr klarer Ergebnisvortrag zu Blatt I nach 25 Minuten durch den besten Schüler der „Mittel"-Gruppen, allerdings nur Herleitung des Guthabens nach 1980 Jahren - weiter war niemand gekommen. Die Umrechnung auf Blatt II gelang problemlos, die Vergleichsangebote wurden aber erst nach Aufforderung angenommen (diesbzgl. Ergebnisse noch nicht veröffentlicht). Bei Blatt III gelang die Volumenberechnung problemlos, dagegen waren Hilfen bei der Formelbeschaffung und bei der 3. Wurzel auf dem Taschenrechner nötig (Tip: „Nehmt einfach die x^y-Taste mit y=1/3 !"). Das zentrale Ergebnis von Blatt I wurde in der Plenararbeit schülerzentriert (mit Schülerfragen und -antworten!) erläutert, ebenso die Funktion der Eingangsdaten der beiden anderen Blätter. Da die Stunde (wegen der Busanschlüsse) um 10 Minuten verkürzt war, mußte man damit zufrieden sein. Die restlichen zehn Minuten hätten zweifellos gereicht, um die übrigen Rechnungen vorzuführen und die „versprochenen" Kontrollfragen an je drei Schüler einzubauen. Eine Analog-Hausaufgabe zu Montag war nicht erlaubt, hätte aber nach den erwähnten 10 Minuten leicht gegeben werden können.

Abwägende Kritik:

Durchweg alle Schüler arbeiteten in dieser 6. Stunde intensiv. Es gab viele unkomplizierte, sachorientierte Kommunikationen - vor allem auch zwischen sonst eher distanzierten Schülern. Den anschaulichen Gesamtrahmen des Unternehmens fanden die Schüler amüsant bis spannend (nach der Atmosphäre zu urteilen). Offensichtlich engagierten sie sich für ihren jeweiligen Gruppenauftrag.

Der besonders gelungene Vortrag Jans und die Chance, eine „lebensnahe", recht komplexe Aufgabe in erträglicher Zeit und in unangestrengter Konzentration[27] durch Arbeitsteilung bewältigen zu können, hat die Klasse nachhaltig beeindruckt (Überraschungseffekt, Motivation, Stolz ... als Intensitätskatalysator; nach Erzählungen beim Abitur).

Deutlich nachteilig wirkten der unzureichende Zeitrahmen (Doppelstunde?), mangelnde Übung bei der Informationsbeschaffung und bei der Generierung naheliegender Fragen zu vorgelegten Vergleichswerten sowie der erkennbare Streß beim Lehrer in Vorbereitung[28] und Durchführung. Es ist fraglich, ob diese Gruppenarbeit nach dem Wochenende noch intensiv beendet werden kann (evtl. zu Schülervorträgen oder Hausaufgaben umgestalten?). Schließlich: Ist der meßbare Lernzuwachs nicht doch eher unbefriedigend?

These 9: **Die Schwierigkeiten der Gruppenarbeit sind im Mathematikunterricht ungleich höher als in den naturkundlichen, sprachlichen oder sozialkund-**

---

[27] Früher nannte man so etwas „(kontemplative) Muße", aber mit derartigen Ansinnen würde man sich heute in Bezug auf Unterricht verdächtig machen ...

[28] alles in allem ca. 2,5 Zeitstunden (bei handschriftlichen Arbeitsblättern und Folien)!

lichen Fächern[29]. Dafür kommen wichtige Lehr- und Erziehungsziele in den Blick, die sonst im Mathematikunterricht kaum beachtet werden.

Im Zuge der schon oben erwähnten „Reformpädagogik" wurden natürlich auch diverse Varianten des Gruppenunterrichts propagiert. Unter dem Einfluß der pragmatischen Philosophie John Deweys wurde dabei vor allem immer der soziale Charakter von Lernprozessen herausgestellt, der im klassischen Frontalunterricht tendenziell autoritär und antidemokratisch ausfalle. Zugunsten des Unterrichts in kleinen Schülergruppen lassen sich folgende Argumente anführen[30], die wir oben schon als „sozialethische" charakterisiert haben:

- Heranwachsende reifen nicht sprunghaft zum Erwachsenen, sondern in allmählicher Erweiterung ihrer Kontaktgruppen. Erst über die Auseinandersetzung mit dem „Du" werden „Ich", „Es" und Sozialbezüge bewußt lokalisiert, entwickelt, erkannt und relativiert. (Psychologisches Argument)
- In kleineren informellen Bezugsgruppen lassen sich eher Aktivitäten initiieren, die dem natürlichen Neugierverhalten, Techniken der Aggressionsbewältigung und den affektiven Potentialen (Abenteuer, Erlebnis, Wettkampf, Leistung, Bindung, Engagement, Empathie[31] ...) förderlich wären. (Sozialtherapeutisches Argument)
- Geistige Erlebnisse in Gruppen prägen tiefer und anders. (Psychologisches Argument)
- Das Hineinwachsen in eine Demokratie wird durch demokratischere Unterrichtsformen gestützt, insbesondere durch Arbeitsteilung, Kooperationsbereitschaft und -gewöhnung. Demokratisches Handeln bedarf der Übung. (Soziologisches Argument[32])
- Da grundsätzlich unbekannt ist, was Schüler künftig „material"[33] brauchen werden, müssen Schwierigkeiten der Informationsbeschaffung, des Meinungsabgleichs und der Zusammenarbeit hautnah und möglichst unvermittelt selbständig durchlebt und bewältigt werden - dies notfalls auch auf Kosten der abprüfbaren Leistungen. („Das Lernen lernen", Sozialverhalten und Teamfähigkeit einüben; Curriculares Argument)
- Lehrer neigen dazu, die kreativen Möglichkeiten ihrer Schüler zu unterschätzen und dadurch zu deprivieren. Gruppenunterricht zwingt zur Elastizität der Planung und fördert menschliche Disponibilität auf Lehrerseite. (Anthropologisches Argument)

---

29 naturkundliche: Stichwort „Schülerübungen" (vgl. etwa G. Kerschensteiner 1908, S. 35) -
sozialkundliche: Transport von positivem Wissen, engagierte *und* vorkenntnisarme Diskussion möglich -
sprachliche: elastische bis weiche Anforderungen in Methodik und Substanz

30 in Anlehnung an K. Wöhler 1981.

31 Fähigkeit, sich in andere hineinzuversetzen...

32 Daß auch Gruppenunterricht nicht von alleine demokratisiert, zeigen eindrucksvolle Beispiele aus der (sehr streng reglementierten) sowjetischen Arbeitsschule (Blonskij, Makarenko u.a.).

33 d.h. bewußtes Sach- und Methodenwissen betreffend.

- Gruppenarbeit eröffnet zusätzliche Möglichkeiten der inneren Differenzierung, der zwischenmenschlichen Erfahrung und der sozialen Integration. (Sozialpädagogisches Argument)

Kritisches ist schon bei den obigen Unterrichtsbeispielen angeklungen, insbesondere die Ineffizienz im „Materialen" (Stoff, Methoden, Handwerkliches, Faktenwissen usw.). Vilko Svajcer hat in dem oben erwähnten Sammelband einen ausgewogenen Standpunkt für die Sekundarstufen beschrieben, dem ich mich gern anschließe:[34]

> „Die Bildungsarbeit in Kleingruppen soll nicht als Substitut für andere Organisationsformen (Frontal- und Einzelarbeit) betrachtet werden. Somit besteht kein Grund, von „Ersetzung" des Frontalunterrichts durch „wertvollere" Gruppen- und Einzelarbeit zu sprechen (was man nicht selten als „Reform"-Phrase hören kann). Wenn wir den allgemeinen Satz, daß jedes Lernen ein individuelles Formen im sozialen Medium ist, anerkennen, sprechen schon grundsätzliche Überlegungen dafür, daß alle sozialen Formationen, denen der Schüler im Bildungsprozeß aus organisatorischen Gründen angehört, zu Bildungszwecken ausgenützt werden sollen. Frontalarbeit in Klassenabteilungen - und auch in größeren Bildungsgruppen - wird also ihren Wert behalten, wo er ihr begreiflicherweise gebührt; für schnelles und übersichtliches Informieren über systematisierte Tatsachen, für Abstecken der Startplattform zur Arbeit in kleineren Formationen (Untergruppen, Kontaktgruppen und ähnliches), für Plenarzusammenfassung der Erträge der Gruppenarbeit und Einzelbetätigung der Schüler usw.
>
> ... Es soll nur hervorgehoben werden, daß die Gruppenarbeit in das System des Unterrichts funktionell eingebaut werden muß, d.h. bei solchen Bildungsaufgaben, die ihrer Komplexität wegen oder auch aus anderen Gründen nicht in Einzelarbeit gelöst werden können und deren Beschaffenheit gleichzeitige Kollektivarbeit der Schülerabteilung (bzw. Bildungsgruppe) unmöglich macht oder als unökonomisch erscheinen läßt. Jede Abweichung von diesem Postulat entwertet die Gruppenarbeit in den Augen der Schüler, und das führt in der Regel dazu, daß sie die Gruppenarbeit als unernsten und fruchtlosen Zeitverlust zu betrachten beginnen. Hier sollen das Gefühl der Lebenskraft und das wachsende Selbstvertrauen des jungen Menschen geachtet werden, die einem scheinbar gemeinschaftlichen Lösen von Unterrichtsaufgaben Widerstand leisten, wenn sie in Einzelarbeit ohne Schwierigkeiten gelöst werden können. Einen Kardinalfehler begeht man, wenn man auf dieser Altersstufe auch weiter auf den der früheren Stufe angemessenen Formen der Gruppenarbeit besteht. Dies ist einer der Hauptgründe für die Ablehnung der Gruppenarbeit seitens der Schüler auf dieser Entwicklungsstufe (wie auch überhaupt jede sinnlose Übertragung der einer Vorstufe angemessenen Verfahren - aus Trägheit, aus ungenügendem Verständnis der Entwicklung oder aus Kommodität - auf die Schüler im Reifungsalter zu den Hauptquellen der Mißverständnisse in der Erziehungs- und Bildungspraxis auf der zweiten Schulstufe gehört)."

---

[34] In: K. Wöhler 1981, S. 28. - Svajcers Aufsatz bezog sich auf Erfahrungen in Jugoslawien. Dort waren mit der „Ersten Stufe" die Jahrgangsstufen 1-8 gemeint, mit der „Zweiten Stufe" die von 9-12. Seine Bemerkungen - auch die von der weitgehenden Abwesenheit des Gruppenunter-

4.5 Projektunterricht

Beispiele (s. Anhang 4.5.1):

1. *„Fußball" (7. Schuljahr, IGS; aus W. Münzinger 1977, S.57-72)*
2. *„Geschwindigkeitsbegrenzung" (9. Schuljahr, Gym.; ebenda, S. 122-153)*
3. *„Verkehrsunfälle an einer Ampelkreuzung" (ab Klasse 10; aus R. Fischer/G. Malle 1985, S. 122-141)*
4. *„Normgrößen" (9.-10. Schuljahr, Entwurf 1996; beliebiger Schultyp)*
5. *„Macht nach Adam Riese..." (ab 7. Schuljahr; Skizze 1996; beliebiger Schultyp)*

Beim zweiten Beispiel zum Gruppenunterricht wurde im vorigen Abschnitt schon bemerkt, daß durch komplexere Aufgabenstellungen und arbeitsteilige Behandlung „lebensnähere" Probleme erreichbar wären. Die Anführungszeichen beim Wort „Lebensnähe" gestehen, daß es beim Mathematikunterricht i. allg. mit einem gewissen Understatement zu lesen ist (das freilich bei einer 10. Klasse durchaus erwartet werden darf). Grundsätzlich stößt der Wunsch nach mehr Lebensnähe im Mathematikunterricht immer wieder auf eine naheliegende Schwierigkeit:

These 10: **Je lebensnäher ein Problem oder eine Aufgabe gewählt wird, desto komplexer wird meist deren Struktur. Die erhöhten Anforderungen an fächerübergreifendes Sach- und Methodenwissen bewirken leider einen Sog zu verfälschendem Dilettantismus.**

Daraus darf nun sicher nicht der Schluß gezogen werden, man brauche sich um Lebensnähe gar nicht erst zu bemühen. Behält nämlich der Mathematikunterricht seine Bezüge zur Außenwelt für sich, dann kann - nach allem, was Psychologen über Transferleistungen herausgefunden haben - nicht mehr gehofft werden, daß das mathematische Sach- und Methodenwissen der Schüler in ihr aktives Alltagsbewußtsein integriert wird. *Transfer muß geübt werden*; er kann Freude machen, aber er gelingt nicht von allein!

Das entstandene Dilemma erscheint in etwas milderem Licht, wenn man überlegt, inwiefern man selbst durch die Anhäufung von Mathematikkenntnissen zu einem lebenstüchtigeren Menschen außerhalb der Schule geworden ist: Die Bilanz wird vermutlich eher bescheiden ausfallen[35]; schwarze Zahlen hängen aber sicher vom Maß der Gewohnheit ab,

---

richts in den höheren Klassen - treffen immer noch auch auf unsere Sekundarstufen zu, zumindest in Mathematik.

35 „Die Mathematik ist eine gar herrliche Wissenschaft, aber die Mathematiker taugen oft den Henker nicht. Es ist fast mit der Mathematik wie mit der Theologie. So wie die der letztern Beflissenen, zumal wenn sie in Ämtern stehen, Anspruch auf einen besondern Kredit von Heiligkeit und eine nähere Verwandtschaft mit Gott machen, obgleich sehr viele darunter wahre Taugenichtse sind, so verlangt sehr oft der so genannte Mathematiker für einen tiefen Denker gehalten zu werden, ob es gleich darunter die größten Plunderköpfe gibt, die man nur finden kann, untauglich zu irgend einem Geschäft, das Nachdenken erfordert, wenn es nicht unmittelbar durch jene leichte Verbindung von Zeichen geschehen kann, die mehr das Werk der Routi-

elementare Mathematikkenntnisse und -argumentationsweisen probehalber auf scheinbar mathematikfremde Zusammenhänge anzuwenden. Dieses *Probehandeln im unstrukturierten Kontext* kommt aber nur dann zustande, wenn man sich zunächst[36] einmal nicht um intellektuelle oder wissenschaftliche Qualitäten sorgt. Bei dringenden Alltagsproblemen oder gar in lebenswichtigen Situationen ist das auch gar kein Thema. Nun soll ja der Mathematikunterricht an Allgemeinbildenden Schulen nicht nur positives Wissen (s. Fußnote 101) als Grundlage für mancherlei Berufe „vermitteln", er will darüber hinaus in die Alltagshaltungen aller Schüler dort eingreifen, wo sich Mathematisches bewußt oder unbewußt, jedenfalls unwillkürlich, als Strukturierungshilfe für Wahrnehmung, Denken und Handeln bewähren kann. Daher die

These 11: **Ohne Probehandeln in unstrukturierten Kontexten bildet mathematisches Wissen nicht, es bleibt dann enzyklopädisch, und das heißt: in aller Regel belanglos.**

In bewußter Anlehnung an die reformpädagogische Tradition seit B. Otto, O. Haase, J. Dewey, W. H. Kilpatrick, H. Gaudig, G. Kerschensteiner und F. Karsen formulierten z. B. die früheren, sehr umfänglichen Hessischen Rahmenrichtlinien Mathematik für die Sekundarstufe I von 1977 im allerdings knappen Lernzielkapitel 32 (zitiert nach W. Münzinger 1977, S.29f.):

„... darüber hinaus sollte die Möglichkeit genutzt werden

- zu erweitern und zu vertiefen,
- inhaltliche Querverbindungen aufzuzeigen,
- Bezüge zu anderen Bereichen, wie z.B. Naturwissenschaften, Gesellschaftslehre, Polytechnik, Sprachen, herzustellen.

Bei einem themenkreis- und fächerübergreifenden Unterrichtsvorhaben bietet es sich in besonderem Maß an, projektorientiert zu arbeiten. Das bedeutet eine Form schulischen Lernens, die den Schülern Mit- und Selbstbestimmung ermöglicht bei der Auswahl der Inhalte und Unterrichtsthemen, Festlegung der Unterrichtsziele, Bestimmung der Methoden bei der Durchführung, Erarbeitung der Probleme und Ergebnisse, Beurteilung der geleisteten Arbeit, wobei nicht zuletzt die Ergebnisse des Unterrichts über Anwendungen konkret überprüfbar werden.

Bei der Befragung der Schüler hinsichtlich der Inhalte, der Planung und der Art des Unterrichts kann man ganz offen vorgehen und dem Schüler die Wahl vollständig überlassen, man kann aber auch - und dies erscheint gegenwärtig sinnvoller - projekt-

---

ne, als des Denkens sind." (G. C. Lichtenberg: Sudelbuch, Heft K, Nr. 185; Göttinger Physiker zur Goethezeit, Zeitgenosse Goethes und Professor des jungen Gauß) „Die sogenannten Mathematiker von Profession haben sich, auf die Unmündigkeit der übrigen Menschen gestützt, einen Kredit von Tiefsinn erworben, der viele Ähnlichkeit mit dem von Heiligkeit hat, den die Theologen für sich haben." (Ebenda, Nr. 129)

36 Das Wörtchen „zunächst" sollte hier ernstgenommen werden: Lehrer sind mittelfristig immer kraft Ausbildung, Amtes und Besoldungsgruppe auf Qualität verpflichtet.

orientiert verfahren, also ein Angebot an Themen - wenn möglich mit zugehörigen differenzierten Materialpaketen - vorstellen und den Schüler gegebenenfalls auswählen lassen...

Solche Projekte können sein: 1. Vom Geldwesen... 2. Auswertung eines Wahlergebnisses... 3. Aus der Wirtschaft... 4. Aus Physik und Technik... 5. Verkehr... 6. Bauen und Wohnen... 7. Freizeit...

Ein solcher Unterricht verlangt Kooperation unter Lehrern und die Sicherung der Entwicklung von Unterrichtsmaterial.

Bei den oben vorgestellten Unterrichtsvorhaben bieten sich auch Möglichkeiten

- Denken in mathematischen Kategorien abzugrenzen gegenüber Denken in juristischen, historischen, politischen u.a. Kategorien,
- Unterschiede zwischen mathematischer Fachsprache und der Umgangssprache an Beispielen sich bewußt zu machen,
- mathematische Entwicklungen historisch einzuordnen."

Grundsätzlich kann jedes komplexere Thema zum „Projekt" werden, wesentlich ist nur, daß die Themenwahl von allen Teilnehmern emotional bejaht wird, daß alle gleichberechtigt, arbeitsteilig, aktiv und selbsttätig Beiträge einbringen und daß die aufgewandten Kräfte ausschließlich themenorientiert gewichtet und bewertet werden.[37] Nach einer „*Projektinitiative*" legen die Teilnehmer den Projektrahmen fest, d.h., sie verständigen sich über Ziele, Wege, Formen, Arbeitsteilung, Teilprojekte, Zwischenziele und feste Termine zur „*Metainteraktion*"[38], d.h. zur gemeinsamen Reflexion und Auseinandersetzung über bis dahin Erreichtes. Während sich die sozialethischen Ziele mit denen des Gruppenunterrichts weitgehend decken, wird bei der Projektmethode stärkeres Gewicht auf themenzentrierte Selbstorganisation gelegt, auf Selbstverantwortung und Selbstunterricht.

Bei dieser „Methode"[39] geht es weniger um „Stoff" als um Haltungen und Verhaltensformen: „Selbständig werden, sich mit der realen Welt um uns auseinandersetzen, mög-

---

[37] Aus Motivationsgründen und wegen des erklärten Ziels, Mathematik als für das Leben (unmittelbar?) fruchtbar wirken oder erscheinen zu lassen, führen die genannten Bedingungen bei ausgesprochenen Anhängern der Projektmethode meist zu der pragmatischen Zusatzforderung, Projektthemen müßten aus der Lebenswelt der Schüler stammen und von ihnen selbst vorgeschlagen werden („Projektinitiative"; vgl. etwa W. Münzinger 1977 oder K. Frey 1990). Man sollte diese Forderung aber nicht überbewerten: Da Vorschläge in der Regel ohnehin von einzelnen Schülern kommen, wäre die Projektmethode nur noch für freiwillige Arbeitsgemeinschaften tauglich, wollte man starr an einer Schülerinitiative festhalten. Wichtig ist lediglich, daß die Projektmethode nur solange trägt, wie alle Beteiligten noch an der Sache engagiert sind. Frey schlägt konsequenterweise vor, das Projekt abzubrechen, sobald diese Bedingung nicht mehr erfüllt ist.

[38] „Fremdwörter würzen die Rede." (J. W. Goethe) Besonders bei „irgendwie" Wichtigem, wenn nicht so ganz klar ist, wie man es machen soll.

[39] Die Bezeichnung „Projektmethode" hat sich eingebürgert, obwohl die „Methode" eher darin besteht, die Methoden freizugeben.

lichst viele menschliche Ausdrucksformen aktivieren, im Handeln auf den Nächsten achten."[40] Sachkomptenz ist nicht Voraussetzung, sie soll bei der Projektarbeit pragmatisch gefragt, beschafft und erworben werden. Da die Themenwahl attraktiv, bildungsintegrativ und allseits aktivierend wirken soll, ist sie grundsätzlich frei und nicht fachgebunden. Damit „spielt die Mathematik als eigenständige Disziplin eine untergeordnete Rolle".[41] Die Projektmethode gewinnt ihre Vorstellung von Bildung nicht „als Interpretation von abgelaufenen Ereignissen" (K. Frey 1990., S. 24), als Übernahme von Fakten oder als Rekonstruktion von Bildungsgütern:

> „Der einzige Weg, über den Bildung bestimmt werden könnte, ist die Entstehung der Bildung - genauer: die Art und Weise, wie es zu dem kommt, was man Bildungsveranstaltung oder an deren Ende Bildung nennen könnte." (K. Frey 1990, S. 25)

Damit wird der Weg zum Ziel erklärt.

Wollte man die Projektmethode vollständig an die Stelle aller anderen Unterrichtsformen setzen, wie das gelegentlich in und von Grundschulkreisen gefordert wurde (vgl. z.B. H. D. Hermann 1975/76), dann wäre allerdings Bildungsarbeit auf Verhaltensziele reduziert und der Wissenshorizont der Schüler auf das momentan Selbstfindbare, Wünschbare und Beurteilbare begrenzt. Zumindest vorübergehend könnte von einer Teilhabe an der „Gesamtkultur", verstanden als öffentlicher Kommunikationshintergrund, als Konglomerat der von einer größeren Gemeinschaft geteilten sprachlichen und nichtsprachlichen Symbolvorstellungen, nicht mehr die Rede sein. Aus Sozialisierung würde provinzielle Privatisierung, und die kindliche Phase des Egozentrismus würde lediglich in nachbarfreundlicher Verpackung perpetuiert. Natürlich wollen wir das nicht.

These 12: **Es wäre unredlich und unverantwortlich, die Bildungs- und Erziehungsentscheidungen über schmackhafte Selbstläuferthemen dauernd an Jugendliche zu delegieren. Die anspruchsvollste Funktion der Schule besteht darin, Heranwachsende mit solchen Tatsachen, Dingen, Gedanken, Methoden und Haltungen zu konfrontieren oder gar vertraut zu machen, auf die sie nicht von allein kommen. Ständige Schülerorientierung ist dabei selbstverständlich; ständige Stoff- oder Lehrerzentrierung wäre dumm - und ständige Schülerzentrierung verantwortungslos.**

Projekte erfordern viel Zeit und einen besonders verantwortungsvollen Umgang mit Begründungs-, Niveau- und Disziplinfragen. Wer das nicht so sieht, erinnere sich an die bei Schülern und Lehrern mäßig beliebten „Projektwochen", die sich als Lückenfüller für die unterrichtsleere Zeit zwischen Zeugniskonferenzen und Großen Ferien zwar nicht bewährt, aber durchgesetzt haben: „Wir backen und verkaufen am Schluß alles den Eltern", „Wir batiken und...", „Wir sammeln für ...", „Wir fotografieren und zeigen...", „Wir be-

40 K. Frey 1990, S. 27.

41 W. Münzinger 1977, S. 31.

reiten eine Fahrt nach ... vor", ... „Wir erkunden die Altstadt und verdrücken uns".

Aus Furcht vor substanzlosen Versandungen werden Beispiele für mathematische Projekte oft sehr stark vorstrukturiert und mit reichlich engen Arbeitsblättern versehen. Lehrern, die der Projektmethode offen gegenüber stehen, fehlt es oft an Mut und an Vertrauen zur Mathematik: Sie trauen dem Thema oder ihren Schülern nicht zu, Mathematisches in nennenswertem Umfang zwanglos abzufordern und einzubeziehen. Die Folge ist dann eine mathematiklastige Vorstrukturierung der Projektinitiative, die die erstrebte Sogwirkung zur Bildungsintegration, die erwünschte Eigeninitiative der Schüler und deren affektive Bindung ans Thema so schwächt, daß nur noch mehr oder minder schülerzentrierter oder besser: materialzentrierter, aber lehrergesteuerter Unterricht übrig bleibt. Wesentlich an der Projektmethode ist aber aus offensichtlichen pädagogischen Gründen der (fast ausschließlich) teilnehmergesteuerte und -beurteilte Verlauf. Das oben genannte Beispiel „Normgrößen" versucht das zu realisieren und macht deshalb bewußt (zunächst) keine konkreten Arbeitsvorgaben. (Einzelheiten und ein ähnlicher Vorschlag zum Thema „Adam Ries" finden sich im Anhang zu diesem Buch.)

John Dewey

4.6 Zusammenfassung

Seit Beginn des 20. Jahrhunderts verlor sich die schlichte Auffassung, Bildung und sittliches Niveau würden aus der assoziativen Reihung von Wissenselementen automatisch folgen, sobald man die dargebotenen oder *„heuristisch erarbeiteten"* Elemente nur hinreichend moralisch reflektiere und mit passend dosierten Reproduktionstendenzen versehe. Erarbeiten, Erklären und Einprägen durch Üben garantieren allein noch keine Entwicklung zur „Moralität".[42] Einerseits fesseln Milieu, weltliche Mächte, kollektiv und persönlich Unbewußtes sowohl die gedankliche als auch die sittliche Freiheit des Einzelnen, andererseits sind Wahrnehmen, Erinnern, Denken, Wollen und Glauben keine reinen Funktionen eines statischen Gedächtnisses, sondern immer auch *„subjektive"*, d.h. zumindest partiell konstruktive Prozesse.

> „Der alte Satz 'Die Entwicklung des Kindes geht von der Anschauung zum Begriff' ist in dieser allgemeinen Fassung unrichtig, er enthält eine einseitige Auffassung der intellektuellen Entwicklung. Sie geht in viel höherem Maße vom Begriff zur Anschauung, indem die den Apperzeptionsprozeß[43] beherrschenden Begriffe bestimmen,

[42] Indem sich die theoretischen Grundlagen des Herbartianismus als unhaltbar erwiesen haben, wurden mechanistische Auffassungen von Unterrichtsarbeit natürlich nicht gleich mit ausgerottet. Sie leben seitdem halt fröhlich als bequeme Ideologie des „erklärend-vermittelnden Unterrichts" ohne theoretische Begründung fort.

[43] In der Psychologie ist „Apperzeption" eine Sammelbezeichnung für Vorgänge des bewußten Erfassens von Erlebnis-, Wahrnehmungs- und Denkinhalten.

was angeschaut wird und *wie* von ihnen aus der stufenweise Fortschritt des Anschauens erweckt wird.“ (Ernst Meumann[44])

Durch die Gestaltpsychologie gestützt, kam zugleich Aristoteles' Wort von dem Ganzen, das in aller Regel viel mehr als die platte Summe seiner Teile sei, in *„ganzheitlichen“* Auffassungen von Bildung und Erziehung wieder zu Ehren. In dem Maße, in dem Bildung als Prozeß oder Resultat *„ganzheitlich tätiger und wertender Aneignung“* verstanden wurde, d.h. als subjektiver (Re-) Konstruktionsprozeß auf der Grundlage objektiver Apperzeption, gedieh der - für die Pädagogik des 20. Jahrhunderts gültige - Konsens, daß Bildungsarbeit die individuellen Aneignungsprozesse durch Förderung von Selbsttätigkeit und Kritikfähigkeit zu stützen habe.[45] Die Diskussionen gleich zu Beginn des Jahrhunderts enthielten im Keim alle wesentlichen Gedanken, die „fortschrittlicher“ Pädagogik bis heute zugrunde liegen. (Vgl. Anhang 4.6.1)

Bildungsarbeit, die die Subjektbindung bildender Prozesse ernst nimmt, hat allerdings ihren Weg vorsichtig zwischen Skylla und Charybdis zu steuern: zwischen reiner Entfaltungspädagogik und reiner Kulturgutvermittlung: Schülerzentrierte Entfaltungspädagogik bedroht ihre Kinder durch Entzug materialer Zukunftsgrundlagen, und sie kollidiert allzu leicht mit berechtigten Qualitätsansprüchen des Sachgegenstandes oder des Generationenvertrags.[46] Kulturbeflissene Werkorientierung liefert demgegenüber ihre Zöglinge mittelbarer und damit heimlicher Indoktrination durch Vorentscheidung und Vertuschung der Normenprobleme aus. Weder Schüler noch Lehrer können alle ihre Normen und Werte selbst finden oder autonom wählen. Und beide, Schülerzentrismus und Werkorientierung auf ihre je eigene Weise, unterstellen den Schülern Arbeitshaltungen, -motivationen und -einsichten, die sie im Schulalltag oft nicht aus sich heraus haben oder haben wollen.

---

[44] Aus: E. Meumann 1916, III, S. 406. Als Schüler des großen Psychologen Wundt hat Meumann (1862-1915) übrigens ein „erstes Stadium“ in der Kindesentwicklung beschrieben, in dem es im wesentlichen nur anschauliche Gesamtvorstellungen von Dingen erwirbt und kaum zu analytischen Zerlegungen fähig ist. Erst in einem „zweiten Stadium“ setze die Analyse unter allmählich erworbenen Gesichtspunkten ein. Tendenziell waren mit solchen - unter den damaligen „empirischen Psychologen“ verbreiteten - Ansichten die späteren Detailstudien Piagets vorgezeichnet.

[45] „Kritikfähigkeit“ bedeutete freilich im Laufe unseres Jahrhundert sehr Verschiedenes: Man denke etwa an Kerschensteiners Ethos der Werkvollendung, an diverse „kommunikative“ Ansätze seit Gaudig oder an das politisch-soziale „Lernziel Emanzipation“ im Sinne Adornos.

[46] „Es ergibt sich also, daß jede Methode und jedes Kriteriensystem nur in Korrelation zu den Inhalten, auf die sie zielen, verständlich sind. Man kann also Methoden nur in der Begegnung mit den Inhalten selbst entwerfen, erarbeiten, prüfen und sich zum festen Besitz machen. Pädagogische Richtungen, die diesen Tatbestand ignorieren, verwickeln sich - wie zu erheblichem Teile die Gaudig-Schule und Peter Petersen - in die paradoxe Situation, daß sie um der Verwirklichung des Prinzips der Selbsttätigkeit willen und in Ablehnung bloßer Vermittlung von Inhalten methodische Bildung fordern, daß sie die Methoden selbst aber nicht vom Schüler erarbeiten lassen, sondern dogmatisch übermitteln: angesichts der Methoden verfährt man in eben der Weise, die man angesichts der Inhalte bekämpfen wollte.“ (W. Klafki 1963, S. 38)

These 13: **Guter Unterricht bemüht sich nachdrücklich, zwischen subjektinternen Bildungsprozessen und externen Wertsetzungen transparent zu vermitteln - und dies persönlich zu verantworten.**

Aufgrund der notwendigen Subjektorientierung muß „guter Unterricht" als Übergangszustand, als etwas Relatives, Prozeßhaftes, Vermittelndes und Vergängliches immer wieder neu geschaffen und verantwortet werden: „Jede Wahrheit hört schon ein bißchen auf, eine zu sein, wenn ein anderer sie zu glauben beginnt." (Oscar Wilde)

5 Bildung als Prozeß

5.1 Das genetische Prinzip

Die allgemeinste Form des *„genetischen Prinzips"* ist heute kaum mehr als eine Selbstverständlichkeit: *Jeder Unterricht soll sich an der Entwicklung orientieren!*[47] Ein Unterricht, der Entwicklungsprozesse besonders betont und über materiale Ergebnisse stellt, heißt *„genetischer Unterricht"*. Der übliche „fragend-entwickelnde" Unterricht und die überholte assoziationspsychologische „Aufgabendidaktik" gehören nicht dazu, weil sie im Kern ergebniszentriert sind.[48] Das soll nun keineswegs heißen, genetischer Unterricht sei weniger an Ergebnissen interessiert. Die Ergebnisse haben dort nur eine eher mittelbare Funktion als magnetische Zielpunkte der vermeintlich lehrreicheren Entwicklung. „Verstehen des Verstehbaren ist indes ein Menschenrecht," heißt es bei Martin Wagenschein, dem vehementesten Verfechter des genetischen Unterrichts, und er meint damit epistemologisch[49] „wirklich verstehen, von Grund auf" und didaktisch „Verstehen ist Menschenpflicht". Während die Entwicklung beim üblichen Mathematikunterricht im Dienste der Ergebnisse steht und hauptsächlich mit ihnen anfreunden soll, liegen die Gewichte beim genetischen Unterricht genau andersherum: der Wunsch nach Ergebnissen hält die Entwicklung in Gang und freundet mit ihr an (Wagenschein: „Leistungssog statt Leistungsdruck").

Damit soll zugleich mehreren Problemen begegnet werden:

- Bilden heißt Bildungs*prozesse* befördern.
- Ergebnisse, die im Lernenden nicht prozessual verankert sind, bleiben fremd, unfruchtbar und flüchtig. „Vielwisserei Denken nicht lehrt!" (Heraklit)
- Mathematikgläubigkeit und Mathematikverachtung sollen durch einen *„Vorrang des Verstehens vor dem Bewältigen"* bekämpft werden.
- Der nach guten Initialfragen durchlebte und durchlittene *Geburtsprozeß für besonders lohnende, fachtypische Ergebnisse* lädt diese automatisch affektiv auf und läßt sie so mit charakteristischen Zügen ihrer Genesis unvergeßlich und zugleich paradigmatisch werden. (*„Exemplarisches Prinzip"*)[50]
- Anwendung von Wissen im Denken oder Handeln setzt Übung im Methodischen voraus. Wissen ist überall gespeichert und bequem abrufbar; Techniken des Fragens, des

---

[47] Die Konsensfähigkeit dieses sehr allgemeinen genetischen Prinzips beruht natürlich großenteils auf der Unbestimmtheit des Terminus „Entwicklung". Wir gehen erst nach den Beispielen näher darauf ein.

[48] Der Terminus „Aufgabendidaktik" sowie ein ausführlicher Zielvergleich von „traditionellem" und genetischem Mathematikunterricht (im Sinne Wagenscheins und Wittenbergs) finden sich in dem „Klassiker" von Helge Lenné 1975.

[49] d.h. auf Erkenntnisprozesse gerichtet...

[50] Die Ähnlichkeiten zu Kerschensteiners Ansatz der Revitalisierung von Kulturgütern mitsamt der strikten Ablehnung von Enzyklopädismus ist natürlich nicht zufällig - auch nicht das analoge Wertsetzungsproblem für die „exemplarischen" Themen.

Wissenserwerbs, der Ideenfindung („*Heuristik*") und der Wissensverwendung sind es nicht. Transfer will geübt sein, am besten im sokratischen Gespräch („*Sokratisches Prinzip*")

Das „Sokratische Lehrprinzip" der „Mäeutik"[51]

Der Lehrer hilft durch sparsame Fragen, Einwände und heuristische Hinweise, die Sache gründlich und aus ihrem Wesen heraus zu verstehen, d.h. sich auf die Sache besinnen, sie rekonstruieren und wiedergebären. Der Lehrer belehrt nicht in der Sache, sondern durch Aktivierung von Selbstfindungsprozessen mittels Aufdekkung von Vorurteilen, Unschärfen, Unwissen und voreiligen Schlüssen.

Die Bezeichnung „sokratisch" erinnert an die pädagogische Grundhaltung des Sokrates, wie sie insbesondere in der berühmten Sklavenszene von Platons „Menon" geschildert wird: Sokrates will dem Menon zeigen, daß jeder über „Neues" urteilen kann. Dazu fragt er den Sklaven des Menon nach der Seitenlänge eines Quadrats doppelter Fläche. Der Sklave antwortet erwartungsgemäß falsch, und Sokrates fragt allmählich die richtige (geometrische) Lösung (mit angesetzten Dreiecken) aus dem Sklaven heraus, indem er ihm bei falschen Antworten jedesmal Widersprüche aufzeigt. Sokrates erklärt dann seinem eigentlichen Gesprächspartner Menon, daß die Fähigkeit, eigene Meinungen selbst als falsch zu beurteilen, ursprüngliche, wenn auch unterbewußte Kenntnis des Richtigen voraussetze. Daraus sei zu schließen, daß gar nichts Neues gelernt werde, daß Lernen lediglich als eine Wiedererinnerung anzusehen sein, als Bewußtmachung der wahren Tatbestände. Belehrung, die sich nicht auf intuitiv Gewußtes beziehe, sei nicht nur nutzlos, sie sei geradezu unmöglich, da niemand beurteilen könne, was er noch nicht wisse. Lehrkunst sei demnach nicht mehr und nicht weniger als Hilfe zum Wiedererinnern, Hilfe beim ans-Licht-Bringen des Vorbewußten, geistige „Mäeutik".[52]

Wenn heute von einem „sokratischen Lehrprinzip" die Rede ist, dann meint man damit in der Regel weder die Platonisch-Sokratische Philosophie der Wiedererinnerung an ewige, vor der Geburt geschaute Ideen noch die äußerst suggestive Herausfragemethode in der Sklavenszene, sondern die *pädagogische* Grundauffassung des Sokrates: nicht belehren oder unterweisen wollen, sondern helfen beim eigenen Zurechtfinden und Urteilen über das, was tatsächlich der Fall ist!

Friedrich Copei hat das 1930 sehr treffend ausgedrückt, wobei man heute wohl eher „Problem" statt „Frage" lesen sollte:

„Das bleibt ein Ziel der intellektuellen Erziehung: nicht den Gegenstand durch ihm

[51] d.h. Hebammenkunst.

[52] s. Menon 82b-85b zur Sklavenszene; 82a und 85b-e zum Lernen als Wiedererinnerung und 86a-c zur folglichen Unsterblichkeit der Seele.

wesensfremde Zutaten 'interessant' zu machen, sondern im Geist aus der Frage ein echtes 'Inter-Esse' erwachsen zu lassen.

So hat jeder Unterricht antinomisches Gepräge: er löst in der Frage die schöpferischen Kräfte des Intellekts und bindet sie doch zugleich durch die Forderungen der Sache. Damit werden die gegenständlichen Forderungen erfüllt, gleichzeitig aber vollzieht sich im einzelnen die Formung, welche wir Bildung nennen."[53]

Beispiele:

„Die Entdeckung der Axiomatik" (M. Wagenschein, ab 7. Kl.; s. Anhang 5.1.1)[54]

„Unterrichtsgespräch über das Nicht-Abbrechen der Primzahlenfolge" (M. Wagenschein, ab 8. Kl.; s. Anhang 5.1.2)

Wagenschein ist, wie auch die Beispiele zeigen, bemüht, genetische Entwicklung als ad hoc-Rekonstruktion einer gedanklichen Brücke von ursprünglichem Wissen zu fachlichen Inhalten darzustellen. Man könnte dies, sieht man einmal von seinen psychologischen und bildungssoziologischen Begründungen ab, ein *„sokratisch-genetisches Prinzip"* nennen. Er geht stets von einer - im besten Sinne - naiv-erdverbundenen Weltsicht aus, der das staunende Hinterfragen der Phänomene Anliegen genug ist, die tiefsten und zugleich elementarsten Einsichten in (ideal gedachte) Mustermathematik zu gewinnen.[55]

Martin Wagenschein

Auf Schülerseite werden Wissensdurst, Ausdauer und Kreativität erwartet, weniger Fakten- und Methodenkenntnis. Bildung entsteht - auch für den Lehrer - im Erlebnis des Wiederentdeckens, und das setzt Sensibilisierung durch eigenes Ringen voraus. Daher kommt dem Lehrer weniger eine belehrende als eine *„Uferfunktion"* zu: Er soll einen komplexen Denkanreiz stiften, sich dann aber auf strategische Hilfen und zur Besinnung herausfordernde Fragen beschränken, um den Denkprozeß in fruchtbaren oder zumindest lehrreichen[56] Bahnen zu halten. Auch für ihn geht es jedesmal um eine neue Art, gute Mathematik neu zu „entdecken"[57]. An den Mut des Lehrers, seine Geistesgegenwart, Nachdenklichkeit und Sachkompetenz werden erhebliche Ansprüche gestellt. Dazu braucht der Unterricht geistige Muße, d.h. Zeit, Ruhe und Konzentration. Er soll sich deshalb und aus Rücksicht auf die Fassungskraft der Schüler auf ausgewählt vielschichti-

---

53 F. Copei 1969, S. 116f.

54 Vgl. auch die Detailkritik S. 95.

55 „Bildung ist: die feinen Schattierungen treffen und doch einfach bleiben." (Alfred Döblin)

56 Fehlwege sollen durchaus ausgelotet werden, wenn daraus tiefere Einsichten gewonnen werden können.

57 nicht zu „erfinden": bei Wagenschein bleibt sich gute Mathematik ewig gleich.

ge, elementar zugängliche und paradigmatische Mathematikthemen konzentrieren, was wiederum fachliche Geschmacksbildung beim Lehrer voraussetzt.

Hauptkritikpunkte:

Indem naive Entdeckungserlebnisse bis hin zur Ergriffenheit weit über positives Wissen (s. Fußnote 101) und über sozialkritische Belange gestellt würden, drohe der genetischen Lerngemeinde eine gewisse intellektuelle Selbstbeschneidung. Es handle sich lediglich um intellektualistische Nabelschau in einer sozial entrückten und in ihrer gefühligen Ganzheitlichkeit unwirklich kleinen, heilen, vorwissenschaftlichen und anachronistischen Geisteswelt. Außerdem werde die motivatorische Ausdauer normaler Schüler nach den eigenen - allzu untypischen - Erfolgserlebnissen als charismatischer Lehrer in der privaten Odenwaldschule dramatisch überschätzt. Wagenscheins Anforderungen an normale Mathematiklehrer und an die organisatorischen Rahmenbedingungen (z.B. wird konsequent Epochenunterricht verlangt) seien ebenso unrealistisch.[58]

---

[58] Vgl. auch Abschnitt 6.3. Eine ausführlichere Kritik findet sich in H. Lenné 1975, S. 54-68 und S. 200-202, sowie in D. Volk 1980, S. 61-104.

Die Kritik ist viel älter als Wagenschein. So hat z.B. der später bedeutende Mathematiker Karl Weierstraß 1841, als 26jähriger Gymnasialreferendar, der wissenschaftlichen Prüfungskommission in Münster eine respektvolle Arbeit „Über die sokratische Lehrmethode und deren Anwendbarkeit beim Schulunterrichte" vorgelegt, in der er u.a. zu folgenden skeptischen Schlüssen kommt: „Die Sokratische Methode kann auch bei den ihr an sich ganz angemessenen Gegenständen ihren Erfolg nur dann haben, wenn der Lehrer nur einen oder doch nur sehr wenige Schüler vor sich hat... Während der Lehrer mit *einem* Schüler verkehrt, - und bei wahrer Sokratischer Methode ist es doch nöthig, daß die Untersuchung mit *einem* wo nicht zu Ende, doch zu einem bestimmten Abschlusse geführt werde - geht ein großer Teil seines Unterrichts für die übrigen Schüler verloren. Es ist in manchen Fällen für den Schüler zu schwer, das Gespräch, welches der Lehrer mit einem andern hält, gehörig zu verfolgen. Dazu müsste er sich ganz in den Gedankengang des letztern hineinfinden können, was oft für den Lehrer schwer genug ist. Oft würde er auch selbst ganz anders geantwortet haben; dann vermengt er seine Gedanken mit denen des andern und geräth in Verwirrung; hat er einmal den Faden verloren, so ist alle Aufmerksamkeit dahin... Nicht minder erfordert die Sokratische Methode einen Lehrer von ausgezeichnetem Talente... Aus diesen Bemerkungen möchte wohl der Schluß zu ziehen sein, dass bei dem *Schul Unterrichte* die Sokratische Methode weder die allgemeine, noch selbst die vorherrschende sein könne. Dass die Schule den Lehrling auch zum selbständigen Gebrauch seiner Kräfte anzuleiten habe, ja dass dieses ganz vorzüglich ihre Aufgabe sei, bedarf keiner Erinnerung..."

Weierstraß stellt dann fest, daß die sokratische Methode kaum zu den Sprachen, zur Literatur und Geschichte der alten Völker, zu den Naturwissenschaften und zur Religion passe, am ehesten noch zur philosophischen Propädeutik und zur Mathematik. „Somit bliebe hauptsächlich noch die Mathematik übrig, welche auf Sokratische Weise gelehrt werden könnte. Hierfür haben sich in der That stets viele Stimmen erhoben. Manche mögen den Anspruch des Sokrates im Sinne gehabt haben, den ich bereits oben anführte. Sokrates möchte indess gegenwärtig kaum noch so urtheilen. Aber es ist auch manches sehr gewichtige Urtheil dagegen vernommen worden, und zwar von Männern, deren Leistungen als Lehrer sehr bedeutend waren, und denen man nicht den beliebten Vorwurf machen konnte, dass sie 'am alten Schlendrian hingen'. Diese erklärten es für nicht möglich, eine ganze Klasse durchaus nach Sokratischer Methode mit gutem Erfolge zu unterrichten. Ihre Gründe waren zum Theil von ähnlicher Art wie die vorhin

Syntheseversuch:

Hans Freudenthal, der schon als international bedeutender Fachmathematiker galt, bevor er sich Schulfragen widmete, hat Wagenschein einst bewundernd „das pädagogische Gewissen der Fachdidaktik" genannt. So sehr er mit dessen sokratisch-genetischer Sichtweise sympathisierte, so wenig war er bereit, Wagenscheins Zug zum Elementaren und Ursprünglichen alle höhere Mathematik zu opfern. Zeitgemäße Allgemeinbildung habe eben vielerlei Fakten- und Methodenwissen aus der viertausendjährigen Mathematikentwicklung aufzunehmen, jedenfalls mehr als durch Selbstentdeckung zu assimilieren sei. Das erfordere durchaus mehr Führung und Anleitung durch den Lehrer, der jedoch naive Ansätze der Schüler stets lernbegierig aufnehmen und weiterführen sollte. Als fruchtbarstes Lehrprinzip für den Mathematikunterrichts sei daher die ***„Nacherfindung unter (vornehmlich heuristischer) Führung"*** zu empfehlen. In der tätigen, nicht notwendig und nicht jederzeit selbsttätigen Auffassung von Mathematik als Schule des Mathematisierens[59] könne diese Unterrichtsanlage den Schülern am ehesten ***nützliches*** Wissen, d.h. hier vor allem: transferierbares Methodenwissen, vermitteln. (Nützlichkeit betrifft bei Freudenthal neben Realitätsbezug, Anwendungserfahrungen und Berufsgrundlagen immer auch geistige Anregung, ästhetische Grundvorstellungen und abstraktes Erkenntnisinteresse, das der besseren menschlichen Natur immanent sei.) Nützliches Wissen könne überdies nur durch Vielschichtigkeit, „Beziehungshaltigkeit" und Beziehungsreichtum begründet werden, wobei nicht an reine Anwendungsorientierung gedacht ist, sondern an eine möglichst organische Verbindung von grundlegenden innermathematischen Ideen mit Anwendungsbezügen.

Hans Freudenthal

Kritik:

Freudenthal hat seine Auffassung in zahlreichen Veröffentlichungen sehr eindrucksvoll vertreten, und sein zweibändiges didaktisches Meisterwerk *„Mathematik als pädagogische Aufgabe"* wird zweifellos ein Klassiker der Mathematikdidaktik bleiben. Trotzdem ist auch ihm der nicht ganz unberechtigte Vorwurf gemacht worden, er sei eben doch von

---

in Beziehung auf den Schulunterricht überhaupt angeführten. Aber mit Recht erinnerten sie auch, dass gründliches Verstehen erzielt werden könne, wenn man den Schüler auch nicht gerade selbst den Weg der Erfindung durchmachen lasse. Der Lehrer soll die Wissenschaft vor den Augen des Schülers entstehen lassen. Wie sie sich in dem Geiste des gereiften Denkers aus den ihm inwohnenden Grundvorstellungen entwickelt und gestaltet, so soll er sie, nur für die jugendliche Fassungskraft eingerichtet, darstellen und als ein organisch sich bildendes Produkt der Vernunftthätigkeit mittheilen. An *seinem* Verfahren soll der Schüler mathematisch denken lernen. An Folgerungen aus fruchtbaren Hauptsätzen, an Lösungen mannichfaltiger Aufgaben mag dann auch die Sokratische Methode geübt werden. Aber als herrschende Form kann sie auch beim mathematischen Unterrichte nicht in Anwendung kommen." (K. Weierstrass 1903, S. 328f.)

59 Bei Freudenthal ist das die relevanteste Auffassung von Mathematik für Nichtmathematiker.

Herzen zu sehr Mathematiker.[60] Deshalb sei er zu stark im Glauben an die „unbewiesene" formalbildende Kraft mathematischer Aktivitäten befangen und vernachlässige folglich bei seiner innermathematisch ansetzenden Perspektive die realen gesellschaftlichen Begrenztheiten, soziale Erkenntnisinteressen und die Lernschwierigkeiten von Durchschnittsschülern.

Zweifellos dominiert bei Wagenschein und Freudenthal das erkenntnismäßige Interesse in fachlicher Ausrichtung, wenn auch letzteres in unterschiedlich starkem Maße. Mathematik und Mathematikunterricht sind ihnen für vorgefundene Komponenten eines verständigen Geisteslebens exemplarisch - und eben um dieses habe es jeder allgemeinbildenden Schule wenigstens tendenziell zu gehen.[61] Die Ausstattung der heranwachsenden Generation mit positivem Wissen erscheint angesichts der unwägbaren Zukunft als sekundär und „trivial", für die Aneignung und Meisterung der Welt seien jedenfalls Methodenwissen, Wißbegierde, Kreativität und sachorientierte Gedankenschärfe die besseren Mittel.

Damit kann dem sokratisch-genetischen Prinzip sowohl Wagenscheinscher als auch Freudenthalscher Prägung ein Vorbehalt, dem wir schon bei Kerschensteiners Arbeitsschulprinzip begegneten, erst recht nicht erspart werden: Insoweit formalbildende Ansprüche gemacht werden, bleibt die Inhaltswahl völlig unverbindlich, und insoweit fachliche Qualität als Auswahlkriterium für die Unterrichtsgegenstände reklamiert wird, ersetzen Geschmacksurteile und klassizistische Bildungstraditionen eine konsensfähige Argumentation. „Entwicklung" wird in dieser Variante des genetischen Prinzips ausschließlich als ad hoc-Rekonstruktion fiktiver oder historischer gedanklicher Entwicklungen in Richtung fachlicher Inhalte gedeutet, und das „Stoffproblem", die inhaltliche Normenfrage, wird mit dieser lernpsychologischen Setzung auf innerfachliche Überzeugungen abgeschoben: Der gute Mathematiker erzieht mit guter Mathematik gut, weil er sich selbst für gut, gebildet, intellektuell redlich, lebenstüchtig, erfolgreich ... hält. Wir haben schon gesehen, daß diese privatistische und elitäre Perspektive nicht alle Menschen überzeugt und warum sie nicht immer zu guten pädagogischen Entscheidungen führt.

Das „biogenetische Grundgesetz"

Läßt sich das Dilemma des Mathematikunterrichts zwischen Prozeßorientierung und Normenproblem überhaupt auflösen? Eine Zeit lang hat man es geglaubt:

Im Zuge des Darwinismus postulierte 1866 der deutsche Zoologe Ernst Haeckel (1834-1919) ein allgemeines *„biogenetisches Grundgesetz"*, nach dem die Individualentwicklung jedes Lebewesens eine verkürzte Wiederholung seiner Stammesgeschichte enthalten sollte.[62] In einer Reihe vielbeachteter Werke dehnte Haeckel dann bis zur Jahrhundert-

---

60 Vgl. z.B. J. Diederich 1980.

61 Der schweizerisch-kanadische Mathematiker Alexander Israel Wittenberg hat diesen Standpunkt 1963 in seinem Buch *„Bildung und Mathematik"* zu einer damals aufsehenerregenden, betont wertkonservativ-bildungsbürgerlichen Polemik gegen den Strukturalismus ausgebaut.

62 Haeckels „Grundgesetz" wird in der heutigen Biologie nur noch mit sehr großen Einschränkungen anerkannt.

wende seine evolutionstheoretischen Vorstellungen weit aus: auf die anorganische Materie, auf die Entstehung der Organismen, auf die geistige Entwicklung des Menschen und sogar auf religiöse Anliegen. Zumindest als bildungspolitische Arbeitshypothesen wurden Haeckels Ansichten damals von breiten Kreisen angenommen. Tuiskon Ziller übernahm das biogenetische Grundgesetz als „Kulturstufenprinzip" in den Herbartianismus und ließ es damit in der Folge zu einer der zentralen Grundlagen vieler noch gültiger Lehrplantraditionen werden[63]:

> „Die Kulturstufen gründet Ziller auf das sogenannte biogenetische Grundgesetz, wonach der einzelne Mensch in seiner Entwicklung die Stufen durchlaufen muß, welche die gesamte Menschheit zurückgelegt hat." (Lexikon der Pädagogik 1913; zitiert nach G. Schubring 1978, S. 123f.)

> „In solcher Voraussetzung ist der Gedanke enthalten, beide Entwicklungsgänge seien 'psychologischen Gesetzen' unterworfen. Man brauche sie also nur aufeinander abzustimmen, dann träfe die inhaltlich geschlossene Reihe der historischen Tatsachen bei jeder Stufe auf ein naturnotwendiges Interesse des Schülers. Die Epochen der werdenden Kultur entsprechen genau dessen wachsender Auffassungskraft." (K.-H. Schwager 1956; zitiert nach G. Schubring 1978, S. 124)

Nicht nur die Herbartianer glaubten, damit endlich eine wissenschaftliche Begründung für die verschiedenen Versionen des genetischen Prinzips zu besitzen: für das *logisch-genetische Prinzip* Arnaulds (17. Jh.) und das *kausal-genetische* Karl Magers (1. Hälfte 19. Jh.), die beide eine sachgerechte Anordnung des Lehrstoffs forderten, für das *historisch-genetische Prinzip* seit Clairaut (18. Jh.), das Lehr-Lern-Vorgänge nach historischem Muster antizipieren wollte, und für das *psychologisch-genetische Prinzip* der Herbartianer, das die Kulturstufen der Menschheit als verbindliches Muster der Abstraktionsentwicklung unterrichtsmethodisch nutzte.[64] (Nähere Einzelheiten findet man in dem schon zitierten Buch von G. Schubring.)

Felix Klein, der zu Beginn unseres Jahrhunderts als bedeutender Mathematiker, Wissenschaftsorganisator und Mathematikdidaktiker maßgeblich auf die Struktur der heutigen Lehrpläne eingewirkt hat, schrieb:

> „Wird doch der Lernende naturgemäß im Kleinen immer denselben Entwicklungsgang durchlaufen, den die Wissenschaft im Großen gelaufen ist." (1896; nach G. Schubring 1978, S. 124)

> „Statt der früheren Systematik wünscht man eine genetische Anordnung des mathematischen Lehrstoffes, eine analysierende Beweisführung, einen heuristisch-gegliederten Vortrag, - alles mit bewußter Anpassung an die noch unentwickelte Fas-

---

63 Daß z.B. negative Zahlen heute erst in Klasse 7 (früher auch erst in Klasse 5) behandelt werden, dürfte eine solche Folge sein.

64 Der in Biologie vorgebildete schweizer Psychologe Jean Piaget hat dann seit den dreißiger Jahren seine „*genetische Epistemologie*" entwickelt, die die heute weitgehend akzeptierten Entwicklungsstufen des menschlichen Erkenntnisapparats als stufenweisen Erwerb logisch-semantischer Denkoperationen mittels Schematisierung durchgeführter bzw. vorgestellter Handlungen beschreibt.

sungskraft des Schülers, den man nicht 'überbürden' darf.“ (1904; ebenda, S. 143)

„Dies (biogenetische; L.F.) Grundgesetz, denke ich, sollte auch der mathematische Unterricht, wie jeder Unterricht überhaupt, wenigstens im allgemeinen befolgen: er sollte, an die natürliche Veranlagung der Jugend anknüpfend, sie langsam auf demselben Wege zu höheren Dingen und schließlich auch zu abstrakten Formulierungen führen, auf dem sich die ganze Menschheit aus ihrem naiven Urzustand zur höheren Erkenntnis emporgerungen hat. Es ist nötig, diese Forderung immer wieder zu stellen, denn immer wieder gibt es Leute, die nach der Art der mittelalterlichen Scholastiker ihren Unterricht mit den allgemeinsten Ideen beginnen und diese Methode als die 'allein wissenschaftliche' rechtfertigen wollen... Ein wesentliches Hindernis der Verbreitung einer solchen naturgemäßen und wahrhaft wissenschaftlichen Unterrichtsmethode ist wohl der Mangel an historischen Kenntnissen - der sich so vielfach geltend macht.“ (1911; ebenda 1978, S. 143f.)

Felix Klein

Sowohl biologische als auch historische Forschungen haben inzwischen deutlich gemacht, daß das biogenetische Grundgesetz keineswegs zwingend gilt. Es gibt aber vor allem pädagogische Bedenken, ihm so rückhaltlos zu folgen:

> „Ob es zweckmäßig erscheint, das Haeckel'sche Prinzip... in dieser uneingeschränkten Weise auf eine Frage des Unterrichts zu übertragen, will mir keineswegs einleuchten. Ich meine, wir sollten doch gerade aus der Entwicklungsgeschichte der Wissenschaft lernen, die von früheren Generationen begangenen Schlußfehler oder Unzulänglichkeiten zu vermeiden...
>
> Jeder einzelne durchläuft im wesentlichen denselben Entwicklungsgang wie die Wissenschaft selbst, *solange ihm kein besserer Weg gezeigt wird.* Ist aber ein solcher *besserer* Weg vorhanden, so ist es gerade die Pflicht und die Aufgabe des Lehrenden, ihm denselben nicht nur zu weisen, sondern auch gangbar zu machen.“ (Alfred Pringsheim 1898; nach G. Schubring 1978, S. 144f.)

Diese Einwände haben sich mit der Zeit durchgesetzt. Heute dürfte der folgende gemäßigte Standpunkt konsensfähig sein:

These 14:

1. **Alle Versionen des genetischen Prinzips können Argumente und Gegenargumente zum Normenproblem liefern. Sie können es aber nicht entscheiden, weil die vermeintliche Parallelität zwischen Individualentwicklung, „Kulturstufenfolge der Menschheit“ und Wissenschaftsgeschichte nur bei sehr oberflächlicher Betrachtung gilt, konservative Vorurteile begünstigt und Verantwortung kaschiert.**

2. **Das sachlogisch-genetische Prinzip ist fachmethodische Regel und liegt weitgehend dem mathematischen Standardcurriculum zugrunde.**
3. **Guter Mathematikunterricht ist psychologisch-genetisch auf den geistigen Entwicklungsstand und das Fassungsvermögen der Schüler abzustellen.[65]**
4. **Das sokratisch-genetische Lehrgespräch sollte als zeit- und konzentrationsaufwendiges Vertiefungsmittel an ausgewählt paradigmatischen Themen wenigstens in der Freudenthalschen Kompromißform der „Nacherfindung unter Führung" angestrebt werden.**
5. **Das historisch-genetische Prinzip liefert Beispiele zu denkbaren Erschließungsprozessen und erzeugt damit unterrichtspraktisch nützliche Vermutungen über bildungsträchtige „Kulturprozesse, die in ihrer Objektivation als Kulturgut eingeschmolzen" sein könnten.**
6. **Das historisch-genetische Prinzip darf nicht verabsolutiert werden, weil „der historische Weg" selten genau bekannt ist, weil er sich in all seinen Erkenntnismotiven und Mühseligkeiten nicht ohne Verkürzungen vergegenwärtigen läßt, weil auch die Wirkungsgeschichte nach der Entdekkung ihre Spuren im Gegenstandssinn hinterlegt hat und weil es möglicherweise inzwischen leichtere, kürzere, einleuchtendere oder übertragbarere Wege zum jeweils angestrebten Wissen gibt.**

Lippenbekenntnisse zum genetischen Unterricht

In den Jahren 1968-70 hat eine Arbeitsgruppe des Max-Planck-Instituts für Bildungsforschung mit einer sehr detaillierten Umfrage unter Schülern 7. Gymnasialklassen sowie deren Lehrern und Eltern herauszufinden versucht, wie der landläufige Mathematikunterricht aussah, gemeint und geplant war.[66] Neben dem bekannten Wechselspiel im Unterrichtsalltag zwischen fragend-entwickelnden Einführungs- und aufgabenzentrierten Übungsphasen[67] ergab sich ein überraschendes Bild für die „Hintergrundphilosophie", aus der die meisten Mathematiklehrer ihren Unterricht planten und durchführten: Es fand sich lediglich ein Konglomerat aus heterogenen, wechselseitig unverbundenen und teilweise widersprüchlichen Theoriebrocken, die jeweils nur als zu einzelnen Unterrichtsphasen passend identifiziert werden konnten.[68] Eines dieser Ergebnisse war:

---

[65] Das haben große Pädagogen zu allen Zeiten gewußt und beherzigt.

[66] Die repräsentative Stichprobe stand für 14 Tsd. Schüler an 417 Gymnasien!

[67] vgl. zusammenfassend Diether Hopf 1980, S. 157-160.

[68] „Die uns vorliegenden Daten bieten demnach keinen Anlaß anzunehmen, gymnasiale Mathematiklehrer verfügten über umfassende methodische Konzepte, welche ihr Verhalten (zumindest ihre Antworten) in allen (oder auch nur in einigen) Phasen des Unterrichts gleichsinnig steuerten. Vielmehr liegt es nahe, von spezifischen Ansätzen für einzelne Unterrichtsphasen auszugehen, die sich nicht zu einem konsistenten Gesamtbild ergänzen müssen, ja sich sogar widersprechen können (wie zum Beispiel bestimmte Formen der Leistungsbeurteilung

„Nach ihren globalen methodischen Optionen befragt, bekennen sich überraschenderweise acht von zehn Lehrern zu einer entwickelnd-genetischen Vorgehensweise. Erst die genauere Betrachtung verhaltensnäherer Items verdeutlicht, daß zentrale Elemente des genetischen Unterrichts nur bei einer Minorität der Lehrer anzutreffen sind.

Die Antworten auf die Fragen nach Art und Ausmaß der Schülerbeteiligung an der Gestaltung des Unterrichts lassen erkennen, daß dieser Komplex in der Unterrichtspraxis der befragten Lehrer nur geringe Bedeutung besitzt. Auch eine ausführliche Erläuterung des geltenden Lehrplans gegenüber den Schülern ist nicht üblich, wohl aber die Darlegung der Zielsetzung des eigenen Unterrichts."[69]

Kurz und grob gesagt: Fast alle waren dafür, und kaum einer hat's gemacht. - Auf einige Erklärungsansätze der damaligen Untersuchung wie Überbetonung „korrekter" Sprechweisen, extensive und demonstrative Fehlerbekämpfung, organisatorische Hindernisse oder didaktisches Wunschdenken können wir hier nicht eingehen. Ein Aspekt sollte aber noch etwas genauer beleuchtet werden. Daß nämlich genetischer Unterricht dort, wo er überhaupt vorkam, auf Einführungsphasen begrenzt war, veranlaßt D. Hopf zu folgenden wichtigen Bemerkungen[70]:

„Für die Erklärung der Phasenspezifität der im Mathematikunterricht identifizierten Vorgehensweisen lassen sich mehrere Gründe benennen, die sich gegenseitig verstärken mögen. Zum einen wird in der didaktischen Literatur (des Sekundarbereichs Mathematik; L.F.) meines Wissens kaum explizit auf die Bedeutung eines konzertierten methodischen Konzepts hingewiesen; die Erörterungen und Empfehlungen erfolgen vielmehr ebenfalls spezifisch für einzelne Phasen des Unterrichts, vor allem die Phase der Neueinführung von Sachverhalten. Als Beispiel hierfür mag die Didaktik Wittmanns (1974)[71] stehen. Sie thematisiert zwar die unterschiedlichen Aspekte des Mathematikunterrichts einschließlich der Leistungsbeurteilung, doch liegt das Schwergewicht unverkennbar auf den Methoden der Neueinführung von Sachverhalten. Wittmann verbirgt auch nicht seine eigene methodische Vorliebe und argumentiert ausdrücklich zugunsten der Einführung des genetischen Mathematikunterrichts (S. 111). Damit stützt er sich allerdings auf einen methodischen Ansatz, der ebenfalls insofern 'einseitig' ist, als er sich vor allem auf die Phase der Einführung neuer Sachverhalte konzentriert - im Unterschied etwa zur Betonung des Übungsaspektes in einem Mathematikunterricht, der die 'Sequenzierung auf der Grundlage von Lernzielanalysen' vornimmt (S. 110).

---

nicht zu einer Neueinführung nach Prinzipien des genetischen Unterrichts passen)." D. Hopf 1980, S. 195.

69 D. Hopf 1980, S. 155; vgl. dort auch S. 47-54 (Umgang mit falschen Schülervorschlägen), S. 134 („79% der Lehrer geben an, daß der übergeordnete Lehrgang 'vorzugsweise' entwickelnd, genetisch sein sollte, 19,9% kreuzen 'teilweise auch' an, und nur 1,1% natworten negativ... Offenbar verfügen die meisten Lehrer nur über einen blassen, umgangssprachlich-unscharfen Begriff des entwickelnden, genetischen Unterrichts.")

70 D. Hopf 1980, S. 196.

71 gemeint ist E.C. Wittmann 1974. Dieses Buch ist seit den 70er-Jahren in vielen Auflagen an Studienseminaren für Gymnasien verbreitet.

Man könnte aufgrund der Gruppenspezifität unserer Faktoren also vermuten, daß die Mathematiklehrer in ihrer Ausbildung und Weiterbildung mit Methodiken und didaktischen 'Schulen' konfrontiert werden, die sich in der langen Tradition des gymnasialen Mathematikunterrichts herausgebildet und unvermittelt nebeneinander erhalten haben und deren Interesse sich schwerpunktmäßig auf nur eine Phase des Unterrichts konzentriert. So richten die Lehrer ihre Aufmerksamkeit auf methodische Aspekte *entweder* der Neueinführung *oder* der Einübung (Hervorhebungen von mir; L.F.)..."

Hopf verweist anschließend noch auf die entsprechend gespaltene Anlage der üblichen Schulbücher. In einer Fußnote zum obigen Text schreibt er (Fußnote 9, S. 214):

„... Man muß freilich sehen, daß hinter der methodischen Konzentration insbesondere auf die Phase der Neueinführung eines mathematischen Sachverhalts auch das Bewußtsein vom Bildungsauftrag des deutschen Gymnasiums steht, nach dessen Maximen die Bildung am Gegenstand erworben wird, nicht aber durch Einübung von Techniken und Routinen. Dies nicht als Gegensatz zu begreifen, wäre, nach allem was wir wissen, eine Hilfe besonders für die mittleren und schlechten Schüler im Mathematikunterricht, die auf eine ausgiebige Stabilisierungsphase mindestens ebenso angewiesen sind wie die rasch auffassenden, guten Schüler, die ständig Übungsmöglichkeiten dadurch erhalten, daß sie den fortgesetzten Erklärungen des Lehrers zuhören, bis auch die langsamen Schüler den Sachverhalt verstanden haben."

Genetischer Unterricht in fachwissenschaftlich orientierter Auffassung

„Die Echtheit des mathematischen Unterrichts ... beginnt also genau dort, wo wirkliche Mathematik ihren Ursprung hat: bei den Fragestellungen.

Sind diese dem Schüler einmal zum Erlebnis geworden, so muß er sich mit ihnen in wahrhaft mathematischer Weise auseinandersetzen. Sie müssen - so elementar sie auch sein mögen - zum Gegenstand authentischer mathematischer Tätigkeit werden. Es muß sich also an ihnen dasjenige vollziehen, was für die Mathematik, wie für jedes wissenschaftliche Tun, charakeristisch ist, was aber für die Mathematik in der Schulstube vollumfänglich erfahren werden kann: das allmählich zielsicher und zweckmäßig werdende Ringen des Geistes um seinen Gegenstand - die anfängliche Hilflosigkeit, die allmähliche Einsicht, das plötzliche Verstehen, das Ahnen verborgener Zusammenhänge, der verfängliche Irrtum, der scheinbar vielversprechende, aber irreführende Versuch, die verführerische Verallgemeinerung, das Erlebnis des zunächst Unbegreiflichen, das unüberwindliche Schwierige, das Selbstverständliche, die Entlarvung des nur scheinbar Selbstverständlichen; das Schmieden zweckmäßiger geistiger Werkzeuge, das Prägen adäquater Begriffe, das schöpferisch-kritische Neudurchdenken des bereits Erreichten; das allmähliche Zustandekommen des Überblicks, die Schaffung einer folgerichtigen, systematischen, in sich verhältnismäßig geschlossenen Theorie; das allmählich erstar-

(Fortsetzung auf der nächsten Seite)

kende Erleben des Besitzes geistiger Macht, der Fähigkeit zu eigener Einsicht im eigenen Denken.

All das muß im Studium des Schülers zur Wirklichkeit werden, wie es im Tun des schöpferischen Mathematikers Wirklichkeit ist. Dann wird jenes Studium dem Ziel gerecht werden, den Schüler erfahren zu lassen, was Mathematik wirklich ist."

A.I. Wittenberg 1963, S. 60f.

„In diesen Sätzen kommt der pädagogische Geist genetischen Lehrens noch einmal deutlich zum Ausdruck. Das produktive *Suchen,* nicht das *Lernen* von Antworten ist *mathematische* Tätigkeit *und* entspricht einem pädagogisch konzipierten, wahrhaft bildenden Unterricht"

E. Schuberth 1971, S. 89.

5.2 Entdeckendes Lernen, Spiralprinzip und Problemorientierung

„Wie erklärt es sich, daß die Kinder außerhalb der Schule so voller Fragen sind (und die Erwachsenen dauernd damit plagen, wenn sie nur im geringsten ermutigt werden), während sie offensichtlich im Hinblick auf den eigentlichen Unterrichtsstoff keinerlei Neugier entfalten?"

John Dewey 1916 (zit. n. Neber 1981, S. 236)

„Denn, ob man mit Mathematikern oder Physikern oder Historikern spricht, immer wieder stößt man auf einen gefühlsmäßigen Glauben an die starken Wirkungen, die davon ausgehen sollen, daß man dem Schüler gestattet, Dinge selbst zusammenzustellen, sein eigener Entdecker zu sein...

Die Übung im Selbstentdecken lehrt, Information so zu erwerben, daß sie für das Problemlösen weitaus fruchtbarer wird."

Jerome Bruner 1961 (zit. n. Neber 1981, S. 16 bzw. 21)

„In Fächern wie Mathematik läßt sich Überraschung nur schwer auslösen, da der Schüler im allgemeinen ein allzu mangelhaftes Vorwissen besitzt, um feste Erwartungen wahrscheinlich zu machen."

David E. Berlyne 1965 (zit. n. Neber 1981, S. 230)

Die verschiedenen Formen des „genetischen Prinzips" sind langfristig aus fach- und unterrichtsmethodischen Erwägungen entstanden, hauptsächlich im Umfeld der gymnasialen Fachdidaktik. Vorstellungen vom „bildenden Wert und Nutzen der Mathematik", vom „echten, tiefen Verständnis" oder von vermeintlichen Parallelen zwischen Individual-, Menschheits- und Wissenschaftsentwicklung bestimmten die Begründungsmuster.

„Wissenschaftliche", und das hieß in der westlichen „Bildungskrise" der sechziger Jahre: möglichst empirisch gestützte psychologische, Argumente wurden nur gelegentlich und recht eklektisch herangezogen.[72]

Letzteres und die starke Anlehnung einerseits an europäische Elitebildungstraditionen, andererseits an das biogenetische Prinzip des Darwinisten Haeckel[73] haben bewirkt, daß das unscharfe Schlagwort „genetisches Prinzip" seit den sechziger Jahren erfolgreich von der inzwischen ebenso unscharfen Parole *„entdeckendes Lernen!"* verdrängt wurde.[74] Tendenziell handelt es sich um sehr ähnliche Vorstellungen von fruchtbarem Unterricht, wobei die Akzente allerdings stärker von historisierenden auf kognitionspsychologische Begründungen verschoben sind, und der Geltungsanspruch nun universell, d.h. weder fachlich noch altersspezifisch begrenzt, erhoben wird.

Im allgemeinen wird die viel ältere Forderung aus der amerikanischen Reformpädagogik, vorrangig *„entdeckendes Lernen"* zu lehren, dem Harvard-Psychologen Jerome Bruner zugeschrieben, der um 1960 vorschlug, das *„discovery learning"* kognitionspsychologisch zu begründen.[75] Der seitdem stark psychologisierende Ansatz wird in folgender Umschreibung von Hilda Taba deutlich:

---

[72] Eine Ausnahme bildete Kurt Strunz 1962. Dieses - immer noch lesenswerte - Buch ist allerdings von der allgemeinpädagogischen Konzentration auf die amerikanische Piaget-Rezeption rasch verdrängt worden.

[73] Die kontinentaleuropäischen Formen des Gymnasiums sind in der amerikanischen Öffentlichkeit aus Gründen des Demokatieverständnisses nicht konsensfähig (obwohl sie in der dortigen Presse ab und zu gern als rettende Alternative zum eigenen, wenig erfolgreichen Schulsystem überschätzt wurden), und jedwede Anspielung auf darwinistische Prinzipien war zumindest noch in den sechziger Jahren für christlich-konservative Kreise in den USA - und damit für anstehende Reformen des landesweiten Schulwesens - völlig inakzeptabel. (Die Kulturstufenfolge der Herbartianer, etwa nach dem sozialdarwinistischen Lehrplanmotto „geistig-moralischer Aufschwung von den Primitiven bis zu uns Bildungsbürgern als vorläufige Kronen der Schöpfung", ist nicht nur offensichtlich demokratiefeindlich, sondern auch historischer Unsinn.)

[74] Für das berufliche Fortkommen als Lehrer ist es heute nicht ratsam, sich allzu offen gegen „entdeckendes Lernen" auszusprechen. Relativierende Gegenargumente wie die von Ausubel, auf die wir unten eingehen, gelten in „fortschrittlichen" Pädagogen-, Verwaltungs- und Politikerkreisen als „wissenschaftlich überholt". Das ist zwar eine forschungsmethodische Chimäre (vgl. etwa die hartnäckigen Versuche Nebers, eine Erfolgsstory zusammenzuschreiben; s. nächste Fußnote), es steht aber aufstrebenden Junglehrern nie gut an, Überzeugungen ihrer Dienstherr(inn)en öffentlich anzuzweifeln. Sie beschränken sich besser darauf, das Querdenken heimlich fit zu halten, öffentlich aber nur zu lehren...

[75] Tatsächlich gehen die Empfehlungen zur Entdeckungsmethode mindestens bis auf Dewey zurück. Einen Überblick über die Entwicklung bis etwa 1970 gibt K. Riedel 1973, S. 13-60. Weitergehend informieren H. Neber 1973 bzw. 1981 und D.P. Ausubel u.a. 1974 bzw. 1980. Entdeckendes Lernen als Kern des Mathematikunterrichts wird für den Primarstufenbereich in Deutschland hauptsächlich von E. Ch. Wittmann propagiert (Handbuch produktiver Rechenübungen, Das Zahlenbuch - beides bei Klett), und für die Sekundarstufen - oft mit historischen Anklängen - von H. Winter, z. B. mit zahlreichen, sehr lesenswerten und praxisnahen Aufsätzen in der Zeitschrift „mathematik lehren" (u.a. auch zum „entdeckenden Üben") oder in H. Winter 1989.

> „The recent rationale of learning by discovery seems to bring process and content into a transactional relationship. The rationale stresses the need for a strategy for cultivating autonomous mental processes in relation to the requirements of the structure or the logic of the particular content.“[76]

Bruner und seine Anhänger gingen von der biologisch und psychologisch gut erhärteten Annahme aus, daß ein *konstruktiver Umgang* mit Wissen aus Kapazitätsgründen nicht in erster Linie auf Leistungen des Gedächtnisspeichers beruhen könne, sondern auf der Organisation des Speicherzugriffs und der Optimierung von Verarbeitungsstrategien beruhen müsse.[77] Angesammeltes Einzelwissen sei in Problemsituationen oft nur unzureichend verfügbar und trage nicht selten statt zur Klärung eher zu Verwirrung und Verunsicherung bei. *Wissen sei stets genesisbelastet*, d.h. nie unbelastet vom Weg zur Erkenntnis und von der momentanen subjektiven Sinngebung.[78] Daher könnten und sollten Informationen beim Lernen nicht nur aufgenommen und memoriert werden, sondern probeweise in Zusammenhänge gestellt, geordnet, auf Ursachen befragt, interpoliert und extrapoliert. Wissen sei besser zu erinnern und zu nutzen, wenn man es schon bei der Aufnahme aktiv in Beziehungsnetze einlagere. Begriffsbildungen und Ordnungsschemata müßten subjektiv funktional, d.h. hier: problemlösend bzw. denkstrategisch, erzeugt und mit dynamisch-wandelbarem Charakter erworben werden. Dem entsprächen am besten Lernsituationen, die zu Differenzierungen, zu Umstrukturierungen, zum Erkennen von Zusammenhängen und zum Aufbau und zur Relativierung von ordnenden Kategorien anregten. Indem kleinere oder größere Entdeckungen Vertrauen auf das eigene Denkvermögen weckten, entstehe zugleich *„intrinsische Motivation“* und eine offene, konstruktive Denkhaltung und -bereitschaft, mit der gewohnheitsmäßig über gegebene Informationen mittels Einordnung, Umordnung, Relativierung, Interpolation und Extrapolation hinausgegangen werde.

Bruner ging 1961 von folgender „Hypothese“ aus:

> „Meiner Meinung nach kann man nur durch Üben des Problemlösens und dadurch, daß man sich um Entdeckung bemüht, die heuristischen Methoden der Entdeckung lernen; je mehr man geübt ist, um so eher wird man das Gelernte zu einem Problemlösungs- oder Fragestil verallgemeinern können, der sich auf jede oder fast jede Aufgabenart anwenden läßt.“

---

76 1969; zitiert nach K. Riedel 1973, S. 19.

77 Wir kommen später noch ausführlicher auf diesen Punkt zurück (s. S. 116 und S. 128 ff.). Jeder Computerbesitzer erfährt das am eigenen Leibe, wenn sich seine Festplatte allmählich füllt oder wenn er nützliche Informationen im Internet sucht. Nicht zufällig haben sich viele denkpsychologische Modelle des entdeckenden Lernens parallel zur A.I.-Forschung entwickelt (vgl. z.B. den Aufsatz von Simon in H. Neber 1981).

78 Schüler lernen beim erstenmal nicht nur den Satz des Pythagoras, sie lernen auch die Art mit, wie es der Lehrer sagte, die Atmosphäre im Klassenraum, den zufälligen Ort in der persönlichen Lerngeschichte usw. Dieser unvermeidliche *„Rahmungseffekt“* beim (Erst-) Lernen erklärt z.B., warum viele Schüler gar nicht mehr so glänzend antworten, wenn statt des Lehrers plötzlich ein Student oder Referendar die wortwörtlich gleichen Fragen stellt. Ein eindrucksvolles Beispiel für dramatische Verzerrungen durch unentdeckte Fehlrahmungen findet sich bei G. Krummheuer 1982.

Unmittelbar anschließend fuhr er selbstkritisch fort:

> „Diese Tatsache ist meines Erachtens einleuchtend, doch ist unklar, welche Trainingsverfahren und Lehrmethoden die größten Effekte haben. Wie lehren wir ein Kind, daß es etwa seine Mißerfolge verringert, aber gleichzeitig ausdauernd ist, wenn es darum geht, eine Idee auszuprobieren; daß es das Risiko eingeht, sich schon bald eine Vorstellung zu machen, ohne sie gleichzeitig schon so früh und mit so wenig Beweismaterial zu formulieren, daß es steckenbleibt und auf passendes Beweismaterial warten muß; daß es überprüfbare Vermutungen aufstellt, die weder allzu dürftig begründet noch allzu unveränderbar sind usw.? Während man versucht, sich etwas auszudenken, ist es gerade nötig, sich im Fragen zu üben - doch in welcher Form? Nur von einem Punkt bin ich überzeugt. Ich habe noch nie gesehen, daß sich jemand durch eine andere Methode in der Kunst des Fragens verbessert, als sich am Fragen zu beteiligen." (zitiert nach H. Neber 1981, S. 26f.)

Im Gegensatz zur alten Fragemethode soll im Unterricht demnach beim „entdeckenden Lernen" verstärkt das Selberfragen gelernt werden, und Bruner gab damals immerhin zu, den rechten Weg nicht zu kennen. Bemerkenswert ist dabei auch folgendes: Während sich seine Analysen problemlösenden Denkens stark an Biographien besonders kreativer Problemlösungsprozesse orientierten[79], stützen sich die empirischen Befunde hauptsächlich auf Laborergebnisse in vergleichsweise primitiven Trial-and-Error-Situationen, und seine Suche galt ausdrücklich „effektiven Trainingsverfahren und Lehrmethoden" für einen bestimmten Denk-Frage-Stil. Damit waren möglicherweise strukturell verschiedenartige Denkweisen von vornherein in einen Topf geworfen, und die Theorie gab sich zunächst - abgesehen vom Globalziel „Denken lernen" - völlig gegenstandsneutral. Der Vorwurf Ausubels, es handle sich beim „entdeckenden Lernen" lediglich um eine Neuauflage des antiquierten Formalbildungsprinzips unter neuem Namen, traf solange nicht, wie man das Prinzip nur lehrmethodisch und nicht didaktisch auffaßte. Ob an beliebigen oder an ausgewählten Gegenständen denken gelernt werden sollte, war ja damit noch nicht gesagt.

Jerome Bruner

Tatsächlich war Bruners Ansatz nicht inhaltsneutral gemeint, denn zur Gegenstandsauswahl sollten neben allgemeinen Heuristiken *„die fundamentalen Ideen"* der Fachgebiete ausfindig gemacht werden, die sich als besonders leistungsfähig erwiesen haben. Diese fundamentalen Ideen sollten dann in altersgemäßen Gegenstandsfeldern und Formulierungen immer wieder neu aufgegriffen, variiert, herausgearbeitet und umformuliert werden, um die erworbenen Konzepte, d.h. Begriffe, Ordnungsgefüge oder Denkstrategien, vor Verhärtung zu bewahren, auszudifferenzieren und zu flexibilisieren. Das einschlägige Schlagwort Bruners hieß *„Spiralprinzip"*. (Es ist rasch in den Pädagogenjargon übernommen worden - und dort nicht selten zum *„Prinzip der immanenten Wiederholung"*

---

[79] u.a. an den gestaltpsychologischen Betrachtungen Wertheimers über das Denken Einsteins (in M. Wertheimer 1946, 1964).

von statischen Stoffen statt dynamischen Konzepten verblaßt.[80]) Da es nicht gelang und vielleicht auch nicht gelingen kann, für jedes Fachgebiet einen Konsens über die zentralen bereichsspezifischen Heuristiken, Begriffe, Darstellungsformen und Methoden herbeizuführen, ohne die Fortentwicklung des Gebietes einzuengen, blieb die Suche nach „fundamentalen Ideen" lediglich eine anregende Herausforderung, Lösungen des fachspezifischen Normenproblems auch in prozessualer Richtung zu suchen. Wir kommen darauf in Abschnitt 6.2 noch zurück.

Kritisches zum „entdeckenden Lernen":

Kritiker des „entdeckenden Lernens", unter denen der kanadische Psychologe David P. Ausubel am bekanntesten geworden ist, haben schon früh vor einer durchgehenden oder überwiegenden Gestaltung des Sekundarstufenunterrichts nach diesem Prinzip gewarnt. Die wichtigsten Argumente sind noch heute:

- „Entdeckendes Lernen" ist für viele Unterrichtsziele *ineffektiv*, weil es äußerst material- und zeitaufwendig ist und damit effektiveren Verfahren die Kapazitäten stiehlt.
- „Entdeckendes Lernen" ist *anmaßend*, weil es Funktion und Niveau kultureller Überlieferungen ignoriert und effektivere Möglichkeiten der Übermittlung durch Frontalunterricht diskriminiert, indem es ihn - wider bessere Erfahrung - einer autoritären Karikatur gleichsetzt.[81]
- „Entdeckendes Lernen" ist *naiv*, weil es die anerkannte Notwendigkeit materialgestützten und induktiven Arbeitens von der konkret-operationalen Phase der Primarstufe auf Jugendliche der formal-operationalen Phase verallgemeinert.
- „Entdeckendes Lernen" ist *undemokratisch*, weil es das höchst singuläre Bild eines neugierigen, kreativ-begabten, bescheidenen und ausdauernden Schülers zur Norm macht und die Frustrationsfolgen für die subjektiv unproduktiven ignoriert (z.B. Rückfall in magische Vorstellungen, wenn kein Durchblick gelingen will).[82]

---

80 Wie an vielen Stellen der Pädagogik heißt hier die Regel: Die Sache ist Konsens - solange man es mit ihrem Gehalt nicht so genau nimmt. (Andere Konsensspender: „genetisch arbeiten", „lebensnah...", „schülerorientiert...", „gemeinsam...", „ganzheitlich...", „offen...", „frei...", sehr eindrucksvoll auch: „zukunftsorientiert", „ökologisch...", „semantisch...", „semiotisch" oder „synergetisch". Könner/Innen verwenden diesen Verbalschmuck reichlich, aber stets wie selbstverständlich beiläufig und betont lässig.)

81 Warum ist es „autoritär", Ideen und Erkenntnisse anderer Menschen als solche zur Kenntnis zu bringen? Propagandisten reformerischer Unterrichtsstile setzen sich gern vom angeblich verbreiteten „herkömmlichen Unterricht" ab, der recht finstere Züge eines Pappsoldaten hat: autoritär, dümmlich und arrogant. (Vgl. z.B. H.-W. Heymann 1996, S. 264-267)

82 „Ein letzter Strom pädagogischen Denkens, der die Evolution der Entdeckungsmethode beeinflußte, ist die militante Sentimentalität, die dem gegenwärtigen populären Erziehungsziel zugrunde liegt, *jedes* Kind zu einem kritischen und kreativen Denker zu machen." D.P.Ausubel u.a. 1974, S. 524. „Man wird sehr mißtrauisch, wenn man von begeisterten Universitätsprofessoren hört, die nicht durch tägliche Schinderei im Klassenzimmer erschöpft werden und die sich mit einem leicht ansprechbaren Auditorium in einstündigen Sitzungen auseinandersetzen." D.E. Berlyne 1965; zitiert nach H. Neber 1981, S. 232. „Die Fähigkeit, Probleme zu lösen, verlangt Qualitäten (Flexibilität, Findigkeit, Improvisation, Originalität, Problembewußtheit,

- „Entdeckendes Lernen" *stützt* tendenziell *egozentristische Sichtweisen*, statt sie zu bekämpfen.[83]
- „Entdeckendes Lernen" ist *trügerisch*, weil die wenigen, tatsächlich empirisch nachgewiesenen Erfolge durchweg auf heimlicher, enger, lediglich materialgetarnter Führung beruhen und echte Entdeckungen nur vorgaukeln. Ohne geschickte und damit leider unrealistische Eingrenzung des Suchfeldes kann der Lehrer kaum erwarten, daß seine Schüler dort irgendetwas Sinnvolles finden.
- „Entdeckendes Lernen" ist *illusionär*, weil es die Schwierigkeiten und die Möglichkeiten der Kenntnisaneignung nach der Grundschulzeit unterschätzt und - als Folge davon - belanglose „Entdeckungen" überbewerten muß.
- „Entdeckendes Lernen" ist *unredlich begründet*, weil es den Motivationsschub, der von Beobachtungssituationen oder Ausnahmebeispielen stammt, als methodeninhärent vereinnahmt.
- „Entdeckendes Lernen" ist *nicht gegen Rezeptivität immun*, weil hinreichend konkrete Erkenntnismethoden nur sehr lokal und innerfachlich transferierbar sind, so daß sich die unvermeidlichen Leistungskontrollen geradezu zwangsläufig auf auswendig gelernte Parallelfälle stützen müssen.[84]
- „Entdeckendes Lernen" *behindert Transferleistungen*, indem die möglicherweise entdeckten Konzepte von Schülern nicht optimal formuliert, kommuniziert und nur unpräzise verbal enkodiert werden können.

Ausubels Grundthese lautet:

> „Das meiste von dem, was man *wirklich* weiß, besteht aus Einsichten, die von *anderen* entdeckt wurden und auf sinnvolle Weise kommuniziert worden sind."[85]

Dies gelte besonders für die meisten Probleme des Alltags, die man nur dann heuristisch oder durch Trial and Error angehe, wenn keine Lösung bekannt sei oder erfragt werden könne. Auch der beliebte Hinweis auf das immer rascher veraltende Wissen lebe nur von

---

Unternehmungslust), die in der Population der Lernenden weniger großzügig verteilt sind als die Fähigkeit, verbal präsentiertes Material zu verstehen." D.P. Ausubel u.a. 1974, S. 540. Natürlich kann man die Bedeutung aller anspruchsvolleren Qualitäten solange abschwächen, bis sie bei allen Schülern nachweisbar sind. (Bildungspolitisch reicht es nach Erfahrungen in den USA und bei uns, die Kinder des „besserverdienenden", eingeborenen Mittelstandes durch megaproduktive Umdefinition zu begaben.)

[83] Mit Hinweis auf Inhelder, Piaget und Karplus verweist Ausubel auf den kindlichen Subjektivismus und auf die übertriebene Neigung, allzu rasch zu folgern, auf schmalster Grundlage zu verallgemeinern und sich stets nur einen Aspekt eines Problems zu vergegenwärtigen. (vgl. D.P. Ausubel u.a. 1974, S. 537)

[84] „Problemlösen kann genau so tödlich, formalistisch, mechanisch, passiv sein wie die schlechteste Form verbaler Exposition (=Frontalunterricht; L.F.)." D.P. Ausubel u.a. 1974, S. 523. Von hervorragenden Wissenschaftlern ist bekannt, daß sie im Alltag eher ungeschickt waren, und in politischen Dingen gefährlich naiv, oder daß sie beim begeisterten Ausflug in fremde Fachgebiete offenkundigen Unsinn „entdeckten".

[85] D. P. Ausubel u.a. 1974, S. 528; vgl. auch die Abschnitte 6.3 und 6.4 unten.

einer maßlosen Überschätzung des Fortschritts; die Grundprinzipien der Naturwissenschaften hätten sich als durchaus zäh und langlebig erwiesen; und die tatsächlichen Neuerungen zwängen in aller Regel nur zur *Modifikation* älteren Wissens, nicht zur völligen Entwertung und Ablösung.[86]

Es sei wohl anzuerkennen, daß funktionsfähiges Wissen und sinnvolles Handeln in der Regel Einsicht voraussetzten, und damit einen subjektiven Akt der Sinngebung oder Sinnkonstruktion, es sei aber reiner Mystizismus zu glauben, daß man dem einzelnen zu besseren Einsichten und Sinngebungen verhelfe, indem man ihm möglichst wenig oder gar nicht helfe. Dahinter verberge sich nicht selten eine voreilige Identifikation von sinnvollem Handeln und inhaltlichem Verstehen:

> „Zwischen 'Tun' und 'Verstehen' kann ... eine valide Unterscheidung gemacht werden. Verstehen ist eine notwendige, aber nicht ausreichende Bedingung für sinnvolles Problemlösen (von der Art, die genuines Verständnis der zugrundeliegenden Prinzipien involviert - kein Vorgehen nach Versuch und Irrtum oder einfach pragmatische Übungsregeln). So können Schüler eine Proposition genuin verstehen, ohne in der Lage zu sein, sie erfolgreich in bestimmten Problemsituationen anzuwenden, da eine solche Anwendung zusätzliches Wissen, zusätzliche Fertigkeit, Fähigkeit, Erfahrung oder Persönlichkeitsbezüge fordert, die dem Verständnis selbst nicht zu eigen sind. Umgekehrt setzt 'Tun', ist es von mechanischer Beschaffenheit, weder unbedingt Verstehen voraus noch erhöht es Verstehen."[87]

Trotz aller Einwände schlagen Ausubel u.a. folgenden Kompromiß vor, den ich gern empfehle:

> „Eine Alles-oder-Nichts-Position im Hinblick auf die Verwendung der Entdeckungsmethode ist weder durch Logik noch durch Belege gerechtfertigt. Die Methode selbst ist für bestimmte pädagogische Absichten und unter bestimmten pädagogischen Bedingungen sehr brauchbar...
>
> In den ersten einfachen Lernstadien jedes abstrakten Stoffes, besonders vor der Adoleszenz, ist die Entdeckungsmethode sehr hilfreich. Sie ist außerdem unentbehrlich für die Überprüfung der Bedeutungshaltigkeit des Wissens und für das Lehren wissenschaftlicher Methode und effektiver Problemlösungsfertigkeiten. Als zusätzliche pädagogische Technik kann sie sehr brauchbar sein, um die Bedeutungshaltigkeit des Materials zu erhöhen, das zuerst mit der Expositionsmethode präsentiert wurde. Schließlich erhöhen verschiedene kognitive und motivationale Faktoren zweifellos das Lernen, Behalten und die Übertragbarkeit von potentiell sinnvollen Ideen, die durch Entdeckung gelernt wurden...
>
> Die strittigen Punkte sind jedoch nicht, ob Lernen durch Entdeckung das Lernen, Behalten und die Übertragbarkeit erhöht, sondern ob a) es das ausreichend tut für Lernende, die Konzepte und Prinzipien sinnvoll *ohne* Entdeckung lernen können, um die außerordentliche Erhöhung an Zeitaufwand, die Lernen durch Entdeckung verlangt,

---

86 Ausubel erinnert in diesem Zusammenhang an den kleinen Jungen, der sich nicht mehr waschen will, weil er sowieso wieder schmutzig werde.

87 D. P. Ausubel u.a. 1974, S. 540f.

zu rechtfertigen; und ob b) angesichts dieser Zeitkosten die Entdeckungsmethode eine empfehlenswerte Technik ist, die kognitiv reifen Schülern (der Sekundarstufen; L.F.) den Inhalt einer intellektuellen oder wissenschaftlichen Disziplin vermittelt, deren Grundlagen und Grundvokabular sie bereits beherrschen."[88]

These 15:

1. **Das *„Prinzip der immanenten Wiederholung"* hat sich als Stoffreduktionsprinzip der Lehrplan- und Lehrgangskonstruktion bewährt. Dabei ist vorausgesetzt, daß das Auswahlproblem für *exemplarische Lerngegenstände* anderweitig sinnvoll entschieden wurde.**
2. **Mit dem *„Spiralprinzip"* sollten aber nicht nur besonders bedeutende Stoffe, sondern auch wenige, ausgewählt lohnende Frageweisen, Strategien, Heuristiken und Methoden der Begriffsbildung entfaltet, bewußtgemacht, vertieft und verankert werden, die vernünftigerweise als fachspezifische oder allgemeine *„fundamentale Ideen"* in Frage kommen.**
3. **Als fachmethodisches Werkzeug ist die *„Problemorientierung"* für wichtige Unterrichtsphasen dringend anzuraten, wenn die *unverfälschte Orientierung* und *Ermutigung* des Lernenden mitsamt *vorläufiger, subjektiver Gewichtung* der Sachdetails allein aus der (Mit-) Arbeit an einem *paradigmatischen* Problem erreicht werden kann.**

Das *paradigmatische* Problem weist über sich (und seine Zwillingsgeschwister) hinaus, indem es eine (für Schüler) neue Sicht-, Frage- oder Denkweise von einiger Reichweite stimuliert. Es geht dabei weder um sogenannte „Anwendungsaufgaben" noch um Knobeleien oder Olympiade-Knacknüsse.

5.3 Ergänzungen: Entdeckendes Lernen, Problemlösen und Heuristik

Was ist „entdeckendes Lernen"?

Mit dem Terminus „entdeckendes Lernen" ist stets „selbstentdeckendes Lernen" bzw. „entdecken-lassender Unterricht" gemeint, mit psychologischer Begründung und starker Individualisierung.

„Deswegen sollte der eigentliche Begriff in seiner spezifischen, für die Didaktik so wertvollen Bedeutung festgehalten und gegen Mißbrauch hartnäckig verteidigt werden. Er meint von der Sache wie auch vom Weg her etwas ganz Bestimmtes:

---

[88] D. P. Ausubel u.a. 1974, S. 524ff.

> Entdecken kann man eine *Sache* nur, die schon da ist, nur eben noch nicht bekannt, wie z. B. eine mathematische Regel, ein Naturgesetz, einen historischen Zusammenhang, nicht etwas, das man erst schaffen oder gestalten muß bzw. über das man unterschiedlicher Meinung sein kann.
>
> Der Weg darf nicht bis ins letzte festgelegt sein, er muß Chancen selbständigen Suchens auch über Irrwege hinweg offenhalten. Auf höherem Niveau, methodisch reflektiert und mit umfänglicheren Aufgaben mag man auch von 'forschendem Lernen' sprechen. Daß es sich hierbei nicht um völlig unbetreutes Suchen handelt, sondern immer um ein den Kräften entsprechendes 'guided discovery', versteht sich schon aus dem Begriff des Unterrichts."[89]

In der Regel werden Materialien in Form von Informations- oder Aufgabensequenzen ausgebreitet, an denen der Schüler ein gemeinsames Prinzip, oder mehrere, entdecken soll. Da das Entdeckte zwangsläufig zuerst in der Schülersprache formuliert wird, ergibt sich eine automatische Verständniskontrolle - allerdings auf Kosten zusätzlicher emotionaler Hürden für die Präzisierung. Es widerspricht dem Prinzip des „entdeckenden Lernens" nicht, wenn der Lehrer die Botschaft des Materials vollständig durchschaut und lediglich an Vermittlungsoptimierung interessiert ist.[90] Freudenthals „Nach*erfindung* unter Führung" ist hier absichtlich offener, pädagogischer und riskanter: es meint auch Wege oder Resultate, die der Lehrer noch nicht kennt. Des Lehrers wohlwollendes Interesse und Vergnügen soll sich im fachgenetischen Unterricht nicht nur auf individuelle „Lösungswege" der Schüler richten, sondern auch mit Neugier und Abenteuerlust auf die Erwartung neuer Varianten von Mathematisierung oder gar von Mathematik.[91]

---

89 Aus: Hans Glöckel 1990, S. 140. (Sehr empfehlenswert zur raschen und zupackenden Information.)

90 „Guided discovery", gelenkte *Entdeckung*, nicht *Erfindung*. In der einschlägigen, psychologisch orientierten Literatur wird oft von „entdecken(-lassen)der Unterweisung" gesprochen, auch wenn Unterricht gemeint ist. Das hängt damit zusammen, daß sich viele empirische Untersuchungen aus Gründen der Parameterkontrolle auf sehr kurzfristige oder gar programmierte Unterweisungen beziehen. Was das für Unterricht aussagen kann, ist freilich Interpretations- und Glaubenssache.

91 Um das mit Freude und ohne Angst tun zu können, braucht er fachliche Souveränität. Es ist daher notwendig und sinnvoll, die fachwissenschaftliche Lehrerausbildung auch an „höheren", schwierigeren Themen vorzunehmen, als sie der Lehrer in der Praxis vermutlich je brauchen wird. Das rechte Mischungsverhältnis von „Höherem" und „Niederem" ist freilich unbekannt - es gilt ja auch zu bedenken, daß „höhere" Sichtweisen zur Entfremdung von und zur Enttäuschung über naivere Zugänge der Schüler führen können. Frustration wäre eine sehr schlechte Lehrerin. (Ein bedenkliches Gefahrensymptom ist - besonders in Gymnasialkreisen - die Unsitte, sich gegenseitig unwidersprochen als „Historiker", „Germanistin" oder „Mathematikerin" einzustufen und den unterstellten Verrat an der eigenen Profession in schmeichelhafte Anerkennung umzudeuten. Anders gesagt: Wäre Lehrer X. in erster Linie Mathematiker und nicht Lehrer, dann sollte er rasch die Arbeitsstelle wechseln, solange er noch jung genug ist. Mathematik ist keine Unterrichtslehre, sondern ein Wissenschaftszweig. Kleine, meist sehr, sehr alte Ausschnitte werden in der Schule zu *Bildungsgegenständen,* wenn sie in funktionelle, soziale und erzieherische Kontexte gebunden werden können. In diesem Bemühen liege die Ehre des Mathematiklehrers, nicht in seinem Fachstudium, sonst würde er Mittel und Zweck verwechseln!)

Bei dieser Gegenüberstellung wird nebenbei deutlich, wie unsinnig die seit Gaudig und Bruner beliebte polemische Verkürzung „(selbst-)entdeckendes Lernen = Offenheit + Schülerzentrierung + Lernen lernen = Zukunftskompetenz + Demokratiegewöhnung" versus „Frontalunterricht = Geschlossenheit + Stoffzentrierung + Belehrung = Enzyklopädismus + Vereinnahmung" ist. Aus unterrichtsökonomischen Gründen muß schülerzentriert dargebotenes Material i. allg. viel enger und zielstrebiger vorstrukturiert werden als ein „sokratisches Gespräch", ein fragend-entwickelnder Unterricht oder auch „nur" ein einfühlsamer Lehrervortrag.[92]

Der große Psychologe E.L. Thorndike schrieb 1935:

> „Eine Verweigerung von Information mit der Begründung, daß der Lernende mehr profitiert, wenn er die Fakten selbst entdeckt, läuft Gefahr, nicht nur exzessiv viel Zeit zu kosten, sondern auch die falschen Gewohnheiten zu verstärken."[93]

Dazu noch ein etwas sarkastisches Bonmot von D. P. Ausubel (1968):

> „Wie jeder Schüler weiß, der einen kompetenten Unterricht genossen hat, kann die geschickte Darbietung von Ideen ebenfalls beträchtliche intellektuelle Begeisterung und Motivation für genuine Forschung erzeugen, allerdings vielleicht nicht ganz in dem Maße wie Entdeckung. Wenige Physikschüler, die im Frontalunterricht das Wasserverdrängungsprinzip gelernt haben, werden halbnackt durch die Straßen rennen und 'Heureka' schreien. Aber noch einmal, wieviele Schüler von Archimedes' Fähigkeit gibt es in den üblichen Physik- oder Mathematikklassen? Wie kann Archimedes' Erregung über seine rein autonome und originelle Entdeckung mit der Erregung verglichen werden, die erzeugt wird durch die Entdeckung einer allgemeinen Formel für die Anzahl der Diagonalen in einem n-seitigen Polygon, nachdem die Aufgaben 1 bis 9 im Textbuch durchgearbeitet sind? Und was geschieht mit der Motivation und dem Selbstvertrauen von Archimedes-Junior, wenn er nach 17 Versenkungen in der Badewanne nichts anderes erreicht, als lediglich durch und durch naß zu werden?"[93]

---

92 Zugegeben, Ostereier werden durch's Verstecken magisch anziehend und aufregend, selbst für den, der keine Eier mag. Mit der Zeit lernt man, wo es sich am besten sucht, dann auch, daß es gar nicht der Osterhase war, und schließlich daß überhaupt... Danach sinkt die Eiernachfrage wieder, der Umgangston mit den Eltern ändert sich, und Ostern ist nicht mehr so schön. Mit Offenheit, Zukunft und Demokratie hat das a priori nichts zu tun.

93 etwas frei zitiert nach D. P. Ausubel u.a. 1974, S. 560 bzw. S. 548f.

Eine Orientierungshilfe zum Entdeckungslernen:[94]

beobachtbare Aktivität	*nicht beobachtbare Aktivität*	*Fragetypus*
	Begriffsbildung	
Sammeln, Auflisten	Differenzieren	Was siehst, hörst, bemerkst du?
Gruppieren	Identifizieren gemeinsamer Merkmale, Abstrahieren	Was gehört zusammen? Unter welchen Gesichtspunkten?
Bezeichnen, Kategorisieren	Feststellen hierarchischer Beziehungen, Über- und Unterordnen	Wie willst du diese Ansammlungen benennen?
	Interpretieren von Daten	
Identifizieren kritischer Punkte oder Aspekte	Differenzieren	Was bemerkst, siehst, findest du? Was fällt auf? Wo steckt das Hindernis?
Erklären von identifizierten Fakten	Suchen nach Beziehungszusammenhängen, Ursache und Wirkungen	Warum ist es so?
Schlußfolgern	Hinausgehen über Gegebenes, Finden von Implikationen, Extrapolationen	Was bedeutet dies? Was meinst du? Was kannst du zusammenfassen?
	Anwenden von Regeln	
Konsequenzen voraussagen, Erklären von Phänomenen, Hypothesen bilden	Analysieren des Problems, der Situation; Erinnern von relevantem Wissen	Was wird passieren, wenn...?
Erklären, Stützen der Voraussagen und Hypothesen	Bestimmen von Kausalketten, die zur Voraussage oder Hypothese führen	Warum meinst du, daß dies geschehen werde?
Verifizieren oder Falsifizieren der Voraussage oder Hypothese	Mit logischen Prinzipien oder Tatsachenwissen notwendige und hinreichende Bedingungen bestimmen	Was müßte gelten, wenn dies richtig oder wahrscheinlich oder meistens richtig wäre?

„Problemorientierung", „Übung des Problemlösens" und explizite Heuristik

Wir haben in der letzten These für „Problemorientierung an *paradigmatischen* Problemen" plädiert. Selbstentdeckendes Lernen soll nach Bruner Informationserwerb im Kontext des Problemlösens lehren (vgl. das Zitat am Anfang von Abschnitt 5.2). Dies hat

---

[94] frei nach Hilda Taba (nach K. Riedel 1973, S. 25).

in der pädagogischen Literatur oft zur Identifikation von *„selbstentdeckendem Lernen"* und *„Problemorientierung"* geführt. Denkt man die von Bruner ja auch geforderte, wenn auch heikle Konzentration auf *„fundamentale Ideen"*(vgl. unten den Abschnitt 6.2) nicht mit, dann entsteht leicht die Illusion, man könne alle Vorzüge des „selbstentdeckenden Lernens" schon dadurch realisieren, daß man das *„Problemlösen"* an irgendwelchen, lediglich pfiffigeren Aufgaben üben läßt, deren Lösungsweg den Schülern halt noch nicht oder noch nicht ganz bekannt ist. Besonders Mathematiklehrer, die ihre Liebe zum Fach aus tiefen persönlichen Erfolgserlebnissen beim Problemlösen gewonnen haben, sind verständlicherweise geneigt, solche schönen Erlebnisse auf Schülerseite stimulieren zu wollen.[95]

Dagegen ist nichts zu sagen, solange sie dieses Ziel nicht zum Maßstab ihres Unterrichts machen. Einerseits ist nämlich die Freude am mathematischen Problemlösen sehr wahrscheinlich nicht allen Schülern zu vermitteln, auf jeden Fall nicht allen an einem beliebigen Wochentag um 9.42 Uhr, und andererseits verdeckt das sehr persönliche Engagement in Problemlösungsprozessen - wie sie A.I. Wittenberg im Zitat zu 5.1 meisterhaft beschrieben hat - nur zu oft deren objektive Belanglosigkeit.[96] Um die notwendige Muße für Problemlösungen aufbringen zu können, die viele Schüler emotional berühren sollen, müssen Zeit- und Energieaufwand auf paradigmatische Probleme bzw. auf solche konzentriert werden, die zugleich auch für andere Unterrichtsziele funktionell wertvoll sind.

These 16: **Mathematik kann und soll weder allen noch auf Dauer als intellektueller Spaß vermittelt werden. Wer sie nicht liebt und wer sie liebt, sollte sie ernstnehmen (können).**

Natürlich soll damit nichts gegen intellektuellen Spaß gesagt werden. Stunden, in denen der Funke auf viele Schüler überspringt oder in denen Schüler merklich von der Schönheit der Mathematik berührt werden, gehören zum Schönsten, was Schule Schülern und Lehrern zu bieten hat. Und man wird solche Stunden als Lehrer kaum erleben, wenn man sich als Lernziel-Buchhalter profiliert und alles Persönliche aus der Mathematik herausläßt. Ich möchte nur betonen, daß das Schöne noch schöner ist, wenn es etwas bedeutet, d.h. wenn es mehr hinterläßt als ein großes, vages Gefühl des eigenen Könnens.[97]

---

95 Forschende Mathematiker werden gern anhand der Extreme des „problem solvers" und des „system designers" typisiert. Für den ersten Typus stehen dann vielleicht Archimedes, Fermat, Euler oder Gauß, für den zweiten Euklid, Newton, Cantor oder „Bourbaki" und für die universelle Mitte Apollonios, Viète, Leibniz, Poincaré oder Hilbert. Man darf aber nicht genauer hinsehen.

96 Daß das Austüfteln von raffinierten Knobelaufgaben oder Olympiade-Problemen mehr lehrt als arg bereichsspezifische Informationsbeschaffung und Denkweisen, ist wohl nur ein frommer Wunsch. In Abwandlung von Heraklit gilt eben auch: „Vielkönnerei Sinn nicht lehrt." Kreuzworträtselfans nehmen das hin, Teufelsgeiger, Dressurreiter und Bodybuilder übrigens auch.

97 Dieses „mehr" muß nicht Wissen sein, es kann sich auch um spontane Durchblicke, Einsichten, Haltungen, Anregungen... handeln. Sind es Fähigkeiten oder Fertigkeiten, dann ist zu fragen, ob sie zu mehr gut sind, als für die Schule, für Fachstudien oder für ein künftiges Dasein als Lehrer. Dschuang Dsi, ein ehrgeizloser Zeitgenosse Platons am anderen Ende der Oikumene: „Es war einmal ein Mann, der wollte das Drachentöten lernen. Er suchte sich die besten Lehrer

Immer wenn im frontalen oder schülerzentrierten Unterricht problemorientiert er- oder gearbeitet wird, sollte man sich allerdings der denkmethodischen Schwerpunktbildung bewußt sein und diese Perspektive auch bei den Schülern explizit anstreben. Zunächst wird man dazu nach erfolgreichen Problemlösungen im Rückblick auch das methodische Vorgehen reflektieren lassen und die verwandten heuristischen Brücken hervorheben, später können dann solche heuristischen Brücken als Hilfen zum Problemlösen vom Lehrer oder von den Schülern selbst herangezogen werden. Die umseitige Tabelle zur mathematischen Heuristik hat der ungarisch-amerikanische Mathematiker George Polya nach jahrzehntelanger Beschäftigung mit typischen Problemlösungen aufgestellt und sehr eindrucksvoll kommentiert.[98]

George Polya

Beispiel: Ein Tip für problemhafte Textaufgaben und zur Umstellung von Formeln.

Man beginne Unterrichtsreihen zu Textaufgaben nicht mit zu leichten, wenn man auf die schriftliche Lösung mittels Gleichungen hinaus will. Um den Ansatz oder die notwendige Umstellung zu fördern, empfiehlt es sich, die Schüler mehrfach raten zu lassen und die Probe mit allen (unausgerechneten!) Zwischenschritten zu notieren. So wird der Termaufbau transparent, und der Termabbau kann dann nach der Devise „zuerst zieht man aus, was man zuletzt angezogen hat“ bewältigt werden.[99]

Beispiel: Problemlösetraining, selbstentdeckendes Lernen und Argumentationsausschärfung anhand der Sammlung „Geometrischer Denkaufgaben“ von P. Eigenmann.

Stichworte: fortschreitend explizitere Heuristik, zeichnerische oder rechnerische Lösung „frei“, Lösungsvarianten, Inhaltsschwerpunkte, unterbestimmte Aufgaben, Lösungscomics, verdeckter Aufgaben- und Lösungsanschrieb, überbestimmte Aufgaben, approximative Lösungen und Aufgaben mit Approximationscharakter.

***These 17:* Problemorientierte Unterrichtsphasen sollen fachliche Methoden, Strategien und heuristische Regeln nicht nur einüben, sondern allmählich bewußt werden lassen.**

---

des Drachentötens und gab sein ganzes Vermögen dafür hin. Als er das Drachentöten endlich gelernt hatte, siehe, da fand sich kein Drache, den er hätte töten können.“ Fazit des berühmten Mathematikers René Thom: „Darauf beschloß er, das Drachentöten zu lehren.“

98 aus dem sehr empfehlenswerten Taschenbuch-Klassiker „Schule des Denkens - Vom Lösen mathematischer Probleme“ (G. Polya 1949). Es gibt inzwischen einen gut ausgebauten Zweig der Mathematikdidaktik des Problemlösens, der sich außer auf Polyas pädagogische und denkpsychologische Werke auch auf gestaltpsychologische Klassiker von Karl Duncker und Max Wertheimer stützt. (Aktuelle Überblicke findet man in einschlägigen Themenheften der Zeitschrift „Der Mathematikunterricht“ - kurz „MU“.)

99 vgl. W. Kroll 1980.

Wie sucht man die Lösung eines mathematischen Problems?

(aus George Polya 1949)

Verstehen der Aufgabe:

- *Was ist unbekannt? Was ist gegeben? Wie lautet die Bedingung?*
- Ist es möglich, die Bedingung zu befriedigen? Ist die Bedingung ausreichend, um die Unbekannte zu bestimmen? Oder ist sie unzureichend? Oder überbestimmt? Oder kontradiktorisch?
- Zeichne eine Figur! Führe eine passende Bezeichnung ein!
- Trenne die verschiedenen Teile der Bedingung! Kannst Du sie hinschreiben?

Ausdenken eines Planes:

- Hast Du die Aufgabe schon früher gesehen? Oder hast Du dieselbe Aufgabe in einer wenig verschiedenen Form gesehen?
- *Kennst Du eine verwandte Aufgabe?* Kennst Du einen Lehrsatz, der förderlich sein könnte?
- *Betrachte die Unbekannte!* Und versuche, Dich auf eine Dir bekannte Aufgabe zu besinnen, die dieselbe oder eine ähnliche Unbekannte hat.
- *Hier ist eine Aufgabe, die der Deinen verwandt und schon gelöst ist. Kannst Du sie gebrauchen?* Kannst Du ihr Resultat verwenden? Kannst Du ihre Methode verwenden? Würdest Du irgend ein Hilfsmittel einführen, damit Du sie verwenden kannst?
- Kannst Du die Aufgabe anders ausdrücken? Kannst Du sie auf noch verschiedene Weise ausdrücken? Geh auf die Definition zurück!
- Wenn Du die vorliegende Aufgabe nicht lösen kannst, so versuche, zuerst eine verwandte Aufgabe zu lösen. Kannst Du Dir eine zugänglichere verwandte Aufgabe denken? Eine allgemeinere Aufgabe? Eine speziellere Aufgabe? Eine analoge Aufgabe? Kannst Du einen Teil der Aufgabe lösen? Behalte nur einen Teil der Bedingung bei und lasse den anderen fort; wie weit ist die Unbekannte dann bestimmt, wie kann ich sie verändern? Kannst Du etwas Förderliches aus den Daten ableiten? Kannst Du Dir andere Daten denken, die geeignet sind, die Unbekannte zu bestimmen? Kannst Du die Unbekannte ändern oder die Daten oder, wenn nötig, beide, so daß die neue Unbekannte und die neuen Daten einander näher sind?
- Hast Du alle Daten benutzt? Hast Du die ganze Bedingung benutzt? Hast Du alle wesentlichen Begriffe in Rechnung gezogen, die in der Aufgabe enthalten sind?

Ausführen des Planes:

- Wenn Du Deinen Plan der Lösung durchführst, so *kontrolliere jeden Schritt.* Kannst Du deutlich sehen, daß der Schritt richtig ist? Kannst Du beweisen, daß er richtig ist?

Rückschau:

- Kannst Du das *Resultat kontrollieren?* Kannst Du den Beweis kontrollieren?
- Kannst Du das Resultat auf verschiedene Weise ableiten? Kannst Du es auf den ersten Blick sehen?
- Kannst Du das Resultat oder die Methode für irgend eine andere Aufgabe gebrauchen?

6 Bildung als Hintergrundwissen

Bisher wurde sehr ausführlich über *Formen* des Mathematikunterrichts und tendenziell eher formalbildende Ansätze gesprochen, die inhaltlich offen sind. Dies geschah, weil wir immer noch im „Jahrhundert des Kindes“[100] leben und weil Anfänger im Lehrberuf naturgemäß zuerst an die Bewältigung von Unterricht „vom Kinde her“ denken. Trotzdem ist (hoffentlich) klargeworden, daß weder unterrichtsmethodische noch formalbildende Ziele zur Begründung vernünftigen Mathematikunterrichts ausreichen. Die inhaltliche Akzentuierung des Unterrichts ins Belieben zu stellen, hieße den Wert positiven Wissens[101] sträflich unterschätzen und den Glauben an automatischen Methodentransfer übertreiben. Wissen ist nicht Bildung, einverstanden, aber Bildung ohne Kultur- und Zivilisationsbindung wäre belanglos, naiv und kaum gesellschaftsfähig.

Was kann Mathematik einem Nichtmathematiker *bedeuten?*[102] Denkt man über theoretische oder Sachsituationen mathematisch nach, dann *strukturiert* man diese Situationen gemäß einer bestimmten Denktradition. Dabei quantifiziert oder qualifiziert man *geeignete Aspekte der Sache* und vernachlässigt notgedrungen die dazu weniger geeigneten. Triebfeder ist die Hoffnung, *ein Skelett* der Situation freizulegen, aus dessen Zustand, Bewegungsform oder Entwicklungsmöglichkeiten Relevantes über die Situation und ihre künftige Entwicklung logisch erschlossen, abgeschätzt und beurteilt werden kann. Ob dieses Skelett in der Sache selbst liegt, vielleicht sogar ihren Kern hinreichend be-

---

[100] Titel eines einst sehr populären Machwerks der schwedischen Kinderärztin Ellen Key aus dem Jahre 1900, das sich wie eine Karikatur „fortschrittlicher Pädagogik“ seit Rousseau liest.

[101] Mit „positivem Wissen“ ist nicht nur abprüfbares Fakten- und Methodenwissen gemeint, sondern alle potentiellen Bewußtseinsinhalte, von denen das Subjekt überzeugt ist und die gegebenenfalls verbalisiert und begründet werden könnten. Im Gegensatz zur üblichen Betonung *„formaler Bildung“* verstand man im 19. Jahrhundert unter *„materialer Bildung“* die Auffassung, Bildung über die Vermittlung positiven Wissens anzustreben. Ein „Primat materialer Bildung“ ist im Gegensatz zum *„Formalbildungsprinzip“* meines Wissens nie tiefer begründet worden, auch nicht assoziationspsychologisch, es wurde allerdings bis in unsere Zeit immer wieder den Volks- und Realschulen (in der Nachfolge der berufsvorbereitenden Bürgerschulen) als sozial angemessen, ausreichend und befriedend unterstellt. (Vgl. etwa frühere Auflagen des sehr verbreiteten Realschullehrbuchs von Kusch.) Für die höheren Schulen wurde *„materiale Bildung“* immer wieder als *sinnvolle oder sogar notwendige Ergänzung* des kaum umstrittenen *Formalbildungprimats* gefordert - und mit Hinweisen auf Enzyklopädismus (= Vielwisserei + Revolutionsvorbereitung), „Überbürdung“ (= Schulstreß), Utilitarismus (= reines Nützlichkeitsdenken) und Materialismus diskreditiert. Der Terminus „Formalbildung“ wird heute oft benutzt, um auf etwas historisch und psychologisch Überholtes, Illusionäres und Elitäres anzuspielen; von „materialer Bildung“ ist kaum noch die Rede, weil die Bezeichnung als schwammig, in sich widersprüchlich und assoziationspsychologisch belastet gilt. (Inhaltlich gehört aber der Kampf um „materiale Bildung“ - mit wechselnden Betonungen der beiden Wörter je nach Schultyp - durchaus noch zu den Traditionen und Erblasten der Sozialdemokratie.)

[102] Wir fragen in diesem Kapitel nach sinnvollen *Bedeutungen.* Was Mathematik den Nichtmathematikern *„nützen“* kann, wird im nächsten Kapitel erörtert.

schreibt, oder ob es der Sache nur probehalber angepaßt und aufgeprägt wird, hängt von der Einzelsituation, vom Kontext, von vernünftigen Beurteilungen und von bewußten oder unbewußten Interessen ab. Weil mathematisches Denken den meisten Menschen schwerfällt, besteht eine zu den Anstrengungen ziemlich proportionale Gefahr, Schwierigkeiten unbesehen als Symptom von Relevanz zu nehmen, und mathematische Schlußfolgerungen für „das Wesentliche". Um dieser Gefahr ein wenig vorzubeugen, wird die folgende didaktische Auffassung (von vielen) vertreten:

These 18: **Für Nichtmathematiker soll Mathematik zu *einem* Denkwerkzeug werden. Mathematik wird in außermathematische bzw. in nicht rein innermathematische Situationen *hinein*gedacht, um Beurteilungs- und Entscheidungs*hilfen* zu gewinnen. Im allgemeinen ist nicht zu erwarten, daß damit alles Wesentliche der Situation erfaßt wird.**

Die Wertschätzung, die leistungsfähigen Denkwerkzeugen sowohl von der öffentlichen Meinung als auch von Wissenschaftlern entgegengebracht oder verweigert wird, hängt in bedenklichem Maße vom Zeitgeist und damit insbesondere von der politischen und wirtschaftlichen Großwetterlage ab. Dies läßt sich für das 19. Jahrhundert an der verbreiteten Überschätzung erst mechanistischer, dann evolutionsbiologistischer Denkweisen zeigen[103], und in jüngster Zeit an der dramatischen Entwicklung, die sich seit dem Zweiten Weltkrieg unter Schlagwörtern wie Informationstheorie, Kybernetik, Robotik, Informationssysteme, Systemdenken, Synergetik, Informatik, Künstliche Intelligenz, Neue oder Kommunikationstechnologien, Bildverarbeitung und virtuelle Realität vollzogen hat und längst unsere Sicht der materiellen und geistigen Welt kanalisiert.

Bedenkt man, daß bei den meisten Menschen über 80% der Informationsaufnahme visuell vermittelt ist, dann steht zu vermuten, daß die Entwicklung der visuellen Medien im 20. Jahrhundert (Film, Farbfotografie, Fernsehen, Video, Computer) eine ähnlich gravierende Veränderung der geistigen Welt bewirken wird, wie sie die Massenproduktion von Büchern seit der Renaissance bewirkt hat. Was die Charakteristika der bereits eingeleiteten Bewußtseinsänderung im einzelnen sind, kann man nur vermuten. Höchstwahrscheinlich gehören *globalere Sichtweisen* (Telefon, Satelliten-Fernsehen), das zunehmende *Bewußtsein der Manipulierbarkeit* (jetzt auch des Visuellen) und der zunehmende Bedarf an *Strukturierungshilfen* für die Informationsbeschaffung, -archivierung und -bewältigung dazu. Erstaunlicherweise hat sich die Mathematikdidaktik vor 30 Jahren mit diesen Punkten konstruktiv auseinandergesetzt - freilich aus ganz anderer Perspektive:

---

[103] vgl. etwa Eve-Marie Engels 1995. Beide Denkweisen schlugen sich in der Mathematikdidaktik bleibend nieder: das mechanistische Denken im *„Prinzip des funktionalen bzw. operativen Denkens"*, das evolutionäre in verschiedenen Formen des *„genetischen Prinzips"*.

6.1 Mathematik, Strukturdenken und Breitenbildung

In den sechziger Jahren unseres Jahrhunderts begann die letzte große öffentliche Diskussion unseres Bildungssystems und seiner Inhalte.[104] Einer ihrer Erträge war der breite, allerdings anders begründete und inzwischen abgeflaute Konsens, daß der Mathematikunterricht geradezu prädestiniert und verpflichtet sei, *universelle Strukturierungshilfen* zu lehren:

> „Die Organisation für wirtschaftliche Zusammenarbeit und Entwicklungshilfe OECD ist im Jahre 1948 mit dem Ziel für eine europäische wirtschaftliche Zusammenarbeit gegründet worden... Es ist das einmalige Verdienst dieser Organisation, erkannt zu haben, *wie sehr das wirtschaftliche Wachstum vom Ausbau des Erziehungswesens abhängig ist.*
>
> Der Ministerrat der Organisation faßte im Anschluß an die Konferenz in Washington im November 1961 den Beschluß, bis zum Jahre 1970 eine Steigerung des Bruttosozialproduktes um 50% für die Gesamtheit der beteiligten Länder herbeizuführen. Das gesteckte Ziel konnte nur erreicht werden, wenn im gleichen Ausmaße die Ausbildungssysteme erweitert und verbessert wurden. So beginnen *gleichzeitig* mit den Anstrengungen um wirtschaftliches Wachstum (*economical growth*) die Bemühungen um die Entwicklung leistungsfähiger Bildungsstätten (*educational development*).
>
> Der Ausschuß Wissenschaftliches und Technisches Personal STP wurde beauftragt zu prüfen, welche Kenntnisse jungen Menschen auf der Schule vermittelt werden sollten, um qualifizierte Mathematiker, Naturwissenschaftler, Ingenieure und Techniker heranzubilden, die imstande sind, die Forderung nach wirtschaftlichem Wachstum zu realisieren...
>
> Die fortschreitende Verwissenschaftlichung der Welt, die schnelle Umsetzung von Erkenntnissen der Grundlagenforschung in angewandte Naturwissenschaft und die damit verbundene Mobilität der modernen Leistungsgesellschaft verlangen nicht nur besser ausgebildete, sondern auch mehr qualifizierte junge Menschen (*human capital*), die Einsicht haben in mathematische Strukturen und in das technisch-abstrakte Gefüge der hochspezialisierten Arbeitswelt."[105]

> „Mathematik und Naturwissenschaften haben mit Beginn des 20. Jahrhunderts Denkweisen entwickelt, die für das Begreifen der Bedingungen unseres modernen Lebens als bekannt vorausgesetzt werden müssen. Nur wenn der Mensch frühzeitig Einsichten in naturwissenschaftliche Betrachtungsweisen und Verständnis für mathematische Strukturen gewonnen hat, kann er Probleme lösen, vor die er in der modernen, rationalisierten Welt gestellt wird. Der Schule wächst die Aufgabe, eine Grundbildung zu vermitteln, die auch auf ein mathematisches Erfassen unserer Wirklichkeit gerichtet ist. Ohne eine mathematische Grundbildung sind in vielen Berufen ein auf Sachkenntnis beruhendes Urteil und die von der Gesellschaft geforderte Lei-

---

[104] Zugleich auch die letzte Einstellungswelle für Lehrer... Außer Politikern kann sich jeder leicht ausrechnen, wann die nächste Einstellungswelle fällig wird.

[105] Der Delegierte der ständigen Konferenz der Kultusminister bei der OECD in OECD 1974, S. 3f.

stung nicht möglich."[106]

Die besondere Rolle für die ökonomische Zukunft der westlichen Welt, die man seinerzeit der hier gemeinten *„New Math"* zutraute, wird aus folgendem verständlich:

In einigen Wissenschaftsdisziplinen wurden damals formalistisch-strukturelle Sichtweisen bevorzugt.[107] Darunter befand sich seit Ende der dreißiger Jahre der große Versuch der Bourbaki-Gruppe, das unüberschaubar gewordene Gebiet der Reinen Mathematik aus der Mengenlehre mittels dreier „Mutterstruktur"typen (algebraische, Ordnungs- und topologische Strukturen) zu rekonstruieren.[108] Piaget hatte diesen Beschreibungsansatz inzwischen erfolgreich auf die natürliche Genese des Denkvermögens im Kinde übertragen: Indem es zunächst reale, dann vorgestellte Handlungsschemata erwerbe, entwickelten sich seine Begriffe und die Strukturen oder strukturellen Möglichkeiten seines Denkens. Der graduelle Erwerb dieser Denkstrukturen ließ sich mit sehr ähnlichen Strukturbegriffen beschreiben, wie sie „Bourbaki" für die axiomatische Rekonstruktion der Reinen Mathematik verwandt hatte.[109] Das Werk „Bourbakis" hatte für die Mathematik überzeugend hervorgehoben, daß polymorphe Begriffe und Axiomensysteme[110] nicht nur Klarheit und Übersicht im Nachhinein schaffen, sondern selbst zum Ausgangspunkt und Motor neuer Forschungsgebiete werden können.

Was lag näher, als den Mathematikunterricht ohne Umschweife an solchen Strukturbegriffen zu orientieren? (Vgl. Anhang 6.1.1) Von der Konzentration des Mathematikunterrichts entlang dem Bourbakisch-Piagetschen Ansatz konnte man sich eine große Synthese erhoffen:

- Strukturierendes Denken schaffe Übersicht und Klarheit.
- Es sei eine gute Medizin gegen zusammenhang- und belanglose Vielwisserei.
- Unwesentliches könne entfallen, da die Mutterstrukturen alles Weitere im Keim enthielten und folglich durchsichtiger machen würden. (Spiralige Konzentration des Curriculums)

---

[106] aus: Empfehlungen und Richtlinien zur Modernisierung des Mathematikunterrichts an den allgemeinbildenden Schulen. Beschluß der KMK vom 3. 10. 1968.

[107] Etwaigen historischen Ursachen braucht hier nicht nachgegangen zu werden.

[108] Wegen des Zweiten Weltkriegs drang die Bourbaki-Auffassung in Deutschland erst in den sechziger Jahren in die Mathematik-Vorlesungen vor. In den siebziger Jahren wurde sie dann vielerorts in den westlichen Ländern als einzig moderne und zeitgemäße Auffassung gelehrt. Das traf die deutsche Mathematiklehrerausbildung besonders, weil letztmals ein größerer Generationenwechsel und Ausbau des höheren Schulwesens stattfand. Die Folgen werden „vor Ort" noch einige Zeit zu sehen sein, schon deshalb - aber auch aus inhaltlichen Gründen - sollte man den Strukturalismus nicht als erledigt ansehen.

[109] Für Einzelheiten vgl. z.B. Gerhard Steiner 1973.

[110] Während das älteste Axiomensystem darauf angelegt war, die euklidische Geometrie „der" Ebene und „des" Anschauungsraumes möglichst vollständig und übersichtlich zu fundieren, haben sich seit dem 19. Jahrhundert gerade unvollständige und daher vielseitige Beschreibungen mathematischer Konzepte als fruchtbar erwiesen, man denke etwa an „den" Zahlbegriff, an

- Mathematische Strukturen würden nicht nur die zeitgemäße wissenschaftliche Mathematik charakterisieren, die grundlegendsten stellten zugleich charakteristische Begriffsbildungs- und Denkweisen in den natürlichen Stadien jeder individuellen Intelligenzentwicklung dar.
- Die nach Bourbaki grundlegenden Mutterstrukturen seien genügend einfach und natürlich, um mittels „entdeckenden Lernens" Denken durch Verinnerlichung von Handlungen an vorstrukturierten Materialien rascher zu erlernen.[111] (Selbsttätigkeit, orientierendes Entdeckungslernen)
- Indem strukturierendes Denken an fachcharakteristischen Aufgaben und Problemen geübt werde, gewöhnten sich die Kinder und Jugendlichen zugleich an die wissenschaftlich vorbildlichen und technologisch grundlegenden Denkweisen der Mathematik, an deren natürliche Anwendungsbezogenheit und an ökonomisches Denken in strukturellen Zusammenhängen.

Themenkreise aus den Richtlinien um 1968
(nach E. Schuberth 1971, S. 64)

Klassen 1 bis 6:

Mengen und ihre Verknüpfungen - Menge der natürlichen Zahlen und ihre Verknüpfungen - Größen - geometrische Grundbegriffe - Ziffern und Stellenwertsysteme - Teilbarkeit und Teilermengen - Menge der nichtnegativen rationalen Zahlen und ihre Verknüpfungen

Klassen 7 bis 10:

Zuordnung von Mengen - Kongruenzabbildungen - Geometrische Größen - Algebraische Aussageformen - Algebraische Strukturen - Reelle Zahlen - Ähnlichkeitsabbildungen - Potenzen und zugehörige Funktionen - Flächen- und Rauminhalt, Darstellung von Körpern - Ebene Trigonometrie

Klassen 11 bis 13:

Analysis - Vektorraum, affiner und metrischer Raum - Geometrische Abbildungen - Strukturen - Wahrscheinlichkeitsrechnung, Statistik, moderne mathematische Techniken

Das schmeichelhafte, alte Gerücht, Mathematik lehre auf vorbildliche Weise wie man

---

Gruppen, Vektor- oder topologische Räume, boolesche Algebren und Mannigfaltigkeiten. (Vgl. die Aufsätze von Bourbaki und Dieudonné in: M. Otte 1974.)

111 z.B. schrieb H.-G. Steiner 1964: „Die neuen Aspekte der Mathematik erschließen neue Möglichkeiten mathematischer Produktivität beim Schüler. Die durch Menge, Struktur, Abbildung gegebenen Kategorien sind zugleich die Grundkategorien des Mathematisierens. Damit tritt ein weites Vorfeld der Mathematik, von dem aus Mathematik in Gang gebracht werden kann, in den Bereich der unterrichtlichen Betrachtungen... Hier liegen neue fruchtbare Ansatzpunkte, die Phantasie und Eigentätigkeit der Schüler anzuregen." (zitiert nach E. Schuberth 1971, S. 62)

denkt, hatte ihr schon im Formalbildungssystem der Gymnasien des 19. Jahrhunderts einen Platz als Pflichtfach gesichert - wenn auch hinter den ebenso formalbildenden, aber weniger revolutionsverdächtigen alten Sprachen, den Gesinnungsfächern und der Körper(wehr)ertüchtigung.[112] Jetzt gab es endlich eine wissenschaftliche Begründung: Die Mathematik schien mit dem modernen Strukturansatz Bourbakis nicht nur ihren eigenen Kern entdeckt zu haben, sondern zugleich auch die Grundformen jeden Denkens überhaupt, im Prinzip also auch jeder Form zukunftsweisender Wissenschaft, Technik und Ökonomie.[113]

Das war natürlich eine sehr kurzatmige, zerbrechliche und nie konsensfähige Überschätzung der Mathematik, wie schon die damaligen *Bedingungen* ihres kurzen Aufstiegs zur „Ma-Thematik" ahnen lassen:

- Der allgemeine Konsens bzgl. eines direkten Zusammenhangs zwischen naturwissenschaftlicher Bildung, technologischer „Manpower" und ökonomischer Prosperität. (Statt von Wachstum und „Humankapital" redet man heute lieber bescheiden, wehmütig und sozial destruktiv von „abwandernden Standortvorteilen", beschneidet die Bildungshaushalte und „normalisiert" das Schüler-Lehrer-Verhältnis.)
- Der Glaube an die weitgehende Übereinstimmung zwischen Grundstrukturen der Mathematik, des Denkens allgemein und der Intelligenzentwicklung im besonderen.[114]
- Die Verwechslung der Bourbakischen Rekonstruktion mit einer optimalen, nachahmenswerten Genese des zukunftsträchtigen Teils der Mathematik.[115]

---

112 Die Reihenfolge auf Zensurenlisten und Zeugnisvordrucken erinnert oft noch daran.

113 H.-G. Steiner 1965: „In unseren mathematischen Unterricht gehört der Geist und das begriffliche Rüstzeug der Mathematik des 20. Jahrhunderts, gehört für den Schüler die Erfahrung der analytischen wie produktiven Kraft der axiomatischen Methode und des strukturellen Denkens, eines Denkens, das für die Selbstinterpretation des menschlichen Geistes wie für die Erfassung der uns umgebenden Gegenstandsstrukturen sich in gleicher Weise als fundamental erwiesen hat." (zitiert nach E. Schuberth 1971, S. 62)

114 Nach heutiger Auffassung handelte es sich bei den vermeintlich beobachteten Indizien häufig nur um Artefakte (Kunstprodukte) des gewählten Beschreibungsrahmens, der angewandten Untersuchungsmethoden oder der allzu gezielten Überinterpretation. Bekanntlich hatte schon Gauß' Kollege Lichtenberg Anfang des 19. Jhs. Bedenken wegen der „vielen Plunderköpfe unter den Mathematikern" angemeldet. (S. Fußnote 35 auf S. 38.)

115 „Bourbaki" hatte ausdrücklich betont, daß es ihm *nicht* um die Frage gehe, wie Mathematisches entstehe: „Um die richtige Perspektive zu erhalten, müssen wir dieser raschen Skizze sogleich die Bemerkung anfügen, daß sie nur eine sehr rohe Annäherung an den tatsächlichen Stand der heutigen Mathematik ist; die Skizze ist schematisch und ebenso idealisiert wie erstarrt..." (Bourbaki in: M. Otte 1974, S. 155) Zuvor hatte es in einer Fußnote noch geheißen: „Wir nehmen hier einen naiven Standpunkt ein und befassen uns nicht mit den dornigen, halb philosophischen, halb mathematischen Fragen, die durch das Problem der 'Natur' der mathematischen 'Wesen' oder 'Gegenstände' aufgeworfen werden... Nach diesem Standpunkt sind mathematische Strukturen eigentlich die einzigen 'Gegenstände' der Mathematik." (ebenda, S. 148) „... der Mathematiker arbeitet weder wie eine Maschine noch wie der Arbeiter am Fließband. Wir müssen vielmehr immer wieder die fundamentale Rolle hervorheben, die im For-

- Die Annahme, daß es möglich und ratsam sei, die beobachteten Normalformen der natürlichen Denkentwicklung in öffentlichen Schulen zu beschleunigen.
- Die Überzeugung, daß es aus ökonomischen, politischen und „Modernitäts"gründen notwendig sei, den Unterricht an Allgemeinbildenden Schulen auf wissenschaftliche Wahrheitsfindung, Wahrhaftigkeit und Erkenntnis auszurichten. („Wissenschaftsorientierung")

Es ist hier nicht der Ort, die wirtschaftspolitischen Triebfedern der damaligen Bildungsreformen zu erläutern. Sie sind unter Stichworten wie „Sputnikschock", „OECD-Reform" oder „Bildungsnotstand" hinreichend bekannt[116] und hatten bereits Mitte der siebziger Jahre ihre Durchschlagskraft eingebüßt.[117] Leider sind mit dieser raschen Entwicklung auch eine Reihe damaliger Einsichten und Hoffnungen verschüttet worden, die die Erinnerung wohl lohnen:

- Kreative technologische Leistungen erbringe eher, wer freiwillig diszipliniert arbeite.
- Innovationen werden in rohstoffarmen Ländern gebraucht. Sie würden eher durchgesetzt, wenn die Beteiligten und Betroffenen lernfähig und lernbereit wären.
- Daher müßten Lern- und Leistungsmotivation, Selbsttätigkeit und Initiative gefördert werden. („Das Lernen lernen" *und* „das Lernenwollen lehren" - notfalls auch das „Lernenmüssen")
- Der mathematische und naturwissenschaftliche Unterricht müsse wieder Anschluß an die einschlägigen Hochschulfächer suchen, um die Übergänge in technologienahe Bereiche des tertiären Bildungssystems zu erleichtern. („Modernitätsrückstand")[118]
- Der mathematische und naturwissenschaftliche Unterricht müsse effektiviert werden,

---

schen des Mathematikers jene eigentümliche, von gewöhnlichen Sinnesanschauungen ganz verschiedene Art von *Intuition* spielt, die aller eigentlichen Verstandestätigkeit vorausgeht und die in dem richtigen Erspüren des normalen Verhaltens besteht, das er von seinen mathematischen Wesen glaubt erwarten zu dürfen. Wesen, mit denen er durch lange Bekanntschaft so vertraut geworden ist wie mit den Wesen der wirklichen Welt." (ebenda, S. 151)

116 Näheres findet man im Hinblick auf den Mathematikunterricht in H. Lenné 1975 sowie in E. Schuberth 1971.

117 Gründe mögen die Entspannungspolitik, die amerikanischen Erfolge in der bemannten Raumfahrt und der westliche Technologievorsprung im Elektronikbereich gewesen sein, mit der Zeit auch die sogenannte „Akademikerschwemme" und schließlich die aufkommende strukturelle Arbeitslosigkeit.

118 „Die Schule wird sich mehr und mehr der schnellen Entwicklung anpassen müssen, die von der Hochschulmathematik in den letzten Jahrzehnten vorgezeichnet worden ist. Nur wenn es gelingt, den *Phasenunterschied zwischen Schul- und Hochschulmathematik* wieder auf ein erträgliches Maß zurückzuführen, wird es den studierwilligen Abiturienten auch wieder möglich sein, den Zugang zu einem mathematisch-naturwissenschaftlichen Studium leichter zu finden als es heute noch der Fall ist." (OECD 1974, S. 3) Statt globales naturwissenschaftliches Denken in die Wirtschaftssteuerung einzubauen, liberalisiert man sie heute wieder und erleichtert nur dem „Management" die Steuerflucht und die internationale Verwertung von „human capital".

um auf Dauer genügend viele und vor allem kompetente Techniker, Ingenieure und Naturwissenschaftler zu bekommen. (ebenfalls „Modernitätsrückstand")

- Es sei daher notwendig, im Unterricht rascher zum Wesentlichen zu kommen und die zentralen Denk- und Begriffsstrukturen der jeweiligen Fächer immer wieder in altersangepaßter Formulierung in den Vordergrund zu stellen. („Spiralprinzip" mit „Strukturorientierung"[119])
- Ebenso sei rechtzeitig an Präzisions- und Argumentationsstandards der modernen exakten Wissenschaften (*sciences*) heranzuführen. (Teil der „Wissenschaftsorientierung)

Heute ist die Bourbakische Auffassung von „moderner Mathematik" als „Wissenschaft von den mathematischen Strukturen" unter Fachleuten nicht mehr konsensfähig. Trotzdem wird jeder anerkennen, daß die mathematische Begriffs- und Methodenwelt Nichtmathematikern ausgefeilte und vielfach bewährte Strukturierungshilfen zur Verfügung stellt (Stichwort: Mathematisierung). Wieviel davon im Mathematikunterricht explizit oder implizit zur Sprache kommen kann und soll, ist allerdings nach wie vor umstritten.

These 19: **Bei aller Unsicherheit hat allgemeinbildender Mathematikunterricht als eine seiner zentralen Aufgaben die allmähliche Einführung in strukturierende Sichtweisen behalten. Dazu gehört auch die Aufklärung über und die Gewöhnung an besonders leistungsfähige Strukturbegriffe, Sprech- und Argumentationsweisen.**

Dies ergibt sich auch aus moralisch-demokratischen Erwägungen, die die Strukturreformen nach dem Vietnam-Debakel vor allem in Deutschland prägten[120] und die - wie die o.g. Argumente - verblaßt, aber mitnichten völlig überholt sind. Um das einzusehen, er-

---

[119] In der Ausdrucksweise des damals sehr einflußreichen Bruner: Man meinte, die „fundamentalen Ideen" der Mathematik in ihren Strukturbegriffen und Strukturierungsstrategien gefunden zu haben.

[120] Die zunächst maßgebliche amerikanische Version strukturalistischer Bildungspolitik war vor dem Vietnam-Debakel nicht mit moralischen Ansprüchen befrachtet. In einer von Puritanismus, Demokratie und Pragmatismus geprägten Atmosphäre gab es naturgemäß weniger Traditionsbarrieren, die Schattierungen von „denken" über „gut denken" und „demokratisch denken" zu „national und erfolgreich denken" zu verwischen. Entfaltung kindlicher Persönlichkeit, Fabrikation von technologischer „manpower", demokratische Erziehung, nationale Prosperität und Befähigung zu individuellem Gewinnstreben wurden nicht unbedingt als gegensätzlich empfunden. Das ist für Deutsche schwer einzusehen, mag aber helfen, die pragmatische, aber kurzsichtige Scheidung von zukunftsorientierter Wirtschaftspolitik, Bildungspolitik und öffentlicher Moral seit Mitte der siebziger Jahre besser zu verstehen. Die gedankliche Brücke zwischen Wirtschaftspolitik, Aufklärung, Wissenschaftsorientierung, moralischer Verpflichtung und Breitenbildung war im „kalten Krieg" aus Angst vor Machtverlust gezimmert worden und offensichtlich nicht sehr tragfähig. Trotzdem werden wir sie bald wieder in irgendeiner Form schlagen müssen, wenn nicht aus ökologischen Gründen, dann schon allein wegen des sozialen Friedens. (Bildungspolitik ist z.Z. unattraktiv. Deshalb werden wir wohl in den nächsten zehn Jahren erst noch die Chance, die uns der fällige Generationenwechsel im Bildungssystem anbietet, verschlafen - auf Weisung unser Finanzminister.)

innern wir noch einmal an die einleitenden Gedanken zu diesem Kapitel:

Langsamer als der offensichtliche *Bedarf* an Strukturierungshilfen aus allen lebenswichtigen Wissensbereichen, aber seelisch tiefer und politisch gefährlicher, werden sich aus dem Bedarf - nach verständlichen konservativen Abwehrreaktionen - wahrscheinlich *kollektive Bedürfnisse* nach solchen Strukturierungshilfen entwickeln. Das war im Anschluß an Zeiten der Überflutung mit inkonsistenten Informationen regelmäßig so.[121] Da völlig neue Strukturierungsmuster sehr selten entstehen und erfahrungsgemäß nur langfristig mehrheitsfähig gedeihen, wird über den Fortgang der Geschichte aller Voraussicht nach entscheiden, welche Bedürfnisbefriediger/Innen im kritischen Moment wie überzeugend auftreten (dürfen), um uns - anderen längst bekannte - Lösungsstrategien als originell und zukunftsweisend zu verkaufen. Da man den „kritischen Moment", in dem ein gesellschaftlicher Umbruch möglich wird, schlecht voraussehen kann, müssen die bekannten Strukturierungsmittel sorgfältig erinnert und nüchtern studiert werden. Dies muß, kann und soll helfen, sich abzeichnende Entwicklungen zu begreifen, um verantwortungsbewußt mitwirken zu können, um alternative Sichtweisen und notwendige Relativierungen zu respektieren, um Etikettenschwindel zu erkennen und um ggfs. rechtzeitig auf gefährliche Fehlentwicklungen aufmerksam zu werden.

Je mehr Menschen in einem demokratischen Gemeinwesen dazu befähigt werden, desto eher kann man hoffen, daß sich künftig inhumane Fehlentwicklungen wie Kolonialismus, Faschismus, Nationalismus, Stalinismus, volksdemokratischer Staatssozialismus, sozialdarwinistischer Kapitalismus oder aggressiver religiöser Fundamentalismus mit vernünftigen Argumenten vermeiden oder wenigstens auf lokale, rasch vorübergehende und oberflächliche Katastrophen begrenzen lassen. Die Bewußtmachung charakteristischer historischer, politischer, wirtschaftlicher und naturwissenschaftlicher Denkstrukturen bei möglichst vielen Menschen war darum erklärtes Programm *„emanzipatorischer Bildung und Erziehung"*, das den bundesdeutschen Bildungsreformen der späten sechziger und frühen siebziger Jahre zugrunde lag. Jenseits realpolitischer Absichten und Rücksichten galt es, *die Menschen selber denken zu machen* und sie dadurch - um es mit Theodor W. Adornos Anspielung auf Kant zu formulieren - „aus ihrer selbstverschuldeten Unmündigkeit zu befreien" und vor künftiger Entmündigung zu bewahren. Mit diesem moralisch-demokratischen Anliegen, das Adorno 1970 auf die griffige Formel *„Erziehung zur Mündigkeit"*[122] gebracht hatte, wurde bald die ganze Reihe heterogener Strömungen der sechziger Jahre zusammengefaßt und vom wirtschaftspolitischen zum pädagogischen Anliegen gewendet.[123]

---

121 Anlaß und Schicksal der Humboldtschen Bildungsreform weisen manche Parallele zur OECD-Reform auf. Man sollte sich auch ab und zu erinnern, was nach der ersten Blüte der Reformpädagogik kam...

122 Titel des damaligen Bestsellers.

123 Das gewandelte Bewußtsein kommt sehr schön in folgender Bemerkung von Ernst Schuberth zum Ausdruck: „... Dazu ist zunächst zu bemerken, daß Bildung ein Grundrecht der Persönlichkeit ist und daß die Wirtschaft nicht in sich, sondern nur in bezug auf die Menschen, die durch sie leben können, sinnvoll ist. Daß sie daneben für diejenigen einen Sinn an sich hat, die in ihr ihre Fähigkeiten ausleben können, gibt kein Recht, eine Priorität wirtschaftlicher Interessen allgemein verbindlich zu machen." (E. Schuberth 1971, S. 85)

Natürlich können von keinem einzelnen Fach Patentrezepte aufgeklärten Denkens erwartet werden. Aber alle Fächer sollten wenigstens zur vernünftigen Rede und zu sachangemessenem, reflektiertem und präzisem Argumentieren anhalten. Das wird im Rahmen „entdeckenden Lernens" kaum gelingen, und es geht mit Sicherheit nicht ohne Rezeption positiven, aber pluralistisch abgesicherten Wissens. (Zum Terminus „positives Wissen" s. die Fußnote 101 auf S. 71.) Erst im Zusammenspiel mit parallel zu erwerbenden „modernen", d.h. wissenschaftsorientierten Strukturierungsmethoden anderer Bildungsfächer kann gehofft werden, daß die nachwachsenden Generationen in allen gesellschaftlich existenziellen Bereichen wenigstens soweit zu Überblicken, Einblicken und Durchblikken befähigt werden, daß sie demokratisch verantwortlich recherchieren, urteilen, delegieren, handeln und vorbeugen können. Da niemand alle Fakten kennen kann, ist qualifizierende Aufklärung über relevante Begriffsraster, Strukturen und Strukturmomente der einzige Weg zur demokratischen Immunisierung der Bürger gegen die stets drohende, schleichende Entmündigung durch Selbst- oder Fremdverdummung.

Welchen Beitrag der Mathematikunterricht zu so „hehren" Anliegen leisten kann und - so oder so - unvermeidlich leistet, wird von der Öffentlichkeit gern unterschätzt, vor allem weil dieser Beitrag mehr im Atmosphärischen als im Bereich positiven Wissens liegt und sich damit kaum an Stoffen materialisieren oder durch Angabe von Erfolgskontrollen operationalisieren läßt. Nach Ries' väterlicher Devise „tue ihm also, kumpt schon recht" könnten wir es mit einem allgemeinverbindlichen Mathematikunterricht durchaus nach Dreisatz-, Zins- und Inhaltsberechnung gut sein lassen und den Rest für Spezialisten reservieren, wenn es uns nur um den „Stoff" zu tun wäre, den Otto oder Ottilie Normalverbraucher/In im Alltag „wirklich brauchen".[124] Stattdessen wissen wir aber aus Geschichte und Psychologie, daß mit den Gegenständen immer auch Perspektiven, Ausdrucksweisen und Haltungen assimiliert werden. Konkreter gesagt: Im Beisein der Schüler gibt die Haltung des Lehrers zur Sache Mathematik ein nichttriviales Beispiel humaner Auseinandersetzung mit Sachzwängen, und es macht einen großen Unterschied, ob er sich und

---

[124] Dieser Gedanke ist neuerdings wieder durch die Tagespresse gegangen. Wir kommen darauf noch in den Abschnitten 6.4 und 7.2 zurück. Im Grunde handelt es sich um einen kostensparenden Wiederbelebungsversuch am Primat der „materialen Bildung", der alten „Realienbildung" für Volks- und Realschulen, die dem „einfachen Volk unnütze Flausen ersparen" sollte. Um dazu Friedrich Wilhelms IV Ansprache vor Volksschulseminarlehrern aus dem Jahre 1849 zu hören: „All das Elend, das im verflossenen Jahre über Preußen hereingebrochen, ist Ihre, einzig Ihre Schuld, die Schuld der Afterbildung, der irreligiösen Massenweisheit, die Sie als echte Weisheit verbreiten, mit der Sie den Glauben und die Treue in dem Gemüte meiner Untertanen ausgerottet und deren Herzen von mir abgewandt haben. Diese pfauenhaft aufgestutzte Scheinbildung habe ich schon als Kronprinz aus innerster Seele gehaßt und als Regent alles aufgeboten, um sie zu unterdrücken... Nicht den Pöbel fürchte ich, aber die unheiligen Lehren der modernen frivolen Weltweisheit vergiften und untergraben mit eine Bürokratie, auf die ich bisher stolz zu sein glauben konnte." (zitiert nach T. Nipperdey 1977, S. 111.) Nipperdey schreibt dazu u.a.: „Die moderne, auf Autonomie und Intelligenz abzielende Bildung also bedroht die bestehende Herrschafts- und Gesellschaftsordnung; anstatt den Menschen in die bestehenden Zustände ein- und anzupassen, sucht sie ihn für neue und vielfältige Möglichkeiten zu erziehen, anstatt die Gesellschaft und den einzelnen in ihr zu stabilisieren, sucht sie gerade zu mobilisieren." (ebenda, S. 118)

seine Schüler der Macht des Faktischen anpassen will[125] oder ob er zeigt, wie man sich *immer wieder und auf jedem Niveau bemühen* kann, die Fülle der Details *ohne Verrat an deren Substanz* anhand weniger, „ausgezeichneter" Grundgedanken zu entwirren. Solche äußerst tragfähigen Grundgedanken nannte Bruner „fundamentale Ideen". Um sie sachadäquat, ohne Substanzverlust oder nach Bruners Ausdrucksweise: „intellektuell ehrlich"[126] lehren zu können, wird man sie - wie z.B. Grundstrukturen, die axiomatische Methode[127] und das Beweisen von Allaussagen - den Fachwissenschaften entnehmen *und* mit Kompetenz, Respekt, Vernunft, pädagogischem Takt und Nachdruck behandeln müssen. Hier ist der Fachlehrer gefordert.

6.2 Fundamentale mathematische Konzepte

Kein Mathematikunterricht, egal ob er paradigmatische Beispiele in den Mittelpunkt stellt, eine Theorie axiomatisch-deduktiv vorführt oder gewisse „fundamentale Ideen" spiralig entfaltet[128], kommt umhin, aus dem immensen Wissensbestand der Mathematik *auszuwählen.* Dieses Auswahlproblem besteht prinzipiell auch bei Verabsolutierung des schülerzentrierten Prinzips der „Selbstentfaltung", beim Formalbildungsprimat des 19. Jhs. oder beim „Problemlösetraining" des 20. Allerdings erscheint es in diesen Fällen wegen des großen Vertrauens in gesunde Selbstbestimmung bzw. automatischen Globaltransfer als vergleichsweise belanglos.[129] Zweifelt man jedoch an derartigen Automatis-

---

[125] einige Stichworte: „Aufgabendidaktik" (s. H. Lenné 1975), Enzyklopädismus, Vermittlungsperspektive, Klausuraufgaben und therapeutischer Umgang mit Fehlern. (Auf den Umgang mit Fehlern kommen wir in Abschnitt 8.1 noch ausführlich zu sprechen.)

[126] Noch lieber wäre mir Helmut Schelskys Ausdruck „intellektuell redlich", aber das hat Bruner leider nicht gesagt und vermutlich auch nicht gemeint.

[127] im obigen Zusammenhang kommt es uns nur darauf an, daß bei der axiomatischen Methode explizit und vollständig gesagt werden muß, was der jeweiligen Behauptung vorausgesetzt wird.

[128] J. Humenberger/H.-C. Reichel 1995, S. 26, meinen, normaler Unterricht bestehe in einer „Mischform" aus diesen drei Unterrichtstypen. Ich hoffe, daß sie sich irren und daß der zweite Typ nicht mit den anderen beiden vermischt wird.

[129] Wir haben schon mehrfach skeptisch auf die heutige Variante des Formalbildungsprimats hingewiesen: eine gewisse Form von „Problemlösetraining", die häufig mit „Problemorientierung" verwechselt wird. Es geht bei ersterem weniger um Orientierungen durch den Erkenntnisgehalt eines Problems als um Übung divergenten Denkens und technischer Virtuosität. Mittels „Kniffelaufgaben" wird forscherisches Mathematiktreiben an inhaltlich Belanglosem simuliert (oder karikiert). Relevanzfragen werden mit Formeln wie „Spaß an der Mathematik haben", „allgemeine Denkschulung" oder „Studienvorbereitung" beantwortet, und als Qualitätsmaß dienen die erforderlichen „Tricks" und originellen Ideen. In der Praxis eignet sich dieser Ansatz zweifellos zur Förderung mathematischer Begabungen in besonderen Arbeitsgemeinschaften oder mit alternativen Hausaufgaben. Im Klassenunterricht der Mittelstufe, auch an Gymnasien, wird man die erforderliche Muße, Konzentration und Breite nur selten und nur phasenweise herstellen können, häufiger schon als Differenzierungsvariante im Rahmen von Still- oder Gruppenarbeit. In keinem Fall ist jedoch einzusehen, warum man nicht mathematisch relevante Probleme statt bedeutungsloser aussuchen sollte. Deren Bewältigung könnte einen zu-

men - und solche Zweifel sind wohlbegründet -, dann verschärft sich das Auswahlproblem zur Wertsetzungs- oder *„Normenfrage"*:

Was kann, was soll der Mathematikunterricht zu allgemeiner Bildung und Erziehung beisteuern?

Zunächst muß die erste Teilfrage beantwortet werden. Mit ein paar Schlagwörtern ist es selbst bei breitem öffentlichen Konsens nicht getan, weil der Teufel stets in voreiligen Begründungen lauert. Wir haben das an den Beispielen „Strukturorientierung", „Modernitätsrückstand" und „Bildungsnotstand" im vorigen Abschnitt gesehen, und wir werden es im nächsten Kapitel beim Stichwort „Nützlichkeit" wieder erleben. Tatsächlich wird uns das Normenproblem bis zum Ende des Buches zu denken geben (und hoffentlich noch darüber hinaus). Für mich und für viele Kollegen bleibt es das zentrale Problem der „Mathematikdidaktik im engeren Sinne", denn ich vertrete die folgende

These 20:

1. **Jeder Mathematikunterricht antwortet partiell auf die Normenfrage - gleichgültig, ob er das nun beabsichtigt oder nicht.**
2. **Das Normenproblem muß gelöst werden.**
3. **Das Normenproblem ist nicht lösbar - wenigstens nicht „streng", sondern nur approximativ, lokal und temporär, weder abschließend noch vollständig explizit.**
4. **In dieser widersprüchlichen Lage verpflichten Generationenvertrag, pädagogischer Eros und „pädagogischer Bezug"[130] jeden Lehrer, stimmige persönliche Ansichten zum Normenproblem zu entwickeln.**

Wir konzentrieren uns im gegenwärtigen Abschnitt erst einmal auf den dritten Punkt und fragen nach *potentiellen innermathematischen Essenzen* für den Unterricht. Der Klarheit wegen sehen wir dabei von zwei wichtigen Beziehungsfeldern ab, die keine wertende Stellungnahme zum Sinn des Mathematikunterrichts insgesamt ignorieren darf:

1. Vernünftigen Forderungen sozialethischer Natur muß und kann im Mathematikunterricht - wie schon teilweise besprochen - weitgehend durch Unterrichtsformen, pädagogischen Bezug und Umgangsformen „vor Ort" entsprochen werden. In diesem Abschnitt werden sie nur am Rande berücksichtigt, insofern sie als implizite Aspekte mancher mathematischen Gegenstände gesehen werden können.
2. Mathematikunterricht findet stets in einem situativen Kontext statt, über dessen Ein-

---

sammenfassenden Ergebnisvortrag für die übrigen Schüler rechtfertigen und ließe das forscherische Mathematiktreiben weniger als kontaktgestörte mentale Abartigkeit erscheinen. Nimmt man diesen klassischen Einwand gegen das Formalbildungsprinzip ernst, dann gewinnt das Auswahlproblem auch hier an Gewicht.

130 Kontrolliert entwickelte emotionale Beziehung zwischen „Erzieher" und „Zögling" im Sinne Herman Nohls. (H. Nohl 1935 bzw. 1982; vgl. Anhang 8.2.1).

flußfaktoren sich alle Beteiligten nur teilweise klar sein können. Es gibt da, um nur einige zu nennen, individuelle Lerngeschichten, Bewußtseinslagen, Perspektiven, Aufnahmeraster („Rahmungen"), Strebungen, Neigungen, ... bei Schülern und beim Lehrer; es gibt unvermeidliche Beziehungen des Unterrichtsgeschehens zu den jeweiligen Weltgefühlen, zu momentanen Verhaltensmustern, zu Wertsetzungen und Zukunftserwartungen, auch zum tradierten und aktuellen kollektiven Bewußtsein, das sich den ganzen Tag in zahllosen Nuancen bei jeder Begegnung mit Menschen und Medien einmischt; und es gibt zweifellos so etwas wie einen unscharfen, gewachsenen Common Sense zu Sinn und Funktionen des Unternehmens Schule, auch wenn der nirgendwo vollständig kodifiziert ist.

Fazit: Die Absichten, Funktionen und Wirkungen des Mathematikunterrichts lassen sich im Großen und Ganzen nur ausschnitthaft und sehr relativ, als tendenzielle Vorhaben, beschreiben, und gerade individuell lebensbestimmende Einflüsse gehen nicht selten von Imponderabilien aus. Nach George Polya gibt es keinen besten Mathematikunterricht, ebensowenig wie es die beste Art gibt, eine Beethoven-Sonate zu spielen.

Trotzdem: Daß wir die Wirkungen des Mathematikunterrichts so schlecht antizipieren können, erlöst uns nicht von Punkt 2 der letzten These. Bei aller Unwägbarkeit zwischenmenschlichen Geschehens können wir im Fachunterricht nichts Besseres tun, als uns auf dieses Geschehen in einer *Atmosphäre funktioneller Sinnfälligkeit, Klarheit und Qualitätsbewußtheit* immer wieder einzulassen. Um diese Atmosphäre schaffen und aufrecht erhalten zu können, muß der Lehrer möglichst viel von den *Leitfunktionen* seines Mathematikunterrichts wissen und für Schüler deutlich werden lassen.[131] Dazu muß er sich zuerst einen Überblick über die wichtigsten Momente seines Faches erarbeiten. Die entscheidende Frage heißt:

Welche zentralen Konzepte der Mathematik können helfen, den Unterricht transparent zu strukturieren?[132]

---

131 Rahmenrichtlinien geben hier allenfalls bescheidene Hilfen. Wegen der skizzierten vielfältigen Kontextbindungen, situativen und subjektiven Parameter können und sollten sie dem Lehrer nicht ausreichen. Dies gilt prinzipiell auch für alle Kataloge „fundamentaler Ideen" oder Funktionen des Mathematikunterrichts.

132 Statt von „zentralen Konzepten" wird in der fachdidaktischen Literatur meist im Sinne Bruners von „fundamentalen Ideen" (*fundamental ideas*) gesprochen. Diese Bezeichnung meint dasselbe, ist aber etwas unglücklich, weil nicht nur „Ideen" gemeint sind, sondern auch besonders fachtypische Fragestellungen, Bezeichnungsweisen, Strukturierungs- und Begründungsformen, Heuristiken, Methoden usw. Im Hinblick auf diverse Varianten des deutschen Idealismus im Anschluß an Platon, Kant und Hegel meinen „Ideen" in unser Sprache etwas Statisches jenseits der Erfahrung, während die amerikanische Auffassung von „ideas" eher den pragmatischen Handlungsregeln oder -konzepten im Sinne von Peirce und Dewey entsprechen dürfte (vgl. J. Oelkers 1993, S. 507). Wir kommen in Abschnitt 6.4 darauf zurück.

Die Suche nach charakteristischen „fundamental ideas" gibt es natürlich nicht erst seit Bruner. Z.B. hat sie der bedeutende amerikanische Mathematiker A.N. Whitehead 1912 gefordert, und 1840 der einflußreiche britische Philosoph William Whewell in seiner *Philosophy of the Inductive Sciences* - dort übrigens mit Hinweis auf Raum, Zeit und Zahl, bei Bruner auf Zahl, Maß und Wahrscheinlichkeit. (Mehrere einschlägige Zitate Whiteheads findet man in A.I. Wittenberg 1963, den Hinweis auf Whewell in E.-M. Engels 1995, S. 78ff.; Bruners Auffas-

Eine vollständige Aufzählung wäre uferlos und für unsere Zwecke nutzlos, deshalb übernehmen wir im wesentlichen eine Eingrenzung, die der österreichische Fachdidaktiker Fritz Schweiger kürzlich für „fundamentale Ideen" vorgeschlagen hat:[133]

> ***„Fundamentale Konzepte"***
> *(nach F. Schweiger 1992)*
>
> Unter *„fundamentalen Konzepten im Mathematikunterricht"* sollten nur Konzepte verstanden werden (eine Fragestellung, ein gedanklicher Strukturierungsansatz, ein Handlungsschema, ...), die sinnstiftend, intuitiv wirksam, aufschlußreich, entlastend und mathematisch legitimiert sind, d.h. die zumindest mehrere der folgenden Eigenschaften haben:
>
> - Das Konzept kann zum Sprechen über Fragen beitragen, was Mathematik überhaupt sei oder bedeute.
> - Das Konzept besitzt einen sprachlichen oder handlungsmäßigen Archetyp im alltäglichen Sprechen, Handeln oder Denken.
> - Das Konzept ist aufschlußreich, d.h., es macht mathematische Probleme unterschiedlichster Niveaus durchsichtiger.
> - Das Konzept entlastet Kurz- und Langzeitgedächtnis und macht dadurch den Unterricht beweglicher.
> - Das Konzept taugt als vertikale Faser in einem Spiralcurriculum, d.h., es klärt und bündelt immer wieder wesentliche Inhalte des Mathematikunterrichts.
> - Das Konzept hat sich in der historischen Entwicklung der Mathematik als fruchtbar erwiesen.

Da wir Vollständigkeit nicht anstreben, dürfen wir uns mit einigen besonders empfehlenswerten, allerdings auch sehr abstrakten Stichworten begnügen (drei alternative Vorschläge werden am Ende dieses Abschnittes zitiert):

Funktionale Variation statischer Beziehungen, Konfigurationen und Situationen (Variablenbegriffe; Formelumstellungen; Termumformungen; „funktionales Denken", Funkti-

---

sung in J. Bruner 1970, S. 63). Jeder Lehrplan und jedes Buch zur Frage „Was ist Mathematik?" hat sich schon immer dieselbe Aufgabe gestellt. Bruner benutzt selbst Synonyma wie *basic, general, powerful, elementary... attitude, structure, principle,* und andere sprachen von *Leitideen* (Wittenberg), *Funktionszielen* (Wagenschein), *Grundideen* (E.C. Wittmann) oder *zentralen Ideen und universellen Schemata* (Schreiber, Heymann). In der deutschen bildungstheoretischen Literatur gibt es eine entsprechende Tradition um *„das Problem exemplarischer Bildungsinhalte"*, die vor allem von W. Klafki aufgearbeitet wurde und wird.

[133] F. Schweiger 1992. Er zitiert u.a. Walter Jung (1978) mit der delikaten Parole „Lehre Ideen, d.h. geistige Gehalte, die hinreichend vage sind, um zu individueller Aneignung einzuladen."

onsdenken und Entfaltung des Funktionsbegriffs als Konzentrationsprinzip in Algebra und Geometrie[134]; Stetigkeit und Kausalität; „operatives Prinzip"; Relativierung: Wenn-dann-Charakter mathematischer Aussagen)

Induktion (Verständnis und Intuition aus konkreten Beispielen gewinnen; induktive Begriffs- und Lehrsatzbildung; experimentelle Mathematik; unvollständige versus vollständige Induktion; induktives Schließen nach der Bayesschen Regel; Gesetze der großen Zahl)

Approximation (Messen; Kontextabhängigkeit von Präzisionsansprüchen; Schätzen; Überschlagen; „Exaktifizierung" von Begriffen, Sätzen und Begründungen; Optimierung; Linearisierung unter Fehlerkontrolle; Streumaße; Regression; Modellcharakter der Mathematik in Anwendungssituationen)

Algorithmisierung (Vergegenständlichung von Rechenverfahren, Handlungssequenzen oder Gedankenketten in Formeln, Rezepten, Konstruktionsbeschreibungen, geometrischen Begriffen, Funktionstermen, Irrationalzahlen usw.; Iteration; Rekursion)

Invarianz (räumliche Formen und Strukturen, unvollständige Beschreibung von Einzelobjekten durch klassenbildende Eigenschaften; Formelsprache zur synchronen Behandlung sehr oder unendlich vieler Fälle; Strukturbegriffe; Isomorphie und Homomorphie)

Symmetrie/Symmetrisierung (Kommutativität; Strukturbegriffe; räumliche Beziehungen, heuristische Strategie; Mittelwerte; Prinzip des unzureichenden Grundes)

Kontrolle (Legitimierung erratener Lösungen; Stabilität; Tests; Fehlerabschätzungen; stringente Begründungen; Definition-Satz-Beweis-Schema zur Gehaltsanalyse und -garantie; axiomatische Methode)

Damit sind zunächst nur materiale Orientierungspunkte gesetzt. Sie müßten je nach Unterrichtsgebiet spezifiziert, mit Verhaltenszielen kombiniert und evtl. anders pointiert oder auch konkreter benannt werden. Das ist nur mit Bezug auf bestimmte Themenbereiche und Unterrichtssituationen sinnvoll. Wir illustrieren das an einem

Beispiel zur „Themenkreismethode" Wittenbergs (s. Anhang 6.2.1)

Die Planung von Unterricht unter Betonung fundamentaler Konzepte gehört sicher zum Anspruchsvollsten neben der alltäglichen Arbeit im Unterricht selbst. Es geht um fachlich substanzielle Begründungen. Das verlangt mathematische Kompetenz. Zugleich wird über persönliche Verantwortbarkeit mitentschieden. Und das setzt einerseits didaktische Entscheidungsfreiheit voraus, andererseits pädagogische Entscheidungsbereitschaft. Es ist wenig aussichtsreich und kaum wünschenswert, von der Fachdidaktik oder von der Fachwissenschaft einen konsensfähigen Kernkatalog zu erwarten. Schweiger bemerkt ganz in diesem Sinne:

---

[134] Dies war einer der Leitgedanken der *„Meraner Reform"* von 1905, die die Mathematiklehrpläne des 20. Jhs. international prägte. H. W. Heymann 1996, S. 174-182, bevorzugt und erläutert die sechs „zentralen Ideen" der Zahl, des Messens, des räumlichen Strukturierens, des funktionalen Zusammenhangs des Algorithmus bzw. des mathematischen Modellierens.

„Den Mangel an Konsens sehe ich aber nicht nachteilig an, denn:

- die Auswahl fundamentaler Ideen bzw. deren Exemplifizierung kann, realistisch gesehen, immer nur eine vorläufige sein,
- die Herstellung eines Konsenses für ein bestimmtes Ziel (Lehrplan, Lehrbuch etc.) ist ein prozeßhaftes Element, welches in unserer Gesellschaft wichtig ist,
- die individuelle Ausprägung mathematischen Unterrichts soll (in Grenzen) gefördert, aber nicht durch einen von Fachleuten erstellten Kanon fundamentaler Ideen eingeengt werden.“[135]

Grundsätzlich steht mit B. Picker[136] zu hoffen, daß durch die Betonung fundamentaler Konzepte Lehrgegenstände faßlicher, unvergeßlicher und leichter transferierbar werden und daß damit Problemlösefähigkeiten wachsen. Vielleicht werden die Lehrgegenstände auch interessanter und wirklichkeitsnäher, weil „echte Mathematik“ erlebt wird. Auf jeden Fall sollten die übergeordneten Stichworte helfen, Gedächtnisinhalte zu rekonstruieren und zu kommunizieren.[137] Nach einer schönen Formulierung von P. Baireuther[138] wollen fundamentale Konzepte zugleich Motive, Handlungen und Ziele des Mathematikunterrichts konzentrieren und optimieren.

Natürlich hatten Kerschensteiner, Wagenschein und viele andere mit ihrer Geißelung des Enzyklopädismus, der Vielwisserei, recht. Wir können die nach wie vor erkleckliche Stoffülle der Lehrpläne und Schulbücher nur dann mit einiger Hoffnung auf Breitenwirkung lehren, wenn wir die zahllosen Einzelheiten als durchsichtige Konsequenzen *weniger* Grundgedanken darstellen und deren Ableitung aus solchen Grundgedanken einüben.[139] Diese wenigen Grundgedanken müssen eine möglichst weitreichende, wenn nicht gar eine die Schulmathematik und Grundzüge der Mathematik im Großen überdekkende *organisierende Potenz* haben. Mit dieser Forderung ist zwar kein allgemein verbindlicher Kanon „fundamentaler Konzepte“ festgelegt, doch wird dem Lehrer zugemutet, seinen Unterricht fachlich kompetent, pädagogisch verantwortungsvoll und für Schüler transparent um ausgewählte Grundgedanken zu konzentrieren, die für weite Bereiche des jeweiligen Themenkreises und möglichst auch für die Mathematik insgesamt charakteristisch, tragfähig und fruchtbar sind.

These 21: **Der Mathematikunterricht muß vom Lehrer um wenige beziehungsreiche Grundgedanken konzentriert werden. Sie sind den Schülern im Laufe der Schulzeit zunehmend bewußter und in ihrer Vielschichtigkeit deutlicher zu machen. („Spiralprinzip“)**

Zum Schluß dieses Abschnitts sollen drei andere Listen „fundamentaler Konzepte“ und eine reine Stoffliste als Gegenbeispiel die eigenständige Meinungsbildung anregen:

---

135 F. Schweiger 1992, S. 209.

136 B. Picker 1985, S. 70.

137 R. Danckwerts nach F. Schweiger 1992, S. 210f.

138 nach F. Schweiger 1992, S. 211.

139 In diesem Zusammenhang empfehle ich den Aufsatz „Wider die Flut der 'bunten Hunde' und der 'grauen Kästchen'“ (E.C. Wittmann 1995).

Grundgedanken der „Meraner Reform"

„Einmal gilt es (wie in allen anderen Fächern), den Lehrgang mehr als bisher dem natürlichen Gange der geistigen Entwicklung anzupassen, überall an den vorhandenen Vorstellungskreis anzuknüpfen, die neuen Erkenntnisse mit dem vorhandenen Wissen in organische Verbindung zu setzen, endlich den Zusammenhang des Wissens in sich und mit dem übrigen Bildungsstoff der Schule von Stufe zu Stufe mehr und mehr zu einem bewußten zu machen. Ferner wird es sich darum handeln, unter voller Anerkennung des formalen Bildungswertes der Mathematik doch auf alle einseitigen und praktisch bedeutungslosen Spezialkenntnisse zu verzichten, dagegen die Fähigkeit zur mathematischen Betrachtung der uns umgebenden Erscheinungswelt zu möglichster Entwicklung zu bringen. Von hier aus entspringen zwei Sonderaufgaben: die Stärkung des räumlichen Anschauungsvermögens und die Erziehung zur Gewohnheit des funktionalen Denkens. - Die von je dem mathematischen Unterricht zugewiesene Aufgabe der logischen Schulung bleibt dabei unbeeinträchtigt, ja, man kann sagen, daß diese Aufgabe durch die stärkere Pflege der genannten Richtung des mathematischen Unterrichts nur gewinnt, insofern dadurch die Mathematik mit dem sonstigen Interessenbereich des Schülers, in dem sich doch seine logische Fähigkeit betätigen soll, in engere Fühlung gebracht wird."

A. Gutzmer 1905[140]

Zentrale Begriffsfelder der Elementarmathematik

„... Länge,..., Mengen, ..., Natürliche Zahlen, ..., Brüche, ..., Verhältnis und Proportionalität, ..., Strukturen, insbesondere geometrische, ..., Einbettung in geometrische Kontexte, ..., Topologie als ein geometrischer Kontext, ..., Der topographische Kontext, ..., Figuren und Konfigurationen, ..., Geometrische Abbildungen, ..., Geometrisches Messen, ..., Geometrische Topographie, ..., Negative Zahlen und gerichtete Größen, ..., Die algebraische Sprache, ..., Funktionen, ..., Text und Kontext" (Letzteres nicht mehr ausgeführt)

Kapitelüberschriften aus H. Freudenthal 1983

---

140 Auf die hochinteressante Geschichte der „Meraner Reform" von 1905 können wir hier leider nicht näher eingehen. Soviel sei aber wenigstens gesagt: Damals traf sich die „Gesellschaft Deutscher Naturforscher und Ärzte" zu ihrer Jahrestagung in Meran und beschloß auf Betreiben einer Reihe einflußreicher Industrieller und Wissenschaftler, allen voran Felix Klein, einen Reformvorschlag für den Mathematikunterricht an höheren Schulen. Hauptziel war die Konzentration des Schulstoffs auf die Prinzipien, die im Zitat von Gutzmer genannt sind. Seit 1925 (Richertsche Lehrpläne) haben sich diese Prinzipien dann allgemein durchgesetzt. Genaueres findet man in E. Schuberth 1971, H. Inhetveen 1976 und L. Führer 1981.

Der übliche Stoff ab Klasse 5 (*Nach MNU, Heft 4 (1996), S. vif.*)		
meist in Klassen 5-6	**meist in Klassen 7-8**	**meist in Klassen 9-10**
N, Rechnen in N	Schlußrechnung, Dreisatz	Quadratwurzeln
Klammern, alg. Hierarchie	direkte/inverse Proportionalität	dez. Irrationalzahlen
Primfaktorzerlegung	Prozente, Zinsen	Heron-Iteration
ggT, kgV, Teilbarkeits-Regeln	Kongruenz, Kongruenzabbildungen, Verkettung	quadr. Gln. u. Fkt.
Zahlsysteme (röm., Dual)	Drei-, Viereck, Kreis, n-Eck	Parabeln
Erw. zu Q^+, Rechnen in Q^+	Winkelsummen und Flächen in Drei- u. Vierecken	(quadratische Ungleichungen)
Brüche, Dezimalbrüche	bes. Linien im Dreieck	zentr. Streckung, Ähnl.
ebene, räuml. Grundfiguren	Sätze am Kreis	Strahlensätze
Umfang, Fläche, Vol. davon	Konstruktionsaufgaben	Pythagoras & Co.
Zeichnen der Grundfiguren	Senkrechte, Parallelen	Rechnen mit Potenzen
(Um-) Rechnen bei Größen	(Sehnen-, Tangentenvierecke)	Potenzfunktionen
einfaches Sachrechnen	Prismenvol., -schrägbild	Exponentialfunktion
Winkelmessung	Rechnen in Q (incl. neg. Zahlen)	(Logarithmen, Logarithmusfunktion)
Symmetrie	lineare Gleichungen, Ungl.	Wachstum, Zerfall
spezielle Kongruenzabbildungen (zeichnerisch)	Termumformungen	Prismen, Schrägbilder
	binomische Formeln	Kreisumfg., -fläche
	Zuordnungen, lineare Funktionen	Pyramiden, Kegel, Zylinder, Kugeln
	Koordinaten, Steigung	sin, cos, tan
	(Beträge)	(Sinus-, Kosinussatz)
	2-2-Gleichungssysteme	Erwartungswert, Streuung
	(zeichnerische lineare Optimierung)	Bäume, Pfad-, Additionsregel
	Häufigkeiten, Mittelwerte	Pascal-Dreieck, Binomialkoeffizient
	Baumdiagramme	(Bernoulli-Kette)

Eine Ausbildungsrichtlinie

„... Den Prozessen des Problemlösens und der Begriffsbildung sowie der Entwicklung von Algorithmen kommt besondere Bedeutung zu. Referendarinnen und Referendare sollen daher fähig werden, Mathematikunterricht so zu erteilen, daß die Prozeßhaftigkeit des Mathematiklernens Vorrang hat vor der Vermittlung von Mathematik als Fertigprodukt.

In Abschnitt 2.1 werden schwerpunktmäßig Inhalte genannt, die sich vorwiegend an der Sachstruktur das Faches Mathematik orientieren. Gleichzeitig müssen Referendarinnen und Referendare jene Kompetenzen und Qualifikationen entwickeln, die in den Vorbemerkungen und im Plan für den erziehungs-/gesellschaftswissenschaftlichen Arbeitsschwerpunkt näher beschrieben werden. Erst die Verbindung, die auch die Berücksichtigung der historischen und philosophischen Komponente der Mathematik einschließt, ermöglicht, die im Abschnitt 1.2 genannten Konsequenzen für die Gestaltung des Mathematikunterrichts zu verwirklichen...

2.1 Orientierung an der Sachstruktur

Referendarinnen und Referendare sollen fähig werden, im Hinblick auf...

Problemlösen..., Argumentieren und Beweisen,... Regeln und Algorithmen, ..., Mathematisieren, ..., Begriffsbilden, ..., Strukturieren..."

Hess. Kultusministerium 1995b, S. 94-96

6.3 Mathematik und Sprache

„Wir erwerben die meisten unserer Überzeugungen dadurch, daß wir mit anderen Leuten reden, Bücher und Zeitungen lesen, Radio hören oder fernsehen usw. Die wichtigste Quelle des Wissens (oder vielmehr des Glaubens) ist die *Tradition,* wenn man dieses Wort in einem weiten Sinne benutzt, so daß es alle Fälle des Lernens von anderen Leuten deckt...

Nun ist nicht nur die sprachliche Sinneserfahrung eine Erfahrung besonderer Art, sondern das Vorwissen, das sie ermöglicht, die Kenntnis einer Sprache, ist das wichtigste Wissen, das wir besitzen. Denn es ermöglicht uns, von anderen Leuten zu lernen, und öffnet uns das ganze traditionelle Wissen... Die Sprache erlaubt uns, mit den Augen anderer Leute zu sehen und durch den Verstand anderer Leute zu erkennen. Und das macht uns zu den erfolgreichsten Geschöpfen, die es gibt."

Alan Musgrave 1993, S. 65,58

Mathematik kann sehr verschieden pointiert werden, z.B. als Sammlung gelöster Denkaufgaben, als Reisekatalog für Entdeckungen, als Fundus eingefrorener Kulturgüter, als Vorbild strukturellen Denkens oder als geistreiche Entfaltung fundamentaler Ideen. Jede Grundüberzeugung prägt den Mathematikunterricht bewußt, halb- oder unbewußt. In

Reinform kommen die genannten Auffassungen von Mathematik dann vielleicht in einer aufgabendidaktischen „Handwerkslehre“[141], in der Betonung schülerzentrierten Entdekkungslernens, als konstruktiv ausgerichteter Arbeitsunterricht, als frühe Abstraktionsförderung mit ordnender Begriffsbetonung oder als genetische Rekonstruktion von Phänomenen aus Elementarem zum Ausdruck.

Bei allen Meinungsverschiedenheiten über die beste Gewichtung zielt natürlich jeder vernünftige Mathematikunterricht zugleich auf die Vermittlung materialer Inhalte *und* auf formale Schulung, insbesondere auf die *Förderung des Denk-, Begründungs- und Artikulationsvermögens* - wenn auch notgedrungen eingeschränkt auf mathematikspezifische Formen. Im folgenden soll die weitergehende Auffassung begründet werden, daß Sprachliches im Mathematikunterricht nicht nur eine formalbildende Funktion hat und insofern mehr oder minder unverbindlich bleibt, sondern daß die verhandelte *Mathematik zum guten Teil selbst Sprache ist oder zumindest sehr ähnliche Funktionen hat* und damit zu einer Sprachschulung zwingt, deren Maßstäbe sachlogisch geboten und für Schüler nur sehr begrenzt disponibel sind.

These 22: **Jeder akzeptable Mathematikunterricht enthält Aktivitäten zur Verständigungs- und Sprachschulung auf mehreren Ebenen.**

Sprache durchdringt den Mathematikunterricht mindestens auf drei Ebenen[142]:

1. als informelles Verständigungsmittel in Suchphasen (Umgangssprache, versetzt mit fachlichen Brocken),
2. als extrem verdichtetes Kondensat von Situationen, Prozessen oder Ergebnissen (fachsprachliche Definitionen und Sätze)

   und

3. als Instrument der Wahrnehmungsstrukturierung (Mathematisierung mithilfe mathematischer Begriffe und Konzepte).

Auf allen drei Ebenen sollten die Schüler nicht nur aktiviert, sondern auch gezielt ge- und befördert werden.

---

141 Mit „Handwerkslehre“ ist die Betonung technischen Könnens gemeint, das erfahrungsgemäß am ehesten durch Vermittlung nach der Devise „Vormachen - nachmachen!“ zu lehren ist, allerdings nur durch Übung aktiv wird und erhalten bleibt. Nach heutiger Auffassung führt es bei zu vielen Schülern sehr rasch zur Kapazitätsüberlastung im Bereich des aktiv nutzbaren Gedächtnisses (vgl. „aktiver“ versus „passiver Wortschatz“). Extreme Beispiele sind die Lehrweisen alter Rechenmeister mit ihrem „tue ihm also, kumpt schon recht“ oder gewisse Typen programmierter Unterweisung, die in vielen kommerziellen Computer-Lernspielen fortleben. - Für Lennés Adjektiv „aufgabendidaktisch“ darf auf dessen vernichtende Kritik am „traditionellen Mathematikunterricht“ verwiesen werden, zumal viele Gegenargumente schon genannt wurden. (H. Lenné 1975, dort insbes. S. 34f., S. 45, S. 51 und S. 54.)

142 Nach R. Carnap 1968 gehört zu jeder Wissenschaftssprache eine logische Syntax (formale Satzlehre), die Semantik (Beziehung zwischen Ausdrücken und den gemeinten Begriffen oder Gegenständen) und die „Pragmatik“ (psychologische Beziehungen zwischen Sprache und Sprecher).

Verständigungsbereitschaft ist natürlich Voraussetzung aller Interaktionsprozesse im Unterricht. Sowohl der fragend-entwickelnde Unterricht als auch die verschiedensten Formen von Partner-, Gruppen- und Projektunterricht wollen in die Praxis sozialer Verständigung einüben, Verständigungsmöglichkeiten erkunden lassen und den Verständigungswillen fördern. Dies gilt zu allererst für das umgangssprachliche Ausdrucksvermögen, danach (behutsam zunehmend) auch für das fachsprachliche. Obwohl den öffentlichen Schulen immer mehr Betreuungsfunktionen zugewiesen und zugemutet werden[143], soll auch auf das weitere Leben innerhalb und außerhalb der Schule vorbereitet werden (jedenfalls vorläufig noch). Erkennt man dies an, dann verpflichtet der sozialethische Auftrag der Verständigungsförderung, auf die Entwicklung und auf die individuell optimale *Elaboration* von Verständnis- und Ausdrucksmöglichkeiten hinzuwirken.

Die Förderung des sachbezogenen Ausdrucksvermögens gehört leider zur täglichen Kleinarbeit des Lehrers. Es hieße die vielschichtigen sozialen Rollen von Sprache geradezu sträflich unterschätzen, wollte man die Entfaltung von *passivem Sprachverständnis und aktivem Sprachvermögen* Zufällen in der Schüler-Schüler-Interaktion überlassen (oder den Nicht-Zufällen der häuslichen Umgebung). Die unerläßliche Schulung des passiven und des aktiven Sprachverständnisses verlangt - neben ökonomischen Notwendigkeiten -, öffentlichen Unterricht nicht ständig zu differenzieren und zu individualisieren („Stillarbeit", Partnerarbeit, Nachhilfe, Stützkurse), sondern ihn immer wieder gemeinschaftlich, in größeren Lerngruppen zu veranstalten und dort an der Ausdrucksweise der Schüler, zunächst einmal der umgangssprachlichen, dann aber auch der fachsprachlichen, mit einer gewissen Hartnäckigkeit zu arbeiten. Nur Genies und Sonntagskinder lernen all das ohne längere Übung und ohne kompetente Kontrolle.

Zur Illustration ein paar Beispiele:

1. Eine Lehrerin beginnt das Thema „Funktionen" in Klasse 7, indem sie den Satz „Eine Funktion ist eine sparsame Zuordnungsvorschrift." sehr groß an die Tafel schreibt. Sie läßt die Schüler im Klassengespräch anhand selbstgewählter Beispiele erkunden, was „die Mathematiker" damit wohl meinten. Bei jedem Vorschlag wird zunächst von den Mitschülern diskutiert, ob die Zuordnungsvorschrift klar, vernünftig eingegrenzt, sparsam und mathematikverdächtig ist. Danach kommentiert die Lehrerin gelegentlich, wobei sie auch kleine Ausblicke auf spätere Themen gibt (Graphen, geometrische Abbildungen, Parabeln, periodische Funktionen). Von dieser Stunde an, vergeht kaum eine Unterrichtswoche, in der die Lehrerin nicht beiläufig einen Schüler fragt: „Was war doch gleich noch eine Funktion?"

2. Ein Lehrer verlangt in einer 10. Klasse, daß alle Potenzregeln nach dem Muster „Zwei Potenzen mit gleicher Basis werden multipliziert, indem ..." verbalisiert werden können. Er beendet das Thema „Potenzen" erst, nachdem alle Schüler die entsprechenden Sätze einwandfrei reproduzieren können. In der anschließenden Klassenarbeit gelingt allen die Reproduktion, vielen aber keine sinngemäße Anwendung.

---

[143] Näheres dazu in Abschnitt 8.2.

3. Eine Lehrerin ereiferte sich im Lehrerzimmer über Schülertexte zu Konstruktionsaufgaben: „Sehen Sie doch nur hier: 'Ich steche den Zirkel in Punkt P ein.' Was habe ich geredet und geredet, daß es nicht ums Hauen und Stechen geht!!!" (Das ist natürlich schon länger her...)

4. Sehr häufig beobachtet man die Unsitte, Stundenanfänge mit dem sogenannten „Vergleich der Hausaufgaben", bei dem lediglich die richtigen Zahlenwerte herausgefragt werden, zu verschleppen. Da inhaltlich nichts gelernt wird, ist - abgesehen von der Gewährung sehr kleiner und oft fehlgeleiteter Erfolgserlebnisse - kaum einzusehen, warum den Schülern die richtigen Ergebnisse nicht schon bei Aufgabenstellung mitgeteilt wurden. Eine nützlichere Alternative der Hausaufgabenkontrolle besteht darin, daß die Aufgabenstellungen und Lösungswege von einzelnen Schülern mündlich in eigenen Worten beschrieben werden.

Das zweite und das dritte Beispiel zeigen, daß alle drei Verständigungsebenen hinreichend berücksichtigt werden müssen, will man nicht einfach auf der Ebene der fachsprachlichen „Syntax" steckenbleiben und lediglich bedingte Reflexe für die nächste Klassenarbeit antrainieren. In offener gestalteten Einführungs-, Such- oder Problemlösungsphasen werden sich Lehrer und Schüler dementsprechend informeller, muttersprachlicher oder auch mundartlicher Verständigungsmittel bedienen, jedenfalls solange nicht Elemente der Fachsprache als allseits bekannt vorausgesetzt werden können oder sollen. In Phasen der Ergebnissicherung oder Wiederholung wird man dagegen einige Mühe auf die Gewöhnung an fachsprachliche Ausdrucksweisen verwenden müssen. (4. Beispiel) Gerade die durch Kompression bewirkte Redundanzarmut der Fachsprache und -symbolik[144] macht nämlich einerseits erst komplexere Gedankenketten überschaubar, erfordert aber andererseits von Schülern ungewohnte Sorgfalt und Aufmerksamkeit.[145]

Die Freigabe informeller Verständigung in gewissen Unterrichtsphasen erfolgt meist „unter der Hand", indem sich der Lehrer entsprechend locker, redundant oder ostentativ unscharf ausdrückt oder indem er sich einfach nur auf das überall eingespielte Ritual des „Trichtermusters"[146] verläßt. Nimmt man solche Phasen ernst und nicht nur als Gelegenheit zum Aufwärmen und zum Punktesammeln für „schwache Schüler", dann wird man versuchen, die alltägliche Vorstellungswelt der Schüler mit den jeweiligen mathematischen Gegenständen zu verknüpfen (vgl. das erste Beispiel oben).

D. Wode und H. Freudenthal haben das an einer Fülle äußerst lehrreicher Beispiele auf hohem Niveau vorgemacht.[147] Ich nenne hier nur drei:

---

[144] Vgl. die Bemerkungen zur historischen Rolle der Buchstabenrechnung weiter unten sowie den Abschnitt über den Gleichungsbegriff in M. Otte 1994, S. 51-78.

[145] Wie man alle Schüler dafür „motivieren" kann, weiß ich allerdings nicht.

[146] Das „Trichtermuster": In der Einstiegsphase wird der Unterricht durch (nur scheinbar) offene Fragen für spekulative und schwach formulierte Schüleräußerungen freigegeben. Durch gezielte Auswahl (deren Kriterien leider für Schüler oft nicht durchschaubar sind) wird dann allmählich auf die beabsichtigte Lehrerlinie verengt, bis der Lehrer gegen Stundenende (aus Zeitnot) „zur Sache" kommt und die Katze aus dem Sack läßt. (H. Bauersfeld 1978, J. Voigt 1984a, 1984b)

[147] D. Wode: 1970, 1971 und 1976; H. Freudenthal 1985, 1977 und sehr umfassend 1983.

Eine Wortverbindung von Nominativ und bestimmtem Artikel mit einem Genitiv und bestimmtem Artikel deutet umgangssprachlich meist auf einen funktionalen Zusammenhang hin: „Der Mond der Erde...", aber nicht „der Mond des Jupiter" (mehrdeutig; Wode).

Auch Variable kommen umgangssprachlich vor: „Wenn einer eine Reise tut, dann kann er (einer?) was erleben." (Wode)

„In phänomenologischer Sicht ist 'Variable' mehr als ein Bestandteil formalisierter mathematischer Sprache und sogar mehr als eine Sprechweise... Tatsächlich liegt der ursprüngliche Funktionssinn im

Feststellen, Vermuten, Produzieren und Reproduzieren

von Abhängigkeiten (oder Zusammenhängen) zwischen Variablen, die in der

physischen, der sozialen oder der geistigen Welt

auftreten, d.h. in und zwischen diesen Welten... Die Abhängigkeiten können nun selbst wieder objektiviert werden, d.h. zu gedanklichen Objekten werden. Auf dem Wege zur Vergegenständlichung kann jede solche Abhängigkeit

geistig erlebt, benutzt, ausgelotet, bewußtgemacht, als Objekt ausprobiert, als Objekt benannt, in höhere Konzepte von Abhängigkeit eingebettet werden..."

(H. Freudenthal 1983, S. 494; Übers. L.F.; es folgen dort viele Beispiele für die sehr verschiedenen Verständnisebenen von „Funktion" - wer das gelesen hat, wird nie mehr von „der Einführung des Funktionsbegriffs" reden können...)

Der Mathematiklehrer muß damit einer manchmal recht unangenehmen und ungewohnten Zusatzaufgabe nachkommen: Er ist auch Sprachlehrer - nicht nur Rechenmeister und Denktrainer. Wie jeder aus schmerzlichen Erfahrungen in Übungsgruppen, Seminaren und Vorlesungen weiß, ist es nicht damit getan, daß man selbst oder irgendwer sonst ein mathematisches Konzept verstanden hat und damit Aufgaben lösen kann, es muß auch *treffend ausgedrückt* werden können. Und es reicht in aller Regel nicht, wenn das „irgendwie" durch Einkreisung des Gemeinten gelingt, denn die anschließenden Folgerungen oder Verflechtungen mit anderen mathematischen Konzepten erfordern eine *optimal knappe und präzise Fixierung* des Erreichten, sonst werden die Komplexitätsbarrieren allzu rasch unüberwindlich.

Die Schwierigkeiten, denen jeder Lehrer begegnet, sobald er im Unterricht in die Gleichungslehre, in funktionale Beziehungen oder in raumgeometrische Anwendungen des „Pythagoras" einführt, sprechen Bände, und auch die historisch belegten Probleme mit negativen und komplexen Zahlen, mit Buchstabenvariablen ohne Größenbindung, mit dem Funktionsbegriff oder mit unendlichen Mengen machen es deutlich: *Oberhalb der Dreisatzrechnung beruht leistungsfähige Mathematik ganz wesentlich auf der Wahl „guter" Bezeichnungen und Symbole* - und auf der Fähigkeit des Lernenden, diese Bezeichnungen und die Symbol(schrift)sprachen seinem aktiven Begriffs- und Wortschatz so weit einzugliedern, daß nicht jedesmal der volle Bedeutungsinhalt und -hintergrund reaktiviert werden muß.

Beispiele:

Beherrscht man das kleine Einmaleins nur soweit, daß man die Einzeldaten geschickt herleiten kann, dann wird jede längere Divisionsaufgabe zur Tortour. Kann man $(a+b)^2 = ...$ nur durch Ausmultiplizieren von Klammern rekonstruieren, dann sind Schwierigkeiten bei der Quadratischen Ergänzung vorprogrammiert. Man muß die Algebraische Hierarchie und die sonstigen Klammerkonventionen wirklich beherrschen, um den Unterschied von „a mal *b plus c*" und „*a mal b* plus c" zu hören. Daß „Zuschlag" und „Zuwachs" additive Vorstellungen meinen, „Anteil" und „Wachstum" multiplikative, oder daß „Verhältnis", „Proportion" und „Rate" auf Quotienten anspielen, kann sich für das Verständnis elementarer Zusammenhänge im Geldwesen ganz entscheidend auswirken.

Nach Euklid VII,2 ist „Zahl, die aus Einheiten zusammengesetzte Menge", nachdem aufgrund von VII, 1 „Einheit das ist, wonach jedes Ding eines genannt wird". Aha. Wissen wir nun besser, was (natürliche) „Zahl" ist? In der Primarstufe wird von diversen „Aspekten des Zahlbegriffs" geredet, von der Zählzahl, der Rechenzahl, der Maßzahl, der Codierungszahl usw. Das setzt natürlich voraus, daß die Kinder schon Vorstellungen von „der Zahl" mitbringen. Ich glaube, wir wären als Lehrer sehr hilflos, wenn wir es mit Schulanfängern zu tun bekämen, die noch gar nichts von Zahlen wüßten. Wo kommen die Zahlen her? Darüber ist seit der Antike viel spekuliert worden, und wir wollen hier nur auf einen Aspekt hinweisen (eine breitere Einführung findet man in H. Gericke 1970): Die ältesten Schriftzeugnisse, die man kennt, sind etwa fünftausend Jahre alte Keilschriften auf Tontafeln aus Mesopotamien. Was da geschrieben steht, sind nicht Buchstaben, sondern Zahlen. Manche sind so groß, daß sich die Fachleute beim besten Willen immer noch nicht vorstellen können, was da gezählt werden sollte. Das Erstaunlichste ist aber, daß man offenbar verschiedene Zahlsysteme parallel benutzte, und zwar spezifische Zahlsysteme je nach Gezähltem, z.B. eines für Getreidekörner, eines für Schafe, eines für Bierkrüge usw. Man fand Dezimal-, Duodezimal-, Hexagesimal- und andere Systeme in fröhlicher Eintracht nebeneinander. (Aus dem mittelalterlichen Zunft-, Maß- und Geldwesen ist ähnliches bekannt.) Der Zahlbegriff war anscheinend noch gedanklich eng an konkrete Zählvorgänge gebunden! Heutige Erwachsene stellen sich unter „17" zunächst gar nichts Konkretes vor, sie konkretisieren die Siebzehn erst bedarfsweise zu „17 Gurken" oder „Haus Nr. 17". Die Zahl selbst ist nichts Greifbares mehr. Wie ist das gekommen? Die plausibelste Annahme bzgl. der Entwicklung bei den „Babyloniern" ist, daß mit der gesellschaftlichen Entwicklung *Zwänge zum Umrechnen* zwischen den gegenstandsgebundenen Zahlsystemen entstanden. Man denke etwa an Großbauten aus Stein, Lehm- oder Tonziegeln, die nach Standardisierung aller geometrischen Größen verlangten, an Fernhandel, der irgendeine Form von unverderblicher, allgemein akzeptierter und wertkonstanter Tauschware, d.h. „Geld", forderte, oder an das Problem gerechter Besteuerung. (P. Damerow/ W. Lefèvre 1981; H.J. Nissen u.a. 1991) *Jedenfalls darf angenommen werden, daß die gemeinsame Verwendung heterogener Materialien abstraktere Begriffsbildungen zutage förderte, die sich im Laufe sehr langer Zeit zu quasikonkreten Gedankendingen verselbständigt haben.*

Hat man allerdings mit seinen Schülern die Ebene der Fachsprache glücklich erreicht, so haben sie damit in der Regel noch kein *arbeitsfähiges Verständigungs- und Denkwerk-*

zeug erworben (vgl. das zweite Beispiel am Anfang), das fachsprachliche Verständnis dürfte nämlich zunächst nur passiv und das entsprechende Können reproduktiv sein. Man denke etwa an die bekannten Schwierigkeiten, den Satz von (vor) Pythagoras oder die Strahlensätze anzuwenden. *Um aktives Sprachwissen zu erwerben, müssen die verstandenen und benennbaren Inhalte zu (komplexeren) Gedankendingen und damit zu Wahrnehmungs- und Strukturierungsschemata, ausgebildet werden.* Das heißt, mit der Aneignung neuer mathematischer Konzepte und Sprechweisen wachsen in der Regel veränderte Wahrnehmungs- und Sichtweisen.[148] Werden die zu erwerbenden Sichtweisen einfach nur ungeprüft vorausgesetzt oder als automatische Begleiterscheinungen fachlich korrekter Erläuterungen unterstellt, dann drohen Lernblockaden, ernsthafte Störungen der Unterrichtsatmosphäre oder gar didaktische Fehlzündungen.

Beispiel:

Betrachten wir noch einmal Abschnitt 10 aus Wagenscheins berühmter „Entdeckung der Axiomatik" (s. Kapitel 5.1, S. 48 und Anhang 5.1.1): Es geht dort um die Frage, ob sich der Kreis mit seinem Radius rundherum sechsmal genau abzirkeln läßt. Wagenscheins eindrucksvolle Unterrichtssequenz steht und fällt mit der Bereitschaft der Schüler, ein, wie er meint, wundersames Phänomen zu ahnen und sich von dieser Ahnung fesseln zu lassen.

Mit einer absichtlich überspitzten Detailanalyse möchte ich zweierlei zeigen: Erstens werden wiederholt Sichtweisen unterschoben und Heuristiken verordnet, die zwar im Lehrerkopf und im Blick auf den vollen Lösungsweg Sinn machen, die von den Schülern aber erst durch längeren Geometrieunterricht angeeignet werden können. Zum Zweiten werden unbewußt zweifelhafte mathematische und philosophische Attitüden eingeübt, indem entscheidende Kontextbindungen unreflektierbar, weil auf dieser Altersstufe unverbalisierbar, übernommen werden müssen. Tatsächlich werden sie vom Einzelschüler scheinbar freiwillig, nämlich „erfolgsgesteuert", umso eher übernommen, je besser es ihm gelingt, bewußt unscharfe Lehrerimpulse sachlich erfolgreich zu deuten.

Wagenschein schreibt zunächst:

„Der Zirkel wirkt auf Kinder und Naive fast schon wie ein magisches Instrument. Er 'übersteigt' vornehm die Strecke, die er doch meint; er lenkt von ihr ab. Anfangs sollte sie sichtbar sein. Deshalb wählen wir ein Seil...

'Es sieht ganz so aus', als ginge es 'wirklich' und 'genau' sechsmal. Hier kann die

---

[148] Pierre van Hiele hat diesen Gedanken in Anlehnung an die Piagetschen Arbeiten und an die Gestalttheorie zu einem Stufenkonzept des Lehrverfahrens ausgearbeitet: „Das Wesentliche des Begriffs der Denkebene liegt in der Feststellung, daß es in jedem wissenschaftlichen Fach möglich ist, auf verschiedenen Ebenen zu denken und zu argumentieren, und daß dieses Argumentieren dabei auf verschiedene Sprachen zurückgreift. Die Sprachen benützen manchmal gleiche linguistische Zeichen, diese haben dann jedoch nicht die gleiche Bedeutung und sind auf verschiedene Weise miteinander verbunden. Dieser Umstand bildet ein Hindernis beim Meinungsaustausch über den gelernten Stoff zwischen Lehrer und Schüler und kann als Grundproblem der Didaktik angesehen werden." (P. van Hiele/D. van Hiele-Geldorf 1958/59; vgl. auch P. van Hiele 1986.)

Diskussion um die Idealität der Figur, wenn nötig, wieder aktuell werden. Es wird klar, daß die Frage 'empirisch' nicht entschieden werden kann. Schon eine Abweichung von 1 Promille würde bedeuten: nicht genau. (Wer hier sagt: 'Mir reichts!', hat Geometrie zu früh begonnen. Wer es lebenslang sagt, sollte durch sie nicht bedrängt werden.)"

Und er fährt dann fort:

„Schon die Frage muß von den Schülern formuliert werden. Man kann nicht vorher wissen, was sie sagen. Dazu gehört, daß auch ausgesprochen wird, *warum hier etwas Verwunderliches, also Zweifel Erregendes vorliegt:* Weil es auch 'genau so gut' anders sein könnte. Warum nicht 5,98mal? Nützlich ist der Vergleich mit der anderen Frage, wieviel mal der Radius (als Seilstück) außen herumgebogen werden kann? Offenbar nicht 6mal. Offenbar mehr als 6mal. Also dann 7mal?

Das volle Verstehen der Fragestellung ist notwendig, um das Suchen zu motivieren."

Soweit Wagenschein. Stellt man sich die Szene in einer normalen 6. oder 7. Klasse von heute vor, dann tauchen einige Fragen und Zweifel auf:

1. Daß der Zirkel die Strecke überbrücke, „die er doch meint", kann man wohl vom Stechzirkel, kaum von den Schulzirkeln sagen. Sie „meinen" wohl mehr die richtungslose Strecke mit einem festen Endpunkt bzw. alle derartigen Strecken, d.h. den Ort aller Punkte mit konstantem Abstand vom festen Zentrum. Jedenfalls ist dies die entscheidende Kreiseigenschaft in allen Konstruktionsaufgaben. Warum also die in praxi unästhetische Seilspannerei[149]? Hier liegt die Antwort auf der Hand: Das Sechseck soll nahegelegt werden.

2. Geht es dann nicht eigentlich um das reguläre Vieleck aus gleichseitigen Dreiekken, um ein Parkettierungsproblem, statt um den Kreis? Bald heißt es: „Alles ist rot, außer dem Kreis. vielleicht genügt das für einen Teilnehmer, um ihn stumm wegzuwischen."

3. Warum die Verpackung, die man notfalls erst wieder mit drei - auf diesem frühen Stand des Geometrieunterrichts: - höchst geheimnisvollen „Ufer-Hilfen" loswerden muß? (I. Man benutze nur das Eingebrachte, das aber vollständig. *„Warum denn das?"* sollten die Schüler fragen, und *„was wollen Sie uns denn nun eigentlich beibringen?"* II. Alles Eingebrachte sollte sichtbar sein. *„Auch die sich drehenden Radien beim Kreiszeichnen? Dann müssen wir den Kreis vollmalen. Und was nun?"* III./IIIa. Alles Überflüssige sollte man wegwischen, ohne das Problem zu verkürzen. *„Aber es ging doch um den Kreis, und der ist vor allem gebogen. Wie kann das überflüssig sein?"* Warum ließ nicht schon der Lehrer alles „Überflüssige" fort?)

4. Ob es genau sechsmal gehe oder nicht, ist die zentrale Einstiegsfrage. Unterstellen wir, daß viele Kinder das spannend finden. Werden es genügend viele sein, um weiterhin störungsfrei nachdenken zu können? Wieviele 6. oder 7. Klassen von

---

[149] Die man immerhin mit Hinweis auf Herodot verkaufen könnte: Nach dessen (zweifelhaftem) Zeugnis kam die Geometrie von den ägyptischen Seilspannern...

dieser zauberhaften Naivität gibt es in Deutschland? (Bei 8.-11. Klassen brauchen wir nicht anzufragen.)

5. Können jene Kinder, die Zirkel noch magisch finden, und die Einstiegsfrage aufregend genug für alles weitere, „empirische" Entscheidungen zurückweisen und die „Idealität der Figur" meinen? *„Warum soll es denn nicht um diesen, hier gezeichneten Kreis gehen? Gesagt haben Sie das nicht, und gezeigt haben Sie es nur mit diesem Kreis und diesem Radius."* (Klarer und altersangemessener wird das Problem wohl, wenn alle Schüler es für sich und mit beliebig großen Radien versucht haben. Das könnte die Vermutung erzeugen, daß es bei allen realen Kreisen gehe - womit wir bei Aristoteles' Abstraktion aus Empirie wären, statt bei Platon, und bei einem schrecklichen Allquantor. Mit Seilen oder Fäden dürfte das übrigens gründlich schief gehen und vom Problem eher abschrecken.)

6. „Schon eine Abweichung von 1 Promille würde bedeuten: nicht genau..." So reden nur Theoretiker. Es macht nur Sinn, wenn der (platonische) Kontext klar ist, auf den sich „genau" bezieht. Bei einem Kreis von 10 cm Radius ist 1 Promille für die Schüler enorm gut, erst recht im Gelände, beim Seilspannen. Liegen nicht eher dort die (technischen) Probleme, die Schülern dieses Alters und Handwerkern klar sind? Irgendwann lernen Kinder, sich einen Gattungsbegriff vom „Stuhl" oder vom „Kreis" an sich zu machen. Sind sie deswegen schon bereit, oder besser: sollten sie deswegen schon bereit sein, sich von der Logik in ihre Begriffswelt hineinregieren zu lassen? Welchen Sinn können sie in idealen Gedankenkreisen finden, an denen ideale Seile sechsmal herumgezirkelt werden, bevor die sich auf wunderbare Weise versteifen und den Kreis verschwinden lassen? Deduktionsketten finden, d.h. Reine Mathematik treiben, verlangt, ontologische Bedeutungen auszublenden. Steht das nicht geradezu im Widerspruch zur Deutung von Phänomenen aus Selbstverständlichem, d.h. hier zweifellos: Deutung von Phänomenen aus dem intuitiv Gewissen, dem „wirklich Wahren"?

7. Die anschließenden Äußerungen Wagenscheins „Wer hier sagt..." und „Wer es lebenslang sagt..." geben ein bedauerliches Beispiel für die tendenzielle Demokratiefeindlichkeit, die den Platonismus pädagogisch diskreditiert. „Geometrie" meint hier - für Schüler dieses Alters und Problembewußtseins - ein Stück „Reine" Mathematik, und diese Reinheit sollen viele niemals sehen lernen? Später, mit 15 Jahren, wird ja die Geduld und Offenheit fehlen. Wie verträgt sich das mit Wagenscheins Parole „Verstehen ist Menschenrecht"?

8. Ist die Rückführung der genauen Sechsteilung auf die Parallelverschiebung eine Rekonstruktion des fraglichen Phänomens aus „Selbstverständlichem". Setzt es nicht vielerlei Konventionen oder Erfahrungen mit Geradlinigem voraus? Warum darf das genaue Aufgehen am Kreis als empirische Tatsache nicht (nach hinreichender Zeichenübung) als Selbstverständliches genommen werden? Die Überschrift „Entdeckung der Axiomatik" und der Schluß des Textes nimmt „Axiom" im altertümlichen Sinne von unbestreitbarer, intuitiv wahrer Grundtatsache. Mehr noch, es wird so getan, als stünde „die" Axiomatik irgendwo schon bereit, um „entdeckt" zu werden. Gemeint und für die Schüler völlig undurchsichtig ist hier natürlich die euklidische Geometrie und deren Charakterisierung durch ein kanonisches, monomorphes Axiomensystem. Was geht das Mittelstufenschüler an?

Seit hundertfünfzig Jahren weiß man, daß über die euklidische oder nichteuklidische Struktur des „ursprünglichen", „selbstverständlichen" Raumes jedenfalls nicht innermathematisch entschieden werden kann, und seit hundert Jahren weiß man, daß polymorphe Axiomensysteme viel nützlicher sind. Sollen wir wider besseres Wissen mit Geometrie anfangen, mit Reiner Geometrie wohlgemerkt? Die Großen unter den Kleinen zum Analysieren und Deduzieren an nur scheinbar Wahrem anhalten? Und die Kleinen unter den Kleinen zum Verstummen vor dem mathematischen Posing der „begabten" Durchblicker? Und wenn deren Durchblick mehr die Gedankenwelt des Lehrers antizipiert als mathematisches Gehabe?[150]

9. Warum „muß die Frage von den Schülern formuliert werden"? Damit der Lehrer hört, was die Formulierer denken? Und die anderen? Im günstigsten Falle schweigen sie. Dann kann die Entdeckungsreise losgehen. Ist das so gut, wenn sie schweigen? Was ist vom Wissensdrang einer 6. oder 7. Klasse zu halten, wenn alle in Einzelbefragung zu erkennen geben, daß sie hier und jetzt nichts Wichtigeres bewegt, als unsere Einstiegsfrage?

10. Viele Kinder *im fraglichen Alter von etwa 12 Jahren* finden es in der Tat schön und erstaunlich, daß es genau sechsmal zu gehen scheint, und einige fragen auch, warum das so sei. Werden sie eine so lange Gedankenkette bis zur angeblichen Wurzel in der Parallelverschiebung als vernünftige Antwort auf eine vernünftige Frage akzeptieren? Werden sie das Glasperlenspiel nicht eher als Ausrede empfinden, zur Abschreckung vom Fragen? Wird hier nicht - ganz gegen Wagenscheins Programm - Mathematik als Lehre von verwickelten Antworten auf naheliegende Fragen präsentiert?

Mit dieser spitzfindigen Analyse soll keineswegs gegen möglichst frühe Deduktionsübungen anhand erstaunlicher Phänomene polemisiert werden, im Gegenteil: Für Zwölfjährige sind konkrete Phänomene viel eher fragwürdig und begründbar als algebraische Regeln, und man kann nicht früh genug anfangen, zum Begründen und Argumentieren anzuhalten. Was eingewandt wird, ist lediglich, daß das Begründen und Argumentieren sich auf Gegenstände oder Gedankendinge beziehen sollte, deren Bedeutung man kennt. Abstraktion soll man nicht aufdrängen. Die mathematisch geschulte Sprache des Lehrers verführt dazu, Bezeichnungen mit Begriffen zu verwechseln. Im Unterricht muß er warten können, bis die Zeit reif ist, um aus Erfahrungen Begriffe und aus Begriffen benennbare Gegenstände wachsen zu lassen. Erst dann kann über gewisse Beziehungen der Gegenstände (altersgemäß) streng argumentiert werden.

Die großen Mathematiker der Vergangenheit waren immer vorsichtig mit Wörtern und

[150] Mehr als „Gehabe" kann es wohl bei den bescheidenen mathematischen Vorerfahrungen kaum sein, wenn wir von staunenden und genügend hartnäckig nachhakenden Kindern ausgehen müssen. Für einen Teil der Leistungskursschüler auf der Oberstufe läge das sicher anders. Aber dort - und bei den erwachsenen, mathematisch geschulten Lesern des Textes - bezieht sich das Staunen wohl eher auf die zauberhafte Entdeckungsreise zu einem Beweis des Schließungssatzes als auf das Phänomen und seine „Einwurzelung" im „Selbstverständlichen". Wagenschein redet ausdrücklich von „Kindern" - allerdings von solchen mit „leerem Geist" und vollem mathematischen Problembewußtsein...

Symbolen, weil sie sich nur so der *Beziehungen zwischen den Dingen*, den hauptsächlichen Gegenständen der Mathematik, einigermaßen sicher sein konnten:

Van der Waerden hat einmal die Vermutung geäußert[151], daß für den Niedergang der antiken griechischen Mathematik nach Archimedes und Apollonios Kommunikationsprobleme entscheidend waren. Da jede Behauptung und jeder Beweis mit Worten umschrieben werden mußte, war die mündliche Unterstützung der Überlieferung unerläßlich. Als dann unter römischem und später unter christlichem Einfluß ein gewisses Desinteresse an den exakten Wissenschaften einsetzte, konnten nur noch seltene Genies wie Diophantos Neues beisteuern. Im allgemeinen überstieg allein die Rezeption des überlieferten Buchwissens die Kräfte selbst begabter Epigonen. Erst nachdem die griechisch-arabische Überlieferung im Spätmittelalter und in der Renaissance in internationaler Zusammenarbeit aufgearbeitet war, setzte ab etwa 1600 eine, nun allerdings sehr dramatische Neuentwicklung ein. Zweifellos war deren Schlüssel die um 1600 von Viète u.a. ausgeformte Buchstabenrechnung: Sie erlaubte einerseits strenge Argumentationen über unendlich viele Fälle gleichzeitig, andererseits die Vergegenständlichung von Beziehungen zwischen Dingen durch Benennung. Ohne diesen doppelten (schrift-) sprachlichen Fortschritt hätte die Analytische Geometrie bei Descartes und Fermat oder die Analysis bei Gregory, Newton und Leibniz kaum entstehen können. Man denke etwa an die Herleitung allgemeiner Sätze über Kegelschnitte ohne Fallunterscheidungen oder an Leibniz' Auf- und Ableitungsoperatoren, die auf Funktionen (funktionale Beziehungen zwischen „Variablen") wirken.

Auch moderne Forschung, zumindest in Reiner Mathematik, kann zum guten Teil als Arbeit an Ausdrucksmitteln für gewisse Gegenstandsbereiche und Sichtweisen charakterisiert werden.[152] Mathematische Kompetenz wäre dann die Fähigkeit, sich der *Sprache Mathematik* sachgerecht, konstruktiv und effektiv bedienen zu können. Dieser etwas extreme Standpunkt legt immerhin - ebenso wie die ältere Mathematikgeschichte - eine wichtige didaktische Einsicht nahe: *Wie jede andere Sprache, kanalisiert Mathematik nicht nur Sprech- und Denkweisen, sondern auch Wahrnehmungen und Perspektiven.* Dies soll und kann nur schadlos akzeptiert werden, wenn man solche Begrenzungen kennt und sich ihrer bewußt bleibt.

6.4 Gewißheit

Mathematik ist, jedenfalls wenn der Streß mit den Klassenarbeiten oder Klausuren vorbei ist, das beliebteste Schulfach, und das meistgehaßte - so berichtete der „Spiegel" 1995 aus einer Emnid-Umfrage unter Erwachsenen -, und das Allensbacher „Zeitgeist-Lexikon" von 1991 erklärt, Mathematik gelte in den alten (bzw. neuen) Bundesländern bei 45% (59%) der Bevölkerung als „in" und bei 20% (12%) als „out".[153] Wer die Schule

---

[151] vgl. Kapitel VIII in B.L. van der Waerden 1966.

[152] Vgl. etwa H. Mehrtens 1990.

[153] Emnid hatte in einer repräsentativen Umfrage Bundesbürger über 18 Jahren mit unterschiedlichsten Schulabschlüssen nach ihrer Erinnerung an die Schule gefragt (vgl. SPIEGEL special

von innen kennt, wird ähnliche Eindrücke haben, auch wenn die Prozentsätze natürlich anders ausfallen, sobald man selbst Jugendliche fragt oder die Fragen anders formuliert. Können sich die Mathematiklehrer und -didaktiker darüber freuen?

Das hängt sehr davon ab, in welchem Umfang Befragte und Lehrer mit „Mathematik" dasselbe meinen und welche Ursachen bei einer nicht unerheblichen Minderheit zum Haß führen.[154] Jeder wird da seine eigenen Erfahrungen und Eindrücke von Mitschülern haben, und wer die Mathematik mochte, wird das häufig mit der Erinnerung an eine sympathische oder eindrucksvolle Lehrerpersönlichkeit verbinden, bei der Mensch und Mathematik zusammenstimmten. Nun kann sich jeder Erwachsene sicher auch an Mathematiklehrer erinnern, bei denen das gar nicht so wirkte, und man war damals froh, als deren Unterricht zuende ging. Vielleicht haben solche Lehrer tatsächlich den einen oder anderen dauerhaft von der Mathematik abgeschreckt. Das Mathematikbild der meisten wird das Unglück wohl überstanden haben. Schließlich gingen die Meinungen damals ja auch auseinander, manche hatten sich doch ganz wohlgefühlt...

Nach meiner Erfahrung hängt das Mathematikbild, das Schüler und Erwachsene aus der Schule mitnehmen, erst in zweiter Linie von Lehrerbildern ab. Selbst Kollegen, deren fachliche und/oder menschliche Schwächen in der ganzen Schule berüchtigt waren, hinterließen sowohl Mathefans als auch Mathefeinde, und das in erstaunlich ähnlichen Proportionen. Viel entscheidender für Freund oder Feind ist, wie mir viele Gesprächspartner in langen Jahren bestätigt haben, etwas, das Schüler in ihrer unnachahmlichen Direktheit je nach Partei so ausdrücken: „Mathe ist eben kein Laberfach" bzw. „Mathe ist unmenschlich". Beidemal ist dasselbe Zweierlei gemeint. Zum einen schätzt man die No-

---

9/1995, S. 139). 82 Prozent dachten gern zurück. Die Hitliste der „Lieblingsfächer" wurde von Mathematik mit 46% Nennungen vor Deutsch mit 38%, Erdkunde mit 22% und Sport mit 21% angeführt. Die anderen Fächer erhielten jeweils weniger als 15%. Aber auch bei der Frage „Welche Fächer haben Sie am meisten gehaßt?" errang die Mathematik den Spitzenplatz mit 24% Nennungen vor Chemie und Physik mit jeweils 14% und Deutsch mit 13%. Hier landeten die übrigen Fächer jeweils unter 10%. - Die Allensbacher Zahlen stehen in: E. Noelle-Neumann/R. Köcher (Hrsg.): Allensbacher Jahrbuch für Demoskopie 1984-1992. München/Allensbach: Saur/Verlag für Demoskopie 1993, S. 1164. (Übrigens entsprachen die Allensbacher Mathematikzahlen recht genau denen für „Aktfotos", was immer man sich dabei nun denken mag.)

[154] Zu dieser Minderheit gehören leider neben notorisch schwachen Schülern und Faulpelzen stets auch intelligente, sehr wache und hochkreative, die sich vom Denkstil der Mathematik abgeschreckt fühlen. (Das meint auch J. Diederichs 1980.) Meine weiteren Ausführungen in diesem Abschnitt werden dieses ernste Minderheitenproblem nicht lösen. Glaubt man an die allumfassende Wunderkraft von Motivation und Unterrichtsstil, dann muß man versuchen, das Problem fach- oder unterrichtsmethodisch aufzulösen. Ich glaube dagegen, daß die nicht-faulen „Feinde" der Mathematik sich mit einigem Recht an der Einseitigkeit mathematischen Denkens stören und daß man nicht versuchen sollte, ihnen das mit liebevollen Tricks auszureden. Bei dieser Auffassung handelt es sich primär nicht um ein fachdidaktisches, sondern um ein erzieherisches Problem der Durchsetzung: Was man dann von allen Gegnern der Mathematik im Unterricht, den faulen und den nicht-faulen, verlangt, ist, sie mit guten Gründen auf ernsthafte Kenntnisnahme des ihnen Fremdartigen zu verpflichten. (Natürlich kann man so etwas nur verantworten, wenn man den Sinn des Unterrichts nicht vom vorgefundenen oder geschickt zu manipulierenden Schülerbefinden her denkt.)

tenpraxis hier - in der Regel und im Vergleich zu anderen Fächern - als deutlich objektiver ein[155], und zum anderen macht die im Unterricht gebotene Reine Elementarmathematik von selbst Anspruch auf vorurteilslose Wahrheit - und das gibt es nun wirklich in keinem anderen Fach. Auf die Notenpraxis komme ich im Zusammenhang mit der Lehrerrolle ausführlich zurück (s. Abschnitt 8.1, S. 132ff.); im vorliegenden Abschnitt wollen wir uns auf den zweiten Aspekt konzentrieren, d.h. auf *die erstaunliche Gewißheit mathematischer Erkenntnisse.*

Um es gleich vorwegzunehmen, ich halte den großen öffentlichen Respekt vor dieser Seite der Mathematik im wesentlichen für berechtigt, auch wenn die expliziten Rechtfertigungen häufig sehr schief ausfallen. Daß es mathematische Gewißheit überhaupt gibt, gehört zum Erstaunlichsten und Wichtigsten, was Menschen über „den Menschen" wissen: daß er nämlich konstruktiv über Erfahrung hinaus denken kann, und nicht nur sammeln.[156] Ob der Mathematikunterricht das Denken lehren kann und ob er das hier oder dort wirklich tut, ist damit nicht entschieden. Solche Fragen entscheiden sich vor Ort anhand der geistigen Atmosphäre, die jeder Lehrer standhaft anstreben sollte und die die Lerngemeinschaft langfristig entstehen läßt oder nicht.[157] Worum es uns hier gehen soll, ist, *daß Mathematik etwas allgemein Wichtiges über das menschliche Denken lehrt.* Das ist leider nicht einfach zu sehen, denn die artikulierbaren persönlichen Überzeugungen von diesem tieferen Sinn der Mathematik entwickeln sich natürlich lebenslang und abhängig von dem, was man von Mathematik noch oder schon weiß. Um der verbreiteten

---

155 Dies gilt natürlich nur für das Schriftliche. Die meisten Mathematiklehrer schaffen es aber irgendwie und mit allerlei Tricks wie Vorrechnenlassen an der Tafel, „Kurztests" oder Drohen mit dem Notenbuch in der Hand, dem häufig sachfremden Außendruck zur Gleichgewichtung des Mündlichen zu widerstehen. Es heißt ja auch, nur solche „wasserdichten" Noten hätten bei Rechtsstreitereien Bestand, und da sichert man sich halt ab, indem man das Mündliche nur zur Verbesserung der Note aus dem Schriftlichen verwendet...

Bei näherem Hinsehen wird natürlich sofort klar, daß die vermeintliche Objektivität der Noten im Schriftlichen mit der Bevorzugung eindimensionaler Aufgaben teuer erkauft wird und überdies so manche Züge eines Fetischs trägt: In der Regel legt ja der Lehrer mit Rücksicht auf seine Einschätzung der Lerngruppe seinen Maßstab immer wieder neu fest. Es gibt genug handfeste Untersuchungen, die erhebliche Zweifel an der vermeintlichen Objektivität der Notenfindung durchaus auch für schriftliche Mathematikleistungen rechtfertigen (vgl. etwa K. Ingenkamp 1971 oder P. Damerow 1980). In der Öffentlichkeit und in Lehrerkreisen wird die Leistungsbewertung im Schriftlichen trotzdem für das Fach Mathematik am wenigsten angezweifelt. Ich habe so manche Lehrerkonferenz erlebt, auf der „die Mathematiker" ohne Ansehen irgendwelcher Aufgabenblätter darüber stritten, ob man eine Vier ab 45% oder erst ab 50% der Punkte geben sollte. Es gibt auch allerlei Abiturvorschriften, die Noten vor Aufgabenstellung an Prozentsätzen festmachen. Diese von jeder Sachkenntnis unbeeindruckte „Objektivität" ist durchaus beliebt. Das ist zwar ein sehr fragwürdiger Grund zur Freude, kann aber ernsthaft und hinreichend taktvoll nur vor Ort kritisiert, ausgehandelt und modifiziert werden.

156 B. Artmann: „Platon ist so erstaunt darüber, daß die Mathematiker 'absolut sicheres Wissen aus sich selbst heraus' gewinnen, daß er es nicht anders als durch 'Wiedererinnerung' erklären kann " (briefl. Mitteilung; s. dazu die Erläuterung der Sokratik auf S. 47.)

157 Eine Unterrichtsreihe „Einführung in das mathematische Beweisen" ist gar nichts wert, wenn das Begründen, Zuhören, Zweifeln und Nachhaken nicht *langfristig* eingewöhnt wird. Man lernt das Laufen oder Autofahren auch nicht aus einer Unterrichtsreihe.

Sprachlosigkeit in diesen Dingen ein wenig abzuhelfen, will ich trotzdem versuchen, den psychologischen und philosophischen Hintergrund wenigstens anzureißen. Wohl ist mir dabei nicht, denn das Thema verlangt eigentlich dicke Bücher für sich.[158]

Beispiel: Die Winkelsumme im Dreieck - eine Wiederholungsstunde in Klasse 7 (s. Anhang 6.4.1)

Jeder Mathematiklehrer weiß: Man begründet den Satz über die Winkelsumme eines jeden Dreiecks nicht dadurch, daß man abstimmt oder ein paarmal nachmißt.[159] Es handelt sich um eine *allgemeingültige* Wahrheit, jedenfalls im Rahmen der üblichen Raumauffassung. Das Begründungsmittel der Wahl muß mehr leisten als die endlich vielen Messungen, die wir in unserem Leben ausführen können. Und ebenso ist es mit dem Geheimnis des Pentagramms der Pythagoräer, mit dem Satz, der nur nach Pythagoras benannt ist, mit dem Umfangswinkelsatz, mit Irrationalzahlen, Variablen und Funktionen, ja sogar schon mit dem Stellenwertsystem, mit den unendlich vielen, immer noch geheimnisvollen Primzahlen und mit den kombinatorischen Eigenschaften des Zahlendreiecks, das nach Pascal heißt.

Vernünftige Menschen glauben an unvollständige Induktion, wenn genügend viele einschlägige Erfahrungen vorliegen und solange kein plausibler Gegengrund in Sicht ist. Dagegen ist gar nichts zu sagen. Andernfalls hätte Lernen gar keinen Sinn, und das Leben wäre sehr viel schwieriger. Ist die Gewißheit, mit der Mathematiker unendlich viele Fälle auf einen Schlag abhandeln wollen, nicht etwas sehr Spezialistisches, vielleicht gar - im Hinblick auf das wirkliche Leben - so eine Art Berufskrankheit? Nicht wenige Studenten, die anfangs ihre liebe Not mit der vollständigen Induktion haben, denken wenigstens vorübergehend so.

Es scheint plausibel, daß wir unser wirklich wichtiges allgemeines Wissen entweder von anderen übernehmen oder selbst aufgrund von Erfahrung endlich-induktiv gewinnen: „Im Westen gibt es noch einen Kontinent, man hat ihn Amerika getauft“, oder „dies ist eine Kuh, dies auch und jenes Tier dort, aber nicht das hier...“ Irgendwie lernen Menschen ziemlich schnell, was eine Kuh im allgemeinen, d.h. „die Kuh an sich“ im weltweiten Alltagsverständnis, ist[160], und sie erkennen danach sogar Kühe, die völlig anders aussehen als alle zuvor beobachteten. Man kann nun durchaus zu der Auffassung kommen, auch mathematische Schlußfolgerungen bauten grundsätzlich immer auf Begriffen und

---

[158] Es gibt tatsächlich sehr viele Bücher zu diesem Thema, und auf jedem philosophischen Niveau. Für den Mathematikunterricht ist nach meinem Geschmack das beste und glücklicherweise auch bekannteste Hans Freudenthals Meisterwerk: Mathematik als pädagogische Aufgabe. Gymnasiallehrer sollten sich überdies auch mit den folgenden Klassikern ein wenig vertraut machen: M. J. Davies/R. Hersh 1986; Felix Klein 1928; R. Courant/H. Robbins 1973; O. Toeplitz 1972.

[159] In Klasse 5 oder 6 läßt sich das schwerlich vermitteln. Deshalb gehört der Satz m.Es. auch nicht dorthin. (Bei Kant ist er immerhin der Prototyp einer „synthetischen Erkenntnis a priori“; Kritik der reinen Vernunft, A. 716-718.)

[160] Ich rede hier nicht von einer Platonischen Idealkuh, auch nicht von einer Kantischen „Kuh-ansich“ (die könnte ohnehin niemand gedanklich einfangen) oder von irgendeiner zoologischen Spezies.

Axiomen auf, die aus der sinnlichen Erfahrung durch Generalisierung gewonnen sind. Man denke etwa an die Bemerkungen zum Zahlbegriff im letzten Abschnitt (s. S. 94). Darf man folgern, Wissen sei entweder tradierte Information über Tatsachen oder Verallgemeinerung aus einigen einschlägigen Erfahrungen? [161] Das wäre schön: Guter Unterricht brauchte dann folgerichtig nur mitzuteilen, zu erläutern und Erfahrungen zu vermitteln. Sachinformation, entdeckendes Lernen und Schulung der kommunikativen Kompetenz würden reichen.

Leider hat die Sache einen Haken, auf den schon die Philosophen Hume und Kant hingewiesen haben: Wahrheiten, die unvollständig induktiv aus sinnlichen Erfahrungen durch Verallgemeinerung gewonnen werden, sind keine, jedenfalls keine eigentlichen, sicheren „Wahrheiten". Wir könnten jedesmal durch neue Erfahrungen gezwungen werden, sie (zumindest in der angenommenen Allgemeinheit) als tatsächlich falsch zu erkennen. Das ist für Aussagen wie „2+2 = 4" oder „Die Summe der Innenwinkel im euklidischen Dreieck beträgt 180 Grad" kaum zu glauben.

> „Wie würde eine mögliche Widerlegung von 'Die Winkelsumme im Dreieck beträgt 180°' aussehen? Wir würden ein Dreieck finden müssen, seine Winkel messen und herausfinden, daß sie zusammen nicht 180° betragen. Nun wird ein Dreieck aus drei einander schneidenden Geraden gebildet. Um ein Dreieck zu finden, hat man also zuerst drei einander schneidende Geraden zu finden. Schieben wir einmal Bedenken darüber beiseite, daß geometrische Geraden überhaupt unzugänglich für die Sinne sind. Die Optik lehrt uns, daß das Licht sich in homogenen Medien auf geraden Linien bewegt. So könnten wir uns also vorstellen, daß wir ein 'Lichtdreieck' bilden, etwa dadurch, daß wir drei Blinklichter so anordnen, daß an dem Ort, an dem sich jedes dieser drei Blinklichter befindet, die anderen beiden sichtbar sind. Wir könnten also an jedem Ort eines Blinklichts den Winkel zwischen den beiden anderen messen. Wenn wir die Winkel dann addieren, haben wir die Winkelsumme unseres 'Lichtdreiecks'. Nehmen wir an, diese Summe betrage 190°. Haben wir uns hier eingebildet, unsere geometrische Aussage widerlegt zu haben?
>
> Natürlich nicht. Wir würden sagen, unsere Messung müsse falsch gewesen sein, oder das Medium, durch das sich die Lichtstrahlen unserer Blinklichter bewegt haben, sei keineswegs homogen gewesen. Und wenn beides nicht funktionieren würde, wären wir genötigt, der geometrischen Optik die Schuld zu geben und zu sagen, daß Licht sich in homogenen Medien nicht immer in geraden Linien bewegt. Was wir aber niemals tun würden, wäre der Geometrie die Schuld zu geben...

---

[161] „Der berühmteste Vertreter dieses Ansatzes war John Stuart Mill. Mill sagte, nicht-analytische mathematische Wahrheiten seien 'Generalisierungen aus der Erfahrung'. Er fügte hinzu, daß wir diese Tatsache leicht aus den Augen verlieren, weil die Mathematik einige unserer 'ersten und vertrautesten' Verallgemeinerungen aus der Erfahrung enthält. Er leugnete natürlich nicht, daß Mathematiker, nachdem sie einige mathematische Wahrheiten aus der Erfahrung gelernt haben, andere dieser Wahrheiten aus ihnen beweisen können. Aber wir können nicht alle mathematischen Wahrheiten auf diese Weise beweisen, bei Strafe des unendlichen Regresses. Die Kette der mathematischen Beweise muß ein Ende haben bei mathematischen Wahrheiten, die nicht aus anderen solchen Wahrheiten bewiesen werden, sondern aus der Erfahrung. Mathe-

Aber warum? Die Antwort ist in aller Kürze, daß wir Euklid nicht nur in der Optik, sondern allgemein in den Wissenschaften benötigen, ganz zu schweigen vom Alltagsleben. Euklid aufzugeben, würde bedeuten, unser ganzes Wissen in Verwirrung zu stürzen, dadurch, daß wir keine Geometrie mehr hätten. Im Gegensatz dazu würden wir, wenn wir die Idee aufgäben, daß sich Licht in geraden Linien bewegt, nur unsere Optik zu modifizieren haben. Das würde zwar bedenklich sein, aber keine Katastrophe. Es ist also, wie unser kleines Argument zeigt, logisch möglich, Euklid die Schuld zu geben, aber es ist tatsächlich praktisch nicht möglich. Man könnte sagen, Euklid sei praktisch unwiderlegbar oder praktisch a priori.“ [162]

Der Autor dieses Textes, der Philosoph Alan Musgrave, spielt hier auf Gauß' berühmtes Lichtdreieck zwischen Brocken, Inselsberg und Hohem Hagen an (s. den Anhang 6.4.2). Die absichtlich kecke Behauptung, Euklid sei praktisch unwiderlegbar, denn man bräuchte beim Nachmessen stets eine ggfs. leichter zu opfernde physikalische Hilfstheorie, ist in dieser Schärfe natürlich nicht aufrecht zu erhalten, und Musgrave tut das im weiteren Verlauf seiner spannenden Einführung in die Erkenntnistheorie auch gar nicht.

Gauß und andere haben ja gerade gegen Kants Überzeugung nachgewiesen, daß die euklidische Geometrie nicht denknotwendig ist, und spätestens seit Einstein ist klar, daß zumindest die Gültigkeit der euklidischen Geometrie im Großen experimentell widerlegbar ist. Wie man heute die Auffassung von der Gewißheit der 180°-Winkelsumme einzuschränken hat, ist immer noch umstritten. Poincaré schlug vor, die euklidische Geometrie als die unkomplizierteste konventionell vorauszusetzen. Andere meinen, Kant habe immer noch insofern recht, als vielleicht nicht der wirkliche Raum, wohl aber unsere Wahrnehmungen euklidischen Prinzipien folgten, daß unser Wahrnehmungsraum also tatsächlich euklidisch sei, und dies möglicherweise im Widerspruch zum Beobachtungsraum der Physiker, der seinerseits nicht einmal annähernd dem tatsächlichen gegenstands- und zeitfreien „Raum-an-sich“ (wenn es den überhaupt gebe) entsprechen müsse. Wir wollen diese schwierigen Fragen hier nicht weiter verfolgen.[163]

Soviel dürfte sicher sein: Unsere Begriffe, unsere Wahrnehmungen und unsere Überzeugungen von wahrem Wissen entstehen nicht ohne geistige Zutaten, die unser Erkenntnisapparat selbst stiftet. Ohne Vertauen auf irgendwelche Formen von Kausalität, Kontinuität und Dauer der Phänomene wäre der Begriff „Gegenwart“ sinnlos, und auch jede Suche nach Naturgesetzen. Raum, Zeit und Bewegung sind nach Galilei und Kant Bedingungen unser Wahrnehmung, die sich in historischen Zeiträumen nachweislich gewandelt haben. Man kann sagen, die Hardware unseres Denkvermögens strukturiere und konstruiere jede sichere Erkenntnis unvermeidlich mit, im Rahmen unseres Wissens, im Rahmen des kollektiven Bewußtseins und oft auch im Rahmen des jeweiligen Zeitgeistes - eine Einsicht, mit der sich die Wahrnehmungspsychologie herumschlägt seit es sie gibt,

---

matische Axiome müssen Generalisierungen aus der Erfahrung sein. (Mill 1843).“ A. Musgrave 1993, S. 190f.

[162] A. Musgrave 1993, S. 192f.

[163] Wer tiefer eindringen möchte, sei auf Musgraves schöne und ausgezeichnet lesbare Einführung verwiesen. M. Jammer 1960, K. Algra 1994 und B. Kanitscheider 1984 führen weiter, sind aber auch schwerer zu lesen.

und die Physik seit Planck und Heisenberg.[164]

Dieses Strukturieren und Konstruieren beginnt schon bei der Bildung von Allgemeinbegriffen: Unter „Kuh“, „Stuhl“ oder „Zahl“, „Punkt“, „Gerade“, „Wahrscheinlichkeit“, „Mathematik“ stellt man sich ja begriffliche Variable vor, nichts konkret Bestimmtes, etwas, das man selbst nicht sinnlich wahrnehmen kann, aber nach dem Erfassen auch etwas, das man nicht mehr wegdenken kann. Einmal erworben, sind solche Abstrakta quasikonkrete Bewohner einer im wesentlichen intersubjektiven geistigen Wirklichkeit, an der wir nun teilhaben dürfen (und müssen). Der Mathematikunterricht dient der sogenannten „Enkulturation“, indem er fundamentale Abstrakta präzisiert, durch Gewöhnung quasikonkret macht und damit in eine zuvor unbewußte, aber längst vorhandene und durchaus mächtige geistige Welt einführt.[165]

Noch einmal: Normalen Menschen ist ein unausweichlicher Zug zur Abstraktion und eine gegenwartsbezogene Methodik des Denkens fest eingebaut.[166] So schwierig es ist, mit dem Denken sicheres Wissen über das Denken herauszufinden - mathematisches Denken zeigt am direktesten, daß und auf welche Weisen wir viel mehr wissen, als wir wahrnehmen können.[167] Der Satz von der Dreieckswinkelsumme ist im Rahmen der euklidischen

---

[164] Vgl. die geradzu poetische Geschichte der Wahrnehmung von M. Burckhardt 1994.

[165] Die seit Pestalozzi traditionsreichen Klagen über eine angeblich „verkopfte“ Schule, die dem Lernen mit „Herz und Hand“ endlich mehr Raum lassen müsse, unterschätzen entweder die Schwierigkeiten geistiger Enkulturation für Normalschüler oder die Steuerungsfunktionen gedanklicher Schemata im kollektiven Bewußtsein. Unsere Schüler werden weder geistig noch sozial noch ökonomisch in der Welt Pestalozzis leben.

[166] Ein normales Kind, das die heiße Herdplatte einmal anfaßt, hat seine Lektion fürs Leben aus *einer* Erfahrung gelernt, und diese Lektion bezieht es wahrscheinlich nicht nur auf Herdplatten, es wird vielmehr halbbewußt versuchen, eine kleine hypothetische Theorie über das Aussehen schmerzhaft heißer Objekte aus dieser einen Erfahrung zu entwickeln - und diese Theorie wird sich reichlich von der eines Kindes der Steinzeit unterscheiden.

[167] Bekanntlich ist der euklidische Satz von der Dreieckswinkelsumme in gewissem Sinne äquivalent zum Parallelenaxiom. Die hartnäckige und schließlich vergebliche Suche nach einem Beweis des Parallelenaxioms aus den übrigen Axiomen wird oft als innermathematische Spitzfindigkeit und historische Kuriosität unterschätzt. Man sollte aber nicht übersehen, daß Euklid sein „Parallelenaxiom“ nicht für Parallelen, sondern - offenbar ganz absichtlich - in endlichen, sinnlich halbwegs zugänglichen Begriffen ausgedrückt hat. „Zum Beispiel sagte Proclus, einer der frühesten Kommentatoren des Euklid, daß ‘wir aus unserem System von Lehren diese nur plausible und unbegründete Hypothese ausschließen sollten’... Mit anderen Worten: aus einer ‘plausiblen Hypothese’ über das, was geschehen oder nicht geschehen wird, wenn Linien ‘unbeschränkt’ verlängert werden, sollten wir kein Axiom machen. Von einer solchen Hypothese muß bewiesen werden, daß sie wahr ist.“ (A. Musgrave 1993, S. 229) Genauer: Euklid konnte in I.16 ohne Parallelenaxiom die Existenz von Nichtschneidenden beweisen, nicht aber deren Eindeutigkeit. Und Proklus fand es unbefriedigend, das Axiom „nur“ für die benötigte Satzumkehr einzuführen.

Wenn man bedenkt, daß zu Euklids Zeiten die Aristotelische Auffassung von der Endlichkeit unseres Universums innerhalb der Fixsternspäre und die prinzipielle Unwissenheit vom allem, was darüber hinausführt, ziemlich unumstritten war, dann wird zumindest wahrscheinlich, daß Euklids System gar nichts über die Außenwelt sagen wollte, sondern die geometrische Denkweise unseres Verstandes charakterisieren sollte. Daß sich Proclus’ Forderung nach einem Be-

Geometrie ein wahrer Satz, über dessen Anwendbarkeit auf den physischen Raum zwar diskutiert werden kann, aber nicht über dessen absolute Gewißheit. Daran hat sich seit Euklid nichts geändert.[168]

Brauchen Normalverbraucher „absolute Gewißheit", noch dazu in offenen, potentiell unendlichen Begriffsfeldern? Handelt es sich dabei nicht nur um unwirkliches theoretisches Wissen, meist verpackt in einer Wenn-dann-Form, bei der man nichts Sicheres über die Prämisse weiß und die im Alltag ohnehin mit tausend Wenns und Abers belastet ist? Brauchen Normalmenschen sichere abstrakte Universalregeln, und falls ja: müssen sie davon wissen?

Ich denke, es ist schon klargeworden, daß wir sicheres Wissen nicht ohne Zugeständnis einiger logischer Regeln gewinnen können, wobei es gar nicht entscheidend ist, ob wir uns auf alle bekannten Regeln einigen. Ein weitgehend konsensfähiger Grundbestand an derartigen Regeln wird in der Mathematik auf vorbildliche Weise angewandt. Mathematische Deduktionen bis hin zur vollständigen Induktion und zur Reductio ad absurdum liefern klare Vorbilder vernünftiger Rede, an denen sich nicht nur andere Wissenschaften, sondern auch das Alltagsdenken orientieren können. Darüber hinaus zeigt die Reine Mathematik musterhaft, *wie* „propositionales Wissen", d.h. sicheres Wissen von Regeln, Behauptungen und Aussagen, gewonnen werden kann, nämlich indem man genau sagt, von welchen Aspekten der verwandten Begriffe man reden möchte, und im Übrigen untersucht, was diese Setzungen logisch zur Folge haben würden.

Der Reinen Mathematik wird nun oft vorgeworfen, sie erkaufe ihren logischen Vorbildcharakter mit völliger Blutleere; im Gegensatz zur Angewandten Mathematik handle es sich bei der Reinen nur um Abgewandte. Die Gegenstände, auf die sie sich im Interesse

---

weis des Parallelenaxioms aus den übrigen, handfesteren Axiomen als unerfüllbar herausgestellt hat, widerlegt nicht nur, daß es denknotwendig ist, es belegt auch, daß unser Denken weit über die Welt der Sinnendinge hinausreicht. Auch Euklids Einsicht, daß mehr als endlich viele Primzahlen geben muß, ist ja schwerlich als Verallgemeinerung aus Erfahrung zu begreifen.

168 Um noch ein nichtgeometrisches Beispiel zu nennen: Wir haben gute Gründe anzunehmen, daß es die reellen Zahlen wirklich gibt. Aus dem zweiten Cantorschen Diagonalverfahren haben wir gelernt, daß die Menge aller reellen Zahlen überabzählbar ist. Was ist *eine* reelle Zahl? Eine beliebte Anwort heißt etwa: *Eine* reelle Zahl gilt als konkret gegeben, wenn klar ist, wie man jede Stelle ihrer Dezimalentwicklung berechnen oder irgendwie eindeutig herausfinden könnte. Der französische Gymnasiallehrer Jules Richard hat schon 1905 darauf hingewiesen, daß hier ein Paradoxon entsteht: Da sich jede reelle Zahl mit endlich vielen Worten aus jeweils endlich vielen Buchstaben eindeutig charakterisieren lassen müßte, können prinzipiell höchstens abzählbar viele Zahlen beschrieben werden. Man muß also damit leben, daß die Rede von reellen Zahlen, Variablen oder Funktionen sich auf Dinge bezieht, von denen die meisten *niemals* identifiziert, d.h. konkret bestimmt, werden können. „Insofern die Mathematik überabzählbar viele Gegenstände hat, sind dieselben nicht mehr effektiv definierbar. Derartige Objekte müssen entweder durch intuitive Begriffsbildungen, geometrische Diagramme oder andere Mittel repräsentiert werden, durch Mittel, die nicht vollständig einer formalen Sprache im Sinne der mathematischen Logik untergeordnet sind. Die Vielfalt der Gegenstände können wir in diesem Sinne als die Vielfalt der Mittel der mathematischen Tätigkeit auffassen." (M. Otte 1994, S. 327; vgl. auch A.G. Konforowitsch 1992, S. 197 u. S. 238 sowie R. Rucker 1982, S. 126-130.)

edler Gewißheit beziehe, seien halt unwirklich abstrakt und daher für das Leben belanglos. Ich glaube, daß dieser Vorwurf deswegen unberechtigt ist, weil er ein zu naives Verhältnis zu abstrakten Begriffsbildungen voraussetzt und deren Funktion im Leben sträflich unterschätzt. „Propositionales" oder theoretisches Wissen, das in der Form von abstrakten Begriffen (z. B. unter Gattungs- und Klassennamen) in unseren Vorstellungen Ordnung schafft oder in der Form von Wenn-dann-Regeln Vertrauen, Freiheit und Vernunft in unsere Handlungen bringt, ist weder Luxus noch notwendig Handlungswissen, um wichtig zu sein.

Ich möchte das zunächst an ein paar besonders drastischen außermathematischen Beispielen verdeutlichen, bevor ich zur Mathematik zurückkehre: Ohne verbreitetes Wissen, was „Wahrheit", „Gerechtigkeit" oder „Menschlichkeit" grundsätzlich meinen, verkommt jedes gesellschaftliche Miteinander; aus Wahrhaftigkeit würde dann am Ende vielleicht Überzeugungskraft, aus Gerechtigkeit Rechtsgeschäft und aus Menschlichkeit Stoff für Fernsehshows. Obwohl das mit Mathematikunterricht scheinbar wenig zu tun hat[169], sollte zweierlei deutlich geworden sein: Propositionales Wissen ist nicht von vornherein minder bedeutungsvoll als Tatsachenwissen oder technisches Können, und wichtiges propositionales Wissen ist keineswegs immer „positives Wissen", d.h. bewußt aussprechbares und in seinen Grenzen vollständig aushandelbares (s.a. Fußnote 101). Näher am Mathematikunterricht sind die beiden folgenden Beispiele: Jede humane Gesellschaft braucht zweifellos unter anderem allgemeines Wissen über das, was „den Menschen" von Maschinen unterscheidet, und ohne gemeinsame Vorstellung davon, welche Qualität an Strenge echte Beweise von Wenn-dann-Regeln im Extremfall haben können, droht jeder Gesellschaft dauerhafte Indoktrination.

M. Otte hat in diesem Zusammenhang auf einen sehr wichtigen Gesichtspunkt hingewiesen:

> „Mathematik ist nicht nur kreatives Problemlösen, sondern ein Beitrag zur Entwicklung eines humanen, nicht abergläubischen Verhältnisses der Menschen zur Wirklichkeit. Ein solches Verhältnis ist darauf angewiesen, daß in der Gesellschaft eine inhaltliche und persönliche Beziehung zum Wissen verbreitet ist. Wir erleben, wie durch die Formalisierung und Mathematisierung des Wissens und durch die darauf aufbauende Funktion der elektronischen Medien eine Disproportionalität entsteht, bei

---

[169] Ich glaube in der Tat, daß das nur scheinbar so ist, kann aber meine Gründe hier nur grob andeuten: Bekanntlich stand die pythagoräische Philosophie als Großmutter der modernen Wissenschaften ganz im Zeichen der Mathematik. Erst seit den Zeiten der griechischen Philosophie sind wir von der Begreiflichkeit der Natur überzeugt, und vermutlich erst aus dieser Quelle stammt die Verpflichtung menschlichen Denkens auf eine übergeordnete, allen gemeinsame Instanz namens „Wahrheit", aus der dann z.B. Sokrates weitere ethische Verpflichtungen wie die auf Gerechtigkeit und Menschlichkeit für alle Menschen logisch zu legitimieren versuchte. Für Einzelheiten sei verwiesen auf Ernst Cassirers Darstellung der Philosophie der Griechen bis Platon in M. Dessoir 1925. In der Einleitung schreibt Cassirer „Die Autonomie des Denkens mag noch so scharf und klar als Grundforderung der philosophischen Methode aufgestellt werden, das Denken sieht sich doch, je weiter es auf seinem Wege fortschreitet, mehr und mehr in Probleme verstrickt, die ihm von außen her zufallen. Es tritt in eine fertige geistige Wirklichkeit ein - in eine Welt, die es nicht in ihrem Grundbestand zu erschaffen, sondern die es nur nachbildend zu verstehen hat."

der die Konzentration auf hochtechnologische Spitzenleistungen im Bereich der Wissensentwicklung und Kommunikationstechnologie einhergeht mit einer verbreiteten Ignoranz und Beziehungslosigkeit gegenüber dem Wissen.“ [170]

Dies ist *kein* Plädoyer für die landläufige Auffassung von anwendungsorientiertem Unterricht. Otte macht im zitierten Werk sehr deutlich, daß es eine Illusion wäre, die Anwendungsmacht mathematischen Wissens hauptsächlich oder gar ausschließlich in ihrem alltäglichen, technischen oder empirisch-wissenschaftlichen Gebrauch zu sehen. Die hauptsächlichen modernen Anwendungen der Mathematik bestünden geradezu in ihrer begriffs- und theoriebildenden Kraft. Wissenschafts- und Technikgeschichte hätten hinreichend gezeigt, daß eine zunehmend arbeitsteilig ausdifferenzierte und von Faktenwissen überschwemmte Welt offenbar nur durch zunehmend abstraktere Ordnungsschemata „begriffen“, bewältigt und schließlich auch beherrscht werden könne.

Ottes besondere Wertschätzung theoretischen Wissens gerade im Hinblick auf Orientierung in der Welt braucht man gar nicht zu teilen, in der Tendenz hat er trotzdem recht: Was eine Identitäts-, Wirtschafts- oder Strukturkrise ist, läßt sich ohne entstellende Simplifikation ebenso wenig auf die Ebene von Alltagserfahrung und -sprache übersetzen wie die heutigen Wirklichkeitserklärungen der Physik, bei denen hochabstrakte Begriffe wie Elementarteilchen, Felder, Energie oder Raumzeit als quasikonkret vorausgesetzt werden. Wir haben zu Beginn dieses Kapitels ganz in diesem Sinne vom zunehmenden Bedarf an Strukturierungsmitteln gesprochen, wie sie die Mathematik seit altersher entwickelt.

Begriffsbildungen und Schlußfolgerungen, die nach zweieinhalbtausendjährigem Bemühen als tatsächliche Anschauungs- und Denknotwendigkeiten erscheinen, sind das Beste, was wir über die Erkenntnisfähigkeiten des Menschen wissen, und die Gewöhnung an abstrakte Begriffsbildungen ist vermutlich das einzige wirksame Mittel, mit einer immer verwickelteren Welt klarzukommen.[171]

Es handelt sich um notwendiges und notwendig zu verbreitendes „Orientierungswissen“, wie es J. Mittelstraß einprägsam genannt hat[172], ohne das alles Tatsachenwissen und „Verfügungswissen“ vogelfrei würde. Es wäre nicht nur kurzsichtig, sondern auch un-

---

[170] Michael Otte 1994, S. 190.

[171] Dazu braucht man Mathematik gar nicht wie Platon als Vorstufe der Philosophie hochzuschätzen, es reicht einzusehen, daß sie - wie Herbart es ausdrückte - zur Ausbildung der „spekulativen“ Abteilung in der „Vielseitigkeit des Interesses“, d.h. der rationalen Einsichtsmöglichkeiten, wie kein anderes Fach geeignet ist. Diese Ausbildung dürfe keinesfalls als geistiger Luxus für spezifisch Begabte angesehen werden, betonte schon Herbart, denn ohne Ausbildung in den grundlegenden menschlichen Einsichtsmöglichkeiten sei Erziehung zur „Tugend“ nicht möglich. Nimmt man „Tugend“ im Rousseauschen Sinne, dann wird die psychologische Argumentation Herbarts zu einer sozialen: Ohne irgendeine Form von staatsbürgerlicher „Tugend“ ist ein humanes Zusammenleben kaum möglich, und ohne Kultivierung der rationalen Einsichtsfähigkeit aller Bürger ist Demokratie undenkbar. (Zu Herbarts besonderer Wertschätzung des Mathematikunterrichts vgl. die lehrreiche Dissertation von Albert Gille 1888 sowie W. Asmus 1968.)

[172] Jürgen Mittelstraß 1982, S. 16.

demokratisch, wollten wir uns im Mathematikunterricht der Sekundarstufen die hartnäkkigen, wenn auch nicht selten frustrierenden Versuche ersparen, das Denken, Argumentieren und Erkennen mittels Buchstaben, Variablen, Funktionszusammenhängen oder Korrelationen an alle Bürger heranzutragen.

7 Bildung als Vordergrundwissen

Mathematische Denkweisen, Begriffe und Verfahren sind Grundlagen vieler Wissenschaften und Berufe. Der Mathematikunterricht hat die Aufgabe, die hierfür nötigen Grundkenntnisse, -fertigkeiten und -fähigkeiten in angemessener Weise zu vermitteln.

Rahmenplan Mathematik, Sek. I (Hess. KM 1995, S. 5)

Mathematik ist das Alphabet, mit dessen Hilfe Gott das Universum beschrieben hat.

G. Galilei, 1632

Ich behaupte aber, daß in jeder besonderen Naturlehre nur soviel eigentliche Wissenschaft angetroffen werden könne, als darin Mathematik anzutreffen ist.

I. Kant („Metaphysische Anfangsgründe der Naturwissenschaft", Riga 1786, Vorrede)

Insofern sich die Sätze der Mathematik auf die Wirklichkeit beziehen, sind sie nicht sicher, und insofern sie sicher sind, beziehen sie sich nicht auf die Wirklichkeit.

A. Einstein („Geometrie und Erfahrung", Vortrag in der Preußischen Akad. der Wiss., 27.1.1921)

Die Mathematiker sind eine Art Franzosen; redet man zu ihnen, so übersetzen sie es in ihre Sprache, und dann ist es alsbald ganz etwas anderes.

J. W. Goethe (Gespräche mit Eckermann, 2.6.1823)

Unter all den Argumenten für das Unterrichten einer von den Anwendungen isolierten Mathematik kann ich nur das eine verstehen - das der Inkompetenz.

H. Freudenthal („Math. als päd. Aufg.", Bd. I, S. 74)

Wer aus der Geschichte nichts lernt, wird gezwungen, sie zu wiederholen.

J. Jorrès, ca. 1905

7.1 „Lebensnähe": Volksaufklärung oder Volksverdummung?

Heutige Rahmenrichtlinien für Mathematik fordern „*Anwendungsorientierung*" des Unterrichts. Das ist überall Mode, nicht nur in Deutschland. Der hessische Rahmenplan Mathematik für die Sekundarstufe I von 1995 kann als durchaus typisches Beispiel „moderner" Unterrichtsideologie dienen. Von den fünf eingekastelten „didaktischen Grundsätzen" beziehen sich dort drei auf „Wirklichkeitsnähe", „Anwendungszusammenhänge", „Anwendungsbeispiele", „entdeckendes, anschauungsgebundenes und handlungsorientiertes Lernen" und „Querverbindungen zu anderen Wissensgebieten". Die übrigen zwei betreffen die Gewöhnung an Fachsprachliches und das Einüben von Grundkenntnissen, -fertigkeiten und -fähigkeiten - letzteres wiederum begründet aus dem Wunsch, zum Lösen von Anwendungsproblemen zu befähigen (Hess. Kultusministerium 1995a, S. 8).

Trotz aller Bemühungen, allgemeinere Aspekte der Mathematik wenigstens mit zu erwähnen, strotzt der „allgemeine Teil" des Rahmenplans von Hinweisen und Verweisen auf Anwendungen. Sie sollen bei der „Umwelterschließung" helfen, indem mathematikhaltige oder -verdächtige Situationen erkannt, beschrieben, besser verstanden und beurteilt werden können.[173] Es sollen typische Strategien der Mathematisierung gelernt und reflektiert werden.

> „So hat die Mathematik in enger Verbindung und Wechselwirkung mit den Natur- und Ingenieurwissenschaften im Zusammenhang mit der Entwicklung des modernen Weltbildes wesentlich zur Entstehung der modernen Industriegesellschaft beigetragen."

heißt es im hessischen Rahmenplan.[174] Statt der üblichen Dichotomie „richtig / falsch" sollen Nuancierungen nach Brauchbarkeit und Angemessenheit in die Mathematiksicht der Schüler einfließen. Und Mathematik soll ins Leben (der Schüler?) eingewurzelt werden, als belangvoll erscheinen und damit motivieren. - Wir kommen darauf im nächsten Abschnitt 7.2 zurück.

Man übertreibt wohl nicht, wenn man den allgemeinen Tenor der aktuellen Rahmenpläne, nicht nur des hessischen, als hauptsächlich „anwendungsorientiert" und in zweiter Linie als „problemorientiert" kennzeichnet. Da die tradierte Anordnung, Stoffauswahl und -verteilung nicht aus Anwendungsproblemen stammt, sondern psychologisch-genetisch, systematisch ambitioniert und auf Formalbildung gerichtet ist und weil das (u.a. aus föderalistischen Rücksichten) nicht ernsthaft angetastet werden konnte, ist eine erhebliche Spannung zwischen den vorgeblich übergeordneten Orientierungen und dem klassizistischen Stoffplan unvermeidlich. Wie üblich werden solche Widersprüche von Richtlinienkommissionen zwar erzeugt, aber nicht aufgelöst - hier etwa durch ein rückhaltloses Bekenntnis zum Exemplarischen -, sondern an Schulbuchschreiber und Lehrer zur methodischen Bewältigung weitergereicht. Damit ist die Tür zu „eingekleideten Aufgaben", spezialistischen Gelegenheitsanwendungen und Übersimplifikationen weit geöffnet. Irgendwie soll ja alles hier und jetzt, vom ggT über den Variablenbegriff bis zur

---

[173] Die Formulierungen in diesem Absatz sind an den Überblicksartikel W. Blum 1985 angelehnt. Umfassender informieren über Ziele und Inhalte J. Humenberger und H.-Ch. Reichel 1995.

[174] Hess. Kultusministerium 1995a, S. 5. - Diesen häßlichen Satz mit seinen Beschwörungen des „Modernen" sollte man nicht auf die Goldwaage legen, er ist mehrfach schief. Schlimmer als das: Der Mathematikunterricht an allgemeinbildenden Schulen kann ihn prinzipiell nicht einlösen, weil er traditionell psychologisch-genetisch vom „Einfacheren" zum „Komplizierteren" fortschreitet und das Komplexere im systematischen Interesse weitgehend ausblendet. Unten, auf derselben Seite des Rahmenplans, heißt es denn auch: „Im Mathematikunterricht sollen die Schülerinnen und Schüler erkennen, daß das mathematische Denkgebäude als wichtiges Produkt des menschlichen Geistes in sich stimmig ist." (Was immer das nun wieder im einzelnen heißen soll.)

Pi-Berechnung oder Trigonometrie, Jugendlichen irgendwie nützlich erscheinen, und das geht nun einmal nicht ohne Verzerrungen der ursprünglichen Erkenntnisinteressen und der tatsächlichen aktuellen Relevanz der jeweiligen Inhalte.[175] Es ist für jeden mathematisch Gebildeten offensichtlich, daß die Herleitung des mathematischen Schulstoffs aus alltäglichen oder naiv zugänglichen Anwendungsinteressen nur gelegentlich gelingen kann und daß die Legitimation der üblichen Sekundarstufenmathematik allein aus solchen Interessen unsinnige Vorstellungen von der Mathematik und ihrer gesellschaftlichen Bedeutung bestärken würde. Die Mathematik oberhalb der Grundschule ist nicht aus dem Wunsch entstanden, Jugendlichen ihre Umwelt zu erschließen. Sie ist in ihrer Substanz nicht „lebensnäher" als Newtons Physik, Marxsche Wirtschaftstheorie, Goethes Faust oder Beethovens Neunte. So zu tun, als wäre das anders, grenzt an Betrug und ist zumindest intellektuell unredlich.

Nach dieser Einstimmung will ich im gegenwärtigen Abschnitt eine gemäßigt anwendungsfreundliche Grundsatzposition empfehlen:

***These 23:* Der Mathematikunterricht soll - unter anderem - Anwendungsbezüge aufzeigen und aufklären.**

Natürlich soll der Mathematikunterricht Anwendungsbezüge „aufzeigen", sei es, indem davon berichtet wird, indem passende Aufgaben den Blick auf Realitätsbezüge öffnen oder indem ein Stück Mathematik im Zuge einer handfesten Problemlösung (nach)erfunden wird. Prozente, Dreisatzrechnung, Flächenberechnungen, direkte und inverse Proportionalität, Formeln, Diagramme, quadratische Funktionen, Mittelwerte und Steuungen, Ähnlichkeit, exponentielles Wachstum, periodische Vorgänge und höhere Volumenbestimmungen gehören zum unmittelbar Brauchbaren, zum nützlichen mathematischen Alltagswissen oder -verstand. Als gängige Strukturierungsmittel sind derartige Konzepte sprachlich und symbolisch geradezu allgegenwärtig. Deshalb ist es mit dem Beherrschen nicht getan. Nicht nur der finsteren Mächte wegen, auch der lichten, braucht es Aufklärung durch Verstehen: Mathematik hinter dem Common Sense, dem die Heranwachsenden nachspüren sollten, weil sie ihm nachleben müssen.

Ein typisches Beispiel mag das verdeutlichen:

> Vor gut fünfhundert Jahren, im Columbusjahr, wurde Adam Ries geboren. Obwohl er kein großer Mathematiker wurde, ist er (in Deutschland) der einzige allgemein bekannte. Wie läßt sich das verstehen? Die übliche Antwort lautet etwa: Ries(e) hat in mehreren Rechenbüchern besonders geschickt zum schriftlichen Rechnen und zum praktischen Umgang mit dem Dreisatz angeleitet. Aber: Das versuchen doch alle Mathematiklehrer, und keiner erwartet, daß ihm der Volksmund ein Denkmal stiften werde. Und: Wer las schon freiwillig Mathematikbücher, zumal Riesens Werke im

---

175 Die entsprechenden Verrenkungen sind bekannt: Der ggT dient angeblich zum „korrekten" Kürzen von Brüchen, Variablen sind „Platzhalter" oder „Unbekannte", die Pi-Berechnung dient zur Bestimmung von Durchmessern von Baumstämmen, und trigonometrische Funktionen leben von der Land- und Turmausmessung. Zu jedem Stoffgebiet der Mittelstufe findet man im hessischen Rahmenplan weitere Beispiele in der ersten Spalte der entsprechenden „Hinweise zur Unterrichtsgestaltung" (Hess. Kultusministerium 1995a).

Laufe ihrer zweihundertjährigen Konjunktur allenfalls in ein paar tausend Exemplaren gedruckt wurden, und das lange bevor es die Schulpflicht gab? Warum also „... nach Adam Riese macht es..."?

Eine historisch sichere Antwort darf man nicht erwarten, aber die folgenden Vermutungen lassen sich recht gut belegen: Die Dynamik, mit der die Renaissance unsere bürgerliche „Neuzeit" in Gang setzte, zeigte sich im damaligen öffentlichen Leben wohl zu allererst in der Verbindung von Wohlstand und Fernhandel. Hier konnte man sein Glück machen oder alles verlieren; hier wurde man sich der Kleinheit der Welt und der Lächerlichkeit der Unterschiede zwangsläufig bewußt; und hier mußte man gut rechnen können. Der Warenaustausch zwischen Venedig, Neapel, Lyon, Antwerpen, London, Paris, Nürnberg, Augsburg, Köln und Lübeck war angesichts der von Ortsgrenze zu Ortsgrenze wechselnden (und nichtdezimalen) Umrechnungskurse ein arithmetisches Abenteuer.[176] Dieses Abenteuer erfolgreich bestehen *zu können,* setzte rechnerische Fertigkeiten voraus, die selbst Gelehrten Kopfzerbrechen bereiteten. Ries stellte solche Fertigkeiten in deutscher Sprache allen in Aussicht, die nur lesen konnten (Tartaglia in Italienisch, Barrême und Chuquet in Französisch: „D'après Barrême..." statt „Nach Adam Riese..."). Wieviele dieses neue Angebot nutzten, war im Vergleich zur bloßen Möglichkeit unbedeutend. Es hieß, Ries habe alles so erklärt, daß es jeder verstehen *könne*. Das genügte zum Träumen vom großen Glück. Unversehens wurde Ries, der Rechenmeister im damaligen El Dorado, der Silberstadt Annaberg, zur Symbolfigur bürgerlicher Aufklärung durch Mathematik. *Jeder kann* es lernen und sein Glück machen, und jeder sollte wenigstens das „bürgerliche Rechnen" erlernt haben, sonst verspielt er sein Recht zum Mitreden und ist am Ende der Dumme. Daher der oft ironische Unterton in: „Schon nach Adam Riese macht das..."

Ries' drittes Rechenbuch mit dem einzigen überlieferten Portrait des Rechenmeisters

Das Stichwort „Aufklärung durch Mathematik" ist im historischen Zusammenhang mit Ries nicht falsch zu verstehen: Ries hat kaum etwas anderes „erklärt" als die Handhabung von effektiven Rezepten, nicht die Rezepte selbst. „Tue ihm also, kumpt (schon) recht." hieß die Devise. Rechenmeister verstanden sich stolz als Handwerker und lehrten

---

176 Eine ausgezeichnete kurze Darstellung der damaligen Verhältnisse gibt F.J. Swetz, 1987, dort insbes. Kapitel 7. Über Ries informiert knapp und preiswert H. Wußing 1992. Eine modernisierte und kommentierte Fassung gibt S. Deschauer 1992.

das Rechnen wie andere das Backen oder Schreinern.[177]

Aufklärerisch wirkten sie meines Erachtens trotzdem dreifach: Zum einen halfen sie, den Menschen einen neuen, optimistischen Begriff von ihren persönlichen Lebenschancen zu vermitteln, zum andern verpflanzten sie technisches Insiderwissen ins Bewußtsein des niederen Volkes, und schließlich bedeutete Rechnenkönnen und die Probe machen auch Nachrechnenkönnen, -sollen und -dürfen. Dreifach haben damit Rechenmeister wie Ries zur Erweiterung und Emanzipation kollektiven Bewußtseins beigetragen und dem erst zaghaft aufkeimenden bürgerlichen Rechtsempfinden Ausdrucksmittel verschafft.[178] Grund genug, sie nicht zu vergessen!

Daß dem so war und daß es ein heikles Politikum war, belegt auch der zähe, hochnäsige und unsachliche Widerstand der Höheren Schulen gegen „Realien" und „bürgerliches Rechnen" bis ins späte 19. Jahrhundert. Nützlichkeitsdenken („Utilitarismus"), Enzyklopädismus[179], Besserwisserei und „Franzosentum" gehörten noch in dieselbe staatsfeindliche Schublade, und Angewandte Mathematik roch - nicht ganz zu Unrecht - nach Revolution. Die französische Aufklärung hatte Verstehen zum Menschenrecht erhoben, und in der Pariser Nationalversammlung wie in der Offiziersakademie École Polytéchnique wurde mathematische Klarheit (wieder) zum Stilmittel in Staats- und Lebensfragen.[180]

Fordert man Klarheit der Darstellung, Aufklärung von Mechanismen und Zusammenhängen in lebensweltlichen Fragen, dann fordert man zur Gewohnheit des Mitredens heraus - und mutet das Mitdenken und Mitentscheiden zu. Erst in demokratischen Gesell-

---

177 Inwiefern die Regeln und Beispiele der Bücher im mündlichen Unterricht von den Rechenmeistern begründet wurden, wissen wir nicht. Da es noch keine Buchstabenrechnung gab, die die analogen Strukturen offensichtlich gemacht hätte, kommen wohl auch nur Analogieschlüsse und (unvollständige) Induktionen aus einfachen, systematisch variierten Beispielen in Frage. Ries schreitet selbst regelmäßig von einfacheren zu zusammengesetzten Aufgaben desselben Typs. Ohne die Vermittlung wenigstens halbbewußter struktureller Einsichten dürften die Lehrlinge der Rechenmeister allerdings rasch im Beispielmaterial ertrunken sein. (In diesem Zusammenhang und zu meinen folgenden Bemerkungen über die didaktische Bedeutung von Ries vgl. den ausgezeichneten Artikel von K. Röttel 1992.)

178 Ries sah es ausdrücklich als sein Ziel, „etwas dem gemeynen mann nutzlich in trugk (Druck) zu geben". Indem er und die anderen deutschen Rechenmeister das vorbildliche italienische Rechnungswesen popularisierten, wurden die Begriffswelten hinter „Konto", „Giro", „pro cento", „Bilanz", „Kredit", „Spese(n)", „Valuta", „brutto", „netto" und „banca rotta" (von amtswegen zerbrochene Rechenbank; Bankrott) Allgemeingut des Wirtschaftens. Brot- und Weinordnungen nach Ries' Vorbild, aber auch allgemeinverständliche Aufgaben aus der Gesellschaftsrechnung (Erbteilung u.ä.) trugen ihr Schärflein zur Hebung des allgemeinen Rechtsempfindens bei. (Es war nicht nur die Zeit der Reformation, auch die der Bauernkriege - und Ries war Protestant.)

179 Der Anklang an die Encyclopédie Francaise war nicht zu überhören. Dort hatten die geistigen Brandstifter der Aufklärung zwischen 1751 und 1780 die gottlose Insubordination der Volksmassen eingefädelt, unter den rund zweihundert Mitarbeitern die berüchtigtsten Dissidenten wie der Schriftsteller Diderot, die Mathematiker d'Alembert und Condorcet, der Staatstheoretiker Montesquieu, der Arzt und Volkswirt Quesnay und der Querdenker Rousseau...

180 vgl. dazu etwa die despektierliche „Geschichte des naturwissenschaftlichen und mathematischen Unterrichts" von Franz Pahl 1913.

schaften gehört das „Warum?" zum „tue ihm also, kumpt recht", erst dort muß es aus- und durchgehalten werden. Daher heißt es in These 23, Anwendungsbezüge müßten nicht nur aufgezeigt, sondern auch *aufgeklärt* werden: *Es geht um das schwer erkämpfte Rechtsgut des fairen, sachgerechten und human verpflichteten Mitredens aller.* Dieses Rechtsgut ist der zivilisierten Menschheit nicht in den Schoß gefallen. Unter zahllosen Opfern wurde Verstehen des Verstehbaren zum Menschenrecht und zur Menschenpflicht. Pädagogen dürfen dieses Gut niemals aus Gedankenlosigkeit oder Willfährigkeit verspielen.

Zu Ries' Zeiten wirkten Anwendungsorientierung, Nützlichkeit, Lebensnähe und Umweltbezug aus sich heraus befreiend. Inzwischen wissen wir aus schmerzlicher Erfahrung, daß diese Wirkung an den historischen Kontext gebunden war. Anwendungsorientierung, Nützlichkeit, Lebensnähe und Umweltbezug sind nicht zwangsläufig erhellend, befreiend und human. Sie können durchaus zur Volksverdummung mißbraucht werden, wenn sie nicht mit dem Willen zur Aufklärung und mit dem offenen, kritisierbaren Bekenntnis zu ihrer politischen Dimension einhergehen.

These 24: **„Anwendungsorientierung" des Mathematikunterrichts kann *material* zweierlei bedeuten, nämlich Orientierungshilfe innerhalb der Mathematik oder mathematisch gestützte Orientierung über Außermathematisches. Phasenweise ist *materiale* Anwendungsorientierung dort und nur dort sinnvoll, wo sie intellektuell redlich durchgehalten und allgemeinpolitisch verantwortet werden kann.**[181]

Schlagwörter, die auf „...orientierung" enden, sind in Pädagogenkreisen sehr beliebt. Indem sie allen Erziehern ein anheimelndes Gemeinschaftsgefühl versprechen, wirken sie wie Zaubergesänge gegen die postmoderne Ratlosigkeit. Aber es sind Sirenengesänge. Die Wärme, die sie anbieten, ist trügerisch. Es wird recht kalt und neblig, sobald man ihnen zu nahe kommt. Wer soll sich oder wen woran orientieren? heißt immer dieselbe Gretchenfrage, die den Zauber verfliegen läßt und den einzelnen Lehrer auf seine persönliche Verantwortung zurückwirft.

Dürfen wir die Stoffpläne am Anwendbaren orientieren, am Nützlichen? Für wen anwendbar, für wen nützlich? Für alle? Ja sicher, das wollen wir. Aber das, was alle brauchen, wünschen und erreichen können, ist allseits begrenzt von dem, was möglich ist, und von dem, was andere brauchen, haben, können, wissen... Welche Mathematik steckt in den Bedingungen und Schranken des Erreichbaren, des Machbaren, des Begreifbaren? Für Tankwarte, für Landvermesser, für Kristallographen, für Händler, für Versicherungsvertreter, für Demoskopen, für Architekten, für Bauern, für Soldaten, für Juristen, für Mediziner, für Leistungssportler, für mündige Bürger oder auch für Demagogen? Tankwarte müssen rechnen können, aber nichts über Gruppen wissen, und nichts über

---

[181] Es gibt auch eine *formale* Seite der Anwendungsorientierung, die gravierende fachmethodische Konsequenzen aus der gewachsenen Bedeutung der Angewandten Mathematik zu ziehen verlangt. Diese Forderung zielt weniger auf Änderungen der Unterrichtsinhalte als auf deren Akzentuierung und Bewertung. Wegen des erheblichen Beharrungsvermögens von Lehrerausbildung, Schulorganisation und Schulpraxis handelt es sich weitgehend noch um Zukunftsmusik. Wir wollen darauf erst im nächsten Abschnitt genauer eingehen (vgl. These 26).

Trigonometrie. Landvermesser und Kristallographen schon. Was ginge das den an, der nicht Tankwart, Landvermesser, Kristallograph... werden möchte? Wir reden doch von allgemeinbildendem Unterricht. Da muß es Allgemeines im Besonderen zu entdecken geben, beim Tankwart, beim Landvermesser, beim Kristallographen..., auch beim Demagogen, und nicht die Anwendung orientiert, sondern das vermeintlich Allgemeine taucht im Besonderen auf und realisiert ein anderswo geplantes und begründetes Curriculum. Das motiviert vielleicht zum genauer Hinsehen, schafft Arbeitshypothesen, stiftet vielversprechende Assoziationen, belebt die Phantasie, weckt Berufswünsche - aber es orientiert nicht notwendig alle. Nützlichkeit entbindet nicht von Verantwortung gegenüber Inhalt und Form. Die öffentliche Mathematik an ihrer Nützlichkeit ausrichten, hieße ihre teils unbewußten, teils unbekannten Steuerungsfunktionen im kollektiven Bewußtsein unterschätzen, ihr emanzipatorisches Potential paralysieren, Strukturen der Umgangssprache verdecken, Denkweisen vernebeln, bedeutsame Metaphern ignorieren. Es wäre Verrat an der Gedankenfreiheit, Einpassung statt Sozialisation. Eine durchgängige Orientierung des mathematischen Schulcurriculums an Anwendungsthemen sollte gar nicht in Frage kommen.

Manche Anwendungsprobleme können und sollen zur Orientierung der Schüler dienen, und dies in zweierlei Hinsicht: inner- oder außermathematisch. Befassen wir uns zunächst mit dem ersten Aspekt und führen dazu die Überlegungen von Abschnitt 5.2 fort. (Vgl. S. 59 und 128)

Seit der „kognitiven Wende" in der Psychologie gilt es als erwiesen, daß Lernprozesse unvermeidlich immer auch subjektive Sinngebungs- und Strukturierungsversuche enthalten.

> „Das Erproben der Welt durch unser Auge, unser Ohr, unseren Tastsinn und all die anderen Sinne, hält sich allerdings nicht an das Zufallsverfahren. Die Welt, die wir unmittelbar wahrnehmen, beruht auf einem Filtern, einem Aussortieren und letztlich einer Konstruktion."

schreibt J. Bruner[182] und fährt zur Begründung an anderer Stelle fort:

> „Gäbe es einen retrospektiven Nobelpreis für Psychologie in den fünfziger Jahren, George Miller würde ihn mit Abstand gewinnen - und zwar aufgrund eines einzigen Artikels... 'The Magic Number Seven ±2'. Er handelte nicht einmal von der Wahrnehmung, sondern vom sogenannten unmittelbaren Behalten, aber er warf ein neues Licht auf die gesamte kognitive Landschaft. Er beschreibt die Grenzen menschlichen Informationsverarbeitungsvermögens. Die 'magische Zahl' war die Anzahl von Alternativen, die ein Mensch im Kurzzeitgedächtnis behalten konnte, 7±2.[183] Das war, um den Jargon jener Tage zu benutzen, die Leistungskapazität des menschlichen Systems. Die Tatsache dieser Begrenztheit zwang uns zu zwei Entscheidungen. Die erste war Selektivität: Worauf würde man, aufgrund dieser enormen Einschränkungen dessen, was man verarbeiten konnte, seine Aufmerksamkeit richten? Die zweite war

[182] in J. Bruner 1990, S. 82. Dort wird auch der Altmeister der deutschen Psychologie Wilhelm Wundt zitiert, der schon um 1860 behauptet hatte: „Die Erscheinungen des Bewußtseins sind zusammengsetzte Produktive der unbewußten Seele." (Bruner 1990, S. 115)

[183] Näheres findet sich dazu z.B. in P. G. Zimbardo 1992, S. 276f.

Organisation oder 'Chunking': Die sieben Fächer, die zur Verfügung standen, konnte man mit Gold oder mit Blech füllen. Man konnte ein paar Werte von unter verschiedenen Schwerkraftbedingungen fallenden Körpern behalten und benutzen, oder man konnte den vergleichbaren Raum mit der Formel, die jeden denkbaren Wert berechnen konnte, füllen: $s = \frac{g \cdot t^2}{2}$."[184]

Was liegt näher als dieses „Chunking" (dt. vielleicht: Verklumpen, Bündeln oder Verschweißen) zur geistigen Handhabung komplexerer Informationen dadurch zu begünstigen, daß ein sinnstiftender und offensichtlich sinnstrukturierender Kontext beim Lernen angeboten wird? Anwendungs- oder Problemsituationen, die einander natürlich nicht ausschließen, sind ausgezeichnete Plattformen, auf denen komplexere Lernprozesse mit erfolgversprechenden Sinnkonstruktionen starten können. Indem die Aufgabenstellung selbst über Erfolg oder Mißerfolg entscheidet, wird mindestens dreierlei signalisiert: Die entwickelten Hilfsmittel werden hinsichtlich ihrer Relevanz sachlich bewertet, der Lernprozeß wird als persönliche Leistung empfunden und ernstgenommen, und dem Ergebnis wird vom Lernenden eine gewisse objektive Bedeutsamkeit zugeschrieben, deren Ausmaß von den benötigten Anstrengungen abhängt. Dies begünstigt beim Lernenden, während die Aufgabe bewältigt wird, das subjektive Motivationsgefühl und das objektive Wertempfinden.[185]

Beides möchte der Lehrer möglichst oft erreichen. Aber er sollte dafür nicht den Preis von „Kapitänsaufgaben" zahlen.[186] Entstehen nämlich Gewichtungen und Wertsetzungen, die sich im Laufe des weiteren Unterrichts oder durch Lebenserfahrung als voreilig, schief oder gar falsch herausstellen,

Die Kapitänsaufgabe

"Weil Du gerade Geometrie und Trigonometrie machst, will ich Dir eine Aufgabe geben: Auf dem Meer ist ein Schiff, es kommt von Boston, es ist beladen mit Indigo, es hat zweihundert Registertonnen und segelt nach Le Havre, der Großmast ist zerbrochen, auf der Back befindet sich ein Schiffsjunge, Passagiere gibt es insgesamt zwölf, der Wind steht Ostnordost, die Schiffsuhr zeigt nachmittags Viertel nach drei, und es ist Mai... Wie alt ist der Kapitän?"

Aus einem Brief des 21jährigen Gustave Flaubert an seine Schwester Caroline vom 15. März 1843 (zitiert nach S. Baruk 1989, S. 137).

---

184 J. Bruner 1990, S. 121.

185 Neugier, Freude und die Vorahnung eigenen Könnens in der Hingabe an eine Aufgabe machen die sogenannte „intrinsische Motivation" aus. Als Motor wirkt hauptsächlich die Aussicht auf Hebung des Selbstwertgefühls. Dieser Motor ist, nach allem was wir wissen, erheblich leistungsfähiger und haltbarer als „extrinsische Motivation", die auf äußeren Nutzen, Belohnung oder Anerkennung abzielt. Man sollte daher den Motivationsschub, der nach Meinung von Lehrplanschreibern und Anwendungspropheten durch objektiv nützlichen Stoff ausgelöst wird, nicht zu hoch einschätzen. Jeder Lehrer kennt die unbegeisterte Atmosphäre, die sich bei Sekundarschülern verbreitet, sobald kaufmännische oder physikalische Anwendungen angekündigt werden.

186 Einer Sachsituation wird dabei ohne Rücksicht auf Verluste die gerade verfügbare Mathematik übergestülpt. (Vgl. das provokante Buch von Stella Baruk 1989.)

dann wird der Lernende künftig mit Mißtrauen und Verweigerung reagieren. Die Mittel sind zu kostbar, um sie an Nebensächliches zu verschleudern - und jede Methode schleift sich bei zu häufigem Gebrauch ab. Auf Dauer können Problemsituationen nur dann wirksam über Mathematik orientieren, wenn ihre technischen Schwierigkeiten die richtigen Gewichte setzen. Der Lehrer muß sie also verantwortungsvoll aussuchen, und Anwenderprobleme stehen dabei hoch im Kurs, weil sie „die" Nützlichkeit und Leistungsfähigkeit von Mathematik unmittelbar zu zeigen scheinen. Tatsächlich tun sie das aber nur recht selten wie etwa bei der Prozent- und Zinsrechnung, beim Parabolspiegel oder beim Wachstum, viel öfter sitzen die Gewichte schief: Weder die Nützlichkeit noch die Bedeutung der Bruchrechnung werden an Pizza- oder Erbteilungsproblemen deutlich; die Schwierigkeiten mit negativen Zahlen haben nichts mit Guthaben, Schulden, Streckenrennen, Thermometern oder Höhenmessern zu tun; Rätselfragen enthüllen nicht, was Variablen sind; und „der Pythagoras" lebt nicht vom Pyramidenbau, der Sinus nicht vom Landvermessen.

Beispiel: „Eine objektive, doch gefährliche Rechenstunde" (Otto F. Kanitz 1924; s. Anhang 7.1.1.)

Beispiele ernsthafter Mathematisierung können zeigen, wie außermathematische Zusammenhänge genauer verstanden oder wichtige Fragen von allgemeinem Belang schärfer gefaßt werden können. Das Hookesche Gesetz, die Linsengleichung und das Fallgesetz sind bekannte Beispiele, aber auch Rohstoffvorräte, Tempolimit, Bevölkerungswachstum, Sozial- und Lebensversicherungen, Intelligenztests, strukturelle Arbeitslosigkeit, die Rentenfrage, Sparpakete oder das Problem einer gerechten Besteuerung. Jedesmal soll die Anwendung mathematischer Einzelheiten über den jeweiligen Sachbereich besser orientieren. In solchen Fällen handelt es sich eher um Versuche, bessere und differenziertere Orientierung der Schüler in der Außenwelt durch Anwendung von Mathematik zu erreichen, als um Anwendungsorientierung des Mathematikunterrichts selbst. Gewichtungen der mathematischen Hilfsmittel erfolgen aus einem sehr spezifischen Kontext heraus, der nicht ihrer Rolle in der Mathematik, ja nicht einmal ihrer Rolle in der Angewandten Mathematik gerecht werden muß. Im Vordergrund steht die Sachsituation, der Unterricht *in* Mathematik bleibt sekundär. Aber es handelt sich um geradezu unverzichtbare Beiträge zum Unterricht *über* Mathematik, weil mit ihnen am ehesten gezeigt werden kann, daß und wie Mathematik alle betrifft.

Betroffenheit und persönliches Engagement lassen sich selten durch keimfreie Themen wecken. Themen, die Schüler emotional berühren und durch mathematische Argumente befördert werden können, haben in der Regel eine politische Dimension, und es wäre unredlich und kurzsichtig, ihr ständig ausweichen zu wollen. Demokraten erzieht man nicht, indem man vormacht, wie man sich heraushält. Der Mathematiklehrer soll nicht als soziales Neutrum auftreten, er muß sich in solchen Fällen nur bewußt bleiben und dies auch deutlich zeigen, daß er kraft seiner Ausbildung wohl kompetent bzgl. der Handhabung mathematischer Hilfsmittel ist, daß er aber in der Sachfrage selbst lediglich als einer der prinzipiell gleichberechtigten, möglichst rational und redlich argumentierenden Diskussionspartner auftreten möchte. Da er im allgemeinen mit einem deutlichen Informationsvorsprung und mit rhetorischen Vorteilen in die Debatte steigt, muß er die Verantwortung für den Diskussionsausgang tragen, obwohl er dazu „nur" allgemein menschlich und nicht fachlich legitimiert ist. Im weitesten Sinne handelt er zwangsläufig politisch schon in dem Moment, in dem er sich entschließt, Mathematik auf außermathematische Fragen von einigem allgemeinen Belang anzuwenden.[187] Bilden kann Mathematik die Schüler allerdings nur, wenn sie sie irgendwann betrifft, berührt und zu vernünftigen Urteilen bewegt. Daher muß der Lehrer sich auch solchen Aufgaben immer wieder stellen. Statt sie zu fliehen und damit die außerfachliche Relevanz mathematischen Denkens und Argumentierens zu leugnen, sollte er die Berührung von Mathematik und Realität dort suchen, wo er das mit intellektueller Redlichkeit, humaner Gesinnung und politischem Takt verantworten kann.

Gegenbeispiel:

Autoritäre Staatswesen neigen stets dazu, die Nützlichkeit ihrer Untertanen sehr hochzuschätzen und das Erziehungswesen entsprechend auszugestalten. Solche Tendenzen schlagen sich im Mathematikunterricht erfahrungsgemäß in drei Stufen nieder:

1. Auf der ersten Stufe wird das Aufgabenmaterial tendenziös unterwandert. Dafür ist der Mathematikunterricht wie geschaffen, weil der offizielle Unterricht und die Standardaufgaben objektive Wahrheiten zu verabfolgen scheinen. Das Standardmuster geht etwa so: Im „Rechenbuch für Knaben- und Mädchen-Mittelschulen" von O. Bewersdorff und H. Sturhann von 1936, Heft 1, S. 67, stehen die beiden folgenden Anwendungsprobleme ganz arglos nacheinander: „39. Die durchschnittlichen Baukosten einer Kleinwohnung betragen 5 000 bis 7 000 RM. 1934 wurden rund 284 000 Wohnungen gebaut. 40. Der Bau einer Irrenanstalt kostet etwa 6 Mill. RM. Wieviel Familien könnten dafür eine Wohnung erhalten?" [188]

2. Auf etwas höherer Stufe wird explizit an einer systemkonformen Fachdidaktik gearbeitet, die besonders nützliche Stoffe und Tugenden hervorhebt. Im Vorwort zu Adolf Dorners „Handbuch für Lehrer"(A. Dorner 1935) schrieb der bekannte Mathematiker Georg Hamel, der sich als Leiter des Mathematischen Reichsverbandes um die „Deutsche Mathematik" „verdientgemacht" hat: „... Das Buch wendet sich also an die Lehrer. Aber es wendet sich auch an die Allgemeinheit. Es soll helfen, dem alten Mißverständnis den Garaus zu machen, als bestünde Mathematik im Nachschlagen von Logarithmentafeln[189] und im Auswendiglernen von unverständlichen Formeln, mit denen man nichts Vernünftiges anfangen kön-

[187] Er tut dies übrigens auch, wenn er solche Fragen auf innermathematische reduziert und dann scheinbar objektiv antwortet. Sogar die Verweigerung kann als politische Aussage gelesen werden.

[188] zitiert nach K.-I. Flessau 1977, S. 147. (Der dortige Abschnitt 7 in Kapitel III, „Parteiisches Rechnen", sei jedem dringend zur Lektüre empfohlen.) Das zitierte Beispiel ist natürlich besonders drastisch. In der Regel erfolgt die Infiltration viel subtiler. Raffiniertere Beispiele für „heimliche Curricula" im ansonsten unverdächtigen Aufgabenmaterial findet man in jedem Mathematikschulbuch des Dritten Reiches oder der DDR. Erst in neuerer Zeit ist man darauf aufmerksam geworden, daß nach demselben Schema auch in aktuellen Mathematikschulbüchern der Bundesrepublik mancherlei Vorurteile und Rollenfixierungen verbreitet werden.

[189] Vorläufer des Taschenrechners.

ne. Nein, es soll hier jedem deutlich werden, daß Mathematik gerade zum gründlichen Verständnis der Volkswissenschaft und der nationalsozialistischen Aufbauarbeit unentbehrlich ist, daß sie als Hilfswissenschaft weit in die verschiedensten Gebiete hineinragt, ohne die das deutsche Volk nicht leben kann... Auch mancher Nichtmathematiker wird gerne das Buch in die Hand nehmen, denn die heutige Jugend braucht und verlangt wirtschafts- und sozialpolitische Schulung, und Wehrhaftigkeit wird bei ihr großgeschrieben."

3. Schließlich wird auf der höchsten Stufe das Schulwesen „gestrafft", d.h. auf das angeblich Nützlichste und Notwendigste zusammengestrichen - im Dritten Reich und in der DDR z.B. durch Gleichschaltung der Schultypen, Zentralisierung der Lehrpläne, Schulbücher und Prüfungen, Überbetonung von Brot und Spielen (Ausweitung des Sportunterrichts, Wehrertüchtigung, Schulgemeindewesen, HJ oder JP), Verfremdung von Leistungskriterien, Betonung fächerübergreifenden Unterrichts und Abschaffung des 13. Schuljahrs an höheren Schulen...[190]

Ein Mathematiklehrer, der Anwendungs*orientierung* ernst nimmt und fachliche oder lebensweltliche Orientierungen vermitteln will, muß die entstehenden Gewichtsetzungen sehr sorgsam fachlich und persönlich verantworten. Mathematik anwenden verlangt Haltung. Die technischen Schwierigkeiten drängen sich bei Anfängern allzu leicht in die Hauptrolle und verfälschen dann jedes vernünftige Urteil. Daher die

These 25: **In der Regel erfordern anwendungsorientierte Unterrichtsphasen aus Komplexitäts-, Kompetenz- und Verantwortungsgründen einen Lehrerkommentar als Korrektiv.**

Diese These sollte als methodische Konsequenz der beiden voranstehenden eigentlich unmittelbar einleuchten, muß aber wohl angesichts der heute verbreiteten Fetischisierung des Entdeckungslernens einerseits und der Diskriminierung kompetenter Belehrung andererseits besonders erwähnt werden. Überhaupt sollten Lehrer nicht verbergen wollen, daß sie erwachsen sind und ihr Fach studiert haben. Nach meiner Erfahrung deprimiert das Schüler ebenso wenig wie es ein Erdkunde-, Musik- oder Sportlehrer tut, der die Welt, von der er immerfort redet, aus eigener Erfahrung wirklich kennt. Ein Lehrer, der in seinem Fach zu Hause ist, darf Schülern das auch hin und wieder vormachen. Er sollte es nur nicht andauernd tun - und das dann gar noch für guten Unterricht in der Sache halten.

[190] Gewisse Ähnlichkeiten mit heutigen Bestrebungen sind möglicherweise rein zufällig. Es würde aber sicher nicht schaden, wenn man sie einmal im Hinblick auf die genannten historischen Erfahrungen überdächte...

7.2 Anwendungsorientierte Mathematik

Bezieht man Mathematik auf Fragen des praktischen Lebens, der Technik oder anderer Wissenschaften, so liefert sie lediglich scharf konturierte Näherungsmodelle. Das sagt auch Einsteins Bemerkung aus dem Jahre 1921, die ich am Beginn des Kapitels wiedergab, und Goethe legte den Finger noch tiefer in die Wunde: Nur selten paßt die mathematische Antwort genau zur Frage. Das ist leider so. Es kann nicht anders sein, weil die Mathematik nur zu einem sehr kleinen Teil - wenn überhaupt - Erfahrungswissenschaft ist. Ihr Löwenanteil besteht aus gedanklichen Konstruktionen, die eher der Logik verpflichtet sind als der äußeren Realität. Geistiges Schauturnen auf sehr hohem Niveau.

Turnen überläßt man den Turnern. Die Anfangsgründe sind gesund und gehören zum Schulsport. Leistungsturnen ist es nicht. Unbelehrbaren kann man es in Vereinen und im Fernsehen anbieten. Auf Mathematik bezogen: Was braucht „man" denn schon, oberhalb des bürgerlichen Rechnens? Gibt es nichts Wichtigeres zu lernen, z.B. Kinderpsychologie, bürgerliches und Steuerrecht, Heimwerken, Homöopathie und Autofahren? Brauchen Erfolgreiche in Ihrem Leben jemals die öde Buchstabenrechnung, den tricksigen Pythagoras oder „Potenzfunktionen", die außer ihrem Namen so gar nichts Erotisches haben?

„Der herkömmliche Mathematikunterricht an allgemeinbildenden Schulen wird weder absehbaren gesellschaftlichen Anforderungen noch den individuellen Bedürfnissen und Qualifikationsansprüchen einer Mehrzahl der Heranwachsenden gerecht." heißt es bei H.-W. Heymann[191], dessen Bielefelder Habilitationsschrift kürzlich in der allgemeinen Presse mehr uralten Staub aufgewirbelt hat, als ihm selbst lieb war. „Die Ausklammerung des Nützlichkeitsaspekts beraubt den Mathematikunterricht, denkt man an die Mehrheit der Schülerinnen und Schüler, seiner potentiellen Bildungswirkungen."[192] Und in Alltag und Beruf sei für die Mehrheit „recht wenig" nützlich: bürgerliches Rechnen eben, und ein bißchen Geometrie, wie etwa Figurennamen, rechte Winkel, Parallelität, grafische Schaubilder, Zusammenhang von (zwei?) Größen im Koordinatensystem - viel weniger als in jedem Hauptschulcurriculum stehe.[193] „... was über den Stoff hinausgeht, der üblicherweise bis Klasse 7 unterrichtet wird..., spielt später kaum noch eine Rolle... Ein Grundproblem, das eventuell nicht über eine einheitliche Gestaltung des Mathematikunterrichts für alle Schüler in den Griff zu bekommen ist - selbst wenn man unterschiedliche intellektuelle Anspruchsniveaus zuläßt -, besteht darin, daß eine angemessene mathematische Lebensvorbereitung für die Mehrheit der späteren Nicht-Mathematiker nicht kompatibel ist mit dem, was für die späteren Mathematiker (im weiteren Sinne) ideal wäre. Als Lösungsmöglichkeit könnte über eine frühere äußere Differenzierung nachgedacht werden, etwa ab Klasse 9."[194] Weg mit der Folter! Turnen den Turnern, und Leo

---

[191] H.-W. Heymann 1996, S. 8.

[192] Ebenda, S. 135.

[193] Ebenda, S. 136f.

[194] Ebenda, S. 153f.

Kirch! Viele Tageszeitungen und unsere Finanzminister waren begeistert.[195]

Aber Heymann argumentierte auch feiner: „Es müßte dann sozusagen der Gesichtspunkt der individuellen Nützlichkeit gegenüber dem der kollektiven Nützlichkeit zurückgestellt werden."[196] Schulisches Handeln legitimiere sich aus pädagogischem Eros *und* Contrat social, unterstellten wir anfangs (s. These 4, S. 10). Und: „Ein Mathematikunterricht, der sich auf unmittelbare Lebensvorbereitung zu beschränken sucht, bereitet unzureichend auf das Leben vor."[196] „In der Schulmathematik steht nach wie vor das Abarbeiten von Algorithmen im Vordergrund - im gesellschaftlichen Umfeld werden 'weichere' Aktivitäten, die häufig nicht zur Mathematik gerechnet werden, immer wichtiger: Abschätzungen, Umgang mit Größenordnungen, Interpretation von Grafiken und Tabellen, einfache mathematische Modellierungen."[197] Wäre Mathematik, um es in der Terminologie Heymanns auszudrücken, „draußen" nur Werkzeug für Standardsituationen, wie der Hammer zum Nageln und das Auto zum Fahren, dann könnte man die nichtalltägliche Mathematik getrost den Spezialisten überlassen, und die alltägliche wie Adam Ries als Handwerk lehren. Aber sie ist es nicht. „Eine Grafik spricht nur scheinbar für sich selbst; ihre sachgemäße Entschlüsselung, das Verstehen ihrer 'Botschaft' ist in hohem Maße an vorausgegangene Lernprozesse gebunden."[198] Was Heymann und viele andere Fachdidaktiker fordern, ist nicht der Verzicht auf anspruchsvollere Mathematik, sondern eine ernsthaftere *Berücksichtigung des approximativen und interpretativen Charakters jeder Anwendung von Theorie.*[199]

These 26: **Theoretisches faßt (materielle) Realität stets nur approximativ und interpretativ. Lebens- oder wissenschaftspraktisch nützliche Mathematik setzt daher andere Qualitätsmaßstäbe als Reine Mathematik: Über den Denkmöglichkeiten struktureller Wahrheit stehen Fragen nach realer Gültigkeit, Angemessenheit und Relevanz des theoretischen Wissens. Dem entspräche ein *formal* anwendungsorientierter Mathematikunterricht.**[200]

---

[195] Zeitungsüberschriften vom Oktober 1995: „Sieben Jahre Mathematik sind genug" (Ruhr-Nachrichten vom 6.10.), „Was hat Mathematik eigentlich mit Allgemeinbildung zu tun? - Das Wichtigste ist schnell gelernt - Provozierende Fragen" (Darmstädter Echo vom 6.10.), „Sinus und Cosinus - alles für die Katz?" (Westfälische Nachrichten vom 6.10.), „Mythos Mathe - Bis zur siebten Klasse lernen Kinder, was sie brauchen" (Frankfurter Rundschau vom 12.10.). Man vgl. hierzu den Anhang 7.2.1 und auch die Fußnote 124 auf S. 80.

[196] H.-W. Heymann 1996, S. 135

[197] Ebenda, S. 153.

[198] Ebenda, S. 141.

[199] Mit Heymanns Beschränkungsvorschlägen, die er aus seinem Allgemeinbildungskonzept ableitet, möchte ich mich hier nicht auseinandersetzen, ich habe es an anderer Stelle getan. (Vgl. meine ausführliche Rezension, die 1997 im zweiten oder dritten Heft des ZDM erscheinen wird.) Seine Argumentation kann schon deswegen nicht weit tragen, weil er bereits am Beginn auf S. 131 zugibt: „Weder aus der Idee der Allgemeinbildung noch aus einem Allgemeinbildungskonzept läßt sich für sich genommen ableiten, was an Schulen gelehrt werden soll."

[200] Ich behaupte nicht, daß ein durchgängig formal-anwendungsorientierter Mathematikunterricht wünschenswert wäre. Vermutlich müßte man ihm ähnliche Bedenken entgegensetzen wie ei-

Der Konjunktiv im letzten Satz soll andeuten, daß der heutige Mathematikunterricht aus vielen Gründen allzu selten auch nur in die Nähe formaler Anwendungsorientierung kommt:

1. Überschlagsrechnungen und Abschätzungen werden seit langem propagiert, und sie fehlen heute in keinem Mathematiklehrplan. Trotzdem finden sich bei Schülern nur selten Spuren kultivierten Umgangs mit Zahlen, Größen und Formen im Alltag.[201]

2. Die fundamentale Grundidee nicht nur der Analysis, Fehler bewußt einzugehen und sie lediglich scharf zu kontrollieren, kommt - wenn überhaupt - zu spät zum Ausdruck. In der Mittelstufenmathematik wird der Eindruck erweckt, Raten, Probieren und Approximieren seien Charakteristika des Herantastens, lediglich unterrichtsmethodisches Ritual, bevor der nächste Stoffbrocken entdeckt wird, der dann klärt, wie es „exakt richtig" geht, heißt oder zusammenhängt.[202]

3. Aufgrund ihrer Ausbildung ist die fachwissenschaftliche Sicht der Mathematiklehrer in der Sekundarstufe I auf die Gebiete Algebra, Geometrie und Stochastik konzentriert - und dies in deutlich absteigender Reihenfolge, Gewichtung und Wertschätzung. In diesen drei Gebieten spielen Fragen der effektiven numerischen Berechenbarkeit auf Schulniveau keine ernsthafte Rolle. Fundamentale Konzepte wie Iteration und Rekursion wirken hier wie aufgesetzt.

---

nem Primat materialer Anwendungsorientierung im vorigen Abschnitt 7.1. Wir sind aber sehr weit von einer Überbetonung charakteristischer Denkweisen Angewandter Mathematik entfernt, wie die anschließenden Überlegungen zeigen werden. Ich werde mich deshalb hier nicht bemühen, einen „ausgewogenen Standpunkt" zu umreißen. Dafür und für konkretere Beispiele sei auf entsprechende Überlegungen in den vier folgenden Büchern hingewiesen: U. Beck 1982; H. Köhler 1992; J. Humenberger/H.-Ch. Reichel 1995 bzw. M. Borovcnik 1992.

201 Vgl. die temperamentvolle Anklage von J.A. Paulos 1990. Mancher Zehntklässler ist so stolz auf die Beherrschung von Pythagoras und Taschenrechnertastatur, daß die Leiter an der Mauer durchaus $3{,}14156789 \cdot 10^{17}\,m$ hinaufragen darf. Pfiffige Grundschüler merken rasch, daß man in der Schule besser gleich genau rechnet und erst danach schätzt, das dicke Ende kommt ja sowieso. Selbst wenn es im Unterricht ab und zu beim Schätzen bleibt, über Noten entscheiden die Klassenarbeiten, und Klassenarbeiten lassen sich nun einmal viel schneller, gerechter und justiziabler korrigieren (!), wenn sie nur „Aufgaben vom Funktionstyp" enthalten, wobei Wahrheitswerte, Noten und Schüler „rechtseindeutig" zugeordnet werden können. Beim Abitur ist das geradezu notwendig so.

202 Als es noch üblich war, auf der Oberstufe über Grenzwerte zu reden, Fehler abzuschätzen und Globale Sätze zu beweisen, habe ich oft erlebt, wie Einserschüler der Mittelstufe konsterniert nach dem „richtigen" Fehler fragten. Bei manchen wurde das zum Trauma, und ihre Mathematikbegeisterung schwand zusehends. Welcher Mathematiker hat nicht in seinen Anfangssemestern versucht, das jeweils „richtige" Delta zum gegebenen Epsilon auszurechnen, und das genaue Xi beim Mittelwertsatz? - Einige Zeit nachdem ich einer Studentin vorgeschlagen hatte, in ihrer Examensarbeit der Frage nachzugehen, inwieweit die mittelalterlichen Methoden des „falschen Ansatzes" für heutigen experimentellen Mittelstufenunterricht mit Computereinsatz fruchtbar gemacht werden könnten, gab sie mir das Thema mit der Bemerkung zurück, sie habe nicht verstanden, was ich wollte, man habe doch heute für alles genaue Methoden und den Taschenrechner zur Verfügung.

4. Erst in der Stochastik übernimmt das Problem vernünftiger Modellanpassung die Hauptrolle vor dem Streben nach exakten Ergebnissen - und dies auch erst, wenn man die Wahrscheinlichkeitstheorie der Würfelbuden verläßt. Aus zeitlichen und technischen Gründen läßt sich in der Mittelstufe kaum der Eindruck vermeiden, es handle sich bei der schließenden Stochastik lediglich um eine marginale Abartigkeit, die der Reinen Mathematik erkenntnistheoretisch mitnichten das Wasser reichen könne. (Zu den technischen Gründen gehören vor allem Schwierigkeiten mit der Beschaffung und Handhabung wirklich interessanter Massendaten, begriffliche Hindernisse, z.B. mit der Bayesschen Regel oder mit dem Hypothesenkonzept, und fehlendes Aufgabenmaterial mit fließenden Schwierigkeitsgraden.)

5. Wo sich der Mathematikunterricht Sichtweisen und Gewichtungen der Angewandten Mathematik anschließt, geraten Unterrichtsdisziplin und Stoffplan in Gefahr: Mancher Schüler ist vielleicht im Anwendungsbereich beschlagener als der Lehrer; die Probleme werden fast nie vollständig erledigt; „falsch" und „richtig" sind nicht mehr so klar und entscheidend; das Können, Algorithmen fehlerfrei abzuspulen, verliert erheblich an Wert; Kenntnislücken werden durch Expertenbefragungen und mit Buchwissen rasch gestopft, um sich bei Hypothesen aufhalten zu können; und aus der Arithmetik wird Numerik; die Algebra verliert ihre Hauptrolle; Geometrie und Analysis sind kaum wiederzuerkennen...[203]

6. Die ursprünglichen praktischen und theoretischen Erkenntnisinteressen, die zur Schulmathematik selbst wie zu ihrer Ausgestaltung für die Schule, d.h. zum traditionsreichen und darum hartnäckigen Standardcurriculum, führten, sind zum Teil vergessen, zum Teil verschüttet, zum Teil auch überholt. Dies gilt für das schriftliche Rechnen, das immer noch Hochziel des Primarstufenunterrichts ist, ebenso wie für die Abbildungsgeometrie, die einmal auf die Axiomatik Euklid-Hilbertscher Prägung vorbereiten sollte, für ggT und kgV, für die Bruchrechnung, für Proportionalität, für Parabeln, für Logarithmen, für periodische Funktionen...

7. Der aus psychologisch-genetischer Sicht, aber auch aus der platonischen Ideologie Reiner Mathematik gerechtfertigte Versuch, „die Mathematik" „von Grund auf" und nicht an besonders gelungenen Musterbeispielen folgenreicher Anwendung zu lehren, sie als in sich stimmiges, stilistisch homogenes, in allen Details jedermann rekonsturierbares, folgerichtiges und deshalb allgemeinverbindliches Gedankengebäude zu präsentieren, kann nicht weit in die Mathematik führen. Deren Genese und Erkenntniswege waren und sind zu lang, und deren Rolle in Industrie-, Medien- und Dienstleistungsgesellschaft hat zu wenig mit Euklid und Adam Ries zu tun.[204]

---

[203] Dafür nur ein ziemlich repräsentatives Beispiel: Das voluminöse „Handbook of Applicable Mathematics" für Mathematikanwender von W. Ledermann 1980 verwendet je einen Band auf Algebra, Wahrscheinlichkeit, Numerik und Analysis, danach aber je zwei Bände auf Geometrie/Kombinatorik und Statistik.

Das prinzipiell andere Wertsystem Angewandter Mathematik charakterisieren aus tieferer, fachmathematischer Sicht und Erfahrung: I.I. Blechman u.a. 1978; P.J. Davis/R. Hersh 1986.

[204] Trotz besseren Wissens tun Mathematiklehrer in aller Welt immerfort so, als könne der rechte Schüler alles Wichtige jederzeit mit ein wenig gesundem Menschenverstand nacherfinden, ak-

Natürlich wäre der einzelne Lehrer mit einer Curriculumrevision überfordert, die die letzten drei Punkte ernstzunehmen versuchte - das ist eher eine Aufgabe künftiger Fachdidaktik. An den Punkten 1 bis 4 wird er allerdings nicht vorbeikommen, der Näherungscharakter theoretischer Modelle für die materielle(n) Wirklichkeit(en) in Zeit und Raum ist im 20. Jahrhundert zu offensichtlich geworden, und das Rechnenkönnen bedeutet außerhalb des Matheunterrichts immer mehr ein Geräte befragen-, ausnutzen- und interpretieren-Können. Wie soll das gehen, wenn Schüler nicht gezwungen werden, Mathematisches korrekt und human zu relativieren, und wenn Schüler nicht mehr erleben müssen dürfen, wie sich alles Quadratische aufklärt, wenn man die binomischen Formeln rückwärts liest?[205]

7.3 Vom Be-Greifen, An-Eignen und Reifen

> Allgemeinbildung erweitert die Möglichkeiten, übers Wetter zu reden. Das ist gar nicht wenig.
>
> *Rerhüf Ztul*

Wie Heymann glaube ich nicht, daß „ein Mathematikunterricht, der sich auf unmittelbare Lebensvorbereitung zu beschränken sucht" zureichend auf das Leben vorbereiten würde. Für das Leben sind auf Dauer Haltungen, Erfahrungen, Differenzierungen und Horizonterweiterungen wichtiger als aufgabenspezifische Fertigkeiten und positives Wissen (s. Fußnote 101, S. 71). Tragfähige Haltungen setzen zuverlässige, abgesicherte und doch offene Perspektiven voraus. Diese können sich nur sehr allmählich mit dem Vertrauen aus eigenen guten Erfahrungen entwickeln, und dies offenbar mit einer merkwürdigen Verzögerung, über die wir noch nicht viel Genaues wissen.[206]

---

kumulieren und bei Bedarf rekonstruieren. „Das haben wir schon gehabt. Das haben wir noch nicht gehabt." heißen die verräterischen Redensarten. Zur Ernüchterung stelle man sich einen Deutschunterricht vor, in dem nur solche Texte vorkommen dürfen, die die Schüler selbst erfinden können, oder einen „kompositionsorientierten" Musikunterricht „von Grund auf".

205 Zwingen? Müssen? Ist das nicht furchtbar reaktionär? Ich meine, nein. Zugegeben: Alles läuft im Unterricht und im Leben besser, schöner und nachhaltiger, wenn wir es gerne tun. Bemühen wir uns also, den Mathematikunterricht spannend, lustig und interessant zu machen - aber in Maßen, wir haben Wichtigeres zu tun. Ich glaube nicht an den Segen von Motivationsakrobatik. Die klassische Harmonisierungssucht bzgl. Pflicht und Neigung hat Treudeutschland in den letzten zweihundert Jahren wohl mehr geschadet als genützt. Das „Wolle, was du sollst!" bedroht jede Gedankenfreiheit und Autonomie des Subjekts. Es kaschiert Autorität, statt sie zu rechtfertigen, und es gaukelt ein Recht vor, nicht zu sollen, was nicht gewollt wird. Kuschelig: Zwischen allen Stühlen sitzt der liberalistische Liberator auf seinem Sessel, kitzelt das Selbstgefühl seiner Schüler mit Fliegenleim und läßt jedem soviele Chancen wie sein Vater verdient.

206 Vermutlich bietet das angesprochene Phänomen den Psychologen zu große forschungsmethodologische Hindernisse: Bei Langzeituntersuchungen ist es kaum möglich, die Einflußparame-

Wer länger Mathematik gelernt hat, kennt den Effekt: Scheinbar unabhängig vom Stoff scheinen Perspektiven zu reifen. Obwohl man sich inzwischen auf ganz anderes konzentriert hat, wirken alle Themen, die länger als vielleicht zwei Jahre zurückliegen, im Rückblick harmlos.[207] Der Mittelstufenschüler kann kaum mehr glauben, daß er in der Mathematik der Primarstufe irgendwann einmal Probleme hatte, der Oberstufenschüler findet die Elementarmathematik der Mittelstufe jedenfalls im Wesentlichen leicht, und selbst mäßige Mathematikstudenten trauen sich zu, Oberstufenschülern fremder Gymnasien Nachhilfe zu erteilen. Maturität entsteht langsam, im Nachhinein, auf seltsamen Wegen, und sie hinkt jedem neuen Gehversuch in der Mathematik deutlich hinterher. Wie die eigentliche „Aneignung" oder „Einwurzelung" durch persönlichkeitsformende Nachreifung entsteht, ahnen wir nur. Vermutlich ist es wie beim Wein: es kommt viel auf die sachgerechte Lagerung an.

Solange wir es nicht wissen, müssen wir respektvoll mit curricularen Traditionen umgehen und uns hüten, das Kind mit dem Bade auszuschütten. Bevor wir alles ganz anders machen, müßten wir alles viel besser wissen. Aber Traditionen erstarren, wenn man sie unkritisch weiterreicht. Wir können nicht hoffen, für die Welt von morgen mit den Mitteln von Vorgestern zu rüsten. Bestünde der für das allgemeine Leben nutzbare Teil mathematischer Schulbildung nur in dem positiven Wissen, dessen sich jeder Prophet der Öffentlichen Meinung (in Deutschland) bewußt ist, dann könnten wir in der Tat wie vor dreihundert Jahren mit einer leicht modernisierten Fassung der Ries'schen Lehrbücher und des ersten Buchs von Euklid auskommen. Aber Sozialisation, die Einbürgerung ins gesellschaftliche Leben, und Enkulturation, die Befähigung zur Teilhabe, müssen reifen, damit aus Wissen persönliche Einstellungen werden können.

Was Mathematik - unter anderem - sein kann, auch was Angewandte Mathematik charakterisiert, erfährt man langsam und retrospektiv beim Treiben von Mathematik, anhand des Unterrichts, im Studium oder durch eigene Weiterbildung. Noch langsamer wächst die Bereitschaft und das Maß, mit dem Mathematik zu einem arbeitsfähigen Teil des Bewußtseins wird. Dieses persönliche Niveau mathematischer Kompetenz liegt naturgemäß weit unter dem jeweils erreichten Niveau abprüfbarer Performanz. Hört man auf, Mathematik bewußt zu lernen oder zu treiben, so verfällt die Performanz sehr rasch, und die Kompetenz klingt - vielleicht nach einer vorübergehenden Ausreifung - ebenfalls ab. Was bleibt, hängt zweifellos stark davon ab, inwiefern es zuvor gelungen ist, Lernenden mathematische Kompetenz als eine dem Leben zugewandte Qualität rationalen und doch

---

ter überzeugend zu isolieren und zu kontrollieren. (Sie sind auch zeitraubend, schwer zu finanzieren und für den beruflichen Erfolg unsicher.)

207 Es liegt natürlich nahe, hier von „Transferleistungen" zu reden. Offensichtlich werden einerseits neue Sichtweisen transferiert, andererseits alte Einsichten unbewußt aus der Distanz besser organisiert - jedenfalls solange das Interesse an der Mathematik anhält. Dies ist m.E. kein Widerspruch zu neueren Erkenntnissen der Pädagogischen Psychologie, nach denen Transferleistungen in der Regel nicht automatisch aus dem Verständnis einer Sache kommen, sondern Erfahrungen mit entsprechend variierten Anwendungsübungen erfordern. Ich behaupte ja nicht, daß die früheren spezifischen Kenntnisse oder Fertigkeiten durch die Beschäftigung mit sachgebietsfremder Mathematik spontan anwendbar werden, sondern lediglich, daß die Übersicht, die Zugriffsmöglichkeiten und der Mut zum Handeln nachreifen. Dies *erleichtert* das Reaktivieren alter Fähigkeiten und die Wieder- oder Neubeschaffung einschlägigen Wissens.

humanen Verhaltens nahezubringen. Wie sich das mit einem seriösen Bild von Mathematik vertragen kann, zeigen die verschiedenen Disziplinen der Angewandten Mathematik viel eher als die der Reinen. Die allzu einseitig an der Reinen Mathematik ausgerichtete traditionelle Schulmathematik hat „vor Ort" tatsächlich da ihre größten Schwächen, wo sie ihre größten Stärken an die Illusion eines „Königswegs" vom Grundschulrechnen zur Mathematik des wissenschaftlichen Zeitalters verrät: absolute Wahrheiten, Objektivität, logisches Denken, Bedeutung für die Industriegesellschaft - all das vorgeführt an platonischen Belanglosigkeiten?

Wieviel Erfahrungen mit wirklich relevanter Mathematik für die breitere Öffentlichkeit hilfreich sind, welche, und wie man solche Erfahrungen Laien am ökonomischsten vermittelt, wird umstritten bleiben. Das Wesentliche läßt sich nicht in drei Sätzen oder in einem Zeitungsartikel fassen, es hat wenig mit Wissen, viel mit Know How und noch mehr mit mathematisch kultivierten Haltungen gegenüber der Realität zu tun. Deshalb brauchen wir sachkompetente und verantwortungsbereite Lehrer - jedenfalls solange Politiker und Journalisten noch nicht ganz sicher sind, alles und jedes im Bildungswesen ohne einschlägige Vorbildung beurteilen zu können.

Mathematisch Ungebildeten kann auch die Fachdidaktik nicht helfen, denn materiale oder formale Zielsetzungen sind nur Mittel zur Verständigung über die richtigen Akzente, nach denen jede Zeit neu suchen muß. Sie ermöglichen uns nicht, eigene Bemühungen um einen Begriff von gutem und fruchtbarem Mathematikunterricht durch „wissenschaftlich abgesicherte" oder politisch abgesegnete Definitionen zu ersetzen. Fachdidaktik dient nicht dazu, Mathematik zu trivialisieren und pädagogische Verantwortung auf objektive Wahrheiten abzuschieben. Und: Obwohl Lehrer im Auftrag der Gesellschaft handeln, von der sie bezahlt werden, müssen *sie* schüler- und sachorientiert handeln, d.h. immer neu herausfinden und anstiften, was für *ihre* Schüler auf Dauer aussichtsreich ist. Das ist anstrengend - und schön. Es erhält jung.

8 Zur Lehrerrolle

8.1 Fehler oder „Feler"?

Das dreieckige Rad hat wirklich einen Huckel weniger!

Es wurde mehrfach betont, daß es im Mathematikunterricht über die Vermittlung von positivem Wissen und über das Training von Kulturtechniken hinaus auf die Förderung von rationalen und doch humanen Verhaltensweisen ankommt. Solche Verhaltensweisen müssen vorgelebt werden, auch oder gerade im Kleinen, denn im Unterricht, beim gemeinschaftlichen Lernen, ist die Mathematik nie „reine" Wissenschaft, sondern immer Gegenstand von *Bedeutungsaushandlungen* zwischen Menschen.

Jeder muß ständig seine Wahl treffen, während er eigene und fremde Gedanken verknüpft. Das ist unvermeidlich und - jedenfalls kurzfristig und ohne Gewalt - nur sehr begrenzt von außen steuerbar. Wir haben schon erwähnt, daß wir in jedem Moment unseres bewußten Denkens allenfalls sieben oder neun Informationsblöcke miteinander verarbeiten können (vgl. S. 59 und S. 116). Gedankliche Leistungen und effektive Lernprozesse hängen folglich sehr davon ab, wofür die Verarbeitungskapazität jeweils genutzt wird, d.h. worauf wir unsere Aufmerksamkeit richten und welchen Signalen oder Inhalten wir probehalber Bedeutung im Kontext der eigenen Befindlichkeit und des eigenen Bewußtseins zuweisen. Sehr wahrscheinlich spielen dabei aus Zeitgründen intuitive Reaktionen eine wesentlich größere Rolle als bewußte Absichten, überdies wären wir kaum imstande, spontan Neues aufzunehmen oder zu entdecken. Schon unser Sensorium arbeitet hochgradig selektiv. Es ist geschätzt worden, daß bis zu 1 Mrd. Bits je Sekunde auf unsere Sinnesorgane einströmen, von denen nur etwa 16 in den bewußten Arbeitsbereich des Gehirns, das sogenannte Kurzzeitgedächtnis, gelangen, während der Rest abgewehrt, ausgefiltert, zu Sofortreaktionen verarbeitet oder ins Unterbewußtsein eingelagert wird.

Sowohl die Informationsaufnahme als auch deren gedankliche Verarbeitung sind auf Entlastungsstrategien angewiesen, die vertrauenswürdig und daher mittelfristig stabil bleiben müssen. Zu intelligentem Verhalten gehört, daß Aufnahmevorgänge automatisiert, Verarbeitungsgewohnheiten hemmungslos ausgenutzt und „chunks", Informations- und Assoziationsblöcke, gebildet wurden, um die normalen Geschwindigkeiten zu erreichen, mit denen gedankliche Prozesse bei Sekundarschülern oder Erwachsenen ablaufen. Intelligentes Verhalten zielt nicht auf Fehlerlosigkeit, sondern auf Effektivität. In Einzelfällen kann das Fehlerminimierung bedeuten, während in anderen Situationen eher divergentes Denken, Spontaneität und Kreativität gefragt sind - das optimale Verhältnis jeweils abzuschätzen oder herauszufinden, ist Teil der Intelligenzleistung.

Jedes Denken und jedes Lernen geht also mit subjektiven Bewertungen und mit riskanten Selektionsstrategien einher, erst recht gilt das im schulischen Rahmen. Deshalb sind ein gutes Lernklima und verläßliche Haltungen für die Unterrichtsqualität so wichtig. Letztlich kommt es darauf an, wieviel jeder einzelne Schüler an sich heranläßt und mitnimmt. Dabei haben spontane subjektive Werturteile des Schülers, und seien sie auch noch so voreilig und schief, eine Schlüsselrolle. Solche Werturteile können mangels besseren Wissens nichts anderes sein als Vorurteile, die sich an bisherigen Erfahrungen, lückenhaften Kenntnissen und Wertsetzungen des momentanen Umfeldes, insbesondere an glaubhaften Bewertungen von vermeintlichen Autoritäten, orientieren. Wie rein, objektiv oder „abgewandt" sich die jeweils behandelte Mathematik auch gebärden mag, die mit ihr verbundenen menschlichen Haltungen erzeugen unvermeidlich individuelle *Bezugsrahmen*[208], die die behandelten Gegenstände mit aktualen subjektiven Bedeutungen einfärben. Die Mathematik im Kopfe des Schülers kann nur sehr langfristig dem durchkonstruierten Gebäude entsprechen, das der Lehrer meint. Zunächst und vielleicht auch mittelfristig wird das Neue tastend, unscharf und löchrig als Hypothesengeflecht abgebildet, mit vorläufigen Bedeutungszuweisungen, subjektiven Gewichtsetzungen und emotionalen Bindungen.[209, 210]

Indem der Lehrer seine Gewichtungen und Wertsetzungen zum Ausdruck bringt und vorlebt, möchte er auf die geschilderten subjektiven Prozesse in den Lernenden positiven Einfluß nehmen. Er tut dies mit voller Absicht, wenn er immer wieder zum rationalen Diskurs anhält, seine Zielsetzungen betont und im Laufe der Zeit seine persönliche oder

---

[208] Vgl. z.B. G. Krummheuer 1984.

[209] Vielleicht läßt sich damit wenigstens teilweise verstehen, warum die gelernte Mathematik mit so großer Phasenverzögerung ausreift. (Vgl. den vorigen Abschnitt 7.3.)

[210] Bernhard Andelfinger hat in einer Reihe von Arbeiten versucht, solche subjektiven Hypothesengeflechte von Schülern in Form persönlicher „Landkarten" zu beschreiben. Die angewandten Methoden erweitern das Concept mapping (s. Fußnote 7 auf S. 13 und den Anhang A-2.2) insofern als die Assoziationsfelder nicht vorgegeben, sondern erst erfragt wurden. Vgl. B. Andelfinger 1985, 1987, 1988, 1991 sowie B. Andelfinger, H.N. Jahnke u.a. 1985 (insbes. das dortige Nachwort).

eine behördliche Auswahl fundamentaler Ideen spiralig entfaltet. Weniger reflektiert und bewußt wirken gleichzeitig unzählige kleine Moderationen, Reaktionen, Entscheidungen, Maßnahmen, Signale, Ablenkungen und Störungen über das Lern- und Sozialklima auf die individuellen Lernprozesse ein. Und es wäre geradezu hoffnungslos, all das bewußt steuern zu wollen. Im allgemeinen reicht es, dafür zu sorgen, daß die individuellen Lern- und Reifungsprozesse - jenseits von beabsichtigten Irritationen - in einer möglichst widerspruchsarmen Atmosphäre ablaufen können.[211] Dies gelingt umso eher, je besser das bewußte und das intuitive Verhalten des Lehrers aufeinander und auf die Lerngruppe abgestimmt sind, d.h. je stimmiger oder „authentischer" Botschaft und Bote wirken. Da „vor Ort" dem Lehrer nur selten Zeit bleibt, sein intuitives Verhalten zu kontrollieren, muß er es wenigstens nachträglich reflektieren, um seine Grundauffassungen von Stoff, Unterricht und pädagogischem Bezug den gemachten Erfahrungen anzupassen. Ohne die Bereitschaft, eigene Verhaltensweisen wenigstens sich selbst gegenüber offen zu hinterfragen und sie gegebenenfalls angemessen zu modifizieren, kann er Lern-, Erziehungs- und Reifungsprozesse schwerlich optimieren. Halten wir noch einmal fest:

These 27: **Guter Mathematikunterricht erschöpft sich nicht in der freundlichen und geschickten Vermittlung mathematischen Wissens, er nimmt Einfluß auf Lern- und Reifungsprozesse, und er zielt auf Verhalten, Sichtweisen und Haltungen.**

Nichts davon ist Gegenstand der Mathematik. Nichts davon erklärt sich durch Mathematik, und sehr wenig davon haftet mathematischen Kenntnissen explizit an. Es geht beim Unterrichten um die effektive Rekonstruktion von Wissen in Individuen. Für die Kunst des Unterrichtens ist der Weg das höhere Ziel, nicht irgendein Zustand vorzeigbarer „Kompetenz".

Tatsächlich bewerten wir aber im Mathematikunterricht zu oft und zu demonstrativ Kompetenzen viel höher als subjektiv konstruktive Leistungen - und behindern dadurch ungewollt Verstehens- und Reifungsprozesse statt sie zu fördern. Das liegt einerseits daran, daß Performanz eher beurteilt werden kann als das Denken selbst, und zum anderen verführt die traditionell enge Bindung zwischen mathematischem Wissen und zweiwertiger Logik ständig zu Schwarz-weiß-Urteilen. Nicht zufällig beherrschen die Kategorien „richtig" und „falsch" die expliziten Urteile im Mathematikunterricht weit mehr als in jedem anderen Fach. Nirgendwo sonst läßt sich eigenes Versagen so wenig rechtfertigen, läßt sich ein Trugschluß so wenig verbergen, läßt sich mit inkonsequenter Gedankenführung so wenig erreichen. Immer sind da die Sachwalter der hohen Mathematik, freundlich zwar seit einiger Zeit, aber unerbittlich der einzig „richtigen", der sogenannten „exakten" Wahrheit[212] verpflichtet:

---

[211] Eine gänzlich widerspruchsfreie Atmosphäre würde vermutlich auf Dauer kaum zu Lern- und Entwicklungsfortschritten führen. Nach Piaget ist gerade das subjektive Empfinden *einer* gedanklichen Unstimmigkeit, eine „kognitive Dissonanz", Auslöser und Stimulanz für einen „kognitiven Konflikt", der über Denk- und Umdenkprozesse zu einem harmonischen Ausgleich gebracht wird („Äquilibrationstheorie").

[212] Es läßt sich an der Geschichte der Mathematik leicht zeigen, daß die Meinung, was „mathematisch exakt" und wie wichtig „Exaktheit" sei, unter Fachleuten erheblich auf und ab schwankt.

Das fragend-entwickelnde Unterrichtsgespräch ist zwar darauf angelegt, Mißverständnisse und Fehlvorstellungen aufzuklären, es kann dies aber i. allg. nur in leicht erkennbaren oder provozierbaren Fällen von allgemeinem Interesse leisten. Viele subjektive Verwirrungen bleiben zunächst verborgen, weil die Schwierigkeiten vom Lernenden nur halbbewußt wahrgenommen werden, schwer artikulierbar sind und das Image gefährden. Selbst wenn sie irgendwie artikuliert werden, ist vom Lehrer nicht leicht zu entscheiden, wo im Einzelfall die Ursachen liegen mögen und ob eine eingehendere Besprechung für alle lohnen könnte. Stoffpläne, Ermüdungs- und Verwirrungsgefahren zwingen selbst in Erarbeitungsphasen zur Raffung, daher spiegeln sich private Holzwege oft nur am offiziellen Unterrichtsgespräch, an kollektiven Problemen, an Sichtweisen sprachlich gewandter Mitschüler und an sanktionierten Musterlösungen. Im Laufe der Schulzeit haben sich eilfertige Helfer des Lehrers formiert, immer dieselben Auserwählten, die die zahllosen kleinen Fehler und Mängel sofort erkennen, tragfähige Brücken bauen, exakte Begründungen mit Regelzitaten liefern, vorbildliche Hausaufgaben zur Verfügung stellen und wissenschaftliche Glanztaten aus Jahrhunderten pünktlich im Stundenverlauf entdecken. Wer nicht zu den Auserwählten gehört, sagt vielleicht gar nichts, um nichts Falsches zu sagen, oder er versucht, das Richtige zu imitieren.[213] Allen bleibt ja die Hoffnung auf ein nachträgliches Verstehen in Stillarbeits-, Übungs- und Wiederholungsphasen - manchen auch der rettende Nachhilfelehrer.

Aus Organisations-, Zeit-, Motivations-, Disziplin- und gruppendynamischen Gründen können schülerzentrierte Individualphasen allerdings nur in Einzelfällen mehr leisten, als an die kollektiven Standards zu gewöhnen. Wir haben schon früher begründet, warum schülerzentrierte Unterrichtsformen nur Probleme recht begrenzter Reichweite stellen dürfen. Meist wird homogenes oder mäßig differenziertes Aufgabenmaterial bearbeitet, wobei Hilfsbedürftigkeit vom Schüler selbst oder vom Lehrer *negativ* erkannt wird, nämlich an fehlenden, unvollständigen oder falschen Ergebnissen. Wer alles richtig herausbekommt, erscheint „problemlos" und darf mit Anerkennung und Schonung rechnen, selten mit weiterer Zuwendung, Aufklärung oder Vertiefung (vielleicht beim Vorrechnen), denn für gezielte Nachfragen ist wenig Luft. Bemerkt der Schüler selbst Schwierigkeiten oder Fehler, dann wird er versuchen, von Mitschülern oder vom Lehrer möglichst effektives Wissen *in bezug auf die jeweilige Aufgabenlösung* abzurufen und sich nicht zusätzlich mit methodischen Fragen nach der Aufgabenstruktur belasten wollen. Erkennt der Lehrer „Schwächen", dann wird er mit Ursachenforschung „helfen". In seinen Augen

---

(Vgl. etwa M. Kline 1983.) Ich nenne nur ein paar besonders markante Beispiele: Die Strengeansprüche der klassischen griechischen Geometrie haben schließlich zur Stagnation geführt, wie schon Archimedes ahnte (Methodenschrift), und die Weiterentwicklung der Arithmetik und Algebra lange behindert. Die Analysis wurde in ihren ersten einhundertfünfzig Jahren ziemlich unstreng entwickelt, bevor Cauchy sie aus didaktischen Gründen präzisierte. Wiederum gut fünfzig Jahre später betrieben Dedekind, Weierstraß, Peano und andere eine noch tiefere Bereinigung. Der durch den Bourbakismus charakterisierte vorläufige Höhepunkt an Stringenz, Formalismus und Logizismus wird in weiten Bereichen der mathematischen Forschung seit einigen Jahrzehnten wieder als entwicklungshemmend empfunden und erheblich aufgeweicht. (Vgl. dazu die Ausführungen in Abschnitt 6.4.)

213 Es gibt da geradezu professionelle Imitationsleistungen, die erst erkennbar werden, wenn statt des gewohnten Lehrers andere Schüler oder Gäste, z.B. praktizierende Studenten oder Referendare, fragen.

reicht es ja nicht, diese Aufgabe richtig zu lösen. Für ihn steht die Aufgabe stellvertretend für eine Methode oder für ein ganzes Wissensgebiet. Dort soll sich der Schüler zurechtfinden, dann wird die spezielle Aufgabe ganz leicht. Zugleich wird aber das Versagen im Spezialfall als Symptom einer allgemeineren Schwäche aufgefaßt, dessen Rückwirkungen auf das Lehrerurteil wenigstens für den Schüler kaum abzuschätzen sind. Was liegt näher, als das Imitieren erfolgreicher Aufgabenlöserei dem Hinterfragen vorzuziehen?

Der Lehrer mag reden soviel er will, die wichtigsten Signale werden für die meisten Schüler durch Schulnoten gesetzt. Es gehört überdies zur Alltagsroutine, daß im trauten Einvernehmen zwischen Schülern und Lehrern ignoriert wird, was eigentlich jeder aus Erfahrung weiß, daß nämlich die Praxis schulischer Leistungsbewertung eigenen Zwängen unterliegt und weniger Leistungen betont als Fehlleistungen verfolgt. Das kommt besonders dann zum Ausdruck, wenn über mathematische Leistungen rechtsfähig geurteilt werden muß. Weil man über Leistungen immer verschiedene Meinungen haben kann, werden wichtige Notenurteile in Mathematik hauptsächlich auf Negatives im Schriftlichen gestützt. Man mag dies bedauern, aber es ist leider so. (Vgl. Fußnote 155, S. 101.) Über Wissenslücken, objektiv Falsches und algorithmische Fehler kann es nämlich keine Meinungsverschiedenheiten geben, und wenn der Lehrer die aufgetretenen Fehler fachmännisch relativiert, dann tut er aus naheliegenden Gründen gut daran, dies als freundliches Entgegenkommen und nicht als Konsequenz ferneren Wissens auszugeben. Da man konstruktive Leistungen unter den Bedingungen von Klassen- oder Klausurarbeiten allenfalls in sehr bescheidenem Umfang erwarten darf, verweisen scheinbar objektive „Korrekturen" weniger auf eine Wertskala als auf eine Unwertskala: „sehr gut" heißt eben nur noch „null Fehler", und alle anderen Noten klassifizieren nach Versagen.[214]

Daß weder außer- noch innermathematische Leistungen im Wesentlichen darin bestehen, daß man Fehler vermeidet, nützt nichts. Der Schulalltag hat sein eigenes heimliches Curriculum: Nach dem sehr verbreiteten „Trichtermuster" (s. Fußnote 146, S. 92) folgen der Erarbeitungsphase, in der jeder noch ein bißchen kreativ herumraten darf, regelmäßig der eigentliche Merkstoff, die strengen Vorschriften und Gesetze zum Einüben in Partnerarbeit, zu Hause und an der Tafel, bevor es in der Klausur richtig ernst wird. Weit über das Begründen, Meinen und Erfinden stellt der Schulalltag das Funktionieren.[215] Früher hieß es einmal mit Anspielung auf Kerschensteiner: „Die Genauigkeit und Treue im kleinen zeigt sich ... in der Werkvollendung, deren Ziel die Vollkommenheit und damit die Feh-

---

214 Nach der bundesweit verbindlichen und sehr vernünftigen Notendefinition der KMK müßte eigentlich ein „gut" gegeben werden, wenn alles richtig gemacht wurde, und das „sehr gut" wäre „besonderen Leistungen" vorzubehalten. Im Schulalltag gilt das längst nicht mehr. Was immer man sich unter „besonderen Leistungen" vorstellen mag, sie können nicht so oft vorkommen wie die Note Eins. Ein Lehrer, der die KMK-Definition des „sehr gut" Schülern und Eltern gegenüber durchhalten wollte, müßte sich auf einige Entrüstung gefaßt machen. Die durchaus vernünftig begründbare Ansicht, „besondere Leistungen" setzten nicht immer voraus und ließen manchmal gar nicht zu, alles richtig zu machen, ist nur schwer durchzusetzen und trägt dem Lehrer leicht den Vorwurf ein, er bevorzuge gewisse Schülertypen über Gebühr.

215 Selbst vor mündlichen Abiturprüfungen reichen die Lehrer seit ein paar Jahren ihren „Erwartungshorizont" schriftlich ein, damit jeder mitverfolgen kann, wie sich der Prüfling dort einordnet.

lerlosigkeit der Arbeit ist."[216] Heute sagt man das nicht mehr so offen, aber man handelt danach, weil Objektivität und Transparenz soviel besser zur Bürokratie passen als humane und fachliche Autorität. Warum werden in der Schule Geometrie und Stochastik gegen alle didaktische Einsicht noch immer vernachlässigt? Vielleicht weil sie nicht so schön disziplinieren wie Rechnen und Algebra? „In Mathematikstunden am Schluß des Vormittags vermag ein energischer Lehrer durch Unterrichtston und Unterrichtsführung die Gedankenzucht der Schüler so nachhaltig zu beeinflussen, daß keine Entgleisungen vorkommen."[217]

Fehler sind Fehler, und Wissenslücken sind Wissenslücken. Ich will mitnichten empfehlen, darüber hinwegzusehen, das wäre unverantwortlich. Jeder muß lernen, eigene Fehler und Kenntnislücken einzusehen, einzugestehen und aufzuarbeiten. Auch dazu muß der Mathematikunterricht beitragen. Er sollte nur aufhören, seine Werturteile so eng an die Fehlerjagd zu binden. Stattdessen sollte viel mehr Mühe darauf verwandt werden, Fehler konstruktiv zu nutzen und Leistungsurteile auf positive Leistungen statt auf Versagensquotienten zu stützen.[218] Die Beurteilungen des Mathematiklehrers würden dann natürlich weniger objektiv erscheinen, weil sie mehr anerkennten als straften. Dafür würden sie dem Sinn seines Unterrichts nicht länger widersprechen.

Wenn Fehler trotz echten Bemühens unterlaufen, sind es keine strafwürdigen „Entgleisungen", sondern entweder Reibungsverluste oder „Fehlleistungen". Für den ersten Typ des sogenannten „Flüchtigkeitsfehlers" ist charakteristisch, daß der Fehler *wider besseres Wissen entsteht und nicht (sicher) reproduzierbar ist.* Er tritt meist bei Ermüdung auf, oder dann, wenn die Aufmerksamkeit vermeintlich Wichtigerem zugewandt ist. Wie oft das passiert, hängt u.a. vom Temperament, von der momentanen Konzentrationsbereitschaft und -fähigkeit, von der Komplexität der umgebenden Hauptaufgabe und vom Interesse am vollständig richtigen Ergebnis ab. Man hat einige Regelhaftigkeiten herausge-

---

216 Johannes Seemann 1931.

217 Johannes Seemann 1949.

218 In den sprachlichen Fächern ist das längst üblich.

funden, die zeigen, daß rein zufällige, „beliebige" Abweichungen selten vorkommen.[219] Trotzdem helfen Erkenntnisse über charakteristische *Strukturen von Flüchtigkeitsfehlern* dem Unterricht wenig, weil solche Fehler zwar statistisch regelhaft auftreten, beim Einzelschüler aber *sehr instabil* sind.

Beispiel:

> Ende der siebziger Jahre wurde im Xerox-Forschungszentrum für Künstliche Intelligenz mit großem Aufwand das Diagnose-Therapie-Programm „Debuggy" auf einem Großrechner installiert. Aufgabe des Programms war, anhand von Testaufgaben zunächst eine Elementarfehleranalyse durchzuführen, dann ein individuell zugeschnittenes Lernprogramm als Therapie anzubieten und dessen Bearbeitung schließlich wieder als Input zu verwenden. Es stellte sich allerdings zur Enttäuschung der Programmentwickler rasch heraus, daß die einsetzenden Therapien mehr schadeten als nützten, weil die diagnostizierten Fehlermuster gar nicht mehr vorhanden waren, als die Nachhilfeprogramme einsetzten. (Vgl. K. VanLehn 1982; wenn soviel Zeit und Geld im Spiel ist wie hier, drückt man sich natürlich vornehmer aus und nennt Unsinn nicht Unsinn).

Der therapeutische Ansatz über vermehrtes Üben nützt deswegen offensichtlich gar nichts, ebenso die beliebte „Besprechung" von Hausaufgaben und Klassenarbeiten in Form nachträglicher Vorführungen korrekter Lösungen mit anschließender „Berichti-

---

[219] Es wurden in diesem Zusammenhang beispielsweise Flucht- und Ersatzhandlungen, Nachwirkungen („Perseverationen") und Vorwirkungen („Antizipationen"), Umstellungsprobleme, Schätzfehler, Kontrasteffekte, Interferenzen, Blockaden und Tendenzen zur größeren Geläufigkeit ausfindig gemacht. Allein für die vier Grundrechenarten mit natürlichen Zahlen fand man in den USA schon in den zwanziger Jahren hunderte von Fehlertypen. Inzwischen sind die einschlägigen Kataloge und Therapievorschläge für Rechen- und Algebrafehler kaum noch zu zählen. (Als preiswerte und sehr anregende Einführung, die sich leider oft allzu bestimmt und polemisch gibt, sei empfohlen: R. Röhrig 1996 (=rororo Sachbuch 9725). Röhrigs Ansicht, die Schule sei zu sehr mit Selektion beschäftigt und lasse es deshalb an der nötigen Muße und Geduld fehlen, die die meisten Fehler verhindern würde, halte ich für illusionär, und seine Verteufelung der Pädagogischen Psychologie für kurzschlüssig, weil mit „Intelligenz" keine Hardware-Komponente des Menschen gemeint ist, sondern ein charakteristisches Gefüge von Verhaltensdispositionen. Gäbe es das nicht und wäre es nicht wenigstens kurzfristig stabil und mittelfristig beeinflußbar, dann hätten weder Lehre noch Therapie irgendeinen Sinn. Ich teile dagegen seine Auffassung, daß es sich bei „Minimalen cerebralen Dysfunktionen", „Teilleistungsschwächen", „Arithmasthenie" und „Dyskalkulie" eher um künstliche Modekrankheiten als um wissenschaftlich ernstzunehmende Forschungsansätze handelt.)

Da sich Fehler statistisch in der Nähe korrekter Ergebnisse häufen, reichen Begriffe wie „Unaufmerksamkeit" oder „Flüchtigkeit" sicher nicht aus, um die Fehlerentstehung im Einzelfall zu erklären. Hinzu kommt, daß sich hinter manchem scheinbaren „Flüchtigkeitsfehler" eine mehr oder weniger sinnreiche Strategie verbirgt, die sich erst zeigt, wenn man den Fehler einfühlsam zu verstehen sucht und *immanent* kritisiert, d.h. ausgehend von der Logik des Schülers. Man sollte deshalb mit der Bezeichnung „Flüchtigkeitsfehler" vorsichtig umgehen und sie nur auf solche Fälle beziehen, in denen erstens sicher ist, daß es der Schüler normalerweise besser weiß, und in denen die Fehler tatsächlich in dem Sinne „flüchtig" sind, als sie sich nicht regelmäßig wiederholen.

gung". Nur wenig aussichtsreicher ist die Vorbeugung gegen Flüchtigkeitsfehler durch antizipatorische Besprechung von Fehlermustern und -tendenzen. Es gibt davon nämlich so viele, daß sich das Mittel sehr rasch abschleift, und wer glaubt schon im Voraus, daß ausgerechnet ihm so etwas passieren wird.

These 28: **Die Bekämpfung von Fehlern durch Verweis auf vorbildliche Gedankengänge ist meist ein „Feler", d.h. therapeutischer Selbstbetrug, weil inhaltlich Falsches durch methodisch Falsches oft nur verschlimmbessert wird.**

Dies gilt auch für den zweiten Fehlertyp, den Fehlern mit systematischem oder halbsystematischem Hintergrund. Im Gegensatz zu den Flüchtigkeitsfehlern handelt es sich *um gedankliche Leistungen, die unter ähnlichen Bedingungen weitgehend reproduzierbar sind und auf abweichendem Verständnis, auf kognitiven Konflikten oder auf Interferenzen begrenzt sinnvoller Konzepte beruhen.*[220] Aus solchen Fehlern kann und soll man lernen, denn sie beruhen auf eigenständigen Denkversuchen, die grundsätzlich Respekt verdienen, und sie enthüllen Mißverständnisse, schiefe Vorstellungen, Fehlgewichtungen und Widersprüche zwischen Denkgewohnheiten. Manchmal handelt es sich um ausgesprochen originelle Hintergedanken, die das Verständnis aller Besserwissenden vertiefen können und die gelegentlich sogar zu bedeutenden Fortschritten in der Wissenschaft geführt haben.[221] Man wird originelle, potentiell fruchtbare Hintergedanken bei Schülern allerdings nur entdecken, wenn man mit einschlägigen Fehlermustern und verbreiteten Fehlstrategien vertraut ist und wenn man konkreten Fällen einige Geduld, Einfühlungsbereitschaft und Phantasie entgegenbringt.

Beispiel: Ein fehlerprovozierender Test zu Beginn der Oberstufe (s. nächste Seite)

Diesen dreiviertelstündigen Test habe ich vor einigen Jahren mit Hilfe von ein paar wagemutigen Kollegen rund zweihundert Gymnasialschülern des 11. Schuljahrs vorgelegt. Zunächst wollten wir nur herausfinden, auf welche Kenntnisse der vorgesehene Analysisunterricht bauen konnte, und auf welche nicht. Wir waren damals überzeugt, daß die angesprochenen Vorkenntnisse für jedes ernsthafte Verständnis von

---

[220] Sigmund Freud verwandte die treffende Bezeichnung „Fehlleistungen" für mißglückte Verhaltens- und Ausdrucksweisen, die sich aus unterbewußten Interessenkonflikten erklären ließen. In seiner Psychopathologie des Alltagslebens (1904) erläuterte er das an zahlreichen Beispielen, etwa an der mißglückten Frage eines schamhaften jungen Offiziers: „Mein Fräulein, darf ich Sie begleitdigen?"

[221] Um nur drei besonders dramatische Beispiele zu nennen: Giordano Bruno ist im Jahre 1600 dafür verbrannt worden, daß er den uralten Widerspruch zwischen dem aristotelischen Universum innerhalb der Fixsternsphäre und dem unendlichen Raum der euklidischen Geometrie durch Spekulationen über das Unendliche versöhnen wollte. Georg Cantor löste vor hundert Jahren mit seinen Untersuchungen über aktual unendliche Mengen in Teilen des damaligen mathematischen Establishments einen Sturm der Entrüstung aus, der in der Gegenreaktion zur Gründung der DMV (Deutsche Mathematiker-Vereinigung) führte, um junge und originelle Mathematiker künftig besser zu schützen. Und die „Deutsche Physik" gab sich im Dritten Reich alle Mühe, Einsteins Allgemeine Relativitätstheorie als „Ausgeburt eines kranken jüdischen Hirns" zu entlarven.

Analysis unerläßlich wären. Was wir fanden, hat uns dann allerdings sehr erschüttert. Machen Sie sich selbst Ihr Bild, bevor Sie den nächsten Absatz lesen: Ich habe die Ergebnisse für einen kompletten Oberstufenjahrgang, der sich damals in einem durchaus angesehenen Gymnasium befand, neben den Aufgaben in Anteilen der Schüler (von allen 75 Teilnehmern) notiert, die die jeweilige Aufgabe bearbeitet bzw. richtig hatten.[222]

Wir waren ratlos. Hatte die zweite Hälfte der Mittelstufe gar nichts bewirkt außer Halbwissen und Verwirrung? Sollten wir schließen, daß überhaupt keine Grundlagen für den Analysisunterricht da wären? Brauchten wir nicht dringend einen Auffrischungskurs, bevor wir zur Sache kommen konnten? Wie lange sollte der dauern, wenn doch offenbar alles, was in der Mittelstufe intensiv ausgewalzt und erfolgreich abgeprüft war, so rasch vergessen und verlernt wurde?

Die Erfahrungen, die man früher bundesweit mit Auffrischungskursen über die halbe oder gar die ganze 11. Klasse gemacht hatte, waren wenig ermutigend. Zuviel war den Schülern wenigstens halbbekannt und dementsprechend langweilig. Und viele Schüler hatten sich damals allzu offensichtlich eine geradezu dümmliche Arbeitshaltung zugelegt, die kaum mehr ahnen ließ, wie sie sich durch die Mittelstufe gemogelt hatten, und die im geradezu peinlichen Gegensatz zu ihrem betont selbstbewußten Gehabe als frischgebackene Oberstufler stand. Wenn Ermüdung einsetzt, nützt ausdauerndes Erklären und Wiederholen ebenso wenig wie hartnäckiges Üben immer derselben Sache. Im Gegenteil, die Erfahrungen am Beginn der Oberstufe hatten belegt, daß eher Abwehrreaktionen und Vermeidungsverhalten gefördert werden.

Da es uns nicht freistand, den Analysisunterricht beliebig spät anzufangen oder ganz wegzulassen, entschieden wir uns nicht ohne Unbehagen, auf das Prinzip der immanenten Wiederholung[223] zu vertrauen und an den Pygmalioneffekt[224] zu glauben. Es war doch früher auch irgendwie gutgegangen...

Es ging dann auch so gut und so schlecht wie früher. Der ganze Jahrgang machte ein unauffälliges Abitur, und die Mathematikleistungen streuten bei den traditionellen Aufgaben wie gewohnt um das übliche Mittelmaß. - Hätten wir uns den ganzen Test nicht schenken sollen? „Das können wir unseren Schülern nicht zumuten. So etwas verdirbt nur die Stimmung," bekam ich auf einer Lehrerfortbildungstagung zu hören, „man weiß doch, was dabei herauskommt."

---

[222] Wie ähnliche Ergebnisse an anderen Gymnasien zeigten, handelt es sich um durchaus typische Prozentsätze und keineswegs um besonders schlechte. Dem Leser sei empfohlen, sich den Test auf der nächsten Seite erst einmal genauer anzuschauen, bevor er weiterliest.

[223] Was wichtig ist, kommt nebenbei oft genug vor und wird bei Bedarf noch einmal kurz erläutert.

[224] Die objektiven Leistungen von Schülern hängen oft drastisch vom Vertrauen des Lehrers in ihre Leistungsfähigkeit ab. (Vgl. etwa K. Ingenkamp, R. S. Jäger u.a. 1992.)

Kurztest über Mittelstufenkenntnisse	***Anteile***
1. Gesucht sind die Gleichung der Geraden durch P(1 ; 2) und Q(- 2/3; -2) sowie der Schnittpunkt mit der x-Achse.	*17 - 13* *17 - 00*
2. Lösen Sie bitte die folgenden quadratischen Gleichungen vollständig nach x auf: a) $2x^2 - 4 = 0$, b) $-\frac{1}{2}x^2 + 2x - \frac{1}{3} = 0$, c) $-\frac{1}{2}x^2 + 2x = 0$, d) $x^2 + x + 1 = 0$, e) $ax^2 + (a-1)\cdot x + 1 = 0$	*91 - 35* *74 - 17* *65 - 13* *70 - 35* *21 - 04*
3. Dividieren Sie bitte die folgenden Brüche aus: a) $\frac{x^2 - 1}{x - 1} = \ldots$, b) $\frac{\frac{1}{x} - \frac{1}{y}}{\frac{x - y}{xy}} = \ldots$, c) $\frac{x^3 - y^3}{x - y} = \ldots$, d) $\frac{\frac{\sqrt{x}}{\sqrt{y}} - \frac{\sqrt{y}}{\sqrt{x}}}{\frac{\sqrt{y}}{\sqrt{x}} + \frac{\sqrt{x}}{\sqrt{y}}} = \ldots$	*74 - 52* *57 - 04* *65 - 00* *52 - 00*
4. Schreiben Sie bitte eine passende Funktionsgleichung zur jeweiligen Wertetabelle, und skizzieren Sie diese Funktion grob daneben! a) x y: 1 1; 2 3; 3 5; 4 7; 5 9 , b) x y: 1 2; 2 5; 3 10; 4 17; 5 26 , c) x y: 1 2; 2 1; 3 2 / 3; 4 1 / 2; 5 2 / 5 , d) x y: 1 2; 2 4; 3 8; 4 16; 5 32	*57 - 30* *61 - 43* *48 - 39* *70 - 52* *27 - 09* *52 - 52* *35 - 13* *65 - 57*
5. Berechnen Sie bitte die Lösungen für x : a) $\sqrt{4 - x^2} + \frac{1}{\sqrt{5 - x^2}} = -1$, b) $x + \sqrt{3 - x} = 3$, c) $2^x = 8$, d) $3^x = -27$, e) $10^x = 8$, f) $\sin x = -\frac{\sqrt{3}}{2}$, g) $x - ax = b$.	*22 - 04* *17 - 00* *91 - 74* *87 - 09* *43 - 13* *04 - 00* *43 - 13*
6. Begründen Sie kurz, warum ... a) $\sin 45° = -\frac{1}{2}\sqrt{2}$ ist! b) $\tan 45° = 1$ ist! c) $\cos\frac{\pi}{3} = \frac{1}{2}$ ist! d) $\lg 1000 = 3$ ist! e) $2^{\frac{5}{2}} = 5{,}66$ ist! f) $3^{-\frac{3}{2}} = 0{,}19$ ist!	*26 - 09* *35 - 22* *17 - 04* *22 - 22* *39 - 35* *30 - 17*

Nun, wir hatten es nicht gewußt, nicht in diesem Ausmaß, und es hatte zwar uns selbst die Stimmung verdorben, nicht aber unseren Schülern. Bei genauerer Betrachtung hatte sich herausgestellt, daß die meisten der vielen Fehler, die aufgetreten waren, systematischen Charakter hatten. Tatsächlich reichten 21 Kategorien aus, um alle Fehler zu typisieren: 1. Falsches Ausklammern von (-1), 2. falsches Quadrieren bzw. Wurzelziehen bei Summen, 3. unklarer Begriff vom Lösen einer Gleichung (z. B. $x = 2x/a \pm ...$), 4. fehlende Klammern, 5. Distributivgesetz im Zusammenhang mit Brüchen, 6. falsches Ausklammern (z.B. $x^3 - y^3 = x^2 y^2 (x-y)$), 7. falscher Kehrwert, 8. nur eine Lösung bei quadratischen Gleichungen, 9. Definitionsmängel, 10. falsche Termmultiplikation und -division, 11. sinnwidrige Schreibweisen, 12. irrtümliche Linearität, 13. Behandlung linearer als quadratische Gleichungen... Im weiteren Unterricht bestätigte sich unsere Befürchtung, daß kaum eines der Fehlermuster durch isolierte Bearbeitung zu beseitigen war. Fast alle Fehler ließen sich sehr rasch aufklären, traten dann aber in solchen Kontexten systematisch wieder auf, bei denen die jeweiligen Wissensbausteine oder Techniken als Mittel zu komplexeren, vermeintlich übergeordneten Zwecken gebraucht wurden.

Erst als wir dazu übergingen, jedem Schüler seine Fehler anhand der Typenliste zu numerieren und das entstandene Fehlerprofil gesprächsweise auf wenige Fehlstrategien zurückzuführen, stellten sich merkliche Besserungen ein. Als erstes zeigten sich die meisten erstaunt und angenehm betroffen: Die Mühe, nach vernünftigen Ursachen ihrer Fehler zu suchen, hatte sich noch niemand gemacht...

Die Möglichkeiten, Fehler konstruktiv für den Unterricht zu nutzen, werden viel zu selten ausgeschöpft. Man denke nur an folgende Beispiele:

- Finde die Fehler in folgenden Beispielrechnungen oder Zeichnungen![225]
- Beurteile die folgende Aussage(form) möglichst wohlwollend: $(x + 1)^2 = x^2 + 1$.
- Welche Funktionen sind fast additiv?
- Unter- und überbestimmte Aufgaben als Herausforderung zum Argumentieren.
- Manchmal ist es doch richtig![226]
- Geometrische Widersprüche zur Einführung ins Beweisen.[227]

---

225 Gibt es eine schönere Einführung in Ähnlichkeitslehre und Zentralprojektion als das Bild „Satire on False Perspective"? (Nach einer Zeichnung von William Hogarth von L. Sullivan als Kupferstich angefertigt und 1754 als Frontispiz zu einem populären Lehrbuch über Perspektive von Joshua Kirby erschienen; vgl. die Abb. und die Skizze von Otto Patzelt vorn auf diesem Buch.)

226 z.B. $a/b + c/d = (a+c)/(b+d)$, wenn es um a km in b Stunden und c km in d Stunden geht.

227 Vgl. das Schülerarbeitsheft in der Zeitschrift „Mathematik lehren", Heft 5 (1984). Beachte: Erst wenn eine Aufgabe gar nicht geht, *muß* man argumentieren. Weitere Anregungen zum konstruktiven Umgang mit Fehlern enthält R. Fischer/G. Malle 1985, S. 76-84. Eine ausgezeichnete und sehr preiswerte Sammlung mathematischer Trugschlüsse und Paradoxien ist A.G. Konforowitsch 1992.

„Satire on False Perspective“, Kupferstich von L. Sullivan (1754) nach einer Zeichnung von William Hogarth

„Durch Null darf man nicht dividieren." - „Durch Differenz und Summen kürzen nur die Dummen." - „Man darf nichts Falsches an die Tafel schreiben." - Die größte Angst von Mathematikstudenten und -referendaren besteht darin, im Vorführunterricht etwas Falsches zu sagen oder nicht zu bemerken. Dabei sind Fehler eigenständigem Denken immanent, weil wir selektieren und riskieren müssen. Statt Fehler im Unterricht ständig zu ahnden, sollte man sie aufspüren, um etwas aus ihnen zu machen. Statt ängstlich vor ihnen zu zittern, sollte der Lehrer immer wieder mit Absicht Fehler machen, um die Schüler zum Selberdenken herauszufordern und um sie auf ihre Eigenverantwortung für das hinzuweisen, was in ihren Köpfen entsteht. Schüler müssen auch lernen: Intelligentes und humanes Reagieren und Agieren verlangt Mut zum Risiko eigenen Denkens. Und echte Verständigung zwischen Menschen setzt Vertrauen auf den konstruktiven Umgang mit Fehlern und Unzulänglichkeiten durch andere voraus. Vertrauen basiert - jenseits von Naivität - auf guten Erfahrungen in heiklen Situationen.

Die allzu verbreitete negative Fehlereinschätzung und -behandlung ist Symptom einer überholten didaktischen Ideologie, nach der es primär um die korrekte Übernahme positiven, eindimensionalen und konservativen Verfahrenswissens geht. Indem Fehler und Lücken zugleich als therapeutische Angelegenheit behandelt und als Eckpfeiler der Leistungsdiagnose herangezogen werden, entsteht ein krankhaftes Bild von mathematischer Bildung: Mathematik als geistiger Hürdenlauf, bei dem ein Parcours unpersönlicher Wahrheiten hauptsächlich aufgebaut wird, um die Abwürfe objektiver zählen zu können. Mathematik als klassisches Auslesefach, in dem fast alle irgendwann „abschnallen", um danach fest an jeden Unsinn zu glauben, der „wissenschaftlich", weil mathematischunverständlich, daherkommt. Denen, die mit Mathe ihre liebe Not haben, und auch den vielen voreiligen Nichtmathematikern teilen sich über Schulnoten subjektive Werturteile mit, Werturteile, die später nicht selten im fröhlichen Widerspruch zum besseren Wissen fortleben. Wer kennt das nicht: „Mathematik ist sehr wichtig, das weiß doch jeder! Leider habe ich nie viel davon kapiert." Ich bin überzeugt, daß die besondere Rolle von absoluten, ja absolutistischen Unwerturteilen im Mathematikunterricht - zweifellos ungewollt - eine geradezu schizophrene Einstellung erst vieler Schüler und dann auch der gebildeten Öffentlichkeit zur Mathematik fördert. Im Namen von Objektivität und Transparenz erscheint nun - gewollt oder ungewollt - mathematische Leistung als etwas Reines, als erfolgreiche Vermeidung von Fehlverhalten, als gelungene Flucht vor dem Offenbarungseid, als lokale Lückenlosigkeit und temporäre Unfehlbarkeit.[228] Schüler argwöhnen nur, daß es sich bei den eigentlichen Inhalten der Schulmathematik ab Klasse 8 um Belanglosigkeiten handeln könnte. Die öffentlichen Meinungsdesigner und -träger glauben allmählich, es zu wissen.

[228] Nicht zufällig paßt das so erschreckend gut zum Ideal einer gewissen, arroganten Sorte Reiner Mathematik, die nichts anderem dienen will als ihren eigenen Maßstäben und wahre Erkenntnis nur in dem findet, was sie schon weiß (oder demnächst wissen wird).

8.2 Der ideale Mathematiklehrer

Honoré Daumier: Wie man ein großer Mathematiker wird

M. Moutonnet (Schafskopf), Sie haben noch einen Fehler in Ihrer Rechnung...

Sie schreiben mir sechsmal den Satz „Ich habe mich in meiner Addition geirrt!"

An den Schluß seiner „Methodik des Mathematikunterrichts" hat J. van Dormolen 1978 einen zehn Jahre älteren Text von D.A. Johnson und G.R. Rising gestellt, in dem der ideale Mathematiklehrer für höhere Schulen detailliert beschrieben wird[229]: Ein solcher Lehrer sei dynamisch, freundlich, aufrichtig, begeisterungsfähig, bescheiden und ehrlich. Er nehme an Fortbildungskursen teil, sei Mitglied einiger Fachverbände, lese Fachbücher und -zeitschriften. Er habe inspirierende, abwechslungsreiche, motivierende, zielgerichtete Unterrichtstechniken und rege permanent zur Mitarbeit an. Er bereite seine Stunden sorgfältig vor und vergeude die Zeit nicht mit Zweiergesprächen, mit der Korrektur aller Hausaufgaben oder mit ausgedehnten Routinearbeiten. Und er nehme Anteil an den Zielstellungen, Problemen und Entscheidungen seiner Schüler. Kurz: er sei eben Idealist und Altruist, nicht Arbeitnehmer.

Ich halte das für eine unrealistische und gefährliche Zumutung, weil sie nichts anderes erzeugt als Heuchelei. Der heutige Vollzeitlehrer hat - je nach Fächerkombination - zweihundert bis dreihundert Schüler im zweijährigen Wechsel zu betreuen, zahllose Vorschriften zu beachten und transparente, justiziable Noten termingerecht zu erzeugen. Und sein Wohlverhalten als Beamter kontrastiert ständig mit seiner Pflicht, mündige Bürger erziehen zu wollen. Öffentlichkeit und „moderne" Reformpädagogik erzwingen die tägliche Mimikry:

> „Der Lehrer will eigentlich nicht Lehrer sein; auf jeden Fall will er nicht lehrerhaft wirken. Es fällt dem Lehrer schwer, sich mit seinem Beruf und den darin enthaltenen

---

229 J. van Dormolen 1978, S. 294f.

Forderungen an sein Tun zu identifizieren."[230]

Wenn das in der heutigen Schulwirklichkeit oft genug so ist, dann hat das seine schlechten Gründe: Forderungen nach Individualisierung und Differenzierung werden gleichzeitig mit der Erhöhung von Klassenfrequenzen, Pflichtstunden und Lebensarbeitszeit erhoben. Ständig neuen Aufträgen zur Förderung demokratischer, sozialer und pädagogischer Sonderwünsche steht ein ausuferndes Vorschriftenwesen gegenüber. Jedes Mißgeschick und jede Ungeschicklichkeit eines Lehrers wird öffentlich zum Präzedenzfall aufgebauscht, als erneuter Beweis für die Unfähigkeit eines ganzen Berufsstandes genommen und zu flächendeckenden Präventiv-Erlassen verarbeitet. Obwohl man den Lehrerbeamten längst mißtraut, werden ihnen zunehmend elterliche Erziehungsfunktionen überlassen, während man ihnen sicherheitshalber die Erziehungsgewalt abspricht und die Erziehungsmittel beschneidet. Trotz fingierten Konkurrenzdrucks zwischen Schulen und Schultypen (Stichwort: „Schulprofil"), trotz Parteienwirtschaft (Stichwort: „Kommunalisierung der Schulleiterwahl") und öffentlicher Diskreditierung von Lehrerberuf und Lehrerverhalten werden der Schule immer neue soziale Entlastungsfunktionen zugewiesen.[231] Die Schule soll sich öffnen, kostenneutral versteht sich: ins interkulturelle Berufs- und Gesellschaftsleben, ins Multikulturelle, ins Fachübergreifende, ins Ökologische, ins Europäische, in die Dienstleistungsgesellschaft, ins Computer- und Medienzeitalter, ins Musische, ins Therapeutische und ins Freizeitleben. Zugleich sieht man sie als kostenlosen Reparaturbetrieb für alle möglichen gesellschaftlichen Mißstände: Gewalt unter Jugendlichen, Drogenprobleme, Fremdenfeindlichkeit, Neonazitum, Ausgrenzung von Behinderten, Sozialdarwinismus, Konsumverhalten, Geldanbetung, Bereicherungssucht, Verlust der Familie, Frauenrolle, rücksichtsloses Autofahren, Kaufhausdiebstähle usw. usw. All das im hämischen Bewußtsein, daß Lehrer dafür gar nicht qualifiziert sein können, weil niemand für so vielerlei qualifizierbar ist.

Was liegt näher als die innere Emigration in eine pädagogische Provinz?

> „Viele Kollegien sind gemeinsam alt geworden - und das Gefühl, inzwischen eine 'ganz ordentliche' Schule zu betreiben, ist weit verbreitet. Nicht wenige aus dieser Generation hegen nun die (heimliche) Hoffnung, die mittlerweile erworbenen Kom-

---

[230] M. Heitger 1988, S. 46f.

[231] Nach § 86(2) des Hessischen Schulgesetzes von 1992 haben Lehrer nicht „nur" zu erziehen und zu unterrichten, sondern auch zu beraten und zu betreuen. Diese Quadriga wird in der hess. Ausbildungsverordnung von 1995 für das Referendariat ständig wiederholt und sehr stark betont. Offenbar ist sogar beabsichtigt, kompensatorisch zur Fachausbildung zu arbeiten: „Das anfängliche Rollen- und Unterrichtsverständnis von Referendarinnen und Referendaren ist geprägt durch die im wesentlichen fachwissenschaftliche und auf das Unterrichten in (zwei) Fächern ausgerichtete Ausbildung der Ersten Phase. Den erziehungs-/gesellschaftswissenschaftlichen Studienanteilen und den damit verbundenen Qualifikationszielen Erziehen, Beraten und Betreuen wird, von der Ausbildung für die Lehrämter an Grundschulen und an Sonderschulen abgesehen, eher geringe Bedeutung beigemessen... Die Ausbildung in der Zweiten Phase will dieses Rollenverständnis auf die vier grundlegenden Tätigkeiten der Lehrerinnen und Lehrer erweitern... Der Erfolg der pädagogischen Arbeit hängt entscheidend auch vom Verhalten der Lehrerinnen und Lehrer ab: von Zuverlässigkeit, menschlicher Wärme, Wertschätzung sowie Interesse am einzelnen Lernenden, unabhängig von der jeweiligen Leistungsfähigkeit." (Hess. Kultusministerium 1995b, A. 12)

petenzen, Konzepte, Sicherheiten nicht erneut infrage stellen zu müssen, sondern damit die 'restlichen' Dienstjahre zu bewältigen..."[232]

Tatsächlich sind z.B. die deutschen Gymnasiallehrer überwiegend, wie K.-J. Tillmann schreibt, zwischen 40 und 50 Jahren alt, haben 20 Dienstjahre hinter sich und 15 noch vor sich. Durchschnittsalter und Median der Mathematiklehrer an nordrhein-westfälischen Gymnasien betragen heute etwa 47 Jahre, mehr als drei Viertel sind mindestens 40 Jahre alt, ein Viertel mindestens 50. Der dortige Philologenverband warnte, daß in den nächsten zehn Jahren allein in NRW 56 Tsd. Lehrer ausgetauscht und - wegen steigender Schülerzahlen - 22 Tsd. zusätzlich gefunden werden müßten. Bundesweit muß man aus Alters- oder Gesundheitsgründen in den nächsten 15 Jahren mehr als die Hälfte der Mathematiklehrer ersetzen.[233] Statt vorzusorgen wird vorläufig für Wichtigeres gespart: mit Erhöhung der Klassenfrequenzen, Pflichtstunden und Lebensarbeitszeit.

<u>Mathematiklehrer/Innen an Gymnasien 1992/93 nach Ländern u. Alter</u>

(eigene Grafik nach Angaben der Statistischen Landesämter)

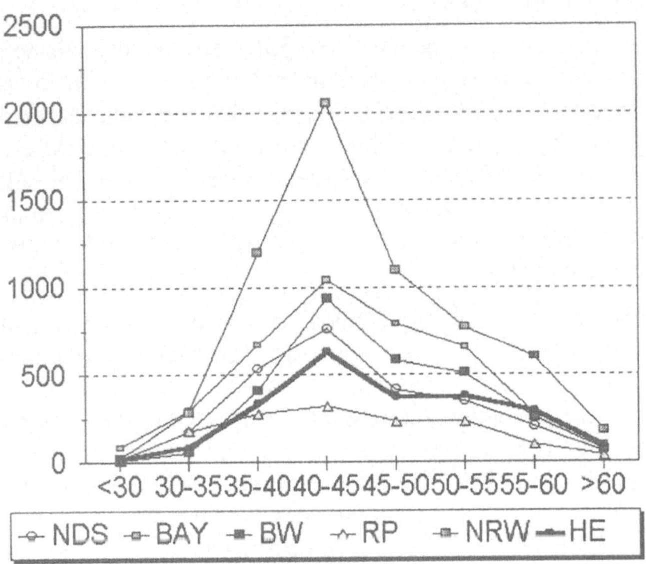

Ich meine, daß sich niemand von diesen Mißständen abschrecken lassen sollte. Es ist ja offensichtlich, daß man die fällige radikale Verjüngungskur nicht beliebig lange aufschieben kann und daß sich viele Zumutungen an den Schulalltag gegenseitig paralysieren. Wenn schon nicht begriffen wird, daß der „Wirtschaftsstandort Deutschland" mehr auf ein *qualifiziertes* Bildungswesen als auf Beschwichtigungszentren angewiesen ist,

[232] K.-J. Tillmann in: I. Gropengießer u.a. (Hrsg.): Schule - Zwischen Routine und Reform. Velber: Friedrich-Jahresheft XII 1994, S. 5.

[233] Vgl. auch W. Böttcher/K. Klemm (Hrsg.): Bildung in Zahlen - Statistisches Handbuch zu Daten und Trends im Bildungsbereich. Weinheim: Juventa 1995, S. 227-233.

dann wird jedenfalls die große Zahl, in der dann junge Lehrer für die Schulen gewonnen werden müssen, der Öffentlichkeit schmerzlich bewußtmachen, daß man von der Schule nicht beliebig viel verlangen kann und daß man qualifizierte Arbeitnehmer auch für den Lehrberuf nur bekommt, wenn man sie adäquat bezahlt, respektvoll behandelt und qualifiziert arbeiten läßt. Ich hoffe sehr, daß die kommende Lehrergeneration, wenn man sie erst einmal in die Schule läßt, selbstbewußt genug sein wird, nicht länger ängstlich und heuchlerisch so zu tun, als ließen sich all die widersprüchlichen Forderungen erfüllen, ohne das zu beschädigen, was Schule wirklich kann, nämlich professionell unterrichten und durch Lernen in der Gemeinschaft zur Erziehung beitragen.[234]

These 29: **Wer als Lehrer fachlich und menschlich seriös unterrichtet, sich für Schülergedanken interessiert, sich an seine Pflichten hält und sich lebenslang fortbildet, arbeitet professionell, verdient Respekt und braucht sich von keinem Laien hereinreden zu lassen.**

Bevor ich ausführlich auf die Rolle des Mathematiklehrers gegenüber Schülern und Eltern eingehe, möchte ich ein paar dringende Worte zum Selbstverständnis und zur Selbstdarstellung des Lehrers sagen:

Zu allererst ist der Lehrer Arbeitnehmer, wie jeder andere lohnabhängig Berufstätige auch. Macht er seine Arbeit ordentlich, dann hat er bereits sein Recht, ernstgenommen zu werden - die Arbeit, die er übernommen hat, ist schwer genug. Ob er darüber hinaus Idealist ist und sich aufopfern mag, ist ihm überlassen. Vielleicht wird es ihm von manchen Schülern, Eltern oder Vorgesetzten zugute gehalten, in seiner Besoldungsgruppe ist es nicht vorgesehen, und ein Anspruch auf Anerkennung besteht grundsätzlich nicht. Darum kann es auch keine Verpflichtung zum pädagogischen Heldentum oder zur professionellen Wundertätigkeit geben.

Das mag sich sehr nüchtern und trivial lesen, aber in der Schulwirklichkeit ist es das mitnichten. Dort gilt es noch häufig als Verrat am Berufsethos, auf anderswo selbstverständliche Arbeitnehmerrechte zu pochen, daß es z.B. einen Feierabend gibt, daß Arbeitsmaterial, dienstliche Kommunikationsmittel und zumutbare Arbeitsräume gestellt werden, daß höher qualifizierte Zusatzarbeiten honoriert werden müssen, daß Dienstreisen mit Erwachsenen zumutbaren Unterkünften vom Arbeitgeber zu bezahlen sind, daß Unzumutbares und Unerfüllbares nicht angeordnet werden darf, daß es eine Loyalitätspflicht des Vorgesetzten gibt, daß die Unschuldsvermutung auch Lehrern zusteht oder daß Krankenunterlagen und Rezepturen den Arbeitgeber gar nichts angehen. Es ist leider noch üblich, sich unter Kollegen, bei Vorgesetzten und in der Öffentlichkeit als beliebig altruistisch, als beliebig belastbar, als beliebig dienstbar und als fast beliebig befähigt darzustellen. Es gehört halt „zum Guten Ton“, nach außen so zu tun, als arbeite man überdurchschnittlich erfolgreich und nur der lieben Kinder andrer Leute wegen, sei für jeden jederzeit ansprechbar, könne jede Beleidigung wegstecken und betrachte die staatliche „Alimentation“ eigentlich als peinliche Zugabe. Das alles, obwohl der Lehrer als Beamter und als geprüfte Fachkraft seinen aufrechten Gang an der Klassentür gar nicht

[234] Im Hinblick auf Gymnasien kann ich mich in den wichtigsten Punkten dem engagierten Buch von K. Meyer 1996 anschließen.

aufgeben müßte und dürfte, nachdem er ihn Schülern so eindrucksvoll gepredigt hat. Dabei steht es jedem einzelnen Lehrer frei, Erziehung zur Mündigkeit und mündige Dienstauffassung in Einklang zu bringen, er muß nur freimütig aufbegehren, wenn sich die pädagogischen Gesundbeterinnen und Zuckerbäcker wieder einmal zur Beförderung aus der Unterrichtspraxis empfehlen oder wenn Vorgesetzte Sachkompetenz aus ihrer Besoldungsgruppe und aus ihrem Parteiprogramm ableiten. Was kann ihm denn als Beamtem (oder Angestelltem) auf Lebenszeit passieren? Vielleicht macht er sich bei einigen unbeliebt und bekommt einen unfreundlichen Stundenplan. Eine Entlassung braucht er nicht zu befürchten, und für die seltene Gnade der Beförderung reicht Wohlverhalten längst nicht mehr, da sind inzwischen bekanntlich gewisse Merkmale des Körperbaus und Showtalente viel wichtiger.

Wer als Lehrer frei atmen möchte, muß sich natürlich auch auf seine Lehrerrolle Schülern und Eltern gegenüber einstellen. Es gibt da viel mehr an Erwartungsdruck durch traditionelle Klischees, Vorurteile und Zumutungen, als man auf den ersten Blick meint, und die heutige Situation ist durch die nostalgische Hochkonjunktur reformpädagogischen Gedankenguts nicht leichter geworden.

Tatsächlich haben die reformpädagogisch orientierten Forderungen prominenter Erziehungswissenschaftler eher verunsichert als befreit, indem sie die Praktiker an staatlichen Schulen bis heute immer wieder auf eine alte Utopie zu verpflichten suchten, auf die längst in sich widersprüchliche Utopie nämlich von einem romantisch-anachronistischen „Lebensraum Schule" mit aktiver Öffnung zum sozialen, ökologischen, ökonomischen, technischen und kulturellen Umfeld, weil angeblich „die Schule ihre Funktion als Lernraum überhaupt nicht mehr ausfüllen kann, wenn sie nicht auch Lebensraum wird" [235]. Lehrer müßten demnach wirkungsvoll ihrer täglichen Unterrichtsarbeit nachgehen, sollten aber „eigentlich" und zugleich nach Kräften das angeblich überholte „Gehäuse Unterrichtsschule durchbrechen", „Staatspädagogik und Reformpädagogik annähern"[235] und „Schule neu denken" (H.von Hentig 1993) - also kurz: aufstrebende Lehrer sollten den durch Studium qualifizierten Großteil ihres tatsächlichen Handelns geringschätzen und überwinden.

> „Erziehung, Unterricht, Beratung und Betreuung" sind nach § 86, Abs. 2, des Hessischen Schulgesetzes von 1992 Aufgabenfelder des Lehrers, was „angesichts der Ausbildung, der vorhandenen Qualifikationen und der alltäglichen Arbeitsbelastung eine weitreichende Überforderung der allermeisten Lehrerinnen und Lehrer (gewiß nicht nur in Hessen)" bedeutet.[236]
>
> „Dieser Schulreformperspektive liegt die erfahrungsgesättigte Überlegung zugrunde, daß für viele Schülerinnen und Schüler heute die Schule ein, wenn nicht der zentrale Ort ihres Lebens ist... Provokativ formuliert muß den Schülerinnen und Schülern ggf. Schutz vor Unterricht (unter Umständen auch vor anderen pädagogischen Fördermaßnahmen) geboten werden, damit sie vertieft lernen können...

---

[235] H. Holzapfel 1992, zitiert nach K.-H. Braun: Die Unterrichtsschule am Ende ihrer Epoche - Diskursethische Reflexionen zum neuen Hessischen Schulgesetz. Neue Sammlung 33.1 (1993), 71-99.

[236] K.-H. Braun, loc. cit.

In sich häufenden Fallkonstellationen sind aber die Unterrichtsangebote 'zu hoch', verfehlen sie den subjektiven Erfahrungs-, Wissens-, Fähigkeits- und Motivationshorizont deshalb, weil die dabei vorausgesetzten Spielfähigkeiten - aus welchen Gründen auch immer - nicht erworben wurden... Die neugedachte Schule wird also eine Schule der Ruhe, der Langsamkeit, des Lernens, des Unterrichts und des Spiels zu sein haben..." [237]

Diese postmoderne Romantik mit ihrer „Neuen Offenheit" und ihrer Vorliebe fürs Dilettantische wird hoffentlich bald als mittelfristig lebensgefährliche Modekrankheit unseres „fin de siècle" erkannt.[238] Die alte „Kulturkrise" am letzten Jahrhundertende, nach der

[237] Ebenda, S. 81f. - Ich erinnere mich an eine charakteristische Begegnung vor einigen Jahren. Eine einflußreiche Dezernentin, die sich damals schon die „neugedachte Schule" von allen Stellenbewerbern wünschte, schwärmte in den höchsten Tönen von ihrem letzten Unterrichtsbesuch, in dem der Delinquent gar nichts mehr zum Thema gesagt habe und nur die Schüler machen ließ. „Das war mal eine wirklich tolle Stunde. Er nannte es 'moderierenden Unterricht'. Haben Sie davon gehört?" fragte sie mich. Ich wußte zwar, was „moderieren" wörtlich heißt, und wie man Vorführstunden kreiert, aber die Dame galt wie gesagt als sehr einflußreich, war für ihr herrisches Auftreten Kollegen gegenüber berüchtigt und stand der örtlichen Parteiarbeit sehr nahe (übrigens in einem alten Bundesland). Ich verneinte die Frage, stellte mich brennend interessiert - und erreichte schließlich, worum ich ersucht hatte. Hinterher fragte ich mich, wo meine Zivilcourage geblieben war. Emanzipation der Schüler durch Selbstkastration der Lehrer auf dem Verwaltungsweg - für wen soll das gut sein?

[238] Ich halte diese Tendenzen in der Tat für äußerst gefährlich, weil sie die Jugend mit Illusionen einlullt und damit noch tiefgreifender zur Egozentrik verführt als die kommerzielle Werbung. Es ist höchste Zeit zum Protest, deshalb erlaube ich mir, das Nötige einmal drastisch darzustellen:

Leute, die ihren eigenen Kindern alle Chancen bieten können, reden der Schule pausenlos und wider besseres Wissen ein, das Märchen vom „Haste was, biste was" lasse sich von jedem aus eigener Kraft umkehren. Für die Stillen, die Ängstlichen und für die vielen wirklich Benachteiligten in diesem Lande, man denke nur an den Hauptschüler anatolischer Herkunft, ist das nichts als Bauernfang. Deshalb verbietet sich eine gelassene Diskussion. Wir sind munter dabei, eine „zynische Dienstleistungsgesellschaft" (Sloterdijk) zu entwickeln, in der Bildung, Erziehung und geistige Leistung verharmlost und „verspielt" werden, und demonstrativ entwertet, weil sie scheinbar nichts kosten. (Kosten tun nur die Lehrer, vor allem ihre Pensionen. Ein international anerkannter Gelehrter, der heute einen wissenschaftlichen Colloquiumsvortrag hält, bekommt irgendwann für seine Kenntnisse, Anregungen, Mühen und den Zeitaufwand pauschal 150,- DM vor Steuern, jeder Klempner kassiert das in zwei Stunden und verdient noch tüchtig am Material, das er zerstört.) Die „offene" Einladung zur kostenneutralen Entlastung der mittelständischen „Leistungsträger" von häuslicher Erziehungsarbeit, öffentlicher Jugendbetreuung und Medienkontrolle hat bei Schülern, Eltern, Journalisten, Allgemeindidaktoren und Offiziellen längst Hochkonjunktur. (Um ein einschlägiges Musterbeispiel zu nennen: Von W. Wallrabensteins „Offene Schule - Offener Unterricht - Ein Ratgeber für Eltern und Lehrer" - man beachte die Reihenfolge - wird z.Z. das 30.-33. Tausend verkauft. (Reinbeck: Rowohlt 1991, 1994 (=rororo Sachbuch 8752))

Die Vorzüge der Neuen Offenheit werden zwar regelmäßig nur an hübschen Beispielen aus der Grundschule illustriert und teils mit Verheißungen, teils mit Totschlagsargumenten „begründet" (z.B. Wallrabenstein, S. 78), die etablierten Befürworter sind aber im ganzen Schulwesen sehr einflußreich, vermutlich weil Parteikarrieren längst nicht mehr über ein Engagement für Bildungs- und Sozialpolitik führen, sondern - wie E.K. Scheuch eindrucksvoll gezeigt hat - zumindest in Ländern und Kommunen über lokale Wirtschaftspolitik. Da die Schulpolitik im wesentlichen Ländersache ist, fehlen ihr politische Köpfe mit einem Blick für gesamtgesellschaftliche und gesamtwirtschaftliche Zusammenhänge. (Um nur einen Beleg anzuführen: Die sogenannte „Verrechtlichung" der Schule ist gar keine, sondern nur eine Reglementierung durch die Exekutive, wie der Deutsche Juristentag schon vor Jahren bemerkte. Parlamentarische Kontrolle des Bildungswesens findet kaum statt.) Das bildungspolitische Feld wurde eloquenten „Fachleuten" überlassen, talkgewohnten pädagogischen Bestsellerautoren und öffentlich-rechtlichen Insidern mit bemerkenswertem Talent zur Waschmittelreklame. Die haben inzwischen fast unisono beschlossen, bei der „Neuen Öffnung" handle es sich um eine allfällige „Unterrichtsrevolution von unten", d.h. gestützt auf eine breite Basis wahrhaft Erleuchteter in der Grundschule. Ungläubige erhalten einen Verweis auf „neuere Lerntheorien" von Piaget, Dawydow, Leontjew oder Galperin (z.B. Wallrabenstein, S. 129 und an vielen anderen Stellen). Die verbreitete Wissenschaftsgläubigkeit erlaubt es offenbar schon, Theorien als beweiskräftig zu unterstellen und daraus Handlungsverpflichtungen abzuleiten. (Ist der Mathematikunterricht daran ganz unschuldig?)

Jeder Sekundarlehrer muß sich leider mit den Begründungsmustern und Schlagwörten rechtzeitig vertraut machen, selbst wenn er - wie ich - schließlich nur lernt, daß die Blinden zum Gehen und die Lahmen zum Sehen gebracht werden sollen. Einen Vorteil hat die Sache nämlich auf jeden Fall, und schon der garantiert ihr einen gewissen Erfolg: Wer als Lehrer fachlich „nicht so ganz gut drauf" ist oder mit allzu selbstbewußten Nervenbündeln unter seinen Schülern nicht klarkommt, der lernt das Nötige, was man heute im Stadtteil so braucht (bei Pestalozzi war es noch das Gebirgsdorf), halt in Lebens- und Lerngemeinschaft mit seinen Mitschüler-Helfern am zauberhaft bunten Spielmaterial des Lehrmittelhandels. Niemand braucht mehr Angst zu haben. Ist das nicht toll? „Nun umarmt euch endlich, wozu haben wir denn den Mittagskreis, verdammt nochmal!" (Man suche Spaßes halber die Stellen bei Wallrabenstein, wo offen etwas Mathematisches vorkommt. Tip gefällig? Z.B. Seite 111 oder Seite 32 - der LÜK kommt aber auch mehrmals vor, wo? Wollen wir Mathe vielleicht nicht doch lieber ganz offen heimlich unterjubeln, wenns gerade paßt und keiner merkt, oder unter „Sonstiges" zur Freiarbeit anbieten?)

Manche betrachten die ostentative Selbstverleugnung einer beamtenstaatlichen Einrichtung schlicht als heuchlerischen Anbiederungsversuch oder als Ausverkauf mit Sonderangeboten wegen Geschäftsaufgabe. Wer zünftig sein will, unterrichtet heute nicht mehr, er macht „Lernangebote". „Angebote" kann man bekanntlich ablehnen, wenn sie nicht reizvoll genug sind. Nein und nochmals nein, wir brauchen eine „Schule der Langsamkeit" und der Hochleistungen im Spielen erst, wenn es zu spät ist, d.h. wenn noch viel mehr Arbeitsplätze über „offene Grenzen" ausgesteuert sind. Ein mißtrauischer Oberstufenschüler, der das schwülstige Gerede von der „offenen Lern- und Lebensgemeinschaft" im „Gehäuse" der „neugedachten" Betulichkeit, Erdverbundenheit, Herzensgüte und Unverbindlichkeit durchschaut hatte, brachte es auf den Punkt: „Wer nach allen Seiten offen ist, kann doch nicht ganz dicht sein. Was ich später brauche, ist ein Arbeitsplatz. Und wer keine Beziehungen von Zuhause hat, wird bald merken, wie offen alle zu einem sind, wenn man nicht besser ist als die Konkurrenz." (Eine Gundschulreferendarin, die so etwas zu sagen gewagt hätte, müßte vermutlich sechsmal das HILFs-Video „Der Gaudi-Hugo, Dr. van Hälsing und Prof'in. Trude Aero-Soleilo durchbrechen das Gehäuse der Finsternis und befreien Margarethe Schreinemakers" anschauen und protokollieren. - Zu polemisch? „Die neugedachte Schule wird eine Schule... des Spiels zu sein haben," meinte K.-H. Braun, also doch wohl eine des interaktiven Videofilms im Cyberspace.)

Für all die, deren längst absehbare Zukunft keine Spielerei wird und die ihre „Teamfähigkeit" später nur noch dem Sozialamt anbieten können, wenn es das dann noch gibt, wird es eine Vorschule der Bitterkeit werden. Vielleicht werden sie gelernt haben, sich zu öffnen - wie man

Gründerkrise und Bismarcks „Kulturkampf", die sich in Stadtflucht, Wandervogel, Jugendkult, Nationalismus und Reformpädagogik niederschlug [239], tritt mit den alten Ideen wieder zur Rettung an, diesmal durch eine Neue Innerlichkeit als Antwort auf die globale Strukturkrise. Nur die Schlagwörter haben gewechselt: ökologisches Bewußtsein, kommunikative Kompetenz und Surfen auf der Datenautobahn, Betreuungsschule und Bodystyling, ökonomischer Internationalismus, religiöser Fundamentalismus und Medienpädagogik. Wer kann die Windmühlen denn aufhalten, wenn nicht die Kinder? Allen voran sollen Lehrer wieder den Don Quixote spielen, ausgerüstet wie früher mit standhafter Naivität und nimmermüder Güte, diesmal aber auch noch mit gesellschaftlichem Gegenwind.

Anders als vor hundert Jahren ist das Lehrerethos heute zusätzlich mit einer tiefen, unbewältigten Kluft belastet, der gewachsenen Spaltung zwischen „moderner", wissenschaftlich verfremdeter, „professionalisierter" und durchreglementierter Erziehungspraxis einerseits und dem ursprünglich gemeinten menschlich unmittelbaren, aber selbstgewiß verantworteten pädagogischen Bezug andererseits. Dieser Bezug wußte sich in der alten Reformpädagogik von öffentlichem Ansehen und von einem gesellschaftlichen Wertekonsens getragen und abgesichert: von einer damals selbstverständlichen Distanz und als natürlich empfundenen Autorität des Erwachsenen gegenüber Jugendlichen, von fragloser Verpflichtung auf Disziplin im Umgang miteinander und von der Überzeugung, das rechte Wohl jedes Einzelnen liege am Ende in seiner Tugend, d.h. in der sittlichen Tauglichkeit zum Gemeinwohl. Ich will das an einem prominenten Beispiel aus der großen Zeit der Reformpädagogik deutlich machen, an Georg Kerschensteiners Bestseller „Seele des Erziehers" aus dem Jahre 1921. Es lohnt sich, hierauf genau einzugehen, weil der metaphorische Sprachdiktus damals noch zum Gemeinten und zum gesellschaftlichen Umfeld paßte und weil der ideologische Inhalt seine Zeit überlebt hat und uns immer noch die rührendsten Passagen bei offiziellen oder taktischen Äußerungen zum pädagogischen Ethos und Eros „des" Lehrers zumutet.

Kerschensteiner hielt zunächst fest, daß grundsätzlich jeder Mensch erziehend auf andere wirke:

> „Kein Menschenleben verrinnt gänzlich ohne Wirkung auf die menschliche Um- und Nachwelt... In dieser Bedeutung erfassen wir also den allgemeinsten Begriff des Erziehers. Es ist der Mensch, sofern er das seelische Leben der Mitmenschen gewollt oder ungewollt im Sinne eines Aufstiegs zu einem höheren Sein beeinflußt. Was die landläufigen Erziehungstheorien als die 'verborgenen Miterzieher' bezeichnen, fällt unter diesen allgemeinsten Begriff." [240]

Neben große Persönlichkeiten als Träger zeitloser Werte, die schon als besondere Vorbilder erziehend wirkten, und neben Theoretiker der Erziehung, die der Praxis immer nur mit eingrenzenden Regeln helfen könnten, stellt Kerschensteiner den berufsmäßigen Typus des sozial zugewandten, humorvoll-gelassenen Praktikers, der jungen Menschen -

sich mit Solidarität wehrt, sicher nicht. Allzu Gutgläubigen empfehle ich H. W. Frankes SF-Roman „Der Orchideenkäfig".

239 vgl. etwa H. Blankertz 1967, W. Scheibe 1980, F.K. Ringer 1987.

240 G. Kerschensteiner 1921, S. 3f.

von unparteiischer Sympathie und unbeirrbarer Zuneigung getragen - zu ihrer Wertverwirklichung nach Anlage, Bildsamkeit und Vermögen verhelfen wolle und müsse, weil er sich dazu aufgrund seiner besonderen sozialen Triebstruktur bestimmt fühle. Mit Bezug auf eine von Eduard Spranger vorgeschlagene Individualtypologie ordnet Kerschensteiner damit den idealen Lehrer als speziellen Typus in die Kategorie der „sozialen Menschen" ein, deren „Grundtrieb nicht das Erkennen, nicht das Gestalten, nicht das Beziehen auf ein Transzendentes sei, sondern die reine Liebe zum lebendigen Menschen mit ihrem Solidaritätsgefühl, ihrer Hilfsbereitschaft und Opferfreudigkeit für andere". Die soziale Komponente habe die anderen fünf, von Spranger so beschriebenen, zu überwiegen, nämlich die theoretische Neigung, die künstlerische Phantasie, das wirtschaftliche Gewinnstreben, die Religiosität und den Machttrieb. [241]

> „Aus einer starken Veranlagung nicht bloß zum Mitfühlen, sondern auch zum Einfühlen in die Seele der Mitmenschen, vor allem der geistig unmündigen, ist er zeitlebens von einem lebhaften Interesse gefesselt, seine Arbeit in den unmittelbaren Dienst ihrer seelischen Entwicklung zu stellen. Während in dieser Veranlagung das Mitgefühl, die Sympathie, eine allgemeine menschliche Eigenschaft darstellt, die nur in den einzelnen Individuen in ganz verschiedener Stärke auftritt, ist die Feinfühligkeit in diesem Falle eine Folge der der kindlichen Natur verwandten Eigenart einer gestaltungs- und spielfreudigen, weder vom Gesetz des Nutzens, noch vom Gesetz der systematischen Erkenntnis, noch vom Willen zur Macht beeinflußten Seele...
>
> Mit der Fähigkeit der Einfühlung in die Seele eines anderen, welche den Erzieher in die Tiefe der jeweiligen Individuallage des Zöglings steigen läßt, muß die Feinfühligkeit für alle möglichen Seiten des jugendlichen Lebens Hand in Hand gehen und jenen pädagogischen Takt zeigen, der in sicherer Reaktion auf das Beobachtete das jeweils Angemessene für die Beeinflussung einer Erscheinung trifft.
>
> Was die rein intellektuellen Fähigkeiten betrifft, so ist die Denkbewegung des Erziehers mehr der des Dichters und Historikers verwandt, als der des Mathematikers und Naturforschers. Sie ist mehr auf das Gestalten einer konkreten Gesamterscheinung gerichtet, wobei das Gestalten immer unter Beziehung auf den bestimmten Persönlichkeitswert erfolgt, der in dem erst allmählich in die Erscheinung tretenden Ich des Zöglings liegt, und dessen Erfassen die Fähigkeit der Diagnose des typischen Persönlichkeitswertes und damit eine eigenartige Objektivität voraussetzt.
>
> Unerläßlich ist für den Erzieher die Veranlagung zum Charakter. Diese setzt neben der bereits erwähnten Gabe der Feinfühligkeit und des in der eigenartigen Denkbewegung selbstverständlich eingeschlossenen gesunden Menschenverstandes einen gewissen Grad der Willensstärke und der Aufwühlbarkeit des Gemütsgrundes voraus... Alle höheren Grade der Charakterstärke oder der Stärke des autonomen Willens zum Charakter sind ihrerseits bedingt durch die Einheit, Geschlossenheit und Dauerhaftigkeit der Grundsätze, die als Normen des Handelns im Erzieher leben.
>
> Eine solche Einheit und Geschlossenheit ist durch Erkenntnis allein nicht zu erzielen.

---

[241] Ebenda, S. 22ff. Man sollte den letzten Satz wirklich dreimal lesen und sich dann fragen, wem solche Ansichten heute zuarbeiten.

Die irrationalen Grundlagen sind hier tragfähiger als andere Grundlagen..." [242]

„In dem Persönlichkeitswert des Lehrers aber - noch einmal sei es mit allem Nachdruck hervorgehoben - ist die soziale Natur, das Grundgesetz der Liebe, das Ausschlaggebende, nicht das theoretische Verhalten." [243]

„Mit den drei eben hervorgehobenen Sondereigenschaften der Lehrernatur: der Begabung für sein bestimmtes Unterrichtsfach, der jederzeit zur Verfügung stehenden Doppeleinstellung einerseits auf das Sachliche des Lehrgebietes, andererseits auf das mannigfaltige Persönliche der Schülermassen und endlich der Fähigkeit intensiven Wertlebens, sind wohl die Hauptmerkmale bezeichnet, die zu denen des Erziehers hinzutreten müssen, um dem Anspruch, im Berufe des Klassenlehrers (hier im allgemeineren Sinne von „Lehrer in der Klasse"; L.F.) erfolgreich zu wirken, eine Grundlage zu geben." [244]

Jeder Lehrer müsse über eine Begabung zur mündlichen Darstellung und „großen Humor" im Sinne von Milde, Gelassenheit und zugewandter Distanz verfügen,[245] gute Lehrer der Unterklassen über „eine starke Fähigkeit zur persönlichen Einstellung und individuell psychologischen Gestaltung des Lehrstoffes", gute Lehrer der Oberklassen dagegen über „eine starke sachliche Einstellungskraft und rhetorische Darstellungskraft".[246] Dafür seien weder Talente zum Gelehrten noch zum Künstler erforderlich, ja sogar eher hinderlich, „denn der Wissenschaftler geht im objektiven Erfassen des Inhalts der Erscheinungen, der Künstler im subjektiven Gestalten der Form der Erscheinung auf; der Lehrer aber, vor allem der Volksschullehrer, soll in der Liebe zum Zögling als werdendem Träger von Werten leben."[247]

„Wer innerlich gezwungen ist und darum unermüdlich darauf ausgeht, immer neue Kenntnisse zu sammeln und mit ihnen den eigenen Gedankeninhalt immer vollständiger systematisch zu ordnen und umzugestalten, der ist in großer Gefahr, die täglich wiederkehrende Kleinarbeit des pädagogischen Berufes, die nur die alles bezwingende Liebe bewältigen kann, als eine immer stärkere Last zu empfinden. Selbst in der eigentlichen Erziehungsarbeit, vor allem in der Schularbeit, läßt sich die wissenschaftliche Einstellung, die auf Erforschung des jugendlichen 'Seins' gerichtet ist, auf die Jugendkunde, nur schwer mit der pädagogischen Einstellung verbinden, welche die erziehliche Wirkung im Auge hat, auch wenn in einem Pädagogen beide Typen, der theoretische und der soziale Mensch, vereinigt sind." [248]

„... Das Amt des Erziehers ist ein ganz anderes; er will nicht die Menschheit erlösen, sondern den einzelnen Menschen, und darum ist auch seine Einstellung eine völlig andere. Sie ist auch nicht auf das Allgemeine gerichtet - das Allgemeine ist ihm in

---

242 Ebenda, S. 73-75.

243 Ebenda, S. 109.

244 Ebenda, S. 102f.

245 Ebenda, S. 76ff.

246 Ebenda, S. 87.

247 Ebenda, S. 97.

248 Ebenda, S. 28f.

seinem unzweifelhaften Werte bereits gegeben -, sondern auf das Besondere und auf die Beziehung des Besonderen zum Allgemeinen. Sein Denken bewegt sich im Anschaulichen, und diese Denkbewegung in Verbindung mit dem intuitiven Erfassen des irrationalen Stromes der werdenden Menschenseele ist eine sehr eigenartige Begabung, die wir mehr in der Idee uns vergegenwärtigen, als in ihrer vollendeten Wirklichkeit schauen können."[249]

„Die echte Erziehernatur hält es nicht aus ohne den Umgang mit der Jugend. Ein Lehrer, der sich nicht auch außerhalb seiner Schule um seine Jugend kümmert, kann vielleicht ein recht brauchbarer Unterrichter sein, ist aber weit entfernt von der rechten Erziehernatur... Nicht der Umgang mit Erwachsenen ist sein Grundbedürfnis, sondern der Verkehr mit Unmündigen... Was die Quelle dieser reinen Lust im Verkehr mit der Jugend ist, ist nicht einfach zu sagen. Mit der bloßen Bezeichnung Liebe zur Jugend ist nichts erklärt. Denn das Gefühl der Liebe kann ein einfaches, aber auch ein zusammengesetztes Gefühl sein, in das eine Menge Elementargefühle eingehen, unter welchen das starke, gefühlsbetonte Bewußtsein der Gegenliebe, der Anhänglichkeit der Jugend, des Besitzes ihres Herzens, des Anerkanntwerdens, die Freude am Erfolge der eigenen Arbeit, also im Grund egoistische Gefühle, nicht selten eine erhebliche und bisweilen eine nicht ungefährliche Rolle spielen."[250]

Kerschensteiners Sprache und Argumentationsweise läßt noch etwas von der „Ehre des Pädagogen aus Berufung" spüren, vom ursprünglich intuitiven Anliegen, dem es zuerst um unmittelbar schöpferische Formung im pädagogischen Prozeß ging, wohl kontrolliert von wissenschaftlichen Einsichten, aber niemals im Sinne einer „Optimierung von Lern- und Sozialisationsprozessen" davon beherrscht. Die Sprache der klassischen Reformpädagogen, in der das Gemeinte einst vermittelbar war, gehörte zum (meist national-) politischen Anliegen. Sie lebt in der heutigen Öffentlichkeit und im pädagogischen Diskurs nicht mehr. Das zeigt bereits an, was verloren ist und warum der alte Wein nicht schadlos in die neuen Schläuche paßt.

„Man kann sich der suggestiven Sprache der Reformdiskussion vor 1914 nur schwer entziehen. Sie beherrscht noch heute die Semantik der Reformer, so daß die verführerische Kraft der Zustimmung recht groß ist. Geht man freilich auf die Logik der Argumentation ein, die hinter den plakativen Formeln der 'neuen Pädagogik', der 'natürlichen Erziehung' oder der 'neuen Schule' verborgen sind, dann stellt sich Distanz ein..." [251]

Hoffentlich. Ich bin überzeugt, daß der reformpädagogische Ansatz aus mehreren Gründen heute nicht mehr zu halten ist. Der wichtigste Grund besteht darin, daß ihm die zur Erziehungswissenschaft gediehene Pädagogik die glaubhafte Unschuld geraubt hat: Wer die Sprache der „instrumentellen Didaktik" (s.u.) assimiliert hat, wirkt unglaubwürdig, wenn er den unmittelbaren Bezug zum „Zögling" beschwört oder sich von „Liebe zur Jugend" getragen meint. Auch wenn heutige Jugendliche diese Liebe zunehmend vermis-

---

249 Ebenda, S. 60f.

250 Ebenda, S. 46f.

251 J. Oelkers 1992, S. 12.

sen, sie kann vom erziehungswissenschaftlich gebildeten und in die Gegenwartsgesellschaft sozialisierten „Lehrerprofi" nur noch bruchstückhaft gegeben oder simuliert werden, und durch flächendeckende „Zuwendung" kann man sie nicht annähernd ersetzen. „Naturgemäßheit" (Rousseau, Pestalozzi, Spencer, Lietz), „Volkstum" (Jahn, Diesterweg, de Lagarde, Langbehn, Lichtwark), Geborgenheit in der „Volksgemeinschaft" (Gurlitt, Wyneken, Spranger), „Deutschtum" (Gaudig, Lichtwark, Otto, Petersen) oder „Charakterstärke der Sittlichkeit" (Herbart) taugen nicht mehr als Landmarken der Erziehung im Zeitalter der globalen Medien, der sozialdarwinistischen Weltwirtschaft und der strukturellen Arbeitslosigkeit.

Die immer noch beschworene „Lebens-, Lern- und Arbeitsgemeinschaft Schule" ist in der hochspezialisierten, arbeitsteiligen Dienstleistungsgesellschaft eine fragwürdige, romantische und anachronistische Utopie, die schon am gebrochenen Verhältnis der Lehrerschaft zur Bürokratie und Öffentlichkeit scheitern muß. Die seit Jahren propagierte „Öffnung von Schule" wird der Jugend keine heile „pädagogische Provinz" vortäuschen können, geschweige denn erzeugen. Die typisch reformpädagogische Gedankenführung und klassizistische Sprache Kerschensteiners sollte das verdeutlichen. (Der Kürze halber überließ ich dem Leser das zweifelhafte Vergnügen, eine Übersetzung in die objektivistische Sprache der modernen Erziehungswissenschaft zu versuchen.[252])

Daß die zentrale reformpädagogische Überzeugung der Weimarer Zeit, „Arbeitsunterricht", schülerzentrierte Unterrichtsformen oder Entdeckungslernen bewirkten aus sich heraus demokratische Erziehung, als historisch gescheitert betrachtet werden muß, haben wir schon früher gesehen. Das reformpädagogisch geprägte Idealbild schülerorientierter Erziehungsarbeit stellt überdies einen in sich widersprüchlichen, teilweise auch anachronistischen Scheinkonsens im offiziellen Schulwesen dar:

- Der Lehrerarbeit werden a priori altruistische Motive, Hingabe, unerschöpfliche Geduld und Opferbereitschaft unterstellt, die ein realistisches Arbeitnehmerbewußtsein und solidarisches Verhalten der Lehrer in der schulischen „Lebens- und Arbeitsgemeinschaft" desavouieren, den einzelnen Erzieher chronisch überfordern, isolieren und zur Selbsttäuschung zwingen.
- Das vorrangige Interesse an der Gestaltung werdender Persönlichkeiten setzt beim Lehrer ein konsensfähiges Normen- und Wertespektrum voraus, das von der Gesellschaft und Schulaufsicht nicht mehr gedeckt ist.
- „Pädagogischer Takt" und „pädagogischer Bezug"[130] lassen sich nicht zugleich als theoretisch gestützte „Methoden" für glatten Unterricht mit gefälligen Noten säkularisieren und als höhere Werte einer heilen, dilettierenden „pädagogischen Provinz" aufrecht erhalten.
- Das zentrale Bemühen um „Selbstentfaltung der Zöglinge" kollidiert mit subjektiven Wertesystemen der Lehrer, mit ihrer Wahrnehmung von Symptomen einer Ellenbogengesellschaft drinnen und draußen, mit ihrer Verantwortung vor der unsicheren Zukunft der Schüler, mit ihrem gesellschaftlichen Auftrag und nicht zuletzt mit ihren Dienstpflichten.

---

[252] Bei der Übersetzung hilft etwa H. Glöckel 1990, Kap. 5-6.

- Es setzt die Illusion voraus, wahre Lehrer könnten genügend viele natürliche, zugleich dauerhaft tragfähige Anlagen, Dispositionen und Entfaltungswünsche bei jedem Zögling ausmachen oder wecken, ohne ihre eigene jugendbezogene, kindlich-spielerische, nichttheoretische Grundstimmung aufzugeben.
- Dabei wird angenommen, der Lehrer verfüge im Rahmen des Fachlehrersystems im 45-Minuten-Takt prinzipiell über ausreichend viele eigene Begabungen, Kenntnisse, Informationen, Motivationswege, Elternkontakte und Erziehungsmittel, um inner- und außerschulische Störeffekte permanent zu antizipieren, instinktsicher abzufangen oder in seine individualisierten Gestaltungskonzepte zu integrieren.

These 30: **Das reformpädagogische Idealbild vom berufenen, optimistischen und fast omnipotenten Erzieher schadet der heutigen Schulpraxis durch verantwortungslosen Gebrauch, nämlich durch seelische Erpressung des Lehrers zur Selbstverleugnung, durch Vernebelung gesellschaftlicher Realitäten und durch Verharmlosung der Distanzierungsprobleme. Es wird von Praktikern zur moralischen Überhöhung eigenen Handelns mißbraucht, von Aufsichtsbehörden zur Legitimation von Wunschbildern, Maßregelungen und Unterstellungen sowie von gehobenen Mittelschichteltern[253], Bildungspolitikern und Bildungstheoretikern zur Überforderung des schulischen Dienstleistungsangebots.**

Die ferne Sprache Kerschensteiners sollte nicht zu dem Trugschluß verleiten, seine Ideale wären überholt.

> „Typisch für die pädagogische Argumentation der Lehrerseite sind etwa folgende Postulate: Die Schule soll vom 'erziehenden Unterricht' her betrachtet (und behandelt) werden; sie dient der Entwicklung des Kindes (und nicht ihrer eigenen Entwicklung); wichtig ist dabei die 'Persönlichkeit' des Lehrers, das 'Schulleben', die 'Klassengemeinschaft' oder auch der gute Kontakt zu den Eltern... Daß es sich dabei um grundlegende Überzeugungen und nicht um eine empirische Wirklichkeitsbeschreibung handelt, zeigt sich vor allem auch dann, wenn die Gründe genannt werden, die es angeblich oder tatsächlich verhindern, daß diese Utopie der guten Schule Wirklichkeit wird. Diese Gründe sind in ebenso typischer Weise politischer Natur; sie betreffen die Schulaufsicht, die Bildungspolitik, die Administration oder ganz allgemein die Verfassung der Gesellschaft, in der Schule stattfindet. Beides nun, die pädagogische Grundüberzeugung und die politische Entlastungsstrategie, sind historisch relativ konstant, wenn man sie mit der Entwicklung der Lehrerprofession in Deutschland seit

[253] Ich spiele hier nicht nur auf meine Bemerkungen über Leute an, die es gewohnt sind, sich in den Medien zu artikulieren und die ihre schichtspezifischen Bedürfnisse zur öffentlichen Meinung erklären dürfen (s. Fußn. 238). Es ist bildungsstatistisch nachgewiesen (z.B. He. Köhler 1992 H.-G. Rolff u.a. 1992, W. Böttcher/K. Klemm 1995), daß Gymnasien nach wie vor von überproportional vielen Kindern aus der besserverdienenden Mittelschicht besucht werden. Jeder Gymnasiallehrer kennt das Problem der „Wohlstandsverwahrlosung“, gegen das er i.allg. genauso machtlos ist wie gegen die auffällig zahlreichen Nörgler aus besonders einkommensstarken Berufsgruppen auf Elternsprechtagen. Auf der anderen Seite stehen bekanntlich die Hauptschulen in Großstädten, wo häufiger die Schüler als die Eltern Kummer machen.

Anfang des 19. Jahrhunderts in Verbindung bringt...

Dieser Befund mag befremden, denn weltanschaulich liegen ja große Differenzen zwischen, sagen wir, einem 'grünen' Lehrer von heute und seinem wilhelminischen Kollegen, der 'nationalistisch' dachte und die Erziehung zur Herausbildung des 'Deutschen der Zukunft' (Alfred Lichtwark) einsetzen wollte. Und dennoch: Pädagogisch liegen die Grundüberzeugungen nicht weit auseinander, weil ganz ähnliche praktische Konzepte zur Verbesserung der jeweils als schlecht begriffenen Praxis greifen sollen, eben: Erziehender Unterricht, Schulleben, Persönlichkeitsorientierung, Elternarbeit, Veränderungen der Aufsicht etc." [254]

Nein, Kerschensteiners Ideale sind nicht tot, sie sind nur im strengen Sinne „entwertet", nämlich in dem widersinnigen und entstellenden Versuch, sie wertneutral zu formulieren. Sie sind inhaltlich ausgehöhlt worden und haben sich historisch überlebt, aber sie sind als moralisierender Imperativ erhalten geblieben. Trotz aller Einwände, die die Erziehungswissenschaft vorgebracht hat, und trotz aller Erkenntnisse der Entwicklungspsychologie und Jugendforschung heißt es heute beispielsweise:

„Der Prozeß der Erziehung ist ... nicht vom unterrichtlichen und außerunterrichtlichen Schulleben zu trennen. Erziehung bedeutet die moralische Kehrseite des Unterrichts. Das Ziel des Prozesses ist Selbständigkeit; es kann nur erreicht werden durch zunehmende Freisetzung der Schüler zu einem selbstbestimmten Lernen und Leben in eigener Verantwortung... Das Qualifikationsziel der Schüler legt dem Lehrer auf, seinen Unterricht so effektiv wie möglich zu gestalten. Wenn dabei 'erzogen' wird, dann geschieht das durch die Arbeits- und Sozialformen des Unterrichts. Die Arbeits- und Sozialdisziplin (Sorgfalt, Korrektheit, Kooperations- und Gesprächsfähigkeit, Einhaltung der Klassenordnung), die im Fachunterricht gewonnen wird, bedeutet jedoch lediglich eine funktionelle Voraussetzung für ein selbstverantwortliches Lernen." [255]

Wären die obersten Ziele schulischer Erziehung nur „Selbstständigkeit" und „selbstverantwortliches Lernen", dann sollte man das Schulwesen wegen erwiesener Unfähigkeit und wegen Selbstüberschätzung in betrügerischer Absicht besser heute als morgen abschaffen, empfahl Ivan Illich.[256] Hatte Herman Nohl in seiner berühmten Rückschau auf die Reformpädagogik noch verlangt, die Pädagogik müsse „den Ort" finden, der ihr Arbeit aus eigenem Recht erlaube, der sie unabhängig von den „grausamen Kämpfen" der Mächte in Kirche, Staat oder Parteien mache, und der Pädagoge müsse „seine Aufgabe, ehe er sie im Namen der objektiven Ziele nimmt, im Namen des Kindes verstehen" [257], so glaubt der zeitgemäße, inzwischen wissenschaftlich aufgeklärte Pädagoge, selbstkritisch auf eine definierte Persönlichkeit und auf eine eigene Definition des Kindeswohls aus besserem Wissen verzichten zu können. Um seine erzieherische Autorität dennoch irgendwie zu bewahren und dadurch seinen gesicherten Arbeitsplatz zu rechtfertigen, ver-

---

254 J. Oelkers in Niedersächsisches Kultusministerium 1988, S. 121. (Zur Professonalisierung des Lehrerberufs im 19. Jahrhundert vgl. G. Schubring 1985.)

255 aus dem Thesenpapier "Erziehen in der Schule?" von K.G. Pöppel, in Nieders. Kultusministerium 1988, S. 94.

256 I. Illich 1973, 1982.

257 H. Nohl 1935, 1982, S. 157f.

legt er sich aufs „Beraten und Betreuen"[258] und strapaziert zwei inzwischen sehr fragwürdige Axiome, auf die sich schon die Reformpädagogik stützte:

1. Vom mißverstandenen „Emile" Rousseaus bis zur Ausrufung des „Jahrhunderts des Kindes" (Ellen Key, 1900) hat sich das Vorurteil etabliert, jedes Kind trage eine bessere Welt in sich, die es lediglich zu fördern und gelegentlich zurechtzustutzen gelte. Die rechten Wertsetzungen und den rechten Verstand trage es schon in sich, man müsse ihnen nur günstige Bedingungen zur Entfaltung schaffen. Die gegenwärtige Welt und den sich ankündigenden Zeitgeist verstehe der in ihnen aufwachsende Jugendliche ohnehin besser. Daher sei es zugleich legitim, demokratisch, dynamisch und moralisch unangreifbar, Erziehung auf Hilfe zur Selbsthilfe zu reduzieren und die Auswahlentscheidungen für Formen und Inhalte des Lernens tendenziell dem Kinde zu übertragen.[259]

2. Wo Grenzen der Selbstentfaltung gezogen würden, ergäben sie sich aus Sachzwängen oder außerschulischen Machteinwirkungen, jenen grausamen Mächten, denen Zöglinge und Erzieher gemeinsam ausgeliefert wären. Richtlinien, Vorschriften und Gemeinschaftsrituale seien eben als vorläufiges Schicksal hinzunehmen. Aber dem verordneten Stoff und der eigenen Einsicht seien glücklicherweise die rechten Tugenden und alle Lebenschancen auf harmonische Weise immanent, wenn der Lehrer nur alles freundlich und verständlich genug „erkläre" oder besser noch: attraktiv genug entdecken lasse [260].

---

[258] Vgl. Hess. Kultusministerium 1995b und die Fußnote 231 auf Seite 142.

[259] „Wie mir scheint, ist ... eine der wichtigsten Aufgaben in der Schulreform die Auflösung der Bildung nach einem festen Kanon und der Ersatz dieses Kanons durch ein sehr vielfältiges Stoffangebot, also eine Schule - wie wir es technisch sagen - mit breiter Wahldifferenzierung und ausgedehnter innerer Differenzierung innerhalb der einzelnen Fächer. Die ganzen 'Mündigkeitsspielereien', wie sie in so Sachen wie Schülermitverwaltung herkömmlicher Art stattgefunden haben, werden einen ganz anderen Stellenwert bekommen, wenn der Schüler als einzelner und als Gruppe an der Bestimmung seines Lehrplans und an der Auswahl seines Stoffplans selbst mitwirkt und auf diese Weise nicht nur besser lernmotiviert, sondern auch daran gewöhnt ist, daß, was in der Schule geschieht, die Folge seiner Entscheidungen und nicht vorweg gegebener Entscheidungen ist." H. Becker in: T.W. Adorno 1971, S. 144f.

[260] Für den Mathematikunterricht folge etwa:

„Andere Forderungen stellt die Darstellungsfähigkeit auf dem Gebiete der mathematischen und naturwissenschaftlichen Unterrichtsfächer. Hier ist (lehrerseits; L.F.) die Fähigkeit zur durchsichtigen Analyse der Begriffe und zum logischen Aufbau, der das Überflüssige vermeidet und den Schüler Schritt um Schritt zur eigenen Fragestellung führt, das Haupterfordernis einer fesselnden mündlichen Darstellungsgabe. Geht der Unterricht in den Geisteswissenschaften, in der Literatur und der Religion auf die plastische Gestaltung eines anschaulichen Bildes aus, so geht es hier auf die logische Entwicklung eines allgemeinen Begriffes. Der Garten des mathematischen und naturwissenschaftlichen Unterrichts kann die Sonne der Gefühle entbehren, wennschon natürlich auch hier der begeisterte, lebendige, von seiner Wissenschaft erfüllte Lehrer mehr wirkt als der nüchterne Kenner oder Könner...

Die Zauberkraft und Stärke des Lehrers hat ihre Wurzeln im eigenen Werterlebnis und in der Liebe und Ehrfurcht vor dem Zögling als Wertträger... Natürlich muß der Wissenschaftslehrer

Das ist nicht mehr haltbar, denn „Erziehung vom Kinde aus“ in Form von „Hilfe zur Selbsthilfe“ entlastet den Erzieher seelisch nur durch einen ideologischen Trick [261]: Indem der Lehrer vor dem Legitimationsproblem für sein eigenes Erziehungshandeln resigniert, überläßt er es Unmündigen zur Selbstbestimmung und hofft auf die sozialisierende Wirkung verordneter Sachzwänge und darauf, daß Unreife nur marginal und singulär auftreten möge. Klappt es, so übernimmt die Gemeinschaft das Zurechtweisen, und die eigene Flucht verwandelt sich mittels des beim Aufklärer Kant entlehnten Adorno-Etiketts „Erziehung zur Mündigkeit“ auf wundersame Weise in eine pädagogische Tugend. Klappt es nicht, dann hat er eben etwas falsch gemacht und muß sein Versagen leise kaschieren oder sich von den prinzipiell erfolgreichen Kollegen und Vorgesetzten laut „helfen“ lassen.[262]

Noch einmal:

> „Seit Adorno ist es offensichtlich: Der Lehrer will eigentlich nicht Lehrer sein; auf jeden Fall will er nicht lehrerhaft wirken. Es fällt dem Lehrer schwer, sich mit seinem Beruf und den darin enthaltenen Forderungen an sein Tun zu identifizieren.“ [263]

In welche Welt sich der Schüler dabei sozialisiert, verantworte dieser mit seiner Auswahl aus dem inner- und außerschulischen Angebot am Ende selbst. Jeder sei seines Glückes Schmied! Vorbild brauche der selbstentmündigte, selbstlose und diensteifrige Erziehungshelfer nicht mehr zu sein - er kann es auch nicht mehr, nachdem er seine wertsetzende Kompetenz verleugnet und damit seine professionelle Würde zur Disposition gestellt hat.

---

seine Wissenschaft beherrschen, denn sie gibt ja die einzige Grundlage seiner Unterrichtsmethode, und ihre Werte müssen sein Herz erfüllen...

... Hierin unterscheidet sich der Geschichts-, Literatur-, Religionslehrer vom Lehrer der Naturwissenschaft und Mathematik. Bei den letzteren spielt die Aufwühlbarkeit des Gemütsgrundes keine unerläßliche Rolle. Als bloße Lehrer ihrer Disziplin können sie sogar dieser Eigenschaften des Erziehers entbehren, wenn sie nur eine hervorragende Geschicklichkeit besitzen, die logische Entwicklung in spannender Weise zu gestalten, was nichts anderes heißt, als daß sie den Weg des Forschers (notfalls des Lehrbuchs oder Hochschullehrers; L.F.) gehen.“ (G. Kerschensteiner, 1921, S. 90-101)

261 Darauf beruht vermutlich die Attraktivität der „Mythisierung des Kindes als regressive Wunschprojektion der Erwachsenen“ im 20. Jahrhundert (J. Oelkers 1992), vielleicht auch der hemmungslos dümmliche Jugendlichkeitskult der Konsumwerbung in unser gefährlich alternden Gesellschaft.

262 Erfährt er solche Hilfe einmal öffentlich im Kollegenkreis, z. B. bei einer Konferenz, dann kann er nachfühlen, warum ihn viele Schüler bei der Stillarbeit nicht als „Helfer“ haben wollen und warum viele Kollegen lieber erfolgreich tun. Ich habe an verschiedenen Schulen miterlebt, wie Kolleginnen, nachdem sie von Schülern demonstrativ mißachtet und beleidigt worden waren, in der Schulöffentlichkeit von Eltern und Kollegen in primitivster Weise über geschickteres Lehrerverhalten und über das kleinste Einmaleins der Pädagogik „aufgeklärt“ wurden. Die Folge war natürlich Berufsangst und innere Emigration bei den Betroffenen, und eine Woge der Selbstzensur bei der schweigend zuhörenden Kollegenmehrheit.

263 M. Heitger in Nieders. Kultusministerium 1988, S. 46f., mit Bezug auf T. W. Adorno 1971, S. 79: „In der imago des Lehrers wird aber die déformation professionelle geradezu die Definition des Berufes selbst.“; noch schärfer G. Rollecke in N. Lammert 1992.

Viele der sensibleren Lehrer empfinden diesen Autoritätsverlust sehr deutlich:

> J. Seiters, damals Ministerialdirigent im niedersächsischen Kultusministerium, berichtete in einem Vortrag vor Insidern zunächst[264]: „Bei einer Befragung in Hessen (Knight-Wegenstein) in den 70er Jahren ergab sich, daß drei Viertel der Lehrer ihren Beruf gern ausüben." Als Gründe nannte er, sie würden gern mit Jugendlichen umgehen, sie genössen die hohe Eigenverantwortlichkeit, den Bewegungsspielraum und den Abwechslungsreichtum ihrer Arbeit, sie könnten sich dort - mehr als in anderen Berufen - selbst einbringen, bewußt weiterentwickeln und kreativ entfalten, und sie schätzten die Sicherheit des Beamtenstatus' bei gleichzeitigem Angebot zur intensiveren Lebensgestaltung durch Teilzeitarbeit oder Beurlaubung.
>
> Seiters schränkte dann erheblich ein: "Trotz dieser positiven Aspekte fehlt es einem nicht geringen Teil der Lehrer an Selbstbewußtsein. Es gibt eine erhebliche Diskrepanz zwischen der positiven Selbsteinschätzung und den Vermutungen über das eigene Ansehen in der Gesellschaft. Welche Gründe lassen sich für diese Verunsicherung nennen?
>
> 1. Manche Lehrer sind sich ihres Status nicht sicher. Nicht wenige Lehrer sind der Meinung - ob berechtigt oder nicht, mag hier außer Betracht bleiben -, daß die Gesellschaft ihre Arbeit nicht genügend wertschätzt, ja, daß die Öffentlichkeit den Lehrern eine besondere Kompetenz für Bildungs- und Erziehungsleistungen geradezu abspricht.
> 2. Der Erfolg pädagogischer Arbeit ist nicht meßbar. Die Lehrer sehen sich mit vielfältigen Erwartungen konfrontiert, deren Erfüllung nicht allein von ihnen abhängt.
> 3. Einige Lehrer erkennen deutlich die fehlende Übereinstimmung zwischen ihren pädagogischen Überzeugungen und denen der Eltern ihrer Schüler.
> 4. Lehrer sind verunsichert durch die größer werdende Transparenz schulischer Entscheidungen im Zuge der Verrechtlichung. Sie sehen sich dem Druck ausgesetzt, ihr Vorgehen und ihre Beurteilungen (potentiell jederzeit und vorgeblich rational; L.F.) zu begründen. Sie waren es bisher nicht gewöhnt, unmittelbar unter den Augen der Öffentlichkeit zu arbeiten, da sie überwiegend mit Kindern und Heranwachsenden zu tun haben.
> 5. Viele Lehrer erleben ganz bewußt die Kluft zwischen pädagogischer Theorie und Praxis. Nicht alle verfügen über das sachlich begründete Bewußtsein, damit fertig zu werden.
>
> Lehrer sind also zu einem nicht unbeträchtlichen Teil 'nicht die sicheren und selbstbewußten Menschen und Vorbilder für Kinder und Erwachsene - wie Eltern das oft annehmen' [265].
>
> Liegt das vielleicht daran, daß sie zu genau wissen, welche Tugenden sie eigentlich

---

[264] in Nieders. Kultusministerium 1988, S. 16.

[265] mit Bezug auf H. Speichert 1976, S. 32, und B. Wältz: 1980, S. 253.

mitbringen müßten für ihren Beruf (und die sie z. T. nicht haben!)? In einer GEW-Schrift zur Arbeitsbelastung der Lehrer von 1981 heißt es: Aus der Aufgabenstellung lassen sich die Tauglichkeitsvoraussetzungen für den Lehrerberuf ableiten. Neben den selbstverständlich vorauszusetzenden intellektuellen Fähigkeiten als charakterlich-mentale Eigenschaften müssen hohe Verantwortlichkeit, Geduld, Einfühlungsvermögen, gute Beobachtungsgabe, Geistesgegenwart, Umsicht, Zuverlässigkeit, Fleiß, Verbindlichkeit, Verhandlungsgeschick, sicheres Auftreten und Humor erwartet werden.' [266]

Wie dem auch sei, sicher ist: 87% der Lehrer gaben bei einer Befragung in den 70er Jahren an, sich überlastet zu fühlen. Aus Niedersachsen liegen keine Zahlen vor, aber Untersuchungen; es ist davon auszugehen, daß die Mehrheit niedersächsischer Lehrer ebenso denkt..." [267]

„Da nützt dem Lehrer dann auch nicht, daß ihn die Psychologie freispricht, indem sie auf die 'Sündenbockrolle des Lehrers für die erzieherische Selbstunsicherheit des Zeitalters'[268] hinweist...

Und dann sind da die Schüler; was erwarten sie von ihren Lehrern? Empirische Untersuchungen der Urteile von Schülern über Lehrer ergeben immer wieder das gleiche Bild. An erster Stelle wünschen sich die Schüler Gerechtigkeit, dann Autorität und Humor. Diese Merkmale sind für Schüler aller Altersstufen wichtig. Weiter stehen auf der Wunschliste 'weniger Hausaufgaben' und eine 'gepflegte äußere Erscheinung', sodann Verständnis, interessanter Unterricht, persönliches Verhältnis des Lehrers zu den Schülern, Nachsicht. Zum Tugendkatalog gehören aus der Sicht der Schüler auch Selbstbeherrschung, Aufgeschlossenheit gegenüber allem Modernen, die Bereitschaft, eigene Fehler einzugestehen und den Schüler als Menschen ernst zu nehmen, kameradschaftliche und individuelle Behandlung, gegenseitiges Vertrauen sowie die Fähigkeit, Wissen zu vermitteln...

Schüler möchten ernst genommen werden, sie suchen den Widerpart, den sie in den Familien z. T. nicht mehr finden. Sie wollen sich auch mit den Erwachsenen messen. Daher sind ihnen die 'Schlaffis' unter den Lehrern - wie sie sich ausdrücken - oftmals gar nicht recht.

Erwartet wird also eine Mischung aus Distanz und Nähe, aus Sachkompetenz und emotionaler Wärme und Zuwendung..." [269]

Der konservative österreichische Bildungstheoretiker Marian Heitger warnte im Anschluß an Seiters:

„Die gegenwärtige Pädagogik - vor allem in ihrer technologischen Durchrationalisierung - hat mit dem Versuch, den Erwartungen der Öffentlichkeit unmittelbar zu ent-

---

[266] Im Brennpunkt. Frankfurt a. M.: GEW März 1981, S. 5f.

[267] J. Seiters, loc. cit., S. 16-18. - Ich wüßte nicht, warum das inzwischen oder anderswo besser geworden sein sollte.

[268] P. Hofstätter (Hrsg.): Fischerlexikon Psychologie 1968, S. 323.

[269] Ebenda, S. 26f.

sprechen, den Verzicht auf Bildung in Kauf genommen. Wenn man den neuhochdeutschen Sprachgebrauch moderner Pädagogik gewahrt, wo von Operationalisierung und Evaluierung, von Lehr- und Lernstrategien, von Sozialisation und ihren Mechanismen, von Kommunikation und kybernetischen (moderner: „informationstheoretischen“ oder „informatischen“, nebelhafter, aber schöner noch: „synergetischen“ oder „semiotischen“; L.F.) Modellen die Rede ist, dann ermißt man, wie weit dieser Verrat des pädagogischen Auftrags schon gediehen ist. Pädagogische Wissenschaft ist zu einer Theorie der Machbarkeit geworden, pädagogische Führung zur Manipulation entartet. Lernen wird zur Überredung und Konditionierung, Erziehung zur Verhaltenssteuerung, Verbindlichkeit zum Rollenspiel. Der Verzicht auf Wissen und Haltung, auf Selbstbestimmung, Mündigkeit und Urteilsfähigkeit ist der Preis für die vom Behaviorismus erzeugte Euphorie, mit Pädagogik aus dem Menschen alles machen zu können...

Indem die Pädagogik sich ausdrücklich in den Dienst der sogenannten lebensnahen, gesellschaftsrelevanten Aufgaben stellt, nimmt sie die Form einer technisch orientierten Disziplin an. Im Hinweis auf ihre Effektivität fördert sie gleichzeitig die Neigung gesellschaftlicher Kräfte und Gruppen, sich ihrer zu bedienen... Es ist aber vor allem der Glaube, daß es legitim sei, pädagogisches Handeln in jener kausalen Determinierung zu begreifen. Durch ein geschicktes Arrangement der Umwelt, durch Sozialtechniken von der Verhaltenslehre bis zur Gruppendynamik, von der Psychoanalyse bis zu Konditionierungstheorien nach Pawlow oder Skinner wird der Mensch in vermeintlich pädagogischer Absicht steuerbar. Dieser Glaube an die Steuerbarkeit des Menschen, und das ist das Entscheidende, bedeutet Absage an Geltungsbindung des Menschen, an das Apriori seines Gewissens, an die Wahrheitsbindung seines Wissens und Wissensstrebens.

Wo Geltungsbindung aber geleugnet wird, da verliert der Mensch den Charakter des Subjektseins, der Personalität; da kann er, ohne Skrupel zu erzeugen, zum Gegenstand der Bearbeitung gemacht werden... Diese Art des pädagogischen Denkens übersieht zumeist, daß mit der Entpersönlichung des Zöglings auch die des Lehrers und Erziehers vollzogen wird. Die Mißachtung des Schülers schlägt um in die Mißachtung des Lehrers. Wer die Geltungsbindung des Menschen leugnet, kann dieses - wenn er nicht ganz und gar der Beliebigkeit des Denkens verfallen will - nicht nur für den Schüler meinen, sondern er muß sich selbst in diese Diskriminierung einschließen...

Wo die transzendentale Bindung geleugnet wird, ist weder Wissensvermittlung noch Führung zur Haltung möglich.“ [270]

Nüchterner gesagt:

Redlichkeit gegenüber Mitmenschen und Redlichkeit in der Sache, kritische Distanz, zivilisatorische Normalkompetenz, Befähigung zum Broterwerb und Befähigung zur rationalen Verständigung, die wichtigsten Ziele und pädagogischen Rechtfertigungen (auch) des Mathematikunterrichts, dürfen weder emotionalen Bedürfnissen jener Klientel

---

[270] M. Heitger in Nieders. Kultusministerium, a.a.O., 1988, S. 55-58.

nachgeordnet werden, die sich am lautesten und am einträglichsten öffentlich äußern kann, noch den scheindemokratischen Methodiken getarnter Verhaltenssteuerung und Beschwichtigung. Ohne besondere und erkennbare Mündigkeit des schulischen Erziehers schadet „Erziehung zur Mündigkeit" den Zöglingen, dem Erzieher und der Gesellschaft. Die besondere Erziehungsautorität des Lehrers legitimiert und definiert sich primär aus seiner menschlichen und fachlichen Qualität und aus seiner persönlichen Grundhaltung vor Ort, nicht aus Erfolgen in der Denk- oder Verhaltenssteuerung, nicht aus kommunikativer Kompetenz, nicht aus seiner beruflichen Sozialisation, nicht aus seiner Besoldungsgruppe und selten aus ungewöhnlicher pädagogischer Erleuchtung oder Begabung.

Worum es in der Schule über Wissensvermittlung, Sozialisation und Enkulturation hinaus gehen sollte, läßt sich vielleicht im Anschluß an Heitger so formulieren: Mit Erziehung in der Schule, „gemeint ist die Führung und Hilfe zur Persönlichkeitsentfaltung, ist die Führung zum selbständigen Denken und abgewogenen Urteilen, zu jener Mündigkeit, die sich im rückhaltlosen Fragen, im methodisch disziplinierten Denken und verantwortlichen Handeln definiert."[271] Der Zweck von Schule ist Erziehung durch Unterricht, nicht Simulation einer besseren Gesellschaft. Nicht was die Schule noch alles leisten sollte oder eigentlich müßte, ist zu fragen und anzubieten, sondern wozu sie fähig ist. Man lasse die Schule endlich das tun, was sie kann.

Allgemeine Pädagogik und Fachdidaktik sollten an dieser Aufgabe mitarbeiten, indem sie handlungsleitende und -kontrollierende Prinzipien und Wertesysteme offenlegen, einsichtig und kritisierbar machen, begründen und schließlich vorschlagen oder zurückweisen. Ein Lehrer, der sich mit den wichtigsten Ergebnissen dieser Arbeit auseinander gesetzt hat, der sein Fachwissen lebendig hält und der gern selber denkt, wird Unterricht vorbereiten und halten, indem *er* urteilt, was für seine Schüler wichtig ist. Wenn er zudem noch ein anständiger Mensch mit Rückgrat ist, dann braucht es keine Begnadung zum idealen Lehrer. Er darf auch so Vertrauen und Respekt erwarten.

[271] M. Heitger, loc. cit., S. 51.

Nachwort

> „Wissenschaft ist auf der einen Seite Produktivkraft und auf der anderen Seite Kultur, sie ist auf der einen Seite Werkzeug und auf der anderen Seite Reflexion. Sie hat objektive Funktionen, und sie hat Bildungsfunktionen. Mathematik ist nicht nur kreatives Problemlösen, sondern auch ein Beitrag zur Entwicklung eines humanen, nicht abergläubischen Verhältnisses des Menschen zur Wirklichkeit. Ein solches Verhältnis ist darauf angewiesen, daß in der Gesellschaft eine inhaltliche und persönliche Beziehung zum Wissen verbreitet ist."
>
> *M. Otte 1992, S. 190.*

Durch selbstbewußte Bescheidung und durch Konzentration des schulischen Dienstleistungsangebots auf solche Erziehungsaufgaben, für die Lehrer wirklich qualifizierbar und zumindest formell qualifiziert sind, würde die inhärente Konfliktstruktur des Lehrerberufs keineswegs aufgelöst werden, aber auf die Schulsituation begrenzt. Damit wäre schon viel gewonnen. Doch das kommt nicht von selbst so. Selbst wenn es kommt, wird vieles mißlich bleiben, schon deshalb, weil Ansehen, Einfluß, Macht und Besoldungsgruppe im Schulwesen nun einmal so zugeteilt werden, daß sie im umgekehrten Verhältnis zu dem Arbeitsanteil stehen, für den die Würdenträger eine qualifizierte Ausbildung genossen haben. Ganz oben stehen Ministerialbeamte und Kultusminister, nicht Schüler und Lehrer. Das wird wohl so bleiben. Aber damit konnten Lehrer immer leben, weil sich das Wesentliche, das Tiefste und das Beste da ereignet, wo sie mit ihren Schülern unter sich sind.

Es liegt mir fern, die Verhältnisse in der Schule schlimmer darzustellen als sie sind. Und ich möchte niemanden, der es ernst meint, vom Lehrberuf abschrecken. Wir brauchen sehr bald sehr viele Lehrer, und nicht alle können ideale Lehrer sein. Was die Schulen wirklich brauchen, sind gute Lehrer - von den idealen hat sie schon genug. Wer gerne Lehrer werden möchte, sollte sich auf einen guten Weg machen. Aber er sollte ihn nicht in dem Glauben antreten, er käme in ein gemachtes Nest. Die nächste Lehrergeneration beginnt ihr Berufsleben in einer überalterten Schule, in der zahllose widersprüchliche und illusionäre Ansprüche von Behörden, Öffentlichkeit und Schreibtischpädagogik nicht zurückgewiesen, sondern ausgesessen wurden und in der Rezepte von Vorgestern unter neuen Etiketten als progressiv gehandelt werden. Einzelne werden das nicht ändern können, aber zum Glück läßt sich der große Generationenwechsel nicht ewig aufschieben. Das ist eine historische Chance. Künftige Lehrer sollten sie nicht verschenken und ihre Rechte einfordern — im eigenen Interesse, in dem ihrer Schüler und in dem unser gesellschaftlichen Zukunft.

Als Lehrer selbstgewiß zu arbeiten, ist schwer geworden, aber es kann immer noch ein schöner und sinnvoller Beruf sein. Jeder hat es selbst in der Hand.

Zusammenstellung der Thesen

These 0: Lehr- und Lernprozessen sind Erziehungswirkungen immanent. (S. 9)

These 1: In der Lehrpraxis sollen didaktische und pädagogische Anliegen zusammenwirken! (S. 9)

These 2: Wissenschaftliche Mathematik wird in der Regel gegenüber aktuellen oder potentiellen Erziehungswirkungen neutral formuliert. Sie ist in dieser Hinsicht meist sogar ambivalent und sollte daher Jugendliche i.allg. nicht ohne pädagogische Reflexion gelehrt werden. (S. 10)

These 3: Gute Erklärungen und geschickte Stoffvermittlung sind Werkzeuge der Erziehung. Als Ziele sind sie von niederer Ordnung - notwendig zweifellos, aber mitnichten hinreichend. (S. 10)

These 4: Gesellschaft und Lehrer teilen die konfliktgeladene Überzeugung, daß schulische Arbeit zugleich der Zukunft jedes „Zöglings“ und der der Gesellschaft diene. Pädagogischer Eros und Contrat social legitimieren das schulische Handeln. (S. 10)

These 5: Methodenbeherrschung und Methodenbewußtsein stehen in einem Spannungsverhältnis zur Entfaltung kulturschöpferischer Persönlichkeiten. (S. 21)

These 6: Selbsttätigkeit und Werkstolz sind nicht automatisch sozialisierend. Persönliches Wertempfinden und -streben, moralisches Urteilsvermögen, soziales Verhalten und seelische Gesundheit sind körperlicher oder geistiger Arbeit ebensowenig immanent wie kultureller Unterweisung. (S. 24)

These 7: Schülerzentrierte Arbeitsformen setzen Disziplin, Ausdauer, Methodenkenntnis, Engagement und Wißbegierde voraus. In größeren Lerngruppen sind diese Voraussetzungen nicht immer und nicht immer bei jedem Schüler gegeben oder erzeugbar. (S. 25)

These 8: Je stärker Unterricht individualisiert, desto eher sind „tendenziell globale Werte“ wie Erlebnisfähigkeit im gemeinschaftlichen Sachbezug, Teamfähigkeit, Sozialbindung oder ganzheitliche Bildung gefährdet. (S. 26)

These 9: Die Schwierigkeiten der Gruppenarbeit sind im Mathematikunterricht ungleich höher als in den naturkundlichen, sprachlichen oder sozialkundlichen Fächern. Dafür kommen wichtige Lehr- und Erziehungsziele in den Blick, die sonst im Mathematikunterricht kaum beachtet werden. (S. 36)

These 10: Je lebensnäher ein Problem oder eine Aufgabe gewählt wird, desto komplexer wird meist deren Struktur. Die erhöhten Anforderungen an fächerübergreifendes Sach- und Methodenwissen bewirken leider einen Sog zu verfälschendem Dilettantismus. (S. 39)

These 11: Ohne Probehandeln in unstrukturierten Kontexten bildet mathematisches Wissen nicht, es bleibt dann enzyklopädisch, und das heißt: in aller Regel belanglos. (S. 40)

These 12: Es wäre unredlich und unverantwortlich, die Bildungs- und Erziehungsentscheidungen über schmackhafte Selbstläuferthemen dauernd an Jugendliche zu delegieren. Die anspruchsvollste Funktion der Schule besteht darin, Heranwachsende mit solchen Tatsachen, Dingen, Gedanken, Methoden und Haltungen zu konfrontieren oder gar vertraut zu machen, auf die sie nicht von allein kommen. Ständige Schülerorientierung ist dabei selbstverständlich; ständige Stoff- oder Lehrerzentrierung wäre dumm - und ständige Schülerzentrierung verantwortungslos. (S. 42)

These 13: Guter Unterricht bemüht sich nachdrücklich, zwischen subjektinternen Bildungsprozessen und externen Wertsetzungen transparent zu vermitteln - und dies persönlich zu verantworten. (S. 45)

These 14:

1. Alle Versionen des genetischen Prinzips können Argumente und Gegenargumente zum Normenproblem liefern. Sie können es aber nicht entscheiden, weil die vermeintliche Parallelität zwischen Individualentwicklung, „Kulturstufenfolge der Menschheit“ und Wissenschaftsgeschichte nur bei sehr oberflächlicher Betrachtung gilt, konservative Vorurteile begünstigt und Verantwortung kaschiert.

2. Guter Mathematikunterricht sollte *psychologisch-genetisch* auf den geistigen Entwicklungsstand und das Fassungsvermögen der Schüler abgestellt sein.

3. Das *sokratisch-genetische* Lehrgespräch sollte als zeit- und konzentrationsaufwendiges Vertiefungsmittel an ausgewählt paradigmatischen Themen wenigstens in der Freudenthalschen Kompromißform der „Nacherfindung unter Führung“ angestrebt werden.

4. Das *sachlogisch-genetische* Prinzip ist fachmethodische Regel und liegt weitgehend dem mathematischen Standardcurriculum zugrunde.

5. Das *historisch-genetische* Prinzip liefert Beispiele zu denkbaren Erschließungsprozessen und erzeugt damit unterrichtspraktisch nützliche Vermutungen über bildungsträchtige „Kulturprozesse, die in ihrer Objektivation als Kulturgut eingeschmolzen“ (Kerschensteiner) sein könnten.

6. Das *historisch-genetische* Prinzip darf nicht verabsolutiert werden, weil „der historische Weg“ selten genau bekannt ist, weil er sich in all seinen Erkenntnismotiven und Mühseligkeiten nicht ohne Verkürzungen vergegenwärtigen läßt, weil auch die Wirkungsgeschichte nach der Entdeckung ihre Spuren im Gegenstandssinn hinterlegt hat und weil es möglicherweise inzwischen leichtere, kürzere, einleuchtendere oder übertragbarere Wege zum jeweils angestrebten Wissen gibt. (S. 53)

These 15:

1. Das „*Prinzip der immanenten Wiederholung*“ hat sich als Stoffreduktionsprinzip der Lehrplan- und Lehrgangskonstruktion bewährt. Dabei ist vorausgesetzt, daß das Auswahlproblem für exemplarische Lerngegenstände anderweitig sinnvoll entschieden wurde.

2. Mit dem „*Spiralprinzip*“ sollten aber nicht nur besonders bedeutende Stoffe, sondern auch wenige, ausgewählt lohnende Frageweisen, Strategien, Heuristiken und Methoden der Begriffsbildung entfaltet, bewußtgemacht, vertieft und verankert werden, die

vernünftigerweise als fachspezifische oder allgemeine „fundamentale Ideen" in Frage kommen.

3. Als fachmethodisches Werkzeug ist die *„Problemorientierung"* für wichtige Unterrichtsphasen dringend anzuraten, wenn die unverfälschte Orientierung und Ermutigung des Lernenden mitsamt vorläufiger, subjektiver Gewichtung der Sachdetails allein aus der (Mit-) Arbeit an einem paradigmatischen Problem erreicht werden kann. (S. 64)

These 16: Mathematik kann und soll weder allen noch auf Dauer als intellektueller Spaß vermittelt werden. Wer sie nicht liebt und wer sie liebt, sollte sie ernstnehmen (können). (S. 68)

These 17: Problemorientierte Unterrichtsphasen sollen fachliche Methoden, Strategien und heuristische Regeln nicht nur einüben, sondern allmählich bewußt werden lassen. (S. 69)

These 18: Für Nichtmathematiker soll Mathematik zu einem Denkwerkzeug werden. Mathematik wird in außermathematische bzw. in nicht rein innermathematische Situationen hineingedacht, um Beurteilungs- und Entscheidungshilfen zu gewinnen. Es ist i. allg. nicht zu erwarten, daß damit alles Wesentliche der Situation erfaßt wird. (S. 72)

These 19: Bei aller Unsicherheit hat allgemeinbildender Mathematikunterricht als eine seiner zentralen Aufgaben die allmähliche Einführung in strukturierende Sichtweisen behalten. Dazu gehört auch die Aufklärung über und die Gewöhnung an besonders leistungsfähige Strukturbegriffe, Sprech- und Argumentationsweisen. (S. 78)

These 20:

1. Jeder Mathematikunterricht antwortet partiell auf die Normenfrage - gleichgültig, ob er das nun beabsichtigt oder nicht.
2. Das Normenproblem muß gelöst werden.
3. Das Normenproblem ist nicht lösbar - wenigstens nicht „streng", sondern nur approximativ, lokal und temporär, weder abschließend noch vollständig explizit.
4. In dieser widersprüchlichen Lage verpflichten Generationenvertrag, pädagogischer Eros und „pädagogischer Bezug"[130] jeden Lehrer, stimmige persönliche Ansichten zum Normenproblem zu entwickeln. (S. 82)

These 21: Der Mathematikunterricht muß vom Lehrer um wenige beziehungsreiche Grundgedanken konzentriert werden. Sie sind den Schülern im Laufe der Schulzeit zunehmend bewußter und in ihrer Vielschichtigkeit deutlicher zu machen. („Spiralprinzip"; S. 86)

These 22: Jeder akzeptable Mathematikunterricht enthält Aktivitäten zur Verständigungs- und Sprachschulung auf mehreren Ebenen. (S. 90)

These 23: Der Mathematikunterricht soll - unter anderem - Anwendungsbezüge aufzeigen und aufklären. (S. 112)

These 24: „Anwendungsorientierung" des Mathematikunterrichts kann *material* zweierlei bedeuten, nämlich Orientierungshilfe innerhalb der Mathematik oder mathematisch gestützte Orientierung über Außermathematisches. Phasenweise ist *materiale* Anwendungsorientierung dort und nur dort sinnvoll, wo sie intellektuell redlich durchgehalten und allgemeinpolitisch verantwortet werden kann. (S. 115)

These 25: In der Regel erfordern anwendungsorientierte Unterrichtsphasen aus Komplexitäts-, Kompetenz- und Verantwortungsgründen einen Lehrerkommentar als Korrektiv. (S. 120)

These 26: Theoretisches faßt (materielle) Realität stets nur approximativ und interpretativ. Lebens- oder wissenschaftspraktisch nützliche Mathematik setzt daher andere Qualitätsmaßstäbe als Reine Mathematik: Über den Denkmöglichkeiten struktureller Wahrheit stehen Fragen nach realer Gültigkeit, Angemessenheit und Relevanz des theoretischen Wissens. Dem entspräche ein *formal* anwendungsorientierter Mathematikunterricht. (S. 122)

These 27: Guter Mathematikunterricht erschöpft sich nicht in der freundlichen und geschickten Vermittlung mathematischen Wissens, er nimmt Einfluß auf Lern- und Reifungsprozesse, und er zielt auf Verhalten, Sichtweisen und Haltungen. (S. 130)

These 28: Die Bekämpfung von Fehlern durch Verweis auf vorbildliche Gedankengänge ist meist ein „Feler“, d.h. therapeutischer Selbstbetrug, weil inhaltlich Falsches durch methodisch Falsches oft nur verschlimmbessert wird. (S. 135)

These 29: Wer als Lehrer fachlich und menschlich seriös unterrichtet, sich für Schülergedanken interessiert, sich an seine Pflichten hält und sich lebenslang fortbildet, arbeitet professionell, verdient Respekt und braucht sich von keinem Laien hereinreden zu lassen. (S. 144)

These 30: Das reformpädagogische Idealbild vom berufenen, optimistischen und fast omnipotenten Erzieher schadet der heutigen Schulpraxis durch verantwortungslosen Gebrauch, nämlich durch seelische Erpressung des Lehrers zur Selbstverleugnung, durch Vernebelung gesellschaftlicher Realitäten und durch Verharmlosung der Distanzierungsprobleme. Es wird von Praktikern zur moralischen Überhöhung eigenen Handelns mißbraucht, von Aufsichtsbehörden zur Legitimation von Wunschbildern, Maßregelungen und Unterstellungen sowie von Eltern, Bildungspolitikern und Bildungstheoretikern zur Überforderung des schulischen Dienstleistungsangebots. (S. 153)

Anhang

Dieser Anhang bietet Zitate, Unterrichtsbeispiele und ein paar Originaltexte zu den Kapiteln des Haupttextes, auf die dort zum Teil explizit bezug genommen wurde. Selbstverständlich können die Texte auch unabhängig oder gar „quer" dazu gelesen werden. Besonders die Unterrichtsbeispiele, die manchmal aus heute schwer zugänglichen Quellen stammen, dürften als Konkretisierungen oder als Kontrastierungen der theoretischen Erörterungen im Haupttext hilfreich sein.

Um Anführungszeichen zu sparen, sind Originalzitate stets 0,5 cm eingerückt.

A-1.1 Artikel 7 des Grundgesetzes (Schulwesen)

Aus: Grundgesetz für die Bundesrepublik Deutschland, in der Fassung vom 28. 6. 1993

(1) Das gesamte Schulwesen steht unter der Aufsicht des Staates.

(2) Die Erziehungsberechtigten haben das Recht, über die Teilnahme des Kindes am Religionsunterricht zu bestimmen.

(3) Der Religionsunterricht ist in den öffentlichen Schulen mit Ausnahme der bekenntnisfreien Schulen ordentliches Lehrfach. Unbeschadet des staatlichen Aufsichtsrechtes wird der Religionsunterricht in Übereinstimmung mit den Grundsätzen der Religionsgemeinschaften erteilt. Kein Lehrer darf gegen seinen Willen verpflichtet werden, Religionsunterricht zu erteilen.

(4) Das Recht zur Errichtung von privaten Schulen wird gewährleistet. Private Schulen als Ersatz für öffentliche Schulen bedürfen der Genehmigung des Staates und unterstehen den Landesgesetzen. Die Genehmigung ist zu erteilen, wenn die privaten Schulen in ihren Lehrzielen und Einrichtungen sowie in der wissenschaftlichen Ausbildung ihrer Lehrkräfte nicht hinter den öffentlichen Schulen zurückstehen und eine Sonderung der Schüler nach den Besitzverhältnissen der Eltern nicht gefördert wird. Die Genehmigung ist zu versagen, wenn die wirtschaftliche und rechtliche Stellung der Lehrkräfte nicht genügend gesichert ist.

(5) Eine private Volksschule ist nur zuzulassen, wenn die Unterrichtsverwaltung ein besonderes pädagogisches Interesse anerkennt oder, auf Antrag von Erziehungsberechtigten, wenn sie als Gemeinschaftsschule, als Bekenntnis- oder Weltanschauungsschule errichtet werden soll und eine öffentliche Volksschule dieser Art in der Gemeinde nicht besteht.

(6) Vorschulen bleiben aufgehoben.

A-1.2 Funktionen der Schule nach der nordrhein-westfälischen Verfassung

Aus: Verfassung für das Land Nordrhein-Westfalen, in der Fassung vom 24. 11. 1992

Artikel 7: Grundsätze der Erziehung

(1) Ehrfurcht vor Gott, Achtung vor der Würde des Menschen und Bereitschaft zum sozialen Handeln zu wecken, ist vornehmstes Ziel der Erziehung.

(2) Die Jugend soll erzogen werden im Geiste der Menschlichkeit, der Demokratie und der Freiheit, zur Duldsamkeit und zur Achtung vor der Überzeugung des anderen, zur Verantwortung für die Erhaltung der natürlichen Lebensgrundlagen, in Liebe zu Volk und Heimat, zur Völkergemeinschaft und Friedensgesinnung.

Artikel 8 - Elternrecht und Schulpflicht

(1) Jedes Kind hat Anspruch auf Erziehung und Bildung. Das natürliche Recht der Eltern, die Erziehung und Bildung ihrer Kinder zu bestimmen, bildet die Grundlage des Erziehungs- und Schulwesens.

Die staatliche Gemeinschaft hat Sorge zu tragen, daß das Schulwesen den kulturellen und sozialen Bedürfnissen des Landes entspricht.

(2) Es besteht allgemeine Schulpflicht; ihrer Erfüllung dienen grundsätzlich die Volksschule und die Berufsschule.

(3) Land und Gemeinden haben die Pflicht, Schulen zu errichten und zu fördern. Das gesamte Schulwesen steht unter der Aufsicht des Landes. Die Schulaufsicht wird durch hauptamtlich tätige, fachlich vorgebildete Beamte ausgeübt.

Artikel 12 - Schularten

(6) In Gemeinschaftsschulen werden Kinder auf der Grundlage christlicher Bildungs- und Kulturwerte in Offenheit für die christlichen Bekenntnisse und für andere religiöse weltanschauliche Überzeugungen gemeinsam unterrichtet und erzogen.

A-1.3 Funktionen der Schule nach den nordrhein-westfälischen Schul- und Bildungsgesetzen

Aus: Erstes Gesetz zur Ordnung des Schulwesens im Lande Nordrhein-Westfalen, in der Fassung vom 12. 9. 1989

Erster Abschnitt, Aufgabe und Gestaltung des Schulwesens, § 1

(1) Schulen sind Stätten der Erziehung und des Unterrichts.

(2) Ehrfurcht vor Gott, Achtung vor der Würde des Menschen und Bereitschaft zum sozialen Handeln zu wecken, ist vornehmstes Ziel der Erziehung. Die Jugend soll erzogen werden im Geiste der Menschlichkeit, der Demokratie und der Freiheit,

zur Duldsamkeit und zur Achtung vor der Überzeugung des anderen, in Liebe zu Volk und Heimat, zur Völkergemeinschaft und Friedensgesinnung (Art. 7 der Landesverfassung).

(3) Die Schule hat die Aufgabe, die Jugend auf der Grundlage des abendländischen Kulturgutes und deutschen Bildungserbes in lebendiger Beziehung zu der wirtschaftlichen und sozialen Wirklichkeit sittlich, geistig und körperlich zu bilden und ihr das für Leben und Arbeit erforderliche Wissen und Können zu vermitteln.

(4) Die Jugend soll fähig und bereit werden, sich im Dienste an der Gemeinschaft, in Familie und Beruf, in Volk und Staat zu bewähren. In allen Schulen ist Staatsbürgerkunde Lehrgegenstand und staatsbürgerliche Erziehung verpflichtende Aufgabe. Unterricht und Gemeinschaftsleben der Schule sind so zu gestalten, daß sie zu tätiger und verständnisvoller Anteilnahme am öffentlichen Leben vorbereiten.

(5) In Erziehung und Unterricht ist alles zu vermeiden, was die Empfindungen Andersdenkender verletzen könnte.

(6) Erzieher kann nur sein, wer in diesem Geiste sein Amt ausübt.

A-1.4 Funktionen der Schule nach dem Hessischen Schulgesetz

Aus: Hessisches Schulgesetz, in der Fassung vom 17. 6. 1992

Erster Teil - Recht auf schulische Bildung und Auftrag der Schule

§ 1 - Recht auf schulische Bildung

(1) Jeder junge Mensch hat ein Recht auf Bildung. Dieses Recht wird durch ein Schulwesen gewährleistet, daß nach Maßgabe dieses Gesetzes einzurichten und zu unterhalten ist. Aus diesem Recht auf schulische Bildung ergeben sich einzelne Ansprüche, wenn sie nach Voraussetzungen und Inhalt in diesem Gesetz oder auf Grund dieses Gesetzes bestimmt sind.

(2) Für die Aufnahme in eine Schule dürfen weder Geschlecht, Herkunftsland oder Religionsbekenntnis noch die wirtschaftliche oder gesellschaftliche Stellung der Eltern bestimmend sein.

§ 2 - Bildungs- und Erziehungsauftrag der Schule

(1) Die Schulen im Lande Hessen erfüllen in ihren verschiedenen Schulstufen und Schulformen den ihnen in Art. 56 der Verfassung des Landes Hessen erteilten gemeinsamen Bildungsauftrag, der auf humanistischer und christlicher Tradition beruht. Sie tragen dazu bei, daß die Schülerinnen und Schüler ihre Persönlichkeit in der Gemeinschaft entfalten können.

(2) Die Schulen sollen die Schülerinnen und Schüler befähigen, in Anerkennung der Wertordnung des Grundgesetzes und der Verfassung des Landes Hessen,

die Grundrechte für sich und andere wirksam werden zu lassen, eigene Rechte zu wahren und die Rechte anderer auch gegen sich selbst gelten zu lassen,

staatsbürgerliche Verantwortung zu übernehmen und sowohl durch individuelles Handeln als auch durch die Wahrnehmung gemeinsamer Interessen mit anderen zur demokratischen Gestaltung des Staates und einer gerechten und freien Gesellschaft beizutragen,

die christlichen und humanistischen Traditionen zu erfahren, nach ethischen Grundsätzen zu handeln und religiöse und kulturelle Werte zu achten,

die Beziehungen zu anderen Menschen nach den Grundsätzen der Achtung und Toleranz, der Gerechtigkeit und der Solidarität zu gestalten,

die Gleichberechtigung von Mann und Frau auch über die Anerkennung der Leistungen der Frauen in Geschichte, Wissenschaft, Kultur und Gesellschaft zu erfahren,

andere Kulturen zu verstehen und somit zum friedlichen Zusammenleben verschiedener Kulturen beizutragen sowie für die Gleichheit und das Lebensrecht aller Menschen einzutreten,

ihre Verantwortung für die Sicherung der natürlichen Lebensbedingungen zu begreifen und wahrzunehmen,

ihr zukünftiges privates, berufliches und öffentliches Lebens auszufüllen, bei fortschreitender Veränderung wachsende Anforderungen zu bewältigen und die Freizeit sinnvoll zu nutzen.

(3) Die Schule soll den Schülerinnen und Schülern die dem Bildungs- und Erziehungsauftrag entsprechenden Kenntnisse, Fähigkeiten und Werthaltungen vermitteln. Die Schülerinnen und Schüler sollen insbesondere lernen,

sowohl den Willen, für sich und andere zu lernen und Leistungen zu erbringen, als auch die Fähigkeit zur Zusammenarbeit und zum sozialen Handeln zu entwickeln,

Konflikte vernünftig und friedlich zu lösen, aber auch Konflikte zu ertragen,

sich Informationen zu verschaffen, sich ihrer kritisch zu bedienen, um sich eine eigenständige Meinung zu bilden und sich mit den Auffassungen anderer unvoreingenommen auseinandersetzen zu können,

ihre Wahrnehmungs-, Empfindungs- und Ausdrucksfähigkeiten zu entfalten und

Kreativität und Eigeninitiative zu entwickeln.

(4) Die Schulen sollen die Schülerinnen und Schüler darauf vorbereiten, ihre Aufgaben als Bürgerinnen und Bürger in der Europäischen Gemeinschaft wahrzunehmen.

§ 86 - Rechtsstellung der Lehrerinnen und Lehrer

(1) Lehrerin oder Lehrer im Sinne dieses Gesetzes ist, wer an einer Schule selbständig Unterricht erteilt. Lehrerinnen und Lehrer an öffentlichen Schulen sind in der Regel Bedienstete des Landes. Sie sind in der Regel in das Beamtenverhältnis zu berufen.

(2) Die Lehrerinnen und Lehrer erziehen, unterrichten, beraten und betreuen in eigener Verantwortung im Rahmen der Grundsätze und Ziele der §§ 1 bis 3 sowie der sonstigen Rechts- und Verwaltungsvorschriften und der Konferenzbeschlüsse. Die für die Unterrichts- und Erziehungsarbeit der Lehrerin oder des Lehrers erforderliche pädagogische Freiheit darf durch Rechts- und Verwaltungsvorschriften und Konferenzbeschlüsse nicht unnötig oder unzumutbar eingeengt werden.

(3) Für sozialpädagogische Mitarbeiterinnen und Mitarbeiter in der Schule (Sozialpädagoginnen oder Sozialpädagogen und Erzieherinnen und Erzieher) gilt Abs. 2, soweit sie selbständig Unterricht erteilen.

Besonders im Vergleich zu den oben zitierten nordrhein-westfälischen Bestimmungen fällt auf, daß die jüngeren hessischen sich deutlich schülerzentriert geben und die Begründung für staatliche Trägerschaft und Aufsicht nur ahnen lassen. - Auch aufgrund der mitunter erschreckenden sprachlichen Form - man lese nur einmal § 2 (3) laut vor - darf wohl vermutet werden, daß dieses Gesetz mit allzu „heißer Nadel genäht“ wurde.

A-1.5 Jean-Jacques Rousseau

Aus: Meyers Großes Taschenlexikon in 24 Bänden, 1983

Rousseau, Jean-Jacques, * Genf 28. Juni 1712, † Ermenonville (Oise) 2. Juli 1778, französischer Moralphilosoph, Schriftsteller, Komponist und Musiktheoretiker schweizerischer Herkunft. - Aus kalvinistischer Genfer Bürgerfamilie, Halbwaise, erlebte eine unglückliche Jugend, blieb ohne systematische Ausbildung. 1728 Übertritt zur römisch-katholischen Kirche, den er später rückgängig machte. Lakai in adligen Häusern. - Seit 1741 mit Unterbrechung in Paris; wegen einer mit einem Haftbefehl verbundenen Verurteilung seiner Schriften durch das Parlament und den Erzbischof von Paris 1765 in der Schweiz und 1767-70 (auf Einladung David Humes) in England.

Rousseau unterhielt enge freundschaftliche Beziehungen zu den Enzyklopädisten, vor allem d'Alembert, Diderot, Condillac (später jedoch getrübt), für deren „Encyclopédie“ er musiktheoretische Beiträge schrieb. - In seiner *politischen Philosophie* forderte Rousseau gleiche Rechte für alle Bürger unter einem demokratischen Modell sozialer Kontrolle. Die Prinzipien seiner Gesellschaftstheorie erörtert Rousseau in seinem klassischen Werk „Du contrat social ou principes du droit politique“ (1762; „Der gesellschaftliche Vertrag, oder die Grundregeln des allg. Staatsrechts“). Der Staat ist eine politische Organisation, die auf einem „Gesellschaftsvertrag“ (Contrat social) beruht, den seine Bürger eingegangen sind kraft ihrer angeborenen und unveräußerlichen Rechte auf Freiheit und Gleichheit und kraft ihres Vermögens zur Selbstbestimmung. Da die Zivilisation die Schuld daran trägt, daß es in Wirklichkeit nicht so ist, muß - im Gegensatz zu jedem Fortschritts- und Wissenschaftsoptimismus - im Rückgriff auf die Einfachheit der Natur die natürlichste Form des Staates gefunden erden. Rousseau benutzt die „hypothetische Geschichte“ als Prinzip, nicht als tatsächliche Menschheitsentwicklung, um seine These vom Widerspruch zwischen dem Zustand entwickelter Gesellschaften und der Natur zu begründen. Für Rousseau ist der Mensch des Naturzustands - jenseits von Gut und Böse - kaum mehr als ein Tier, von diesem unterschieden durch die Tatsache, daß er wegen fehlender Instinktgebundenheit in seinem Wesen unbestimmt ist. Damit legt Rousseau die Zukunft in die Verantwortung des Menschen. -

Die Übereinstimmung des individuellen Willens mit dem allgemeinen Willen ist für Rousseau „Tugend". In diesem moralischen Begriff ist seine Staatstheorie mit seiner *Erziehungstheorie,* dargelegt in „Èmile ou De l'èducation" (1762; „Emil, oder über die Erziehung"), verzahnt. Die erste, negative Phase der Erziehung lehrt das Kind, durch Versuche und Irrtum sich selbst (von jedem gesellschaftlichen Einfluß isoliert) in den Bedingtheiten seiner unmittelbaren physischen Existenz kennenzulernen. In der positiven zweiten Phase erlebt sich das Kind in seinen Beziehungen zu anderen Menschen. Sie zielt auf die künftige soziale Rolle des Kindes in der Gesellschaft. Das Problem für Rousseau ist, eine Form des Zusammenlebens zu finden, die den einzelnen, der sich mit allen anderen verbindet, dennoch so frei läßt wie zuvor. Der sittliche freie Wille, der sich im Staat selbst bestimmt, ist der Gemeinwille, der als moralisches Prinzip unteilbar, unveräußerlich, unzerstörbar und unfehlbar sein muß, auch wenn ihm der empirische Wille aller nicht entspricht. -

Rousseau beeinflußte mit seiner Erziehungstheorie die Nachwelt (u.a. J.B. Basedow, Pestalozzi, F. Fröbel) ebenso nachhaltig wie durch seine politischen Gedanken (Kant, Schiller, Goethe, Herder u.a.; Deklaration der Menschenrechte).

Als *Schriftsteller* übte Rousseau vor allem durch „Die neue Heloise, oder Briefe zweier Liebenden" (R., 1761-64) eine große Wirkung auf das Romanschaffen seiner Zeit aus; die darin gefühlvoll-pathetisch geschilderte Leidenschaft und deren Läuterung durch Verzicht, die intensive Darstellung eines neuen Naturgefühls, eines idyllischen Landlebens und Familienglücks als Rückkehr zum natürlichen und einfachen Leben bedeuteten eine Abkehr vom höfisch-galanten Roman und eine Zuwendung zur philosophisch vertieften Schilderung bürgerlicher Lebensläufe.

A-1.6 „Pädagogik vom Kinde aus" und Mathematisches im „Émile" (1762)

zitiert nach: T. Dietrich 1973, S. 145-155.

... Es ist seltsam, daß man, seit man sich mit der Erziehung der Kinder beschäftigt hat, auf keine anderen Mittel, sie zu leiten, verfallen ist als auf Wetteifer, Neid, Eitelkeit, Habgier, Feigheit, also gerade die gefährlichsten Leidenschaften, die am schnellsten emporschießen und am geeignetsten sind, die Seele zu verderben, noch ehe der Körper gereift ist. Mit allem, was man vorzeitig ihrem Kopf eintrichtern will, pflanzt man die Wurzel eines Lasters in den Grund ihres Herzens. Hirnlose Lehrer glauben Wunder zu vollbringen, wenn sie die Kinder zum Bösen anleiten, um ihnen beizubringen, was Gutsein ist. Und dann sagen sie uns in tiefem Ernst: so ist der Mensch. Ja, so ist der Mensch, den ihr herangebildet habt.

...

Haltet eurem Zögling keine weisen Reden, er muß durch Erfahrung klug werden. Züchtigt ihn nicht, denn er weiß nicht, was unrecht tun ist. Laßt ihn niemals um Verzeihung bitten, denn er kann euch nicht beleidigen. Da er seinen Handlungen keinerlei Moralbegriffe unterlegen kann, kann er auch nichts moralisch Unrechtes tun, das eine Züchtigung oder einen Verweis verdienen würde.

...

Setzen wir als unbestreitbare Maxime fest, daß die ersten Regungen der Natur immer richtig sind. Es gibt keine ursprüngliche Verdorbenheit im menschlichen Herzen. Es gibt dort nicht ein einziges Laster, von dem man nicht sagen könnte, wie und woher es dort eingedrungen ist. Die einzige dem Menschen natürliche Leidenschaft ist die Selbstliebe oder, in weiterem Sinn, die Eigenliebe. Diese Eigenliebe, an und für sich oder in Beziehung auf uns selbst, ist gut und nützlich. Und da sie keinerlei notwendige Beziehung auf andere hat, ist sie in dieser Hinsicht von Natur indifferent: Sie wird gut oder schlecht erst in ihrer Anwendung und ihren Beziehungen...

...

Ob ich es wage, hier die größte, wichtigste und nützlichste Regel jeglicher Erziehung darzulegen? Sie heißt: Zeit verlieren und nicht gewinnen. Der Durchschnittsleser verzeihe mir meine Paradoxa - man braucht sie, wenn man nachdenkt. Und was man mir auch entgegenhalten mag - ich bin lieber der Mann der Paradoxa als der der Vorurteile. Die gefährlichste Zeit des Lebens ist die zwischen der Geburt und dem zwölften Lebensjahr.[272] Das ist die Zeit, in der Irrtümer und Laster keimen, ohne daß man schon die Mittel hätte, sie zu zerstören. Und hat man endlich die Mittel, so ist es zu spät; die Wurzeln sitzen zu tief, um sie auszureißen. Wäre es nur ein Sprung von der Mutterbrust bis zum Alter der Vernunft, so wäre die Erziehung, die man ihnen gibt, angemessen. Aber die natürliche Entwicklung fordert die genau entgegengesetzte. Ihre Handlungen dürfen in nichts durch ihre Seele bestimmt sein, ehe diese nicht über alle ihre Fähigkeiten verfügt. Denn unmöglich kann sie die Leuchte bemerken, die ihr ihr vorhaltet, während sie doch blind ist, unmöglich in der unermeßlichen Weite der Vorstellungen einem Wege folgen, den die Vernunft mit so zarten Strichen vorzeichnet, daß er kaum den besten Augen erkennbar ist.

Die erste Erziehung muß also rein negativ sein. Sie besteht keineswegs darin, Tugend und Wahrheit zu lehren, sondern darin, das Herz vor dem Laster und den Geist vor dem Irrtum zu bewahren. Wenn es euch gelänge, nichts zu tun und nichts geschehen zu lassen, wenn es euch gelänge, euren Zögling gesund und kräftig bis zu seinem zwölften Lebensjahr zu bringen, ohne daß er seine rechte von seiner linken Hand zu unterscheiden vermöchte, so würden sich die Augen seines Veständnisses vom ersten Augenblick an unter eurer Obhut der Vernunft öffnen. Ohne Vorurteile, ohne Gewohnheiten wäre nichts in ihm, was euren Bemühungen entgegenwirken könnte. Bald würde er unter euren Händen der weiseste aller Menschen, und indem ihr zu Anfang gar nichts getan hättet, hättet ihr ein Wunder an Erziehung vollbracht.

---

[272] Vgl. Piaget... L.F.

Tut das Gegenteil dessen, was der Brauch ist, und ihr werdet fast immer das Richtige tun. Wenn man aus einem Kind kein Kind, sondern einen Gelehrten machen will, können Väter und Lehrer nicht früh genug anfangen, es zu schelten, zu verbessern, zu maßregeln, ihm schön zu tun oder zu drohen, ihm Versprechungen zu machen, es zu belehren und ihm Vernunft zu predigen. Macht ihr es besser, seid selbst vernünftig, aber verlangt es nicht von eurem Zögling, vor allem zwingt ihm gegen seinen Willen keine Zustimmung ab. Denn für unangenehme Dinge immer Einwände der Vernunft zu hören, macht sie ihm nur langweilig, und sie gerät vorzeitig in Mißkredit bei einem Geist, der noch außerstande ist, sie zu begreifen. Trainiert seinen Körper, seine Organe, seine Sinne und seine Kräfte, aber laßt seine Seele so lange wie möglich in Ruhe. Fürchtet für ihn alle Meinungen, ehe sich nicht seine Urteilskraft gebildet hat, die sie zu bewerten vermag; haltet fremde Eindrücke von ihm fern, und habt es nicht so eilig, das Gute zu tun, um das Schlechte zu verhüten. Denn ohne die Erleuchtung der Vernunft ist es nicht gut. Nehmt jede Verzögerung als Vorteil, denn es ist viel damit gewinnen, wenn man sich dem Ziel nähert, ohne etwas verloren zu haben. Laßt die Kindheit im Kinde reifen. Welche Belehrung ihm immer notwendig sein mag - hütet euch, sie heute zu erteilen, wenn ihr sie ohne Gefahr auf morgen verschieben könnt.

...

Ich sage nicht, daß man es erreichen kann, aber ich sage, daß der, der ihm am nächsten kommt, das meiste erreicht haben wird.

Besinnt euch darauf, daß man sich selbst erst zum Menschen erzogen haben muß, bevor man darangeht, einen Menschen heranzubilden. Das Vorbild dazu muß man in sich selber finden. Solange das Kind noch keine eigene Erkenntnis besitzt, bleibt Zeit genug, alles, was es umgibt, so zu bestellen, daß seine ersten Blicke nur auf das fallen, was es sehen darf. Verschafft euch Respekt bei jedermann, gebt euch liebenswürdig, so daß jeder euch gefallen möchte. Ihr werdet nie Herr über das Kind, wenn ihr es nicht über seine ganze Umgebung seid. Und diese Autorität wird niemals genügen, wenn sie nicht auf die Hochachtung vor der Tugend gegründet ist.

...

Dies ist auch ein Grund mehr, warum ich Emile auf dem Land großziehen will, weit weg vom Dienstbotengesindel, dem größten Abschaum der Menschheit nach ihren Herren, weit von der Sittenlosigkeit der Städte, deren Firnis, unter dem sie sich verbirgt, die Kinder verführt und ansteckt, wogegen die ungehobelten und rohen Laster der Bauern eher abstoßen als verführen, wenn keinerlei Neigung besteht, ihnen nachzueifern.

...

Man macht viel Wesens davon, die besten Methoden, lesen zu lernen, herauszufinden. Man erfindet Lesekästen, Karten, man macht aus dem Kinderzimmer eine Drukkerwerkstatt. Locke möchte, daß es mit Hilfe von Würfeln lesen lerne. Wenn das nicht eine geniale Erfindung ist! Welch ein Jammer! Ein viel sichereres Mittel, das, woran niemand denkt, ist der Wunsch, lesen zu lernen. Erweckt diesen Wunsch im Kinde und dann weg mit euren Lesekästen und Würfeln, und jede Methode wird ihm recht sein. - Das gegenwärtige Interesse ist die große bewegende Kraft, die einzige, die mit Gewißheit zu etwas führt.

...

Ich habe gesagt, daß die Geometrie für Kinder nicht faßlich sei, aber daran sind wir selber schuld. Wir merken nicht, daß sie eine andere Methode haben als wir und daß, was für uns zur Kunst des Denkens wird, für sie nur die Kunst zu sehen sein muß. Statt ihnen unsre Methode beizubringen, nähmen wir besser die ihre an, denn unsre Art, Geometrie zu lernen, ist mindestens ebenso eine Sache der Vorstellungskraft wie des Denkens. Ist der Satz gegeben, muß der Beweis gefunden werden, das heißt, es muß gefunden werden, welche Folgerung der gegebene Satz aus dem schon bekannten darstellt, und von allen Folgerungen, die aus diesem gleichen Satz gezogen werden können, gilt es, die zu wählen, um die es sich handelt.

Auf diese Weise muß der logischste Denker, wenn ihm die Vorstellungs- und Erfindungskraft fehlt, zuschanden werden. Und was kommt dabei heraus? Daß man uns die Beweise diktiert, anstatt sie uns finden zu lassen; daß der Lehrer für uns denkt und nur unser Gedächtnis übt, anstatt uns selbst denken zu lehren.

Zeichnet genauere Figuren, kombiniert sie, legt sie aufeinander, untersucht ihre Proportionen und ihr werdet die ganze Elementargeometrie finden, indem ihr von Beobachtung zu Beobachtung schreitet, ohne daß von Definitionen, Problemen oder irgendeiner anderen Beweisform die Rede zu sein braucht als der des einfachen Übereinanderlegens. Ich selbst maße mir gar nicht an, Emile Geometrie beibringen zu wollen; er wird sie mir beibringen, ich werde die Proportionen suchen, und er wird sie finden; denn ich werde sie auf die Weise suchen, die ihn sie finden läßt. Um zum Beispiel einen Kreis zu zeichnen, nehme ich keinen Zirkel, sondern einen Stift, am Ende eines Fadens befestigt, der sich auf einem Zapfen um sich selber dreht. Wenn ich hinterher die Radien untereinander vergleichen will, wird Emile mich auslachen und mir begreiflich machen, daß sich durch denselben Faden, wenn er immer in gleicher Spannung gehalten wird, niemals ungleiche Radien ergeben können.

Wenn ich einen Winkel von sechzig Grad messen will, beschreibe ich von der Spitze des Winkels aus keinen Bogen, sondern einen ganzen Kreis, denn bei Kindern darf man nichts voraussetzen. Ich stelle fest, daß der Kreisabschnitt zwischen den beiden Schenkeln ein Sechstel des Kreises ausmacht. Dann beschreibe ich von demselben Punkt aus einen zweiten, größeren Kreis und stelle fest, daß dieser zweite Kreisabschnitt wiederum ein Sechstel seines Kreises ausmacht. Ich beschreibe einen dritten konzentrischen Kreis, bei dem ich die gleiche Probe mache und so weiter mit vielen anderen Kreisen, bis Emile, von meinem Stumpfsinn schockiert, mich darauf aufmerksam macht, daß jeder Kreisabschnitt, ob groß oder klein, der sich im gleichen Winkel befindet, immer ein Sechstel seines Kreises ausmacht etc.[273] Und damit sind wir schon beim Gebrauch des Winkelmessers.

Um zu beweisen, daß Nebenwinkel gleich zwei Rechten sind, beschreibt man einen Kreis. Ich tue genau das Gegenteil: ich gehe so vor, daß Emile das vom Kreis her

---

[273] Vgl. Wagenschein in A-5.1.1. L.F.

lernt, und dann sage ich: Wenn man nun den Kreis wegnähme und nur die Geraden stehn ließe, würde die Größe der Winkel dadurch verändert? etc.

Es wird viel zu wenig Wert auf die Genauigkeit der Figuren gelegt - man setzt sie als richtig voraus und klammert sich an den Beweis. Bei uns wird es nie einen Beweis geben; für uns wird das Wichtigste sein, gerade, richtige und gleichmäßige Linien zu ziehen, ein absolut vollkommenes Viereck zu zeichnen und einen genauen Kreis. Um die Genauigkeit der Figur zu prüfen, untersuchen wir sie auf alle ihre sinnfälligen Eigenschaften, was uns Gelegenheit gibt, jeden Tag neue an ihr zu entdecken. Wir falten zwei Halbkreise diametral und die zwei Hälften des Vierecks diagonal. Dann vergleichen wir jeweils unsre beiden Figuren, um zu sehen, bei welcher von ihnen die Ränder am genauesten aufeinandertreffen und welche infolgedessen am genauesten gezeichnet waren. Wir werden besprechen, ob es diese Gleichheit der Teilung auch immer beim Parallelogramm geben muß, beim Trapez etc. Manchmal werden wir versuchen, das Ergebnis eines Versuchs vorauszubestimmen, ehe wir ihn gemacht haben. Wir werden Proportionsrechnungen anzustellen versuchen usw.[54].

Für meinen Schüler ist die Geometrie nur die Kunst, gut mit Lineal und Zirkel umgehen zu können. Er darf sie nicht mit der Zeichenkunst verwechseln, für die er weder das eine noch das andere gebrauchen wird. Lineal und Zirkel werden unter Verschluß gehalten, und er wird sie nur selten und für kurze Zeit gebrauchen dürfen, damit er sich nicht ans Herumschmieren gewöhnt. Aber manchmal können wir unsre Figuren auf dem Spaziergang mitnehmen und uns darüber unterhalten, was wir schon gemacht haben oder was wir noch gern machen möchten.

Ich werde nie vergessen, wie ich in Turin einen jungen Mann traf, der als Kind das Verhältnis vom Umfang zur Fläche gelernt hatte, indem man ihm jeden Tag Waffeln in allen möglichen geometrischen Figuren von gleichem Umfang vorlegte. Das kleine Schleckermaul hatte Archimedes' ganze Kunst erschöpft, um herauszufinden, an welcher es am meisten zu essen gab...

A-2.1 Zwei Unterrichtsstunden zum regelmäßigen Sechseck

Aus: Karl Stöcker: Neuzeitliche Unterrichtsgestaltung. München: Ehrenwirth (9. Aufl.) 1960, S. 287-290.

Die beiden folgenden Unterrichtsbeispiele sind dann und nur dann lehrreich, wenn man zunächst den jeweiligen Phasenaufbau der Stunden beachtet und dann die *Vorzüge* ihrer Gestaltung sucht, *bevor* man sich eine Kritik überlegt. Es bietet sich natürlich an, die hier skizzierten Stundenabläufe mit den Ausschnitten A-1.6 aus Rousseaus „Émile“ bzw. A-5.1.1 aus Wagenscheins „Entdeckung der Axiomatik“ zu vergleichen.

Unterrichtsskizze der ersten Stunde

Zielangabe: „Wir wollen heute eine neue Form betrachten..."

a) Gegenstand: Der Lehrer zeigt sechseckige Bodenplatten („Plättchen"): „Was hab ich hier? - Betrachtet genau die Form! Zählt die Ecken, die Seiten usw."

b) Begriff: „Wir suchen einen Namen, der die Form genau bezeichnet!" usw. (Tafelanschrieb: regelmäßiges Sechseck).

c) Merkmale: „Wir betrachten jetzt genau die Seiten, die Winkel, die Ecklinien usf. und messen sie!" (Ein größeres Pappmodell wird gemessen, die Ecklinien gezogen, dasselbe dann in 6 gleichseitige Dreiecke durchschnitten.) Ergebnis: 6 gleiche Seiten, gleiche Winkel zu je 60 Grad; das regelmäßige Sechseck besteht aus 6 gleichseitigen Dreiecken.

d) Vorkommen: „Wo finden wir diese Form?" (Die Klasse durchforscht ihren Anschauungs- und Vorstellungsraum, außer der „Drachenform" kommen zunächst nur falsche Angaben (Stuhlsitz, Fenster), dann plötzlich der Hinweis auf die „Löcher" in einem Drahtzaun: „Aber dort stehen sie nebeneinander!" Lehrer: „Denkt an die Bienen!" (zeigt Bienenwabe) und an den Schlosser (Schraubenmuttern aller Größen)).

   Ergebnis: Das Sechseck ist eine Gebrauchs- und Zierform.

e) Konstruktion: „Nun wollen wir selbst ein regelmäßiges Sechseck genau konstruieren!"

   1. Gemeinsame Lösung an der Wandtafel: Unter Führung von 2 Schülern, die die Konstruktion schon beherrschen, wird die genaue Zeichnung (Umkreis) gefunden und „verstanden".

   2. Aufgabe: Jeder Schüler zeichnet in seinem Heft mehrere größere und kleinere Sechsecke.

f) Merkhefteintrag:

   1. Wie ich ein regelmäßiges Sechseck zeichne.

   2. Ergebnis der Stunde: Das Sechseck hat sechs gleiche Seiten, drei Ecklinien, die sich im Mittelpunkt schneiden usf.

Ausblick:

Was wird unsere nächste Aufgabe sein, in der folgenden Raumlehrestunde? - Inhaltsberechnung des Sechseckes. Überlegt's euch bis morgen!"

Besinnliches Nachspiel:

In der darauffolgenden Pause gab es ein nicht uninteressantes kleines Nachspiel: Zwei Schüler entdeckten unter dem Pult die vielen, vom Lehrer mitgebrachten Plättchen und legten sie halb spielerisch aneinander. Sie freuten sich über ihr Werk: Ein kleiner Küchenboden war entstanden. „Schade, daß wir nicht noch mehr Plättchen haben!

Wir könnten das ganze Schulzimmer auslegen!“ Ein zuschauender Schüler: „Wenn ich einmal ein Haus baue, nehme ich lieber Achteck-Platten!“ - „Geht ja gar nicht!“ - „Warum geht es dann mit Sechseckigen?“ - Ein Schüler geht an die Wandtafel und erklärt unter wilden Bewegungen seinem Kameraden anhand einer Zeichnung das Aneinanderlegen, kommt aber dabei mit der Sechseckfüllung selbst nicht zurecht. Hier stimmt doch etwas nicht! Sind das nicht andere Plättchen usw.? Keiner findet den Fehler... (In der Zeichnung werden die Sechseck-Platten mit kleinen Zwischen-Rauten angegeben!)

Wird hier nicht deutlich, daß in der vorhergehenden Stunde ein *fruchtbarer* Moment *verpaßt* worden ist, der Leben und Spannung hätte hineinbringen können? Könnte man nicht ein solches Problem zum Ausgangspunkt einer Behandlung machen? Unter dem Eindruck dieser kleinen Beobachtung entschlossen wir uns, dieselbe Aufgabe in einer anderen Klasse nochmals zu behandeln:

Unterrichtsskizze der zweiten Stunde

1. a) Ausgang und Problem: *„Flächenfüllung mit Sechsecken“*

   Herr Seifer will in seinem Neubau verschiedene Böden legen lassen. Was für Formen könnte er wählen? Quadrate, Rechtecke, Sechsecke, Achtecke?

   Aus einem billigen Gelegenheitskauf könnte er *Sechseck*-Platten erwerben. Die Meinung seiner Frau: „Geht ja gar nicht! Dann brauchst Du dazu auch kleine Rauten zwischendrin, will ich aber nicht haben! Wie kannst Du Dir so etwas aufhängen lassen?“

   Wir fragen uns: *Wer hat hier recht?* (geteilte Meinung der Klasse. Erfahrung steht gegen Vorstellung.)

   b) Wege und Irrwege:

   Spontane Lösungsversuche der Kinder an der Wandtafel. Es entsteht eine Zeichnung mit Sechsecken und zwischengelegten Rauten. Die Mehrzahl der Schüler ist überzeugt: Frau Seifer hat recht. Man braucht auch noch Rauten. Ein Schüler verstärkt den Eindruck: „Deshalb will heute niemand mehr Sechseck-Plättchen kaufen!“

   c) Lösung:

   Lehrer: „Ob wir keinen Fehler gemacht haben?“ Hinweis auf die Bienenwabe: „Die Bienen können's doch auch!“ - „Das sind acht Ecken!“ - ? - Schüler: „Wie ist es aber bei einem Drahtzaun? Ich weiß bestimmt, dort sind lauter sechseckige Löcher nebeneinander! Gleich neben dem Schulhof ist ein solcher Zaun!“

   Kaum bedarf es der Zustimmung des Lehrers, stürmt die Klasse zur Nachprüfung hinaus. Großes Staunen: Es geht! Fast jedes Kind fährt mit der Hand *unaufgefordert* die Figuren nach! Wieder im Klassenzimmer wird spontan der Fehler gesucht und korrigiert!

Hinweis auf Bienenwabe (zeigen!) - Legen von mitgebrachten Plättchen.

Ergebnis: Mit regelmäßigen Sechsecken können wir große und kleine Flächen ohne Lücken füllen.

2. Neues Problem: *Das einzelne Sechseck*

   a) Betrachtung:

   Lehrer: „Wir hätten ja eigentlich selbst darauf kommen können!“ Prüfen bei großen und kleinen Modellen!

   b) Zeichnung eines „genauen“ (regelmäßigen) Sechseckes: zuerst an der Wandtafel. Die bekannte Konstruktion führt von allein zur erstaunten Frage: Warum kann man den Radius genau sechsmal auf dem Kreis abtragen? (Stutzen und Staunen!) Warum nur beim Sechseck? Wieder die gleichen Stufen: Problem - Irrweg - Lösung. (Sie wird gefunden durch Zerschneiden eines Modells durch die Ecklinien.)

   Teilproblem: Größe der Winkel? (Hinweis auf Drachenbau.) Lösung: 1. durch Erfahrung, 2. durch Besinnung und Berechnung.

3. Neues Problem: Zeichnung einer *Flächenfüllung* (unter Vermeidung der vorigen Fehler). Also Seite an Seite!

   Die Lösung an der Wandtafel zeigt deutlich, daß trotz der verstandenen Lösung von vorhin die Konstruktion selbst ein neues Problem darstellt. Eine genaue Zeichnung entsteht.

4. Weiteres Problem (für die folgende Stunde): *Inhaltsberechnung*. Wieviel Platten braucht Herr Seifer für seinen Küchenboden?

So wird nun auch die Inhaltsberechnung in der folgenden Stunde nicht mehr in der üblichen Form der ersten Lehrprobe, sondern als sinnvolle *„Aufgabe“* gegeben? Wieviel Platten benötigt Herr Seifer?

Lösungswege:

1. Wir legen die Platten (reichen nicht aus!).
2. Wir schätzen auf verschiedene Weise (ungenau!).
3. Wir berechnen! Dazu notwendig die Kenntnis des Flächeninhalts *einer* Platte usw.

Bemerkenswerte Schüleräußerungen: „Die Bienen sollten eigentlich Röhren bauen, wäre für sie am geschicktesten (Raumausnützung!), aber dann müßten sie wertlose Knoten einbauen. So sind sie auf die günstigste Sechseckform gekommen!“ Daraus entstand die tiefgründige Frage: „Wer sagt das aber den Bienen? Die haben doch keine Raumlehre!“

A-2.2 Halbordnungen im Kopf: „Concept Mapping"

Aus: Klaus Hasemann: Individuelle mathematische Lernprozesse - Folgerungen aus einem Projekt zur Überprüfung der Zuverlässigkeit des „concept mapping". Erschienen in: Mathematica didactica, 16.2 (1993), S. 56-75.

... Die Methode, die hier vorgestellt werden soll, wird „concept mapping" genannt (obwohl in der Literatur unter dieser Bezeichnung auch deutlich verschiedene Varianten dieser Methode vorkommen). Zwar sind „mapping"-Methoden in den Sozialwissenschaften schon lange bekannt, doch ist ein Verfahren dieses Namens in die didaktische Forschung offenbar erst in den siebziger Jahren durch J. Novak eingeführt worden... [274] Die von Novak propagierte Vorgehensweise wurde kürzlich von Jüngst (1992) dargestellt, wobei Jüngst sowohl seine Vorgehensweise als auch den theoretischen Hintergrund ausführlich beschreibt.[275] Die theoretischen Annahmen sind bei allen Varianten der Methode im wesentlichen die gleichen; sie sollen hier zunächst kurz zusammengefaßt werden:

1. *Annahme:* Wissen ist im menschlichen Langzeitgedächtnis in Form eines „aktiven strukturellen Netzwerkes" repräsentiert; zur modellhaften Darstellung werden u.a. „assoziative" oder „semantische Netze", „Schemata", „frames" oder „scripts" verwendet.[276]

2. *Annahme:* Beim Erwerb neuen Wissens steuern die bereits vorhandenen Schemata die Aufmerksamkeit des Lernenden, und sie bilden beim Einarbeiten dieses neuen Wissens den verständnisstiftenden Rahmen. Entsprechend werden beim Aufrufen von Wissen aus dem Langzeitgedächtnis und bei der Wissensverarbeitung solche Schemata aktiviert.

Diese Annahmen aus der kognitiven Psychologie dürften weitgehend akzeptiert sein.

Concept mapping im Sinne von Novak oder Jüngst ist nun der Versuch, den Lernenden das neu zu erwerbende Wissen gleich in Form semantischer Netze zu präsentieren bzw. die Lernenden dazu anzuleiten, selbst solche Netze zu entwerfen - selbstverständlich in der Annahme, daß durch die Gleichheit von äußerer Darstellung und - vermuteter - interner Repräsentation der Prozeß des Wissenserwerbs vereinfacht bzw. effektiver würde.

Die von mir (und anderen .., wenn auch zum Teil mir anderen Intentionen) verwendete Methode unterscheidet sich schon deshalb von der von Novak und Jüngst, weil bei unserer Methode nicht Wissen vermittelt, sondern „nur" die bei den Schülern vorhan-

---

[274] mit Bezug auf: J. D. Novak: Concept mapping: A useful tool for science education. In: Journal of Research in Science Teaching, 27 (1990), S. 937-952, sowie auf: D. Novak et al.: The use of concept mapping and knowledge Vee mapping with Junior High School science students. In: Science Education, 67.5 (1983), S. 625-645.

[275] Bezug auf: K.L. Jüngst: Lehren und Lernen mit Begriffsnetzdarstellungen. Frankfurt am Main: Afra Verlag 1992.

[276] Hinweis auf: W. Kintsch: The role of knowledge in discourse comprehension: a construction-integration model. In: Psychological Review, 95 (1988), S. 163-182.

dene Wissensstruktur analysiert werden soll, genauer: Es wird versucht, diese vorhandene Wissensstruktur nach außen abzubilden - „concept mapping“ also.

Wie bereits erwähnt, kann man davon ausgehen, daß jedes Individuum seine Wissenstrukturen selbst schafft und daß diese Strukturen somit individuell unterschiedlich sind. Aufgrund dieser Annahme muß auch das Verfahren zur Analyse solcher Strukturen so konzipiert werden, daß das Individuum die Möglichkeit hat, seine eigene, eigentümliche „map“ zu konstruieren.

Beim Einsatz einer neuen Untersuchungsmethode stellt sich die Frage nach ihrer *Zuverlässigkeit,* hier insbesondere die Frage, ob die Individuen zu verschiedenen Zeitpunkten, aber unter im übrigen vergleichbaren Bedingungen vergleichbare maps konstruieren. Zur Überprüfung dieser Frage wurde ein kleines, von der DFG gefördertes Projekt ... durchgeführt, über das im folgenden berichtet werden soll.

2. „Concept mapping“ als Methode zur Untersuchung mathematischer Wissensstrukturen

Beim concept mapping wurde wie folgt vorgegangen: Wir legten den Schülern in Interviewsituationen zunächst einige (echte) Probleme vor, so z.B. *vor* Beginn des regulären Unterrichts über Bruchrechnung im Mathematikunterricht des 6. Schuljahres die folgenden drei Aufgaben:

1. Färbe zuerst ½ des (abgebildeten) Rechtecks (aus drei mal vier Kästchen), und dann noch ¼. Welchen Bruchteil hast du insgesamt gefärbt?
2. Berechne: ½ + ¼
3. Drei Äpfel sollen gerecht an vier Kinder verteilt werden. Wieviele Äpfel bekommt jedes Kind?

Unmittelbar im Anschluß an die Aufgabenlösungen erhielten die Schüler Kärtchen mit Begriffsnamen oder Zahlen aus dem betreffenden mathematischen Fachgebiet (wie z.B. „Bruch“, „Zähler“, „Nenner“, „½“, „¾“, „ein Viertel“), aber auch solche aus den Sachsituationen der Problemaufgaben (wie z.B. „Apfel“, „Rechteck“ und „verteilen“) mit der Bitte, diese Kärtchen auf einem Papierbogen so zu verteilen, daß die Begriffe, die ihrer Meinung nach eng zusammengehörten, auch dicht beieinander lagen, während solche Begriffe, die nichts oder nicht viel miteinander zu tun hatten, auch auf dem Bogen getrennt hingelegt wurden. Wichtig ist dabei der Hinweis, daß es bei dieser Verteilung kein „richtig“ oder „falsch“ gibt, sondern daß jeder einzelne nach eigenem Gutdünken vorgehen kann und soll.

Nachdem die Kärtchen auf diese Weise verteilt worden waren, sollten die Schüler im nächsten Schritt die zusammengehörenden Begriffe z.B. durch Oberbegriffe benennen sowie bestehende Beziehungen zwischen den Begriffen durch Verbindungslinien kennzeichnen und diese, wenn möglich, mit einem Namen versehen...

A-3.1 Eine Kritik des fragend-entwickelnden Mathematikunterrichts von „rechts" (1827)

„Über eine besondere Methode beim Unterricht in der Mathematik." Anonym erschienen in: Allgemeine Schulzeitung, 2. Abteilung, 4., 1827, S. 276-279. (Vollständig zitiert)

Wenn man bedenkt, wie alt die Kunst des wissenschaftlichen Unterrichts ist, wie viele große Talente darüber nachgedacht und dieselbe wirklich ausgeübt haben, so sollte man glauben, es müsse endlich über die Methode des Unterrichts feste und unveränderliche Grundsätze geben, und das Bessere und Schlechtere in der Ausübung nur von der Individualität des Lehrers abhängen, die freilich an keine Regeln zu binden ist. Allein die Erfahrung scheint, vorzüglich in Deutschland, das Gegentheil davon zu lehren.

Es vergeht nicht leicht ein Jahrzehend, ohne dass wir so ein neues System der Philosophie, eine eben so nagelneue Methode des Unterrichts empor kommen sehen. Was dabei jeden wahren Verehrer der Wissenschaften innig betrüben muss, ist, dass kein Erfinder einer solchen neuen Methode die seinige empfiehlt, ohne zugleich alle früheren als total schlecht auszuschreien. Das Publicum leiht oft zu leicht diesem Gerede sein Ohr, und so ist es bei uns nichts Seltenes, dass derselbe Mann in wenigen Jahren alle Gradationen von Ehre und Schande, von fast übermenschlicher Verehrung bis zu pöbelhafter Beschimpfung erfährt. Eine Wissenschaft indessen schien hierin das unglückliche Loos der übrigen nicht zu theilen. Die außerordentliche Schwierigkeit, zu den großen Erfindungen in der Mathematik noch etwas bedeutend Neues hinzuzufügen, hatte die mittelmäßigen Köpfe, wovon meistens jene ephemeren Neuerungen ausgehn, von derselben fern gehalten, und so blieb von Euklides an bis Newton und Euler die Methode beim Unterricht derselben eben so unverändert und unangegriffen als die Wahrheit der Sätze, welche sie lehrte.

In den allerneusten Zeiten indessen haben Einige, meistens nicht Mathematiker von Profession, sondern solche, die aus dem Gebiete der Theologie späterhin in das der Mathematik verschlagen wurden, eine ganz neue Methode auf die Bahn gebracht, die man wohl nicht besser als die Abfragemethode nennen kann, und worüber ich Einiges sagen will.

Diese Methode ist, nachdem sie zuerst einige Jahre in Erziehungsinstituten und ähnlichen Anstalten ihr Wesen getrieben, nach und nach bis zu den Gymnasien vorgedrungen, und scheint jetzt sogar auf einigen Hochschulen ihr Haupt erheben zu wollen. Das Ziel, welches sich dieselbe vorgesetzt hat, steckt außerordentlich hoch. Bis jetzt hatten selbst die berühmtesten Lehrer der Mathematik nur dahin gestrebt, ihren Schülern den Zusammenhang der Lehrsätze deutlich zu machen, und ihnen in der Anwendung der Calcüls die gehörige Fertigkeit mitzutheilen. Allein die neusten Archimede glauben damit ihr Schuldigkeit noch lange nicht erfüllt zu haben, sondern sie verlangen nichts Geringeres, als dass der Schüler die Beweise der Lehrsätze und die Auflösung der Aufgaben und eben so Lehrsätze selbst erfinde. Jeder begreift nun aber, dass es mit einem solchen Erfinden keine so leichte Sache ist. Die Kunst des Lehrers besteht also darin, dem Schüler die gehörigen Winke zu geben, und ihn durch Fragen so lange hin und her zu leiten, bis er endlich das Verlangte erräth. -

Man kann diese Methode aus einem doppelten Gesichtspunkte beurtheilen, indem man sie nämlich nur als ein Mittel zur allgemeinen wissenschaftlichen Bildung, oder als einen neuen Weg zu Erfindungen und zur Erweiterung der mathematischen Wissenschaften betrachtet. Auf den ersten Anblick scheint durch dieselbe die Geistesthätigkeit des Schülers, stärker als es auf irgend eine andre Art möglich ist, angeregt zu werden, und es ist auch nicht zu läugnen, dass, wenn man sie nur zuweilen und mit Auswahl gebraucht, sie ein vortreffliches Mittel zur Weckung der geistigen Thätigkeit werden kann. Allein man muss dabei nicht vergessen, dass, so wie jedes Ding in der Welt, auch diese Anregung und Anstrengung der Geisteskräfte über einen gewissen Grad nicht hinausgetrieben werden darf. - Es ist nun einmal in allen Künsten und Wissenschaften eine durch die Erfahrung wohl bewährte Regel, dass die Knaben lernen und die Männer erfinden. Nämlich nur durch aufmerksame Betrachtung und Vergleichung des schon Erfundenen erhält der Geist endlich die Gewandtheit und Vielseitigkeit, welche den Erfinder macht. Eben so wenig, als es in den bildenden Künsten, der Malerei und Sculptur, einen ausgezeichneten Erfinder gibt, der nicht früher Nachahmer gewesen wäre, eben so wenig kann es in irgend einer Wissenschaft einen Erfinder geben, der nicht gelernt hat.

Allein bei der Methode, wovon wie hier sprechen, geht das Lernen meistens nur sehr langsam und dürftig von statten. Nicht allein von den Schülern, sondern sogar von sehr vielen Lehrern, die nach dieser neuen Methode unterrichten, ist es wahr, dass ihre Kenntnisse über die ersten Elemente nicht weit hinausgehn, so dass sie den Standpunkt, bis zu welchem sich die Wissenschaft erhoben, nicht kennen. Beim öffentlichen Unterricht, und dieser verdient doch hier die ersten Berücksichtigung, müssen nun vollends durch jene Abfragemethode die Fortschritte sehr aufgehalten und erschwert werden. Jeder, der sich je mit dem Unterricht beschäftigt hat, aber auch nur die Zeit seiner Schuljahre ins Gedächtniss zurückruft, weiß, wie selten bei einer an einen Schüler gerichteten Frage die übrigen recht aufmerksam sind. Bei dieser Methode, wo der ganze Unterricht nur in Fragen besteht, bleibt also nichts übrig, als jede Frage im Allgemeinen an alle Schüler zu stellen. Allein eben weil hier durch die Frage nicht etwas schon Erläutertes zurückgerufen, sondern etwas Neues und Unbekanntes hervorgerufen werden soll, müsste sie für jeden Schüler nach der besonderen Fähigkeit und Thätigkeit desselben anders gestellt werden. Die Fragen müssen also, wenn die mittelmäßigen und schwächern Schüler nur einigermaßen mit fortkommen sollen, so eingerichtet werden, dass die richtige Antwort durch dieselben von selbst aufgedrungen wird, so dass man auf einem sehr weit abführenden und ermüdenden Weg meistens nichts weiter erreicht, als was man auf einem weit kürzeren und bequemern hätte erreichen können. Kurz, durch diese Abfragemethode wird eben, weil sie Alles erreichen will, Nichts erreicht.

Keine Schule kann alle ihre Zöglinge oder auch nur den größern Theil derselben zu Erfindern ausbilden. Aber jede Schule kann dem Verstande ihrer Schüler die wahre Richtung und die Fertigkeit geben, die Gründe einer Sache zu erkennen, und aus derselben folgerecht zu schließen. Dass übrigens durch die alte Methode des mathematischen Unterrichts die Erfindungsgabe bei denjenigen, welchen die Natur Etwas davon mitgetheilt hat, hinlänglich angeregt und geweckt werden, beweisen die außerordentlichen und ans Wunderbare gränzenden Erfindungen und Entdeckungen, die man, lange ehe die neuen Apostel ihre Weisheit gepredigt, in der Mathematik gemacht hatte und noch täglich (ohne Beihülfe dieser Weisheit) zu machen fortfährt. Unter allen diesen Erfindungen befindet sich aber keine einzige, welche wir einem Lehrer dieser neuen Lehre zu verdanken hätten. Ungeachtet ihrer Wuth, zu erfinden, haben sie nichts (sage gar nichts) Beachtenswerthes erfunden. So laut sie daher auch von den Talenten ihrer Schüler sprechen, so sei es uns doch erlaubt, so lange an der Kunst der Schüler zu zweifeln, bis wir von derjenigen der Meister irgend eine Probe gesehn.

In Beziehung auf die formelle Bildung des Geistes entsteht durch diese Abfragemethode noch ein besonderer Nachtheil. Jeder weiß nämlich, dass die Art, die Sätze zu verbinden und zu beweisen, wie man sie im Euklides und in den bessern mathematischen Lehrbüchern findet, das vollkommenste Muster logischer Strenge und Bündigkeit darbietet. Wenn der Lehrer den Schüler auf diese Verbindung aufmerksam macht; wenn er ihm zeigt, was entsteht, wenn ein einzelner Satz aus seiner Stelle gerückt, ja oft nur ein einziges Wort geändert wird: so ist dieses die feste Übung im richtigen Denken. Allein bei der Abfragemethode, wo die ganze Thätigkeit des Schülers durch das Aussuchen von Hülfslinien und anderen Hülfsmitteln des Beweises in Anspruch genommen wird, geht die Uebersicht über den Zusammenhang der Sätze und der Theile derselben größtentheils verloren. Gewöhnlich wird der Schüler, nachdem er das Gesuchte gefunden, denselben Weg noch einmal rückwärts machen müssen, um die zusammengefundenen Materialien in eine bessere Ordnung zu stellen. Er lernt daher die Kunst, zu denken und zu schließen, statt an den vollkommensten Mustern, die wir kennen, nur an denjenigen, die er sich selbst ausstellt. -

Uebrigens verstehe man mich doch recht. Meine Meinung ist nicht, dass der Schüler gar keinen Versuch machen soll, auch selbst Etwas zu erfinden. Zuweilen kann man ihm (besonders zu häuslichen Arbeiten) die Auffindung eines Beweises, oder die Auflösung eines Problems aufgeben, wenn man nur darauf sieht, dass dadurch dem eigentlichen Lernen kein Abbruch geschieht, und dass zugleich der Schüler immer an die Geringfügigkeit seiner Arbeiten und Erfindungen in Vergleichung mit denjenigen der eigentlichen Meister der Wissenschaft aufmerksam gemacht wird. Unter diesen Beschränkungen gibt dieses Verfahren allerdings ein nützliches Hülfsmittel an die Hand, die Selbstthätigkeit des Schülers anzuregen und seine Kräfte kennen zu lernen. Ueberhaupt aber und in Beziehung auf den ordentlichen Gang des Unterrichts wird es gerathen sein, die Wissenschaft der Newtons, der Euler und Laplace's so zu lernen und zu lehren, wie diese großen Meister selbst sie gelernt und gelehrt haben, und bis die Apostel der neuen Methode Etwas geleistet, was sich mit den Werken jener Herren der Wissenschaft wenigstens von fern vergleichen lässt, ihre Methode selbst zu jenen Erfindungen zu zählen, deren in jedem Jahrzehend Dutzende zu entstehen und wieder zu vergehen pflegen.

A-3.2 Die ganz alte Fragemethode (nach W. Lietzmann, 1919)

Auszug aus einem längeren Bericht in: W. Lietzmann: Methodik des mathematischen Unterrichts, 1. Teil. Leipzig: Quelle & Meyer 1919, S. 151-161.

... Nach meiner Erfahrung - ich habe Gelegenheit gehabt, an den verschiedensten

Schularten dem mathematischen Unterricht beizuwohnen - wird in unseren höheren Schulen noch immer viel zu viel doziert.

Ich habe einmal eine wirkliche Stunde eines unserer bedeutendsten mathematischen Methodikers aufgenommen und sie seinerzeit in einer meiner IMUK-Abhandlungen wiedergegeben...

Ich lasse nun die angekündigte Unterrichtsstunde - ich möchte nicht sagen Lehrprobe - folgen. Noch einmal: sie steht nicht dazu da, daß an jeder Schülerantwort und auch an mancher Lehrerfrage der Blaustift angesetzt wird, sondern sie soll zeigen, wie eine wirkliche, nicht eine einexerzierte, von a bis z vorüberlegte Stunde sich abspielt.

Lehrer tritt in die Klasse. Die Schüler haben sich erhoben.

Lehrer: Setzen!

Ein Schüler erhebt sich, offenbar der „Ordner" für diesen Tag; es ist die erste Stunde am Tage.

Schüler: In der Klasse sind 35, keiner fehlt. -

Auf dem Katheder liegt das Klassenbuch, in das für jede Lehrstunde die Aufgaben, die fehlenden oder verspäteten Schüler und dgl. sowie der Name des Lehrers eingetragen werden.

Lehrer: Wie heißt der Satz des Pythagoras?

Schüler: In jedem rechtwinkligen Dreieck ist das Quadrat über der Hypotenuse gleich der Summe der Quadrate über den Katheten.

Lehrer: Buchstabiere Hypotenuse.

Schüler tut das.

...

Lehrer: Warum heißt der Satz „Satz des Pythagoras"?

Schüler: Pythagoras soll einen wissenschaftlichen Beweis dafür gefunden haben; der Satz war schon früher bekannt.

Lehrer: Wir haben in der vorigen Stunde einen Beweis kennen gelernt, wie haben wir den genannt?

Schüler: Den indischen Beweis.

Lehrer zeichnet an der Tafel ein Quadrat[277]. Die Figuren werden so hergestellt, daß Geraden aus freier Hand gezogen, Kreisbögen mit Hilfe einer Schnur geschlagen werden, an deren einem Ende ein Stück Kreide gehalten, während das andere festgehalten wird.

Lehrer: Was habe ich jetzt zu tun?

---

[277] das im folgenden seitenparallel in vier ungleiche Teilrechtecke zerlegt wird. L.F.

Schüler: Von einer Ecke nach beiden Seiten eine Strecke a abzutragen.

Lehrer tut das.

Lehrer: Was nun?

Schüler: Ich ziehe *zweckmäßige* Parallelen.

Lehrer: Das war schön - was hat er da gesagt?

Schüler 2: Ich ziehe zweckmäßige Parallelen.

Lehrer: Wie groß ist dieses Quadrat?

Lehrer zeigt auf der inzwischen entstandenen Figur die entsprechenden Quadrate.

Schüler: a^2.

Lehrer: Wie groß ist dieses Quadrat?

Schüler: b^2

Lehrer: Und was ist das für eine Figur?

Schüler: Ein Rechteck.

Lehrer: Wie groß ist es?

Schüler: a mal b.

Lehrer: Wo kommt es noch einmal vor? Zeige!

Schüler geht an die Tafel und tut das.

Lehrer: Wie groß ist die Seite des ganzen Quadrates?

Schüler: $a + b$

Lehrer: Wie groß ist also das Quadrat selber?

Schüler: $(a+b)^2$.

Lehrer: Welche Gleichung gibt uns das alles?

Schüler: $(a+b)^2 = a^2 + 2ab + b^2$.

Lehrer: Das kann ich auch ausrechnen. Welches Gesetz muß ich da anwenden?

Schüler: Das zweite Multiplikationsgesetz...

Es wird im gleichen Stil das Distributivgesetz mit drei Summanden wiederholt. (L.F.)

Lehrer: Nun zu unserem Quadrat zurück. Was tue ich jetzt?

Schüler: Ich zeichne noch ein Quadrat, aber die Strecken trage ich anders ab.

Lehrer tut das.[278] Auch die Teilpunkte hat der Lehrer bereits in der richtigen Weise abgetragen,

[278] Es entsteht im äußeren Quadrat diesmal ein schräg einbeschriebenes inneres. L.F.

Lehrer: Was habe ich jetzt noch zu tun?

Schüler: Die Teilpunkte verbinde ich miteinander.

Lehrer: Was sehe ich jetzt?

Schüler: Ein Quadrat und vier kongruente Dreiecke.

Lehrer: Nun, daß das ein Quadrat ist, werden wir noch sehen; wie heißen die Dreiekke?

Lehrer setzt auch noch Buchstaben an die Zeichnung. Schüler 1 nennt die Dreiekke, Schüler 2, noch an der Tafel, zeigt sie.

Lehrer: Welches ist der Grund, daß sie kongruent sind?

Schüler: Wir können das 1. Kriterium anwenden.

Lehrer: Was heißt das?

Schüler: Dreiecke sind kongruent, wenn sie übereinstimmen in zwei Seiten und dem von diesen gebildeten Winkel.

Lehrer: Wo steht das im Buch? Schlagt auf!

Schüler: Seite 20. 6. Lehrsatz.

Im Gebrauch ist K. Schwering u. W. Krimphoff, Ebene Geometrie, 6. A. Freiburg i.B. (Herder) 1908.

Lehrer: Lies vor.

Schüler tut das.

Lehrer: Was wissen wir jetzt von dem (schrägen) Viereck EFGH?

Schüler: Es ist ein Rhombus.

Lehrer: Warum?

Schüler: Weil die Seiten gleich sind.

Lehrer: Was ist jetzt noch zu beweisen?

Schüler: Es ist noch zu beweisen, daß die Winkel rechte sind.

Lehrer: Ist das nötig? Müssen wir das mit allen Winkeln tun?

Schüler: Nein, es genügt bei einem Winkel.

Lehrer: Wie wird das nachgewiesen?

Schüler: Durch die Methode der Winkelberechnung.

Lehrer: Wie heißt die? - Schlagt auf im Lehrbuch. Wo steht sie?

...

Lehrer: Was muß man alles wissen, um diesen Satz so zu beweisen, wie wir es getan haben?

Schüler 1: Das erste Kriterium.

Schüler 2: Das zweite Multiplikationsgesetz.

Schüler 3: Die Methode der Winkelberechnung.

Schüler 4: Die Formel für den Inhalt des Dreiecks.

Schüler 5: Die Formel für den Inhalt des Rechtecks.

Schüler 6: Für den Inhalt des Quadrates.

Lehrer: Was heißt beweisen?

Schüler: Auf frühere Sätze zurückführen.

Lehrer: Was für Arten von früheren Sätzen müssen wir da unterscheiden?

Schüler: Einige sind bewiesen, andere bedürfen keines Beweises.

Lehrer: Wie heißen solche Sätze?

Schüler: Grundsätze oder Axiome.

Lehrer: Was ist also ein Grundsatz?

Schüler: Ein Satz, den jeder Vernünftige für richtig hält, wenn er ihn verstanden hat.

NB. Manche Vertreter der modernen Axiomatik werden hier vielleicht anderer Meinung sein, sie dürften aber Schwierigkeiten haben, ihren Standpunkt dem Tertianer auseinanderzusetzen. (Nebenbemerkung von Lietzmann)

...

Lehrer: Wir wollen jetzt einen zweiten Beweis kennen lernen, den griechischen Beweis. Hier will ich euch auch den Grund sagen, warum ich den so nenne. Da ist ein Professor in Heidelberg, Moritz Cantor heißt er, der hat ein berühmtes Werk über die Geschichte der Mathematik geschrieben, das von andern jetzt fortgesetzt wird. Der vermutet nun, daß dieser Beweis von Pythagoras gefunden ist und hat das mit so schönen Gründen ausgeführt, daß wir ihm glauben möchten. Deshalb ist also dieser Beweis so wichtig; wir lernen daran, was die Leute damals schon gewußt haben.

...

Lehrer: Wie wird Kathete geschrieben?

Schüler: buchstabiert.

Lehrer: Wo ist da ein Fehler möglich?

Schüler: Man kann für th nur t schreiben.

Lehrer: Also *Kathete* hat ein *h.* Wenn mir jemand im Extemporale den Fehler macht, dann gibt es einen roten Strich; und der gilt ebenso schwer wie ein mathematischer Fehler. (Fußnote bei Lietzmann: Eine andere Gedächtnisregel als die hier angegebene ist die folgende: Hypotenuse und Kathete haben beide nur ein *h.* aber bei beiden steht das *h* so früh wie möglich.)

Lehrer zieht eine Senkrechte AL

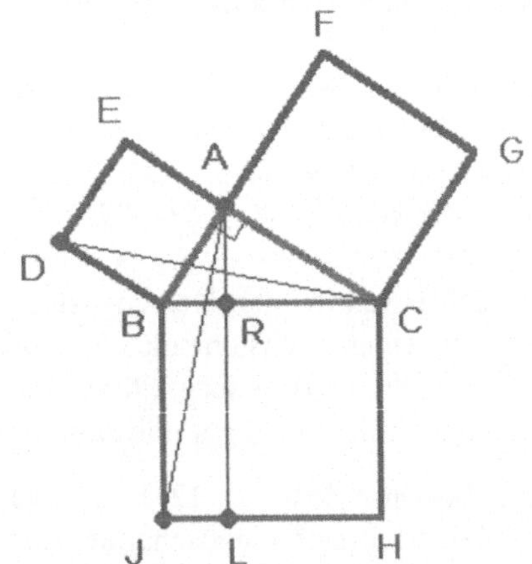

Lehrer: Was habe ich da gemacht?

Schüler: Eine Senkrechte von A auf die Hypotenuse gezogen.

Lehrer: Jetzt werde ich beweisen, daß AEDB gleich RLJB ist. Um das fertig zu bringen, ziehe ich noch die Strecken AJ und DC. Was entstehen da für Dreiecke?

Schüler: ABJ und BDC.

Lehrer: Jetzt fasse ich ABJ und drehe es um B. Mach' uns das einmal vor.

Schüler geht an die Tafel und tut so, als ob Dreieck ABJ beweglich um B wäre.

Lehrer: Jetzt drehe ich, bis es auf DBC fällt. Um welchen Winkel habe ich gedreht?

Schüler: Um einen Winkel von 90°.

Lehrer: Wohin wandert dabei Punkt A?

Schüler: Nach D.

...

In diesem unerträglichen Stil geht es die ganze Stunde. Lietzmann hat sie vollständig protokolliert. Es handelt sich nicht um fragend-entwickelnden Unterricht, jedenfalls um keinen guten, eher um einen schwach getarnten Lehrervortrag, garniert mit Exerzierübungen.

Ich möchte noch einmal betonen, daß ich dem fragend-entwickelnden Unterricht ebensowenig ablehnend gegenüber stehe wie allen anderen Unterrichtsformen. Jede hat ihre Vor- und Nachteile, und der Lehrer ist gut beraten, wenn er einige kennt, beherrscht und schüler- und sachgerecht auswählen kann. Ich möchte aber nicht versäumen, ein denkwürdiges Erlebnis aus der Referendarbetreuung zu erwähnen: Eine nette, eifrige Referendarin hatte große Disziplinschwierigkeiten in einem Grundkurs der Oberstufe. Sie las alles über solche Schwierigkeiten, was sie finden konnte, von J. Kounin bis Adolf Mathias - es half nichts. Schließlich verabredeten wir, daß sie eine ganze Stunde halten sollte, in der sie jede Form der Formulierung (Bitte, Aufforderung, Vortrag, Bedenken...) benutzen durfte, nur keine einzige Frage. Es gelang ihr (fast), und der Kurs war wie verwandelt. - Offensichtlich hatten die jungen Damen und Herren die freundliche, bescheidene Frageweise der jungen Lehrerin als Einladung zur lockeren, unverbindlichen Unterhaltung mißdeutet. (Beim energischen Fachlehrer war das natürlich ganz anders, da ging es ja um Noten...)

A-3.3 Eine Mathematiklehrprobe von Georg Kerschensteiner (1912)

Gekürzt aus: Bericht über die Lehrprobe: „Die Winkelsumme im Dreieck beträgt 180°," gehalten am 28. November 1912 von Oberstudienrat Dr. Georg Kerschensteiner, Stadtschulrat in München. In: Die Praxis der Arbeitsschule, 4. Band, 5. Heft. München: Oswald Warmuth 1914, S. 81-100..

Zunächst wandte sich Kerschensteiner ausführlich an die zuschauenden Volksschullehrer, um seinen nachstehenden Versuch zu begründen, sogar in einer 8. Volksschulklasse „die Erziehung zum sorgfältigen Denken zu fördern." Anschauungsunterricht und Heimatkunde seien wohl gut und richtig.

> „Aber mit dem 11., 12. Lebensjahre beginnt von selbst in den normalen Kindern die Reflexion sich einzuschalten, und von selbst kristallisieren sich die Erfahrungstatsachen langsam um gewisse Mittelpunkte, und dann wäre es eine Vernachlässigung sowohl des psychologischen als des logischen Gesichtspunktes der Methode, wollte man auf dem Standpunkt der ersten vier Schuljahre verharren." (S. 84)

Die Grundlagen der Geometrie seien strenge Begriffe.

> „In der Formulierung dieser Begriffe, in dem steten Zwang, sich die wesentlichen Merkmale des Begriffes immer vor Augen zu halten und sie bei den Schlußfolgerungen zu berücksichtigen, liegt der Erziehungswert zum logischen Denken." (Ebenda)

Nach einigen sehr elementaren Beispielen für die Lehrer beginnt die eigentliche Lehrprobe (ab S. 91). Es handelt sich kaum um das, was man - auch im Kerschensteinerschen Sinne - als Arbeitsunterricht ansehen könnte (vgl. unseren Abschnitt 5.2 im Haupttext), eher um eine engschrittige, teilweise nur suggestive Fragerei im Stil des Sokrates. Aber die Stunde hat ihren guten Sinn und mancherlei Vorzüge. Vielleicht war es auch die letzte, in der sich ein Schulrat und Fachdidaktiker selbst ins Feuer begab, deshalb sei sie - bis auf einige Abbildungen - ungekürzt wiedergegeben:

> *Die Winkelsumme im Dreieck beträgt zwei rechte*
>
> *(Schülerantworten sind in Klammern gesetzt)*
>
> Ich möchte sehen, welche geometrischen Vorstellungen ihr bisher schon gewonnen habt. Zeichne zwei Gerade! (Ein Schüler zeichnet zufälligerweise zwei parallele Gerade.) Sind zwei Gerade in einer Ebene immer parallel? (Nein.) Zeichne zwei andere Gerade! (Der Schüler zeichnet zwei sich schneidende.) In wieviele Teile teilen diese zwei Geraden die Ebene? (In vier unendlichen Ebenen.) Das ist eine ungenaue Ausdrucksweise; es sind nicht vier Ebenen, sondern vier Stücke einer Ebene. Auch braucht man nicht zu sagen „Unendliche Ebenen", denn jede Ebene ist an sich unendlich. Wie wirst du also sagen? (Die zwei Geraden haben die Ebene in vier Stücke zerlegt.) Mache jede der beiden Geraden so lange als möglich! (Der Schüler zieht die Geraden bis an die Kante der Tafel aus.) Wie weit kann man sich die Geraden noch verlängert denken? (Bis ins Unendliche.) Wie weit kannst du innerhalb eines dieser vier Stücke der Ebene fortgehen, ohne die beiden Geraden zu überschreiten? (Bis ins

Unendliche.) Schraffiere eines der vier Stücke! (Geschieht.) ...[279]

Merke: Das ganze schraffierte Stück kann man einen Winkel nennen. Was für Merkmale hat das ganze Stück? (Es geht ins Unendliche, es ist von zwei sich schneidenden Geraden begrenzt.) Ist es streng genommen von Geraden begrenzt oder von Strahlen? (Es ist von Strahlen begrenzt.) Was ist also ein Winkel? (Ein Stück einer Ebene, das von zwei Strahlen begrenzt ist.) Ist das genau ausgedrückt? Ich zeichne beliebige Strahlen an die Tafel und schraffiere das Stück dazwischen...

(Die Strahlen müssen von einem Punkte ausgehen.) Was ist also ein Winkel? (Ein Winkel ist ein Stück einer Ebene, das von zwei Strahlen begrenzt ist, die von einem Punkte ausgehen.)

Wir haben jetzt eine Vorstellung vom Winkel als einem Stück einer Ebene. Wir können eine andere Vorstellung des Winkels uns bilden. Ich öffne meinen Tafelzirkel, halte einen Schenkel fest und bewege den anderen Schenkel. Es entsteht das gleiche Bild, wie ich es an die Tafel zeichne. Ich öffne den Zirkel immer weiter. Wie weit kann ich den einen Schenkel drehen? (Ganz herum.) Komme an die Tafel! Halte den Zirkel flach an die Tafel, öffne ihn langsam, indem du den unteren Schenkel festhälst! Zeichne immer die Lage des beweglichen und des festen Schenkels. Ein Winkel entsteht also auch, wenn von zwei Strahlen, die zuerst aufeinander liegen, der eine sich um den gemeinsamen Anfangspunkt dreht. Komm du heraus! Stell dich stramm! Drehe dich jetzt um deine eigene Axe! Linksum! Rechtsum! Kehrt! Was für Winkel hat der Schüler durch seine Drehung beschrieben? (Einen rechten Winkel nach links, einen rechten nach rechts, zwei rechte Winkel.) Also: Der Winkel kann auch als das Ergebnis einer Drehung eines Strahles um einen Punkt angesehen werden. (2. Definition.)

Diese Definition kann man sehr gut brauchen um die Winkel zu messen. Ich schlage um den Scheitel des Winkels einen Kreis und teile den Umfang in 360 Teile. Zwei Strahlen, die vom Mittelpunkt aus nach dem Endpunkt eines solchen Teiles gehen, bilden den Winkel von 1°. Wie viele Grade hat ein echter Winkel! (90.) Wie viele ein gestreckter? (180.) Wann nennen wie einen Winkel spitz? (Wenn er kleiner als 90° ist.) Wann nennen wir ihn stumpf? (Wenn er größer als 90° ist.)

Wir kehren noch einmal zurück zu unseren sich schneiden Geraden. Wie viele Winkel entstehen hier? (Vier Winkel.) ...

Sind alle vier Winkel gleich groß? (Nein.) Könnten sie gleich groß sein? (Keine Antwort.) Ich zeichne die beiden Geraden in Form eines senkrechten Kreuzes...

Sind die Winkel jetzt gleich groß? (Ja, jeder ist 90°.) Waren die Winkel im ersten Falle alle verschieden groß? (Nein, zwei sind immer gleich.) Welche zwei sind immer gleich? (Die Winkel 1 und 3, 2 und 4.) Wie heißt man jedes Paar gleich große Winkel? (Scheitelwinkel.) Wie heißt man jedes Paar nicht gleich große Winkel? (Nebenwinkel.) Wer kann mir sagen: Was sind Scheitelwinkel? (Zwei Winkel, die gleich groß sind.) Ich zeichne zwei Winkel, die gleich groß sind, an die Tafel...

---

279 Es folgt bei Kerschensteiner die naheliegende Skizze. Wir lassen sie - wie auch einige der folgenden - aus. L.F.

Sind das Scheitelwinkel? (Nein.) Warum sind sie keine Scheitelwinkel? (Sie haben verschiedene Scheitel.) Recht! Ich gebe ihnen den gleichen Scheitel.

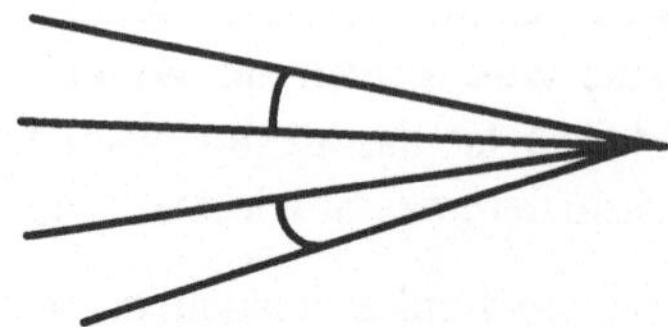

Sind es jetzt Scheitelwinkel? (Nein.) Wie muß der zweite Winkel liegen, damit er ein Scheitelwinkel vom ersten Winkel ist? (Seine Strahlen müssen mit den Strahlen des ersten Winkels eine Gerade bilden.) Wie viele Strahlen sieht man bei Scheitelwinkeln also? (Vier Strahlen, zwei davon bilden immer eine Gerade.) Wie viele Strahlen sieht man bei Nebenwinkeln? (Drei Strahlen; zwei fallen zusammen, die beiden anderen bilden eine Gerade.)...

Jetzt nehmen wir drei Gerade. Zeichne drei Gerade! (Der Schüler zeichnet zufällig drei in einem Punkt sich schneidende Gerade.) ...

Was hast du gezeichnet? Drei Gerade oder drei Strahlen oder drei Strecken? (Ich habe drei Strecken gezeichnet.) Können wir Strahlen zeichnen? (Nein.) Warum nicht? (Sie gehen ins Unendliche.) In wieviel Punkten schneiden sich deine Geraden? (In einem Punkt.) Zeichne drei andere Gerade! (Der Schüler zeichnet wieder zufällig zwei parallele und eine sich schneidende Gerade.) ...

In wieviel Punkten schneiden sich diese drei Geraden? (In zwei Punkten.) In wie viele Teile wird die Ebene geteilt? (Ein Schüler sagt: in acht Teile.) Wie ist der auf acht Teile gekommen? (Er hat die zweimal vier Winkel um die zwei Schnittpunkte herum gerechnet.) Wie viele Teile sind es wirklich? (Sechs Teile.)

Ich zeichne wieder drei Gerade an die Tafel.[280]

In wie viele Teile ist jetzt die Ebene geteilt? (In sieben Teile.) Wie viele Teile gehen ins Unendliche? (Sechs Teile.) In wie vielen Punkten schneiden sich die Geraden? (In drei Punkten.) Wie viele Winkel sind entstanden? (Zwölf Winkel, an jedem Punkt vier.) Schraffiere den Teil, der nicht ins Unendliche geht und bezeichne die Ecken mit A, B, C! ...

Wir nennen das Stück Ebene A B C ein Dreieck. Von den zwölf Winkeln liegen drei im Dreieck. Wie heißen sie? (Innenwinkel.) Neun liegen außerhalb des Dreiecks. Wie kann man sie heißen? (Außenwinkel.) Aber die neun außenliegenden Winkel sind zum Teil Scheitelwinkel der inneren Winkel. Zeige sie! (Geschieht.) Wir wollen diese drei nicht Außenwinkel nennen, sondern nur die übrigen verbleibenden sechs Winkel. Können wir auch noch diese sechs Winkel voneinander unterscheiden? (Ja; immer

[280] Diesmal schließen sie ein (fast gleichschenkliges) Dreieck mit breiter, horizontaler Basis ein. L.F.

zwei an einer Ecke sind einander gleich. Sie sind zueinander Scheitelwinkel.) Recht!

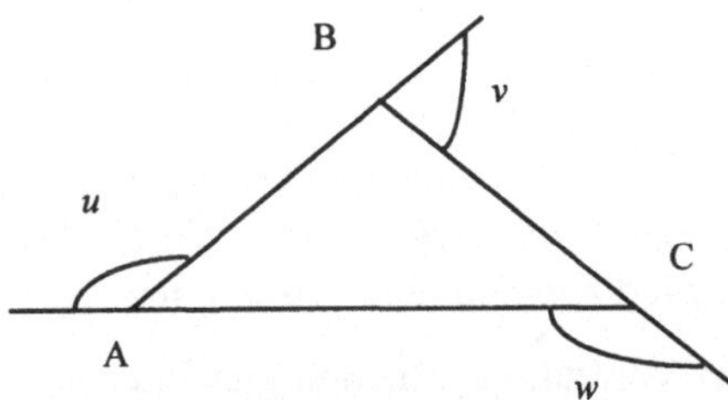

Aber wir können sie in noch anderer Weise unterscheiden. Gehe um das Dreieck rechts herum, von A nach B und dann nach C, und wieder zurück nach A. Um welchen Winkel muß du dich da an jeder Ecke drehen?

(Um die Winkel v, w, u) Nun gehe um das Dreieck links herum, von A nach C und dann nach B und wieder zurück nach A! Um welche Winkel mußt du dich jetzt an jeder Ecke drehen? ...

(Um die Winkel z, y, x.) Also bei den einen drei Außenwinkeln muß man sich beim Herumgehen um das Dreieck nach rechts drehen, bei den anderen drei Außenwinkeln nach links. Wir wollen immer drei in dieser Weise zusammenhängende Außenwinkel *gleichliegende Außenwinkel* nennen. Zeichnet das Dreieck mit den nach rechts gedrehten Außenwinkeln und mit den nach links gedrehten! (Geschieht.)

Wenn wir nun einen Innenwinkel und einen seiner Außenwinkel zusammennehmen, so sind sie zusammen Nebenwinkel. Wieviel Grad hat also jedes Paar zusammen? (180°.) Wieviel Grad betragen also alle drei Paare zusammen? (540°.) Warum muß das bei jedem Dreieck so sein? (Weil in jedem Dreieck drei solche Paare von Nebenwinkeln vorhanden sind.) Wir können also den Satz aufstellen: *In jedem Dreieck bilden die drei Innenwinkel zusammen mit je drei gleichliegenden Außenwinkeln 540°.*

Nun sind die Menschen durch vielerlei Beobachtungen zu der Vermutung gekommen, daß die Summe der Innenwinkel für sich allein schon immer 180° beträgt. Das sieht man den drei Innenwinkeln nicht an. An einzelnen Beispielen aber kann man es bemerken, und wenn man mit dem Winkelmesser die Winkel mißt, so findet man, daß die drei Winkel zusammen wirklich 180° betragen. Meßt mit dem Winkelmesser die Winkel eurer Dreiecke, die ihr zum Zeichnen benützt! Man kann es auch noch in anderer Weise bemerken. Ich stelle den geöffneten Zirkel auf den Tisch und drücke ihn langsam auseinander. Der Winkel an dem Punkt, wo ich den Zirkel halte, wird dabei immer größer, aber das Dreieck, das der Zirkel mit dem Tisch bildet, immer niedriger. Die Winkel unten am Tisch werden immer kleiner, und wenn der Winkel oben am Knopf des Zirkels fast zwei rechte geworden ist, dann sind die Winkel unten fast 0 geworden. Wir kommen also zu der Vermutung, daß alle drei Winkel zusammen jedenfalls nicht größer sein können, als zwei rechte oder als 180°. Allein wir sind noch nicht sicher, ob sie nicht kleiner sind, als 180°. Um diesen Zweifel zu beseitigen, wollen wir an einem beliebigen Dreieck zeigen, daß die Behauptung, die Summe der drei Innenwinkel ist 180°, richtig ist.

Wie können wir dies aber zeigen? Die vorausgehende Betrachtung gibt uns eine Vermutung. Was haben wir von der Summe der drei Innenwinkel und der drei gleichliegenden Außenwinkel vorher gelernt? (Die drei Paar Winkel sind zusammen 540°.) Warum? (Jedes Paar hat als Nebenwinkelpaar 180°.) Gut! Wenn unser Satz richtig sein soll, daß nämlich die drei Innenwinkel *für sich* 180° sind, was muß dann für die drei gleichliegenden Außenwinkel gelten? (Keine Antwort.) Nun; alle sechs Winkel sind 540° zusammen, drei davon sollen, wie die Menschen behaupten, 180° sein, wie groß müssen dann die drei anderen zusammen sein? (360°.)

Wir haben also eine neue Vermutung. Die drei gleichliegenden Außenwinkel sind zusammen 360°. Vielleicht können wir dies anschaulich erkennen. Wie haben wir die Außenwinkel zusammengeordnet? (Indem wir um die Dreiecke herumgelaufen sind.) Da hast du dich dreimal drehen müssen. Wo hast du dich jedesmal gedreht? (An jeder Ecke.) Um wieviel hast du dich gedreht? (Um den Außenwinkel.) Wenn ich zeigen könnte, daß die drei Drehungen zusammen eine volle Umdrehung ausmachen, dann hätte ich offenbar auch gezeigt, daß die drei gleichliegenden Außenwinkel 360° ausmachen...

Ich zeichne ein großes Dreieck auf den Boden und das gleiche, etwas kleiner, auf die Tafel, zusammen mit drei gleichliegenden Außenwinkeln. Ein Knabe stellt sich in die Mitte des Dreiecks, ein Knabe auf eine Ecke. Der letztere läuft um das Dreieck herum. Der Knabe in der Mitte dreht sich beständig, so daß er den laufenden Knaben im Auge behält. Wenn nun der zweite Knabe einmal ganz um das Dreieck herumgegangen ist, was habt ihr bei dem Knaben, der in der Mitte steht, beobachtet? Nach welcher Ecke hat er zuerst hingeschaut? (Nach der vorderen Saalecke rechts.) Dann? (Nach der Mitte der hinteren Saalwand.) Dann? (Nach der vorderen Saalecke links.) Dann? (Wieder nach der vorderen Saalecke rechts.) Was könnt ihr also von seiner Drehung sagen? (Er hat eine volle Drehung gemacht.) Was beobachtet ihr nun bei dem anderen Knaben, der um die Dreieckseiten herumläuft, so lange er auf einer Seite geht? (Er dreht sich nicht.) Wo sieht er hin? (Nach der Mitte der hinteren Saalwand.) Jetzt dreht er sich an dem Punkt B um den Außenwinkel; wo sieht er jetzt hin? (Nach der vorderen Saalecke links.) Jetzt dreht er sich um den Punkt C zum zweiten Mal. Wohin sieht er jetzt? (Nach der vorderen Saalecke rechts.) Jetzt kommt er wieder nach A und dreht sich, um in seine Anfangsstellung zu kommen, um den Außenwinkel x. Wohin sieht er nun? (Wieder nach der Mitte der hinteren Saalwand.)

Ihr seht also, der Knabe, der um das Dreieck herumgelaufen ist, hat genau die nämliche Drehung gemacht, wie der Knabe, der ihm von der Mitte aus zusah. Nur hat sie der eine in drei Absätzen gemacht, der andere in einem Zug. Der zweite Knabe hat aber eine volle Umdrehung gemacht, also auch der erste Knabe. Der erste Knabe hat sich aber gerade um die drei Außenwinkel gedreht, was schließen wir also für die Summe der drei Außenwinkel? (Die Summe der drei gleichliegenden Außenwinkel beträgt eine volle Umdrehung.) Wie können wir noch sagen, statt volle Umdrehung? (360°.)

Wenn nun alle sechs Winkel, die drei Innen- und die drei Außenwinkel zusammen 540° sind, die drei gleichliegenden Außenwinkel aber zusammen 360°, was bleibt dann für die drei Innenwinkel übrig? (Sie sind zusammen 180°.)

Wir können das, was wir uns so überlegt haben, kurz in folgender Form niederschreiben, indem wir einen Winkel immer mit einem Buchstaben und einem Haken darüber bezeichnen:

$$\begin{array}{rl} & \hat{a}+\hat{b}+\hat{c}+\hat{x}+\hat{y}+\hat{z}=540^\circ \\ - & \hat{x}+\hat{y}+\hat{z}=360^\circ \\ \hline \text{bleibt:} & \hat{a}+\hat{b}+\hat{c}=180^\circ \end{array}$$

Der Satz ist also bewiesen, und er gilt für jedes Dreieck, weil wir keine Voraussetzungen über das Dreieck gemacht haben, als wir es vorhin zeichneten.

Anwendung: Wenn ihr das ganze Verfahren verstanden habe, so wird es euch ein leichtes sein, zu Hause nun folgende Untersuchung anzustellen: Ihr zeichnet vier beliebige Gerade in der Ebene. Ich will sie euch schnell an die Tafel zeichnen. In wieviel Punkten schneiden sich diese vier Geraden? (In sechs Punkten.) ...

Recht. Nun sucht zu Hause die Fragen zu beantworten? In wieviel Teile wird die Ebene durch die vier Geraden zerlegt? Wie viele sind endlich, wie viele unendlich groß? Zeichne zu dem Viereck A, B, C, D die vier gleichlaufenden Außenwinkel! Wie groß ist die Summe aller vier Nebenwinkelpaare an den vier Ecken? Wie groß ist die Summe der vier gleichliegenden Außenwinkel? Wie groß ist also die Summe der vier Innenwinkel des Vierecks A, B, C, D? Wer das leicht herausbringt, kann sich dieselben Fragen für ein Fünfeck stellen, wenn er Lust hat. (Schluß der Probelektion.)

Bemerkungen an das Lehrpersonal.

Sie haben an der gespannten Aufmerksamkeit der Schüler ersehen können, daß sie mit Interesse gefolgt sind. Sie haben beobachten können, daß alle Schüler sich lebhaft beteiligt haben. Schon daraus läßt sich vermuten, daß der Gang der Untersuchung den Fähigkeiten der Schüler angepaßt war. Die Vermutung wird sich erst bestätigen, wenn die Schüler zu eigenen ähnlichen Untersuchungen sich haben anregen lassen. Eine Fülle von Übungen, die durchaus im Vorstellungskreis der 13- bis 14jährigen Knaben liegen, ließen sich hier angliedern. Die Frage ist nur, ob das intellektuelle Interesse durch den Unterricht entsprechend angeregt werden kann. Unter den leichten Übungen spielen keine geringe Rolle die Konstruktionen von Dreiecken. Ein Hauptmittel für eine systematische Einführung in die Konstruktionen bilden die geometrischen Örter. Wir werden daher in der nächsten Probelektion das Thema behandeln: „Begriff des geometrischen Ortes."

Soweit Kerschensteiner. Der besprochene Thibautsche Beweis durch Herumlaufen ist sicher nicht der einfachste für Hauptschüler. Man denke etwa an die naheliegendste Handlung nach der Frage „Wieviel machen die Winkel zusammen?": Man bringe halt die drei Winkel an der Basis zusammen, indem man erst die Spitze lotrecht herunterfaltet und danach die beiden Ecken zu einem rechteckigen Briefchen einklappt. (Das läßt sich beliebig weit formalisieren.) Der Thibaut-Beweis hat allerdings den Vorzug einer allgemeinen Methode oder „fundamentalen Idee", nämlich für beliebige Vielecke in gleicher Weise zu funktionieren, und er paßt sich besser in Kerschensteiners Begriffswelt der Geradenscharen und -kreuzungen (projektive Geometrie!) ein. (Vgl. dazu auch A-6.4.1.)

A-4.1.1 Eine Rechenstunde im Sinne Hugo Gaudigs (1921)

Aus H. Gaudig: Freie geistige Schularbeit in Theorie und Praxis. Breslau 1922, S. 206-209 (zitiert nach Th. Schwerdt: Kritische Didaktik. Paderborn: Schöningh, 8. Aufl. 1952)

Käthe Lingner: Rechnen, Reihenbehandlung - die Reihe der 19 (Übungsschule, Klasse 6)

I. Zielsetzung vom Lehrer: Wir wollen die Reihe der 19 kennenlernen!

II. Arbeit der Klasse (die verschiedenen Abschnitte des Arbeitsganges werden von verschiedenen Schülerinnen geleitet):

1. Auffindung der Reihenzahlen.

   a) Schülerin, vor der Klasse stehend: Wir wollen zuerst die Reihe aufbauen!

   Je ein Kind sagt eine Zahl. Der Lehrer schreibt die genannten Zahlen, am unteren Rand der Tafel beginnend, an. Abbauen in derselben Form. (Hilfe für die Schwächeren!) Lesen, einprägen!

   b) Schülerin: Wir wollen nun die Reihenzahlen sehen!

   Nennen der Reihe; die Kinder versuchen, bei geschlossenen Augen sich die Zahlen vorzustellen (geschieht um der visuell veranlagten Kinder willen). Mitteilung der Beobachtungen über das Sehen.

   c) Schülerin: Wir wollen jetzt Zwischenzahlen nennen; ihr sagt die untere Reihenzahl!

   Etwa *60!* Kinder: *57! 120!* Kinder: *114; 185!* Kinder: *171*; nun die obere Reihenzahl! *85!* Kinder: *95; 127!* Kinder *133...*

2. Feststellung der Reihenpunkte. Schülerin: Nun zählen wir mal die Reihenzahlen ab!

   a) *19!* Kinder: *die erste 19, 57!* Kinder: *die dritte 19* ... Hinweis auf die schriftliche Form: *19: 19 = 1; 57:19 = 3*; oder *19 in 57 = 3mal.*

   b) Die zweite 19! Kinder: 38, die fünfte 19! Kinder 95 ... Schriftliche Form: 2· 19 = 38; 5· 19 = 95... Fortführung dieser Übungen bis zur Sicherheit.

3. Behandlung einzelner Reihenglieder.

   a) Schülerin: Wir nennen nun eine Reihenzahl und erzählen Sätze davon!

   Die Klasse schlägt eine Zahl vor, etwa *114;* anschreiben! Kinder: Wenn ich die *114* aufbauen will, brauche ich sechs *19*. - *114* ist *6*mal so groß wie die *19*. - Wenn *6* Kinder mit *114* Kugeln spielen, kann jedes *19* Stück bekommen. - *19* in *114* ist *6*mal...

   Ebenso bei einigen anderen Zahlen.

   b) Schülerin: Nun erzählen wie „Rechengeschichten" von der *19*er Reihe! (Verwendung der *19*er Reihe in Aufgaben. Die vornstehende Schülerin gibt nur tatsächliche Angaben; die Klasse stellt die Frage heraus und löst die Aufgabe.)

Etwa: Schülerin: Es war mal Weihnachten, da haben wir Nüsse am Baum gehabt, *57* Stück. Mutter verteilte sie dann unter uns drei. Ein Kind aus der Klasse: Da möchten wir wissen, wieviel Nüsse jedes von euch bekam? Anderes Kind: Jedes kriegte *19* Nüsse.

Oder: In der Küche stand ein Korb mit Äpfeln. Ich zählte *98* Stück. Dabei dachte ich an unsere Rechenstunde. Kinder: Du wolltest vielleicht nachsehen, ob die *98* eine Reihenzahl ist? Anderes Kind: Es ist aber eine Zwischenzahl; die untere Reihenzahl ist *95*. Da kann man eine Restaufgabe machen: *19* in *98* = *5*mal Rest *3* usw.

4. Feststellung der Hausaufgaben durch die Kinder: Wir üben die Reihe der *19* und bilden schriftlich Durch-, Mal- und In-Aufgaben.

A-4.2.1 Georg Kerschensteiner: Der Starenkasten (1926)

Aus einem Vortrag Kerschensteiners „Der pädagogische Begriff der Arbeit“ (Herausg. Aßhauer), Leipzig 1926; zitiert nach Th. Schwerdt, Kritische Didaktik. Paderborn: Schöningh, (8. Aufl.) 1952, S. 136-139.

Es handelt sich im folgenden um Kerschensteiners bekanntestes Beispiel für die Grundidee der Arbeitschulpädagogik, ein Werk(stück) aus sich wirken zu lassen. Es ist allerdings kein Unterrichtsbeispiel im engeren Sinne. Ein solches gaben wir in A-3-3.

> Ein Knabe bittet seinen Vater, ihm ein Brett zu geben zur Herstellung eines Starenkastens. Er enthält ein solches Brett von 20 mal 160 cm Fläche und 1 cm Dicke mit der Bedingung, mit möglichst wenig Verlust an Material, Zeit und Kraft das Starenhaus herzustellen. Der Vater gibt ihm noch den Rat, die Neigung des Daches im Verhältnis 1:2 zu nehmen und einen Dachvorsprung von etwa 8 cm vorzusehen. Der Knabe überlegt: Wenn ich möglichst viel Zeit und Kraft und Material ersparen will, so mache ich die Bodenfläche quadratisch mit der Seitenkante, welche gleich der Brettbreite ist; denn dann kann ich längs dieser Seitenkante die Seitenbretter, die ebenfalls 20 cm Breite haben, ohne weiteres zu einem Prisma zusammenschließen. Er schneidet also von dem Brette 20 cm ab und hat somit die quadratische Bodenfläche. Sofort stellt sich eine zweite Überlegung ein. Sollen die Seitenbretter auf oder um das Brett gestellt werden? Stellt er sie auf das Brett, so muß er, da ja alle Seitenbretter 20 cm breit sind, ein paar der 4 Seiten auf 18 cm kürzen oder aber, wenn er sie um das Seitenbrett herumstellt, dann muß er die Bodenfläche auf zwei gegenüberliegenden Seiten um 1 cm kürzen. Er überlegt weiterhin noch: Ist es besser, daß die Bretter mit Gehrung oder ohne Gehrung aneinanderstoßen?

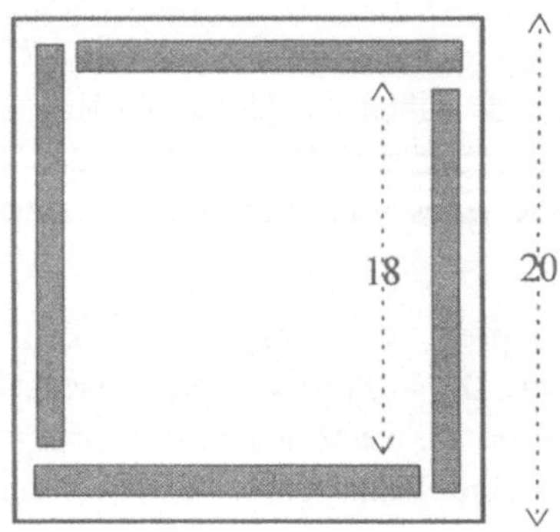

Er wählt das letztere, weil er sonst die schwierige Arbeit zu vollenden hätte, alle Seitenbretter auf 45 Gehrung der Länge nach durchzusägen. Stößt er sie aber ohne Gehrung zusammen, dann hat er lediglich durch senkrechte Sägeschnitte von jedem Brett 1 cm in der Länge abzutrennen. Zugleich entscheidet er sich dafür, die Seitenbretter auf die Bodenfläche zu stellen, so daß er also die in (der Figur) gekennzeichnete Anordnung von Boden- und Seitenflächen erhält.

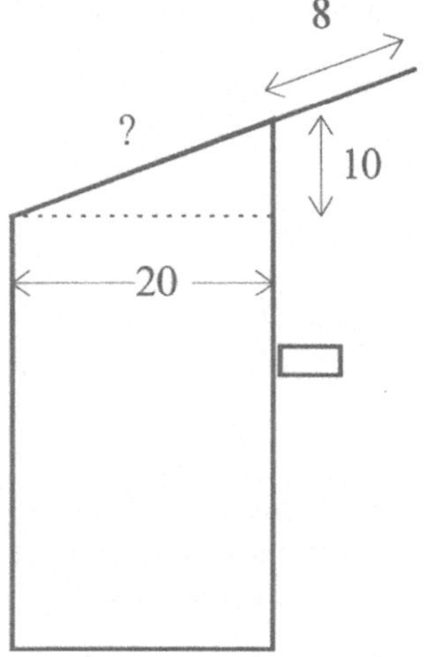

Eine vierte Überlegung befaßt sich mit der Größe der Dachfläche. Er weiß, daß sie etwa 8 cm über das Starenhaus hinausspringen soll. Um die übrige Länge zu bestimmen, benützt er (nebenstehende Zeichnung), die er sich in Originalmaßen entwirft. Er zeichnet sich das rechtwinklige Dreieck mit der liegenden Kathete von 20 cm und der stehenden Kathete von 10 cm und mißt die darüber gespannte Hypotenuse mit dem Maßstab ab und findet 22,7 cm. Fügt er also ungefähr 7,3 cm hinzu, so ragt das Dach um diesen Betrag über die Vorderwand hinaus. Das ganze Dach hat dann eine Länge von 30 cm bei gegebener Brettbreite, so daß ihm also nach dem Absägen der Bodenfläche und der Dachfläche noch 110 cm Brettlänge zur Verfügung stehen.

Nun hat er die fünfte, schwierigste Überlegung zu machen, nämlich die Bestimmung der Längen der Vorder-, Rück- und Seitenflächen. Eine Fülle von Überlegungen tritt hier ein, die wir nicht weiter im einzelnen schildern wollen. Er kommt schließlich auf den Gedanken, sich die vier Bretter nebeneinandergelegt zu denken und kommt dabei zu (umseitig nachfolgender) Figur.

Aus dieser Figur vermutet er, daß die beiden abgeschrägten Seitenflächen zusammen genau so lang sind wie die vordere Fläche und die Rückenfläche zusammen. Er zerlegt die gezeichnete Figur mit der Schere in vier Teile entsprechend den 4 Brettern, legt die beiden schräg geschnittenen Stücke mit der schrägen Linie so zusammen, daß sie ein Längsbrett bilden und ebenso die Vorder- und Rückefläche und findet in der Tat, daß seine Überlegung vollständig richtig ist. Er weiß also, daß er den Brettrest nach Abzug der Boden- und Dachfläche halbieren darf und daß ihm die eine Hälfte die Vorder- und Rückwand, die andere Hälfte die beiden Seitenwände gibt. Er hat also für jedes solche Seitenpaar 55 cm zur Verfügung. Die nächste, sechste Überlegung ist nun, in welchem Verhältnis das Brett zu teilen ist, welches die Vorder- und Rück-

v.	l.	h.	r.
20	20	20	20

wand abgeben soll. Er sieht aus der Zeichnung, daß die Vorderwand 10 cm höher ist als die Rückwand, d.h. wenn er in Gedanken sich die 10 cm wegdenkt von der Vorderwand, so ist der übrigbleibende Rest der Vorderwand gerade so groß wie die Rückwand, d.h. die Rückwand ist die Hälfte vom Rest, der bleibt, wenn die 10 cm Übermaß der Vorderwand abgesägt wären, also 22,5 cm. Die Vorderwand ist dann um 10 cm länger, nämlich 32,5 cm. Damit ist das Problem gelöst. Denn er sieht sogleich, daß auch die beiden Seitenkanten der linken und rechten Seitenbretter dieselbe Länge haben von 22,5 bzw. 32,5 cm, somit schneidet er also die eine Resthälfte schräg durch von der Seitenkante 22,5 zur Seitenkante 32,5 und hat die beiden Seitenbretter, die andere Resthälfte senkrecht hoch durch, indem er das Brett in zwei Teile von 22,5 und 32,5 langen Kanten zerlegt. Er hat so auf diese Weise die Bedingung erfüllt, mit möglichst wenig Zeitaufwand, Kraftaufwand und Materialvergeudung das Starenhaus herzustellen. Wenn er nun von jedem der vier Seitenbretter einen Stab von 1 cm abgeschnitten hat, so kann er bereits das Haus ohne Dachfläche aufstellen. Sowie er aber die Dachfläche auf dieses Haus setzt, bemerkt er, daß die Vorder- und Rückfläche noch abgeschrägt werden müßten, damit das Dach ebensogut auf der Schnittfläche aufsitzt wie die beiden Seitenflächen. Macht er diese Überlegung zu spät, nämlich, nachdem er schon die vier Bretter gesägt hat, so wird sich der Fehler nur schwer mehr korrigieren lassen. Eine sorgfältige Handzeichnung, bevor er die Schnitte macht, wird seine bisherige Überlegung noch rechtzeitig korrigieren. Wir wollen aber auf diese Korrektur nicht näher eingehen, da bereits das Bisherige hinreichend genug gezeigt hat, welche Fülle von Überlegungen der Vollendung des Werkes vorausgehen müssen. Das, was noch zu tun übrigbleibt, ist manuelle Arbeit. Auch diese manuelle Arbeit bringt noch mancherlei Überlegungen mit sich, die aber schon sehr viel früher angestellt sein mußten, nämlich zu einer Zeit, wo die Ausführung von Sägeschnitten eingeübt wurde. So erkennt man zu gleicher Zeit, daß die Vollendung eines technischen Werkes auch gewisse Voraussetzungen an vorausgegangene technische Übungen stellt, und daß ohne die Erfüllung dieser Voraussetzungen auch die beste Überlegung nur zu einem stümperhaften und den Arbeitenden selbst unbefriedigenden Werk führen kann.

A-4.3.1 Mathematische Freiarbeit nach Carleton Washburne (1929)

Aus „Winnetka". By Carleton Washburne. Reprinted from School and Society. January 12, 1929. S. 5-10; unter Auslassung der Fußnoten zitiert nach Th. Schwerdt. Kritische Didaktik. Schöningh, Paderborn, 1952 (8. Aufl.)

1. Arbeitsbeispiel aus den „Common essentials". Thema: The „long division"

Laßt uns einen großen Teil des Tages in einem Raum der vierten Stufe verbringen und die Tätigkeit der 9 Jahre alten Kinder beobachten. Wir sind bereits des Morgens dort, bevor die Kinder kommen.

Die Kinder treten zwanglos in den Raum ein. Ein jedes wählt einen Platz und nimmt aus seiner Lade einiges Arbeitsmaterial. Wir gehen zwischen den Kindern einher und finden, daß die meisten sich mit Arithmetik beschäftigen. Nur einige arbeiten an anderen Gegenständen. Wir verweilen am Tische des Karl, des Sohnes des Metzgers am Orte. Wie fast alle Kinder ist er rotwangig, ordentlich gekleidet, natürlich und zwanglos. Er beginnt mit seinem Rechenstoffe: the „long division" („lange" d.i. schriftliche Division). Er befragt sein Buch und findet eine einfache Erklärung, welche in einer Sprache geschrieben ist, die er verstehen kann. Aber diese Erklärung bringt ihn nur einen Schritt vorwärts. Sie zeigt ihm, in welcher Weise er dasjenige niederschreiben kann, was er schon früher „in short division" (bei der „kurzen Division") im Kopfe rechnete. Sie enthält mehrere ausgeführte Rechenbeispiele. Karl bedeckt jedes derselben mit einem Blatt Papier und versucht, sie selbst nachzurechnen.

Nach ein oder zwei ergebnislosen Versuchen erfaßt er den Kunstgriff und kehrt zu der Aufgabenseite des Buches zurück. Der erste Teil derselben hat den Titelkopf A. Er arbeitet sich durch die Aufgaben dieses Teiles hindurch. Dabei blickt er zuweilen kurz wieder in die Erklärung hinein, wenn er an der Richtigkeit seines Weges zweifelt. Als er die 8 oder 10 Beispiele, die ein „assignment" ausmachen, beendet hat, findet er am Ende der Seite eine Bemerkung: „Die Antworten (Ergebnisse) siehe auf Seite 9." - Auf dieser Seite findet er alle in Frage kommenden Aufgaben ausgerechnet. Er vergleicht mit seiner Arbeit. Zwei seiner Aufgaben sind falsch. Er kehrt nunmehr zurück zu der Übungsseite und erledigt die Aufgaben unter B: noch fünf Aufgaben derselben Art, die er zuvor versucht hat. Abermals schaut er nach auf Seite 9, um zu sehen, ob seine Ergebnisse richtig sind, ob er seine Arbeiten genau niedergeschrieben hat. Dieses Mal hat er keinen Fehler begangen. Daher überspringt er C und D und wendet sich dem „Schritt 2" zu - auf der nächsten Buchseite. Dieser Schritt verlangt das Folgende:

Die Kinder „of the fourth grade" (der 4. Stufe) erhielten den Auftrag, zu unserem Schulbazar 96 Lesezeichen anzufertigen. Es waren 32 Kinder. Wieviel Lesezeichen mußte jedes Kind machen, damit der Auftrag erledigt wurde?

Um die Antwort zu finden, müßtet ihr 96 durch 32 teilen. Habt ihr schon ein Beispiel wie dieses bearbeitet? Wievielmal ist 3, die erste Zahl eures Divisors, in 9 enthalten. 3 geht in 9 dreimal; also wird 32 wahrscheinlich in 96 auch 3mal gehen. Setze die 3 unmittelbar über die 6 in 96. Bei der „long division" ist es sehr wichtig, die Zahlenwerte in eurer Antwort sorgfältig zu setzen.

Dieses ist richtig:

$$32)\overline{\ 96\ }\quad 3$$

Dieses ist falsch:

$$32)\ 96\quad \underline{3\ \_}$$

Nun vervielfache 32 mit 3. Versuche die Multiplikation im Kopfe. Schreibe die Antwort 96 wie folgt hin:

3

32) 96

96

Ziehe 96 von 96 ab. Schreibe die restliche „0“ unter die 6:

3

32) 96

96

0

Jedes Kind müßte 3 Lesezeichen machen.

Es ist in dem Buche Schritt für Schritt erklärt. Beim Rechnen der folgenden Aufgaben erinnere dich: 1. teilen; 2. vervielfachen; 3. abziehen; 4. sei sorgfältig im Niederschreiben deiner Antwort.

Rechne diese Aufgabe: $20\overline{)40}$. Schaue nach beim ersten Beispiel auf Seite 8, ob deine Arbeit richtig ist!

Auf Seite 8 findet das Kind 3 Aufgaben mit der Ausrechnung, dann unter A eine Aufgabenreihe von 10 Beispielen, unter B fünf weitere Aufgaben und unter C und D nochmals je 5. Nach den Aufgaben unter A liest der Schüler folgende Instruktion: „Wenn du bei A. irgendwelche Fehler gemacht hast, korrigiere zuerst, dann bearbeite B.“ - Und nach den Aufgaben unter B erscheint dieses: „Wenn alles unter B richtig ist, dann magst du C und D überspringen. Aber wenn du irgendwelche Fehler in B gemacht hast, verbessere diese Fehler, dann arbeite bei C weiter.“

Karl arbeitet ohne Rücksicht auf die Glocke oder auf die anderen Kinder weiter. Er ist ganz in Anspruch genommen durch einen neuen Prozeß. Er befindet sich selbst in Unklarheit bei einem Teil der Erklärung. Da tritt er an ein anderes Kind heran und bittet es um Hilfe, wobei er einen Schüler auswählt, der weiter fortgeschritten ist als er. Er ist noch nicht befriedigt. Nun fragt er den Lehrer.

Laßt uns umherschauen und die anderen Kinder betrachten. Da beschäftigt sich eines mit der zusammengesetzten Multiplikation. Ein anderer Schüler ist weiter als Karl. Er hat die ersten 8 Schritte der „long division“ beendet und gibt sich selbst einen „practice test“ (Anwendungs-Test). Der Test will eine Prüfung in Einzelheiten hervorrufen.

Er besteht aus sieben Einzelaufgaben, welche mit den Schritten der „long division“

übereinstimmen. Die erste dieser Aufgaben ist sehr einfach, sie enthält überhaupt keine Schwierigkeiten. Eine andere enthält eine „0" in der Antwort. Bei einer dritten bleibt Rest, usw. Als das Kind diesen Test bearbeitet, findet es folgende Direktiven: „Vergleiche deine Antworten mit den Antworten auf Seite 30. Wenn deine Arbeit korrekt ist, bitte deinen Lehrer um einen „realtest" (Kontroll-Test)." Es kehrt zur Seite 30 zurück, um eine Antwort zu verbessern. Es findet die folgenden Weisungen und Antworten:

Denke dir, du hättest nicht 4 als erste Antwort erhalten. Die (111) unter der 4 sagt dir, du mögest zur Seite 111 deines „Korrektur-Buches" zurückkehren. Arbeite dort 5 Aufgaben. Wenn du diese korrigiert hast, magst du „Form 2" des Practice-Tests nehmen

4 (111) | 1 (113) | 4 (114) | 70 (118) | 36 (117) | 84 (115) | 90 (119)

Das Kind hat fehlerhaft gearbeitet in dem 4. und 6. Beispiel, welche eine „0" am Ende zeigen. Es geht ruhig zu dem Tisch des Lehrers und erhält ein „Korrektur-Buch". Der Schüler schlägt die Seiten 119 und 118 auf und verrichtet die angegebenen Arbeiten. Dann kehrt er zu seinem eigenen Buche zurück und erledigt Form 2 des practice tests. Form 2 ist in den Elementen übereinstimmend mit Form 1, aber die jeweiligen Ergebnisse sind verschieden. Diesesmal macht der Schüler keinen Fehler und fragt den Lehrer nach einem *realtest.* Der Lehrer händigt ihm ein Testbuch aus, in welchem keine Ergebnisse gegeben sind. Aber es enthält einen Test, der genau den Rechnungsformen entspricht, welche der Schüler gerade bearbeitet hat. Da kommen keine Trick-Aufgaben vor. Darin gibt es keine einzige Schwierigkeit, welche nicht auch der Test enthielt, den das Kind sich selber gab. Der Schüler erledigt den Test und legt ihn auf das Pult des Lehrers, damit dieser ihn korrigiert. Dann wendet er sich vielleicht seiner *Leseaufgabe* oder einer anderen Beschäftigung zu.

A-4.4.1 Ein Beispiel und ein Gegenbeispiel zum Gruppenunterricht

S. Haupttext, Seiten 28 bis 36, sowie die Beispiele im folgenden Abschnitt.

A-4.5.1 Einige Projektskizzen

1. Projektorientierter Mathematikunterricht am Praxisbeispiel „Fußball" (in W. Münzinger u.a. 1977, S. 51-72

Es wird über ein Projekt berichtet, das eine Gruppe von Lehrern im 7. Jahrgang einer Gesamtschule mit einem A-, zwei B- und 3 C-Kursen durchgeführt hatte. Offizielles Ziel war die Ermittlung eines Jahrgangsmeisters im Tischfußball.

Schüleraktivitäten:

Beschaffung des nötigen Materials, Aufteilung der jeweiligen Klasse in Mannschaften zu 10 Schülern, Schiedsrichterwahlen, Erstellung eines Spielplans mit Bewertungssystem (Jeder gegen jeden statt K.O.-System), Wahl eines Protokollanten in jeder Mannschaft, Wahl eines Organisationsausschusses (2-3 Schüler für die Durchführung nach Spielplan, für Ergebnistabellen und für Streitfälle), Entwurf eines Totospiels mit Gewinnplan.

Mathematische Gehalte:

Anzahl der Spiele beim Jeder-gegen-jeden-System bestimmen (Kombinatorik), Relationstabelle für den Spielplan aufstellen, übersichtliches Darstellen, sinnvolle Spielbewertungen (positive und negative Punkte, Anordnung bei Rangreihenbildung, Coderungen für das Wettsystem, Gewichtung der Gewinne nach Gewinnerzahl und Gewinnrang für die Auszahlung, übersichtliche Auswertung der Ergebnisse.

Auf den Seiten 68-72 des genannten Buchs ist eine Unterrichtsstunde protokolliert, sie soll hier nicht wiedergegeben werden, dafür zitieren wir aus einem Beitrag von Heinrich Bauersfeld zum Fußball-Projekt (Abschnitt II in W. Münzinger 1977, S. 3-6):

> ... Wie sieht demgegenüber ein Unterricht aus, zu dem unversehens auch dasjenige Viertel der Schüler erscheint, das seit langem mit Beständigkeit und, wie es schien, unbeirrbar die Schule schwänzte? Was hat der Lehrer angestellt, damit Jungen im schönsten Flegelalter den Anweisungen von Mitschülerinnen folgen, die ihnen zudem nicht etwa angenehme Vorschläge unterbreiten, sondern das sofortige Abbrechen sehr begehrter Tätigkeiten von ihnen fordern? Wie kommt es, daß plötzlich ein recht störungsfroher und von den anderen mit sichtbarem Respekt behandelter Knabe, der noch in der vorangegangenen Unterrichtsstunde seinem Zorn auf die „dämliche ewige Schreiberei“ lautstark Luft machte, vor der Wandtafel kniet und mit fliegenden Fingern Zahlenkolonnen auf einen Zettel notiert? Wieso überhört eine ganze Klasse die Pausenklingel, wieso „muß“ während dieser Stunde niemand „raus“, wieso ... und das alles im Mathematikunterricht eines 7. Schuljahres?
>
> ... Die eingangs angedeuteten Beobachtungen stammen aus einem Unterrichtsbesuch an der Gesamtschule Mainz-Kastel in einer von mehreren Klassen, die sich auf das „Fußball-Projekt“ eingelassen hatten. Das Projekt brachte Schüler zu interessierter und eifriger Mitarbeit, die dem mehr oder minder üblichen Mathematikunterricht fernzubleiben sich angewöhnt hatten. Die Mädchen erwiesen sich als erfolgreiche Spielplaner und -kontrolleure, als Zeitnehmer mit der Stoppuhr (daher die Unterbrechungs-Anweisungen), als Tabellenauswerter und strenge Verfahrenskritiker. Sie widerlegten damit das rasch sich einstellende Vorurteil von der Maskulinearität des Themas und bestätigten die Möglichkeit kooperativen sozialen Lernens im Mathematikunterricht. Der eifrige Schreiber hatte es eilig, die Ergebnisse der spielenden Mannschaften mitzubekommen und auszuwerten, um die ersehnte Bestätigung zu finden, daß „seine“ Mannschaft unverändert an der Spitze stehe, ein Eifer im übrigen, zu dem ihn übliche Mathematikaufgaben wohl um keinen Preis hätten bewegen können...

2. „Geschwindigkeitsbegrenzung 130 und aktive Sicherheit" - Beispiel aus dem schulpädagogischen Unterrichtsprojekt Berlin (C. Keitel u.a. in W. Münzinger 1977, S. 111-192.

Vorbemerkung:

Das Thema „Geschwindigkeitsbegrenzung" gehört seit einigen Jahren zu den Lieblingsthemen der anwendungsorientierten Literatur und ist an vielen Stellen unterrichtsreif ausgearbeitet worden (vgl. z.B. R. Fischer/G. Malle 1985, S. 122-141, J. Amon 1990 oder D. Volk 1994). Dabei wird meist auf den optimalen Fahrzeugdurchsatz bei einspurigen Fahrbahnen und dichten Autoschlangen abgehoben. Nach einigen naheliegenden Vereinfachungen stellt sich heraus, daß der entscheidende Parameter in einer Hilfsfunktion $s(v)$ steckt, die den Sicherheitsabstand s in Abhängigkeit von der zu maximierenden Kolonnengeschwindigkeit v beschreibt. Das Thema ist sehr lehrreich, aber leider auch etwas heikel zu unterrichten:

Ältere Schüler kennen meist die „Tacho-halbe-Regel" und die Fahrschulformel für den Anhalteweg. Im ersten Fall hängt s linear von v ab, und der Durchsatz steigt monoton unbegrenzt mit v. Im zweiten Fall hängt s quadratisch von v ab, und es kommt eine lächerlich geringe Optimalgeschwindigkeit heraus. Obwohl es lebensgefährlich ist, muß die zweite Regel als unrealistisch verworfen werden: Bei heutigen Verkehrsverhältnissen würde sie (bei mehrspurigen Fahrbahnen) darauf hinauslaufen, rückwärts zu fahren, um den richtigen Sicherheitsabstand nach jedem Überholtwerden wieder herzustellen. Etwas schwieriger ist die Einsicht zu vermitteln, daß auch die erste Regel nichts taugt. Jeder lineare Ansatz für die Funktion s ignoriert, daß beim Bremsen kinetische Energie, die quadratisch von v abhängt, in Wärme umgewandelt werden muß und daß die Bremsen nur näherungsweise linear wirken. Deshalb dauert es länger, von 150 km/h auf 100 km/h herunter zu bremsen, als von 50 km/h auf 0 km/h. Am einfachsten überwindet man diese Klippe im Unterricht, indem man Schüler drei Sicherheitsabstände schätzen läßt, etwa bei 50 km/h, bei 70 km/h und bei 180 km/h (nicht bei 30, 60 und 90!), und anschließend die quadratische Funktion s mittels Interpolation bestimmt.

Zwei weitere Klippen sind die physikalischen Maßeinheiten (s in Metern, v in km/h) und die Bestimmung eines Funktionsmaximums. Letzteres muß nicht als Ableitungsaufgabe für eine gebrochen-rationale Funktion gesehen werden, man kann auch den Nenner als quadratische Funktion mittels Scheitelpunktsbestimmung minimieren. Trotzdem sind einige Vorkenntnisse und ein gewisses Durchhaltevermögen notwendig, so daß kaum an ein schülerzentriertes Projekt zu denken ist, eher an Gruppenarbeit für die verschiedenen s-Ansätze.

Das Projekt „Geschwindigkeitsbegrenzung ..." nach C. Keitel u.a.

Christine Keitel hat das Thema 1976 im Rahmen einer Seminarveranstaltung von Studenten für eine 9. Klasse ausarbeiten lassen. Sie nennt es vorsichtig ein „Beispiel für problemorientierten Mathematikunterricht", die studentischen Autoren legen aber vor allem Wert auf den Aspekt, erkennen zu lehren, „in welcher Form gesellschaftliche Realität die Mathematik und ihre Anwendungen bestimmt." (S. 122 in Münzinger 1977) Es geht ihnen um eine realitätsnahe Modellentwicklung, also weniger um

„Problemorientierung“ nach dem üblichen Verständnis unseres Haupttextes, als um ein Anwendungsprojekt.

Zur Verfügung standen 16 Unterrichtsstunden in vier Wochen. Nach der Themenvorstellung, Zieldiskussion und Arbeitsplanung (ausgehängter Arbeitsplan) wurde zunächst über quadratische und lineare Beziehungen und über Aspekte mathematischer Modellentwicklung gesprochen (und mit Aufgabenblätter geübt). Ein Lehrfilm zur Verkehrserziehung sprach die Stichworte „zu schnell“, „Geschwindigkeit“, „Bremsen“, „Anhalteweg“, „Reaktionszeit“ u.ä. an und schilderte typische Fehlverhaltensweisen von Fahrern. Anschließend setzten sich die eingeteilten Arbeitsgruppen verschiedene Schwerpunkte (Aktive Sicherheit, Tempo 130). Aus Prospekten und Werbeanzeigen wurden Informationen gesammelt und in einfache quantitative Modelle eingebracht. Insbesondere an einer „Bremswegscheibe“, die bei der Berliner Polizei ausgeliehen werden konnte und die Bremswege für unterschiedliche Geschwindigkeiten, Straßenbeläge und Witterungsverhältnisse zeigte, wurden die Gruppenarbeitsgebnisse im Plenum vorgestellt.

Das geschilderte Projekt lebt und leidet - zumindest in der veröffentlichten Fassung des Buches - von einer Fülle sorgfältig ausgearbeiteter „Arbeitsbogen“ mit schülernah kommentierten, aber stark vorstrukturierten und entsprechend langatmigen Aufgaben und mit zahlreichen einschlägigen Zeitungsausschnitten. Dabei werden viele mathematische, technische und physikalische Detailinformationen schriftlich übermittelt, um ein gewisses fachliches Niveau zu garantieren.

Kommentar:

Das Beispiel ist eher geeignet, auf Schwierigkeiten mathematischer Projektarbeit im allgemeinen und auf die Schwierigkeiten mit Anwendungsprojekten im besonderen hinzuweisen. Ohne die besondere Betreuung durch vier oder mehr Lehrpersonen gleichzeitig, ohne die außergewöhnliche Beobachtungssituation und ohne einen sozial gehobenen Background auf Schülerseite wären die meisten Schüler wohl kaum beim Thema zu halten gewesen. Den überladenen und engschrittig vorstrukturierten Aufgabenblättern wäre dann vermutlich das sonst übliche Schicksal beschieden worden. Die gestalterische und Planungsbeteiligung auf Schülerseite mußte hinter den Materialbeschaffungs- und -aufbereitungsproblemen arg zurückstehen, so daß eigentlich kein „Projekt“, sondern materialgestützter „projektorientierter Unterricht“ entstand. (Ähnliche Probleme sind aus vielen anderen Projektvorschlägen bekannt, z.B. aus dem klassischen Problemkreis „Landmessung“ für 10. Klassen; vgl. etwa P. Schuknecht in W. Münzinger/E. Liebau 1987, S. 20-37. Weitere Beispiele und Anregungen zu projektorientiertem Unterricht finden sich in D. Volk 1994, in der Zeitschrift „Mathematik lehren“ und in der Mathematischen Unterrichts-Einheiten Datei MUED e.V., Bahnhofst. 72, 48 301 Appelhülsen.)

3. Ein Projektvorschlag: „Normgrößen“ (ab 9. Klasse)

Die folgenden Anregungen sind aus dem Wunsch entstanden, Schüler zu einem lehrreichen und mathematikhaltigen Projekt anzuregen, ohne ihnen die Materialiensuche und Arbeitsplanung im Voraus abzunehmen. Bei der Materialsuche hat mir D. Muth mit ihrer (unveröffentlichten) Frankfurter Staatsexamensarbeit geholfen.

Vorstellung des Themas:

Man stelle wortlos eine Barbie-Puppe auf den Tisch und warte geduldig ab. Kommen keine oder nur oberflächliche Erkundungsvorschläge von Schülerseite, dann verenge man den Einstiegsimpuls, etwa mit der scheinbar dummen Frage „Warum sieht Barbie wohl so aus, wie sie aussieht?“[281] Hilft auch das nicht, dann müßten eigentlich ein paar der folgenden (durchaus fragwürdigen) Zitate aus Naomi Wolfs Bestseller „Der Mythos Schönheit“ (rororo Sachbuch 9512 von 1993, S. 254-277) ausreichen:

> Der Körper eines Models ist 23% magerer als der der Durchschnittsfrau. Die Durchschnittsfrau aber möchte so schlank sein wie ein Model...
>
> An einem beliebigen Tag sind etwa 25% aller amerikanischen Frauen auf Diät, 50% beenden gerade eine, brechen sie ab oder beginnen damit...
>
> 75% aller befragten achtzehn- bis fünfunddreißigjährigen Frauen glaubten, sie seien zu dick, obwohl nur 25% von ihnen, medizinisch gesehen, Übergewicht hatten. 45% der Frauen, die Untergewicht hatten, dachten, sie würden zu viel wiegen...
>
> Die „American Anorexia and Bulemia Association“ verzeichnet pro Jahr 150 000 Todesfälle. Das heißt, daß in den USA jährlich 17 024 (?) mehr Menschen an Anorexie (Magersucht, krankhafte Appetitlosigkeit) sterben, als von der WHO in 177 Ländern an Aids-Toten registriert wurden, und das seit Beginn dieser Epidemie bis zum Jahr 1988...
>
> Joan Jacob Brumberg kam in ihrer Studie „Fasting Girls: The Emergence of Anorexia Nervosa as a Modern Disease“ zu dem Ergebnis, daß zwischen 5 und 10 Prozent aller Mädchen und Frauen in Amerika an Anorexie erkrankt sind. An den Universitäten seien es bis zu 20 Prozent der Studentinnen...
>
> Dr. Charles A. Murkovsky vom Gracie Square Hospital, Spezialist für Eßstörungen, sagt, daß 20% aller amerikanischen Studentinnen sich regelmäßig überessen und dann Abführmittel nehmen. Die Zeitschrift Ms. berichtete, daß wenigstens die Hälfte aller Frauen an amerikanischen Universitäten unter Anorexie oder Bulimie (Eß-Brech-Sucht) leiden...
>
> Wenn wir die Spitzenwerte dieser Zahlen nehmen, heißt das, daß von 10 Studentinnen in Amerika zwei unter Anorexie leiden und sechs unter Bulimie: nur zwei sind gesund. Für junge amerikanische Frauen sind Eßstörungen also normal. Es ist eine tödliche Form von Normalität. Brumberg berichtet, daß zwischen 5 und 15% der Anoretiker, die in ärztlicher Behandlung sind, sterben, was die Krankheit zu einer der psychisch bedingten Krankheiten mit der höchsten Sterblichkeitsrate macht.

Genauere medizinische Informationen findet man in jedem Gesundheitslexikon oder in: Verena Corazza: Kursbuch Gesundheit: Beschwerden und Symptome, Krankheiten, Untersuchung und Behandlung, Selbsthilfe. Köln, Gütersloh, Wien: Mohndruck ca. 1985, S. 244-246.

---

[281] Wer es genau wissen möchte, findet Informationen in Wunderlich: Barbie - Künstler und Designer gestalten für und um Barbie. Reinbeck: Rowohlt 1994. Barbie wurde 1959 von Ruth Handler entworfen und ist heute in etwa 700 Mio. Exemplaren über 150 Länder der Erde verstreut.

Vorschläge für Arbeitsthemen:

Die folgenden Vorschläge sollten vom Lehrer nur zur Not eingebracht werden. Sie liegen so nahe, daß sie in der einen oder anderen Form auch von Schülern kommen dürften. Die Hauptschwierigkeit des Lehrers bei der Projektvorbereitung ist aber, die Zugänglichkeit geeigneter Materialien oder Informationsquellen sicherzustellen. Hierbei sollen die folgenden Literaturhinweise helfen:

a) Was heißt „Durchschnittsmensch"?

Es liegt nahe, die Schüler einander vermessen zu lassen. Dazu kann man neben dem Gewicht äußere Formgrößen aufnehmen, z.B. Körperhöhe, Brustumfang, Taillenumfang, Hüftumfang, „Seitenlänge", Fußgrößen u.ä. Wie und wo man das macht, steht z.B. hinten im Neckermann-Katalog und sogar mit Normvorschriften in der DOB-Größentabelle Deutschland, hrsg. vom Verband der Damenoberbekleidungsindustrie e.V. Köln 1994, S. 16-19. Natürlich stellen sich mathematische Fragen nach dem „richtigen" Durchschnittswert, vielleicht auch nach geeigneten Streumaßen. Viel wichtiger und spannender sind aber Fragen nach einem etwaigen Zusammenhang zwischen Schönheit, Attraktivität und Maßzahlen. Auf jeden Fall sollte deutlich werden, daß schon der bloße Wunsch, Durchschnittswerte „des" Menschen zu berechnen, einen gewissen kommerziellen und geschmacksnormierenden Sog auslöst (mit allen psychologischen Folgen für nicht normgerechte Einzelne). Wer Historisches mag, sei an Alphonse Quetelet erinnert, der den „homme moyen" suchte, oder auch an die sozialdarwinistischen Schädelmesser des 19. Jahrhunderts und an die nur etwas eleganteren IQ-Stochastiker des 20. (Höchst empfehlenswert dazu: S.J. Gould: Der falsch vermessene Mensch. Suhrkamp: stw.)

b) Konfektionsgrößen nur als Wirtschaftsfaktor?

Irgendwo habe ich in einem Design-Katalog eine Abbildung aus den zwanziger Jahren gesehen, auf der die ersten Konfektionsgrößen veranschaulicht wurden. Leider habe ich die Quelle vergessen, aber es gibt viele Bücher über die Geschichte der Mode und der Modeindustrie. Man bekommt sicher Genaueres heraus, wenn man den Kostümbildner am nächsten Theater fragt oder eine Modeschule anruft. Auch Schneidermeister (gibt es sie noch?) wissen viel Erstaunliches. Über charakteristische Größenveränderungen geben die DOB-Reihenmessungen von 1981/82 und 1993 Auskunft, die man in dem schon oben zitierten DOB-Handbuch auf S. 38f. findet. Besonders interessant daran ist, daß sich die entscheidende Veränderungen eher in den Standardabweichungen als in den Mittelwerten zeigten. Da wir kaum Erfahrungen haben, die uns das gefühlsmäßig richtig zeigen, sind solche Beobachtungen nicht trivial. Um das Phänomen wirklich beurteilen zu können, muß man wohl schon ein paar Experimente (z.B. auf dem Rechner) machen, die bei festem Mittelwert von, sagen wir: 1,70 m, die Standardabweichung um 0,5 cm oder um 1 cm ändert. Es wäre sicher auch interessant zu erfahren, auf welche Kleider- und Schuhgrößen sich die ortsansässigen Händler bei ihrer Lagerhaltung einstellen. (Die Versandhäuser halten sich in solchen Fragen und auch in ihren Hausmaßen leider sehr bedeckt. Warum wohl?)

c) Wie krank ist der (Nicht-) Durchschnittsmensch?

Wie kommen Hausärzte ggfs. zu dem Urteil, ein Patient sei krankhaft dünn, klein, dick oder groß? Neben Erfahrung und Gefühl wird es wohl auch statistische Tabellen für die

Hand des Arztes geben, wie z.B. Inge Flehming: Normale Entwicklung des Säuglings. New York: Springer 1990. (Dort sind auf den Seiten 79-80 Normkurven für Jungen und Mädchen zwischen 0 und 18 Jahren abgebildet, und es ist von „Variationsbreiten durch Perzentilangaben" die Rede. Auch so etwas kann man verstehen!) - Auf das provozierende und - trotz aller Fragwürdigkeit im Detail - aufrüttelnde Taschenbuch von Naomi Wolf haben wir oben schon hingewiesen. Eine (ebenso plakative und darum anregende) Gegenmeinung zu Wolf vertritt B. Guggenberger: Einfach schön. Hamburg: Rotbuch Verlag 1995. - Ganz andere Gesichtspunkte greift W. Krämer in dem Taschenbuch „Wir kurieren uns zu Tode" (Frankfurt am Main: Campus 1993) auf: Wenn die Gesamtkosten des Gesundheitswesens nicht mehr tragbar sind, taucht unweigerlich die Frage auf, wie der Mangel gerecht und sparsam verteilt werden kann. Was darf dann der kranke Durchschnittsmensch noch kosten? - Aus dem Statistischen Jahrbuch für die Bundesrepublik Deutschland läßt sich allerhand Spaßiges und Bedenkliches herausholen, wenn man versucht, den oder die deutsche Durchschnittsperson statistisch zu beschreiben. In der Zeit vom 12. 4. 1996 (S. 65) wurde das vorgemacht. Dort hieß es z.B.: „Norma- lebte sie in Hamburg, wäre sie etwas größer, lebte sie in Bayern, hätte sie dickere Beine." So etwas schreit geradezu nach einer Ausstellung von Schüler-Postern.

d) Ist der Durchschnitt schön?

Im Zeit-Magazin vom 5. 1. 1996 wurde von Computerexperimenten berichtet, die Durchschnittsgesichter aus jeweils 16 jungen Japanerinnen, Amerikanerinnen bzw. Amerikanern durch pixelweise Durchschnittsberechnung der Farbwerte erzeugten. Die Mädchenbilder waren nach allgemeinem Urteil recht hübsch, das Jungenbild viel zu nichtssagend. (Ähnliches hatte schon F. Galton erlebt, als er 1883 vergeblich das typische Gesicht eines Verbrechers als optischen Durchschnitt von Verbrecherbildern gewinnen wollte.) Leider können wir die eindrucksvollen Farbbilder aus dem Zeit-Magazin hier nicht wiedergeben. Eine schwarz-weiß-Variante und eine Reihe höchst anregender Bemerkungen finden sich in K. Grammer: Gesichter und Schönheit, Partnerwahl und sexuelle Selektion - ein Blick in die aktuelle Forschung. In: T. Landau: Von Angesicht zu Angesicht - Was Gesichter verraten und was sie verbergen. Reinbeck: rororo Sachbuch 9747, 1995, S. 353-382. Umfassender informieren aus psychologischer Sicht M. Hassebrauck/R. Niketta (Hrsg.): Physische Attraktivität. Göttingen: Hogrefe 1993, und aus künstlerischer R. Arnheim: Entropie und Kunst - Ein Versuch über Unordnung und Ordnung. Köln: DuMont 1979.

e) „Wohlproportioniert" sein

Von da Vinci und Dürer sind eine Reihe von Proportionszeichnungen bekannt (vgl. z.B. György Doczi: Die Kraft der Grenzen - Harmonische Proportionen in Natur, Kunst und Architektur. München: Dianus-Trikont Buchverlag 1984, S. 111-113), die man erst bei genauerem Hinsehen und Überlegen versteht (und aus heutigem Gefühl kritisieren kann). Der Versuch, griffige Verhältniszahlen für die richtigen Proportionen in künstlerischen Abbildungen von Menschen, Tieren und Pflanzen zu bekommen, reicht bis in die Antike zurück (Vitruv) und ist bis in unser Jahrhundert in immer neuen „Kanons" ausgearbeitet worden. Man findet solche Faustregeln in Büchern, die zum Zeichnen im Selbstunterricht anleiten wollen, z.B. in B. W. Jaxtheimer: Knaurs Mal- und Zeichenbuch. München: Droemer Knaur (Neuauflage:) 1990, in G. Bammes: Figürliches Gestalten. Berlin: VEB DVW 1981, oder in E. Maiotti: Painting the Nude Handbook - Learning from the Masters. New York: Clarkson Potter Publ. 1991. Vieles findet sich auch in den zahllosen Büchern zum Goldenen Schnitt.

4. *Ein Projektvorschlag: „Macht nach Adam Riese ...“*

Im Haupttext wurde zum Thema Adam Ries (er hieß nicht „Riese“) schon einiges gesagt (s. S. 112 bis 115). Wir dürfen uns daher jetzt auf die Frage beschränken, wie daraus ein Projekt werden könnte. Als Rahmenthema bietet sich die Frage an, warum gerade der Mathelehrer Ries noch viel bekannter als Archimedes, Newton oder Gauß wurde. Historische Themen kommen als freies Angebot bei heutigen Schülern selten ohne gezielte Propaganda an. Das (scheinbar) sehr konkrete Rahmenthema mag dem etwas abhelfen. Im Grunde legitimiert sich ein derartiges Projekt aber aus der tiefergehenden Absicht, ein möglichst lebendiges Bild der Lebensverhältnisse in der mittel- und südeuropäischen Renaissance zu gewinnen, um über die Geburtswehen etwas nachdenklicher in Bezug auf unsere heutige „Neuzeit“ zu werden. Teilprojekte könnten etwa sein:

a) Wie wurde auf den Linien gerechnet?

Man nehme dazu etwa Deschauers modernisierte Version des 2. Rechenbuches (S. Deschauer 1992), die im Haupttext schon erwähnt wurde. Die Schüler werden erstaunt sein, mit welchem Aufwand hier das Stellenwertsystem verstanden wird - und das (eben noch) moderne schriftliche Rechnen vorbereitet. Welche Veränderungen wird der Computer bringen? Wird es einmal heißen, „nach Konrad Zuse gilt ...“?

b) Rechnerische Schwierigkeiten mit den damaligen Maßsystemen

Einzelheiten findet man ebenfalls bei Deschauer. Man sollte nicht versäumen, auf den ungeheuren Fortschritt hinzuweisen, der viel später durch das international einheitliche und dezimale Maßsystem herbeigeführt wurde. Die Geschichte dieses Maßsystems ist schon für sich äußerst spannend und lehrreich; vgl. etwa D. Guedj: Die Geburt des Meters. Frankfurt am Main: Campus 1991.

c) Brauchten damalige Kaufleute Mathematik?

Die Wirtschaftsverhältnisse der Renaissance waren von ungeheurer Bedeutung für die nachfolgende Entwicklung der abendländischen Neuzeit. Details findet man in dem Buch von Swetz, das im Haupttext angegeben ist. Vorstellbar werden die damaligen Verhältnisse besonders schön durch G. Oggers spannendes Taschenbuch über Aufstieg und Fall der Fugger-Dynastie „Kauf dir einen Kaiser“. München: Knaur 1979. Was ist „doppelte Buchführung“? Wieviel Mathematik braucht ein Kaufmann heute? - Denkbare Zusammenhänge zwischen Reformation und Wirtschaftswesen beleuchtet Dieter Fortes einst skandalöses Theaterstück „Martin Luther & Thomas Münzer oder Die Einführung der Buchhaltung“ (1971; abgedruckt in Band 18 der Reihe Spectaculum. Frankfurt am Main: Suhrkamp 1973, S. 93-224).

d) Wer brauchte damals noch Mathematik?

Das Zeitalter der Entdeckungen war gerade angebrochen. Man denke an die Probleme der globalen Seefahrt (Längengradbestimmung!), an die rasch wechselnden Märkte

(Eroberung Konstantinopels, Übernahme der Seidenstraße durch die Araber, Kolonien, Bergbau, Salzstraßen usw.), Veränderungen im Bauwesen oder an die aufkommenden Vermessungsprojekte der Nationalstaaten und Fürstentümer. Natürlich denkt man auch an die Entwicklung der Zentralperspektive (künstlerisch und sozial).

e) War Ries ein reicher Bestseller-Autor?

Das ist nur interessant, wenn man breiter nach den damaligen Einkommensverhältnissen und Lebenshaltungsstandards fragt. Daten zu Ries findet man in jeder Biographie des Rechenmeisters, z.B. in dem Teubner-Taschenbuch von Hans Wußing, das wir schon im Haupttext angegeben haben, und in den Veröffentlichungen des Adam Ries Bundes e.V., Annaberg-Buchholz. Über Lebensstile in der Renaissance informiert E. Garin (Hrsg.): Der Mensch der Renaissance. Frankfurt am Main: Campus 1990.

A-4.6.1 Kerschensteiner und Gaudig im Streit (1911)

Auszug aus: Die Auseinandersetzung Kerschensteiner-Gaudig 1911. In: Arbeiten des Bundes für Schulreform, Heft 4, 1. Teil. Leipzig: Teubner 1912, bzw. H. Gaudig: Der Begriff der Arbeitsschule. In: Zeitschrift für Pädagogische Psychologie und experimentelle Pädagogik, 1911, S. 545-552 ; alles ohne Fußnoten und gekürzt zitiert nach A. Reble 1979, S. 108-121.

Auf einem Kongreß des „Bundes für Schulreform" am 6. Oktober 1911 in Dresden trugen Kerschensteiner und Gaudig ihre (damaligen) Grundauffassungen vor und sprachen sich anschließend kurz zu den Ansichten des anderen aus. Im Haupttext des vorliegenden Buches kommt Kerschensteiner recht gut weg, in der damaligen Auseinandersetzung war es anders: Kerschensteiners etwas krampfhafte Gesellschaftstheorie wird von Gaudig mit Recht scharf zurückgewiesen. Demgegenüber ist Gaudigs Zusammenfassung der damals schon traditionellen Schulkritik höchst gelungen und immer noch aktuell. Gemessen am Niveau heutiger Schulkritik könnte man geradezu neidisch werden: Es gibt meines Wissens keinen tieferen Gedanken in den pädagogischen Diskussionen des 20. Jahrhunderts, der hier nicht wenigstens anklingt.

a) Aus dem Vortrag Kerschensteiners: Der Begriff der Arbeitsschule

Sobald wir den gegebenen Staat als ein Entwicklungsprodukt betrachten, als einen sich immer zweckmäßiger organisierenden Menschenverband, der durch die Tätigkeit seiner Mitglieder mehr und mehr der freien Gestaltung der sittlichen Persönlichkeit die Wege ebnen soll, der also selbst in der Richtung des von der Ethik gezeichneten Kultur- und Rechtsstaates wandert, ergibt sich mit der wissenschaftlichen Festsetzung des Staatszweckes auch die wissenschaftliche Festsetzung des Volksschulzweckes von selbst.

Ein Staatswesen, das in seinen Zielen und Einrichtungen den sittlichen Gedanken verkörpert, ist ein höchstes äußeres Gut. Denn es ist, wie schon Hobbes, Locke, Spinoza betont haben, die Voraussetzung dafür, daß der einzelne zum höchsten inneren sittlichen Gut, zur rechten Gesinnung der sittlich freien Persönlichkeit gelangen kann.

Ja, der einzelne findet geradezu in dem Dienste der zeitlichen Verwirklichung dieses Staatsideales nicht bloß seine schönste und würdigste Betätigung, sondern auch die beste Gelegenheit zu seiner eigentlichen sittlichen Vollendung. Ich gehe also von der Voraussetzung aus, daß das sittliche Gemeinwesen das höchste äußere sittliche Gut des Menschen ist; außerdem mache ich die zweite Voraussetzung, daß der gegebene Staat um so eher in der Richtung zum idealen sittlichen Gemeinwesen sich bewegt, je mehr durch die öffentliche Erziehung die Erkenntnis sich verbreitet, daß das höchste innere sittliche Gut und das höchste äußere in wechselseitiger Bedingtheit stehen. Unter diesen beiden Voraussetzungen darf der gegebene Staat auch Zweck und Aufgabe der öffentlichen Schulen aus seinem Zweck und seinen Aufgaben heraus bestimmen. Der Zweck des gegebenen Staates aber ist ein zweifacher: zunächst ein egoistischer, nämlich die Fürsorge um den inneren und äußeren Schutz und um die leibliche und geistige Wohlfahrt seiner Staatsangehörigen; dann aber ein altruistischer, die allmähliche Herbeiführung des Reiches der Humanität in der menschlichen Gesellschaft durch seine eigene Entwicklung zu einem sittlichen Gemeinwesen und durch die Betätigung seiner Kräfte in der Gemeinschaft der Kultur- und Rechtsstaaten.

Wenn ich demnach sage: Zweck der öffentlichen Volksschule (wozu natürlich auch die Fortbildungsschule gehört) ist, die nachwachsende Generation so erziehen zu helfen, daß sie dieser doppelten Aufgabe, sei es durch Gewöhnung allein, sei es durch Gewöhnung und Einsicht nach Maßgabe der vorhandenen Begabung, dient, so ist damit nichts weniger als ein utilitarisches Ziel aufgestellt, sondern in letzter Linie ein im höchsten Maße ethisches.

Indem ich dann den Menschen, der dieser doppelten Aufgabe dient, einen brauchbaren Staatsbürger nenne, bezeichnete ich in aller Kürze den Zweck der öffentlichen Schule des Staates und damit als Zweck der Erziehung überhaupt, brauchbare Staatsbürger zu erziehen. Aus diesem Zweck ergeben sich die Aufgaben der Schule, aus den Aufgaben folgt die Organisation der Schule überhaupt und demgemäß auch die Organisation derjenigen Schule, die wir mit dem Begriff „Arbeitsschule" bezeichnen. Die Wege und Methoden aber, die einzelnen Aufgaben ganz oder teilweise durch eine Schule zu lösen, hängen von den äußeren und inneren Verhältnissen ab, unter welchen die leibliche und geistige Entwicklung des Zöglings vor sich geht. Aus der Gesamtheit dieser Zwecke, Aufgaben, Wege und Methoden folgt jener Begriff der Schule des modernen Staates, den ich mit dem Worte „Arbeitsschule" bezeichne...

Vor allem ist klar, daß niemand ein in unserem Sinne brauchbarer Bürger eines Staates sein kann, der nicht eine Funktion in diesem Organismus erfüllt, der also nicht irgendeine Arbeit leistet, die direkt oder indirekt den Zwecken des Staatsverbandes zugute kommt. Wer die Segnungen der Staatsordnung im Besitze geistiger und körperlicher Gesundheit genießt, ohne an irgendeiner Stelle dieses allerdings sehr komplizierten Zweckverbandes zur Leistung der gemeinsamen Arbeit an einem noch so kleinen Stücke nach Maßgabe seiner Kräfte teilzunehmen, ist nicht nur kein brauchbarer Staatsbürger, sondern handelt von vornherein unsittlich.

Die erste Forderung für den einzelnen im Staat ist also, daß er befähigt und gewillt ist, an seiner Stelle direkt oder indirekt in irgendeiner Funktion oder, wie wir es nennen können, in irgendeinem Berufe tätig zu sein, der mindestens nicht den Zwecken der Gesamtheit schadet. Daraus folgt die primitivste Aufgabe der öffentlichen Schule. Die öffentliche Schule hat zunächst die Aufgabe, dem einzelnen Zögling zu helfen, eine Arbeit im Gesamtorganismus oder, wie wir sagen, einen Beruf zu ergreifen und ihn so gut als möglich zu erfüllen. Das ist noch keine sittliche Aufgabe, aber es ist die Grundbedingung, damit die öffentliche Schule überhaupt die Lösung sittlicher Aufgaben ins Auge fassen kann.

Die zweite Aufgabe, die an die Volksschule herantritt, ist nur, den einzelnen zu gewöhnen, diesen Beruf als ein Amt zu betrachten, das nicht nur im Interesse der eigenen Lebenshaltung auszuüben ist, sondern auch im Interesse des geordneten Staatsverbandes, der dem einzelnen die Möglichkeit gibt, unter dem Segen der Rechtsordnung und Kulturgemeinschaft seiner Arbeit und damit seinem Lebensunterhalte nachzugehen...

Die dritte und höchste Erziehungsaufgabe der öffentlichen Schule, die natürlich entsprechende moralische und intellektuelle Begabung des Zöglings voraussetzt, ist sodann, im Zögling Neigung und Kraft zu entwickeln, durch die Berufsarbeit oder neben ihr seinen Teil beizutragen, daß die Entwicklung des gegebenen Staates, dem er angehört, in der Richtung zum Ideal eines sittlichen Gemeinwesens vor sich geht.

Die erste Aufgabe führt unmittelbar zur Einführung fachlichen Arbeitsunterrichtes. Die ungeheure Mehrzahl aller Menschen im Staate steht im Dienste der rein manuellen Berufe, und dies wird für alle Zeiten Geltung haben. Denn jedes menschliche Gemeinwesen hat ungleich mehr körperliche als geistige Arbeiter nötig. Auch die Begabung der Massen liegt zunächst durchaus nicht auf den Arbeitsgebieten rein geistiger Tätigkeit, sondern der manuellen Arbeit, aus der sich ja im Laufe der Kultur die geistige Arbeit überhaupt erst entwickelt hat. Das Handwerk ist nicht nur die Grundlage aller echten Kunst, sondern auch die Grundlage aller echten Wissenschaft. Eine öffentliche Schule, die auf geistige wie manuelle Berufe vorzubereiten hat, ist daher schlecht organisiert, wenn sie keine Einrichtung hat, die manuelle Fähigkeiten des Zöglings zu entwickeln. Sie ist um so schlechter organisiert, als ja auch in der ganzen Entwicklung des Kindes die körperliche und manuelle der geistigen vorangeht, als insbesondere in der Zeit vom 3. bis 14. Lebensjahre die Instinkte und Triebe für manuelle Betätigung durchaus vorherrschen. Daraus ergibt sich die Notwendigkeit für die Organisation der Volksschule die Forderung des fachlichen, systematisch sich entwickelnden Arbeitsunterrichtes, und diese Notwendigkeit wird verstärkt durch den Umstand, daß auch die geistige Entwicklung der Massen mangels frühzeitiger hervorragender intellektueller Begabung unweigerlich auf den Boden der Erziehung durch manuelle Arbeit gestellt werden muß... Dagegen ist zu betonen: je inniger die Entwicklung der geistigen Fertigkeiten mit der Entwicklung der manuellen Fertigkeiten im Fachunterricht assoziiert werden kann, desto glücklicher ist die Organisation der Volksschule, desto besser entwickeln sich auch die geistigen Fertigkeiten...

Das Bewußtsein, daß man eine Arbeit, und wäre es auch die kleinste und niedrigste, zum Wohle einer Gemeinschaft ausführt, der man angehört, leitet immer die Versittlichung unserer Tätigkeit ein. Um dieses Bewußtsein durch die Schule entwickeln und aktionsfähig zu machen, gibt es zunächst kein anderes Mittel als das, welches ich als Organisation des Schulbetriebes im Geiste der Arbeitsgemeinschaft bezeichnet habe. Erst im Anschlusse an und im Bunde mit den durch die Arbeitsgemeinschaft der

Familie oder Schule erworbenen Gewohnheiten wird zur klaren Entwicklung dieses Bewußtseins der Unterricht in Religion, Geschichte und Literatur notwendig, der sogenannte „Gesinnungsunterricht" der Herbartianer.

Eine Schule nun, die nicht imstande ist, den sittlichen Geist der Hingabe an andere durch das Mittel der Arbeitsgemeinschaft und des sich auf ihren sittlichen Gewohnheiten aufbauenden Gesinnungsunterrichts zu bilden, ist noch viel weniger geeignet, die dritte und letzte Aufgabe in Angriff zu nehmen, die wir aus dem Zweck der öffentlichen Schule abgeleitet haben: ihre Schüler anzuleiten, an der Versittlichung des großen Gemeinwesens, in dem sie leben und ihre berufliche Tätigkeit ausüben, mitzuarbeiten. Für diesen höchsten Akt der staatsbürgerlichen Erziehung der Jugend, welcher die Grundaufgabe aller öffentlichen Erziehung sein muß, ist eben die frühzeitige Gewöhnung, im Dienste einer Idee zu arbeiten, das weitaus Wichtigste. Die Volksschule allerdings kann wenig mehr tun, als diese Gewöhnung durch das Mittel der Arbeitsgemeinschaft anzubahnen...

Die Darstellung der Lösung der drei aus dem obersten Zweck der Volksschule sich naturgemäß ergebenden Aufgaben führt zum Grundriß einer inneren Organisation der Volksschule, die ich vor vier Jahren mit dem Worte „Arbeitsschule" bezeichnet habe. Wie alt auch das Wort „Arbeitsschule" sein mag, so darf man doch wohl behaupten, daß der auf diese Weise bestimmte Inhalt des Wortes sich nicht mit den früheren Inhalten deckt.

Mit den vorausgegangenen Erörterungen ist nun aber der Begriffsinhalt des Wortes noch nicht erschöpft. Jene drei Aufgaben und die aus ihnen entspringende Organisation geben die ethische Richtung der Charakterbildung an, welche die Erziehung durch unsere Volksschule einschlagen soll. Damit haben wir eine erste Reihe von Merkmalen des Begriffes „Arbeitsschule" gewonnen. Die zweite Reihe von Merkmalen aber ergibt sich aus dem Wesen der Charakterbildung selbst. Indem wir aber dem Wesen der Charakterbildung nachgehen, stehen wir vor dem Grundproblem der Erziehung.

Dieses Problem erfordert vor allem die Ausbildung der passiven Formen der Willensstärke, der Geduld, Ausdauer, Sorgfalt, Gründlichkeit. Keine Arbeit darf die Hand des Kindes verlassen, die nicht den Stempel der geistigen oder manuellen Anstrengung trägt. Es ist von allerschlimmstem Einfluß auf die Willenserziehung, wenn die Kinder einer Schule sieben bis acht Jahre hindurch auch nur in einem, geschweige denn in mehr oder allen Unterrichtsgebieten sich gewöhnen, gewisse mit innen verbundene manuelle oder geistige Beschäftigungen „so annähernd", so „beinahe", so „ungefähr" richtig zu machen, und nichts verleitet mehr dazu - ohne daß dies absolut notwendig wäre - als der sogenannte Arbeitsunterricht als Prinzip.

Dieser Gefahr nun wird im wesentlichen vorgebeugt, wenn ein systematischer fachlicher Arbeitsunterricht, der das Kind vom 1. bis 8. Schuljahr begleitet, durch die Strenge seiner Anforderungen an die Sorgfalt und Genauigkeit einer der jeweiligen kindlichen Leistungsfähigkeit angepaßten Arbeit das Kind in seine milde, aber doch unnachsichtige Zucht nimmt. Die geistigen, sittlichen und manuellen Gewohnheiten, die in ihm erworben werden, übertragen sich unweigerlich auf die manuelle Betätigung in den übrigen Unterrichtsgebieten und verdrängen dort den schädlichen Dilettantismus. Die so erzogenen Kinder lehnen es dann überhaupt ab, Arbeiten, die sie nur unvollkommen erledigen können, auszuführen, und suchen die gleiche Sorgfalt des Ausdruckes, der ihnen im fachlichen Arbeitsunterricht zur Natur geworden ist, auf die ihnen im übrigen Unterricht gestellten Aufgaben zu übertragen, sofern ihre Reife ihren Aufgaben entspricht...

Die Ausbildung der aktiven Formen der Willensstärke, des Mutes, der körperlichen und moralischen Tapferkeit, der Unternehmungslust fordern Mannigfaltigkeit und Freiheit in der Betätigung des Willens. Die früher erwähnten Arbeitsgemeinschaften können beide Voraussetzungen geben. Die rechte Gestaltung der Unterrichtsmethoden und der Schulbeschäftigung bietet eine zweite Möglichkeit zur Einführung von Mannigfaltigkeit und Freiheit. Die Freiheit der Betätigung aber, die zum Mute und zur Initiative führt, setzt (soll ihr Vorhandensein nicht schädlicher sein als ihr Mangel) erzogene Kräfte voraus, moralische, geistige, manuelle. Es ist eine falsche Auffassung der Arbeitsschule, wenn man vom Kinde Produktivität verlangt, noch ehe es seine Kräfte genügend geschult hat. Persönliche Ausdrucksfähigkeit setzt bescheidene Kenntnis und Fertigkeit im Gebrauch der Ausdrucksmittel voraus.

Zu den Wurzeln der Charakterbildung gehört aber vor allem auch die Ausbildung der Urteilsklarheit, die Ausbildung der logischen oder - was genau das gleiche ist - der wissenschaftlichen Denkfähigkeit. Sie ist nur erreichbar durch selbständige geistige Arbeit. Die selbständige geistige Arbeit ist noch mehr ein Kennzeichen der Arbeitsschule als die selbständige manuelle Arbeit. Nur hat sie in der Volksschule die allerbescheidensten Grenzen, und selbst innerhalb dieser können noch viele nicht genügend gefördert werden. Sie ist trotzdem das wesentliche Merkmal der Arbeitsschule, da ja auch die manuelle Arbeit zu selbständiger geistiger Tätigkeit schon im Rahmen der Volksschule anregen soll. Die selbständige geistige Arbeit verlangt aber möglichstes Zurückdrängen der alten Formen der Überlieferung von Wissen zugunsten aktiver Erarbeitung des Wissensstoffes überall da, wo und soweit es möglich ist. Dazu ist eine wesentliche Verminderung des gesamten Unterrichtsstoffes, weiterhin die Einführung von geeigneten geistigen Arbeitsstätten und Bibliotheken für Geschichte, Geographie, Naturkunde und Raumlehre, endlich eine entsprechende geistige Schulung der seminaristischen wie technischen Lehrer unbedingt notwendig. Die Gewohnheiten des empirischen Denkens in Gewohnheiten logischen (oder, was das gleiche ist, wissenschaftlichen) Denkens umzuwandeln, das ist das Grundmerkmal der Arbeitsschule, wie es eine Grundforderung der Charakterbildung ist.

b) Aus dem Vortrag Gaudigs: Die Arbeitsschule als Reformschule.

Die deutsche Schule war ein Ruhmestitel der deutschen Nation, und zwar einer der höchsten. Wir sind in Gefahr, diesen Ruhmestitel einzubüßen, auch wenn nur ein Teil der kritischen Ausstellungen an den deutschen Schulen berechtigt ist. Es sei kurz eine rasche Überschau über die wichtigsten kritischen Gesichtspunkte gegeben.

- „Einseitiger Intellektualismus" lautet der Vorwurf, der im Interesse bald einer mehr ethischen, bald einer mehr gefühlsmäßigen, bald einer mehr praktisch-technischen, bald einer mehr voluntaristischen, bald einer mehr ästhetischen, bald einer mehr körperlichen Erziehung erhoben wird.

- Auf dem intellektuellen Gebiete aber tadelt man das erstrebte Wissen der Schüler; so den Umfang (man urteilt, es solle i.a. viel zu viel gewußt werden), so den Inhalt (man möchte eine Menge des Wertlosen, Veralteten oder wissenschaftlich Unhaltbaren entfernt sehen), so die Lage des Schwerpunkts, das statische Verhältnis (man tadelt z.B. das Überwiegen des Buchwissens), so den Aufbau des Wissens (man findet ihn nicht entwicklungsmäßig), so die Art der Aneignung (man vermißt das Erarbeiten).
- Man tadelt nicht minder den allgemeinen Wissenszustand: das Wissen sitze nicht fest, denn es sei einem peinlichen Zersetzungs- und Verfallprozeß, besonders nach der Schulzeit, ausgesetzt; das Wissen sitze anderseits nicht lose, denn es sei nicht frei verfügbar und leicht anwendbar, und es sei nicht gut angeordnet, denn es gerate sehr bald in schlimme Unordnung. Vor allem aber wirft man dem Wissen unserer Schüler vor, es hemme das geistige Können.
- Noch schärferem Tadel ist der geistige Kräftezustand unserer Schüler ausgesetzt. Man vermißt Beweglichkeit in der Assoziation und Kombination, Tiefe in der Kontemplation, Schärfe und Pünktlichkeit in der Beobachtung. Gewandtheit in dialogischer und dialektischer Denkweise, Besonnenheit und Klarheit in der Urteilsbildung, Zielstrebigkeit und Folgerichtigkeit in der Entwicklung von Gedankenreihen.
- Vor allem tadelt man den Mangel an Eigentätigkeit, an Spontaneität.
- Scharfe Kritik trifft ferner die Armut unserer Schüler an Darstellungsmitteln und Darstellungskunst. Zu der Unsumme der Eindrücke, die auf den passiven Schüler einwirken, steht, so urteilt man, die Ausdrucksfähigkeit in grellem Mißverhältnis.
- Schwer in die Waagschale fällt der Vorwurf, die ganze Intellektualität unserer Schüler sei gefühlsarm, sei nicht gefühlsbetont, und wenn, dann negativ. Es mangle vielfach an Wissenslust und Erkenntnislust; am amor intellectualis. Zu diesem Vorwurf gesellt sich der andere, es fehle bei unseren Schülern der kräftige, starke und weittragende, über die Hemmnisse hinweghelfende Wille. Dies nicht zum geringsten, weil die Motivationsvorgänge bei der lernenden Jugend unerfreulich seien; motivloses Zwangshandeln und Handeln aus niedrig eudämonistischen Motiven statt des Handelns aus Sachinteresse, aus Erkenntnisfreude, glaubt man vielfach wahrzunehmen. „Die Schule hat die Jugend nicht mehr“ - zu diesem Urteil verdichtet sich die Kritik.
- Unter dem Gesichtspunkte der Energie, der Kraftleistung, erscheinen unsere Schüler der Kritik einerseits als nicht genügend energisch (namentlich vermißt man die spontane Energie), andererseits findet man den Kraftaufwand, den besonders die häusliche Arbeiten fordern, zu groß und mit den Anforderungen der Geisteshygiene unverträglich. Allgemein erscheint die Arbeit unserer Schüler als ein „Geschäft, das die Kosten nicht deckt“. Aber nicht nur der Schüler als Schüler, sondern auch der Schüler nach der Gesamtheit seines Wesens, wie es sich doch vor allem unter dem Einfluß der Schule formt, entspricht nicht dem Ideal, das die Kritik erreicht sehen möchte. So vermißt man die echt jugendliche Lebensstimmung, die ausgreifende Lebensenergie, das individuelle, das persönliche Wesen, nicht minder anderseits die echte soziale Gesinnung und Stimmung.

- Die Kritik faßt die Schulzeit teils als eine in sich selbständige Lebensphase, teils oder vielmehr zugleich als eine Phase im Verlaufe des gesamten Lebens. Tut sie das letztere, so vermißt sie besonders die Kontinuität in der Entwicklung; zwischen Schule und Leben liegt ihr ein garstiger, breiter Graben, in dem beim Übergang von der Schule ins Leben allzuviel vom Schulerwerb verschwindet.
- Noch tiefer schneidet der Vorwurf ein, die Schule vermittle nicht Lebensbildung. Dieser Vorwurf schneidet um so tiefer ein, als in kaum einer Zeit, so wie in der unseren, so schwere Lebensfragen zur Entscheidung stehen.

Eine Prüfung dieser und der vielen anderen kritischen Bedenken fordert nicht eine teilweise, sondern eine allseitige Untersuchung unseres gesamten Schulwesens. Gründlicher Untersuchung bedürfen die Bildungszwecke und Bildungsideale, der Bildungsinhalt, die Bildungsarbeit, das Bildungswesen.

Erörterungen werden nötig sein, die von der Höhe letzter prinzipieller Entscheidungen über das Leben, seine Inhalte und Werte, bis in die Niederungen didaktischer Feintechnik herunterreichen. Hier öffnet sich eine unendliche Perspektive.

Die Frage der deutschen Schule kommt (soweit ich sehe) nicht eher zur Ruhe, als bis namentlich in der Frage der Erziehungsziele Entscheidungen getroffen sind. Die Festsetzung der Erziehungsziele, die auf Grund prinzipieller Erwägungen über letzte höchste Werte erfolgen muß, setzt aber eine gründliche Menschen- und Jugendkunde voraus, wenn sie nicht ins Utopische führen soll.

Erst wenn die Bildungsideale feststehen, läßt sich entscheiden, was z.B. an Bildungsinhalt aufgenommen werden soll, wo die Schwerpunkte innerhalb dieser Inhalte liegen sollen, wie die Bildungstechnik zu gestalten ist, welche Schularten im Interesse einer geistigen Nationalökonomie sind, welche Stellung die Schule in der kulturellen Gesamtarbeit der Nation einnehmen soll usw. usw.

Wie unsere Zeit reich an Schulkritik ist, so auch an Schulreformgedanken (an Schulreform nicht). Von dem kleinen Winkelreformer, der ein neues Lineal erfindet, reicht die Skala hinauf zu den großen Reformern, die „brutal" genug sind, ein pädagogisches Reformsystem fertig zu haben.

Unter dem Titel „Arbeitsschule" kündigt sich in unserer Zeit eine Schulform an, die - wenn nicht den Anspruch, die Reformschule zu sein - doch den Anspruch erhebt, wesentliche Reformgedanken, fruchtbare Reformprinzipien zu formulieren. Prüfen wir ein wenig diesen Anspruch.

Ich verstehe bei dieser Prüfung unter Arbeitsschule zunächst die Schulform, die für den Lehrplan Handfertigkeit als integrierenden Bestandteil fordert, in weiterem Sinne jede Schulform, die die manuelle Tätigkeit überhaupt als Wesensmerkmal hat.

Die Handfertigkeit würde in der Tat das konstruierende Prinzip einer völlig neuen, einer Reformschule par excellence sein, wenn man sich folgende Gedanken Kerschensteiners zu eigen machen könnte:

Der Zweck der Erziehung ist, brauchbare Staatsbürger zu erziehen.

Da der einzelne dem Staat in einem Beruf dienen muß, hat die Schule die Aufgabe, ihre Zöglinge zum Ergreifen eines Berufs zu befähigen.

Weil aber die Mehrzahl der Menschen reinmanuelle Berufe ergreifen muß, muß sie die manuellen Fähigkeiten entwickeln und systematischen Arbeitsunterricht einführen.

Die manuellen Berufe aber fordern die Beherrschung der „geistigen Fertigkeiten“, des Lesens, Schreibens, Rechnens; ferner Leibesgymnastik und Naturkunde.

Damit der Zögling dazu erzogen wird, seine Berufsaufgabe zu versittlichen, muß der Schulbetrieb als Arbeitsgemeinschaft organisiert werden. Erst im Anschluß an die in dieser Arbeitsgemeinschaft gewonnene Gesinnung wird der Unterricht in Religion, Geschichte und Literatur notwendig.

Eine strenggeschlossene Gedankenkette. Bei allem Respekt vor dem großen Organisator muß ich aber diesen Anschauungen widersprechen.

Die Erziehung zum Staatsbürger ist nur eins der Ziele der Erziehung; es ist besonders bedeutsam in unserer Zeit, aber es ist nur eins, neben dem so gewiß andere Ziele als selbständige Ziele bestehen, als es neben dem staatsbürgerlichen Lebensgebiet noch andere Lebensgebiete gibt, die zwar zu jedem in Wechselbeziehung stehen, aber doch durchaus autonom sind; ich nenne das Gebiet des Berufslebens, des Familienlebens, des Bildungslebens, des religiösen Lebens. Das einigende Prinzip ist nicht durch Ausweitung des Staatsbegriffs zu gewinnen; es liegt in keinem Gebiet, sondern in der Persönlichkeit, in dem Menschen, der auf allen diesen Gebieten sich betätigt.

Nicht staatsbürgerliche, sondern Persönlichkeitserziehung!

Aus diesem Grundsatz folgt der andere: Die Schule hat für alle Lebensgebiete vorzubereiten, und zwar so, daß alle zu dem ihnen eingeborenen Rechte kommen, nicht so, daß sie von einem einzelnen Gebiet, dem Berufsleben, ihr Recht zu Lehn tragen. So fordert z.B. das Lebensgebiet der Bildung die Lese- und Schreibkunst um seinetwillen und braucht nicht zu warten, bis diese Künste gelegentlich um der manuellen Ausbildung willen als nötig erscheinen.

Und was endlich die Forderung des manuellen Unterrichts in Rücksicht auf die Überzahl der manuellen Berufe angeht, so steht ja leider fest, daß die Mehrzahl der manuell Tätigen keine manuelle Ausbildung von irgendwelcher Gründlichkeit bedarf, weil die Arbeitsmaschine die Hand als Werkorgan immer mehr durch ihre die Handtätigkeiten verrichtenden „Organe“ verdrängt. Könnte sich die Handfertigkeit nur mit dem Hinweis auf ihre Bedeutung für das nationale Berufsleben ihren Platz an der Sonne erstreiten, so würde sie, da nur eine Minorität von Berufen in Frage kommt, der rechten Druckkraft entbehren, obwohl die Rücksicht auf das Berufsleben prinzipiell mit Recht gefordert wird.

Man frage auch einmal unsere Industriearbeiter, was sie von der Schule fordern, gewiß nicht manuelle, sondern geistige Bildung, mit der sie die Macht und den Genuß der Bildung erwerben können.

Ein Prinzip von weittragender Bedeutung wäre die Handfertigkeit, wäre die manuelle Tätigkeit im allgemeinen auch, wenn sie den Fortschritt über das Prinzip der Anschauung hinausbrächte, wie sie vorgibt. Statt der Erkenntnis durch Anschauung will sie eine Erkenntnis durch Darstellen und Schaffen. Nun ist aber einmal die beim Darstellen und Herstellen gewonnene Erkenntnis doch schließlich auch anschauliche Erkenntnis.

Außerdem ist speziell die bei der Handarbeit gewonnene Erkenntnis dem Umfang nach nicht groß; und ebenso greift das Machtgebiet der souveränen Anschauung weit über das Gebiet des von den Schülern Darstellbaren über.

Auch dann wäre die manuelle Tätigkeit von großer Bedeutung, wenn sie ihrer Natur nach eine ideale Arbeitsweise in die Schule einführte und so zu einer Reform der gesamten Arbeitsweise auch auf dem rein intellektuellen Gebiet drängte. Nun kann zwar, wie sich zeigen wird, der manuelle Arbeitsvorgang leicht auf eine ideale Form gebracht werden, aber er kann auch, wie es so lange im deutschen Handwerk geschah, ein stumpfer, mechanischer, geist-, gemüts- und willenloser Arbeitsvorgang sein. Dieselben Mächte aber, die den manuellen Arbeitsvorgang idealisieren, idealisieren auch von sich aus die intellektuellen Vorgänge. Auch sie werden in sich geschlossene geist-, gemüts- und willensbewegte Vorgänge.

Wenn man sich vor Überschätzung der manuellen Tätigkeit im Schulplan bewahren will, überdenke man einmal die Fülle der gegen die deutsche Schule erhobenen kritischen Bedenken. Wie viele davon beseitigt, wenn sie berechtigt wären, die Annahme bzw. Steigerung der manuellen Tätigkeit? Doch - hier sind die Gründe, die für eine stärkere Betonung der manuellen Arbeit sprechen:

Da Persönlichkeitsbildung keine asketisch innerliche Bildung sein kann, fordert sie die Ausbildung des ganzen Menschen; auch also des Körpers, des Körpers, sofern er die Mittel bietet, das Innenleben darzustellen und „schaffend" oder „handelnd" die Absichten des Geistes (durch seine Organe) zu verwirklichen. Eine Bildung ohne Zeichnen und - ich stehe nicht an, es zu sagen - ohne Technik (ohne Handfertigkeit) ist eine intellektualistisch verkürzte, keine Vollmenschenbildung.

Zu der manuellen Bildung drängen ferner die motorischen Funktionen. Speziell die Hand, dieses so geistreiche Organ, ladet dazu ein, sie im Darstellen und Herstellen zum Organe des Geistes zu machen. Darstellend gibt sie äußere und innere Schauungen wieder, herstellend verwirklicht sie technische Gedanken.

Beide Formen manueller Tätigkeit bedürfen ästhetischer Ausgestaltung und führen so zum ästhetischen Genießen im Gebiet der Raumkünste und des Kunsttechnischen.

Ferner: Indem die manuellen Tätigkeiten zunächst ihren eigenen Zwecken nachgehen, noch mehr aber, indem sie sich den wissenschaftlichen Fachgebieten zur Verfügung stellen, wird das anschauliche Erkennen wesentlich gefördert. Der Schüler lernt mit den Dingen werktätig umgehen; er lernt sensomotorisch. Die technische Arbeit im besonderen lehrt - das Denken in Bildern, eine Form des Denkens, die neben der diskursiven Form des Denkens oft zu wenig gewürdigt wird.

Wertvoll erscheint uns auch, so wenig wir die Schule zu einer Berufsschule werden lassen möchten, die Bedeutung manueller Arbeit für das nationale Berufsleben. Nicht nur, daß alle Schüler, auch die für intellektuelle Berufe bestimmten, Fühlung mit dem Handwerk und der Technik gewinnen und so vor falscher Einschätzung der Handarbeit als eines banausischen Tuns bewahrt werden - unsere Schüler empfangen auch aus dem Reiz der manuellen Tätigkeit den Antrieb, bei der Berufswahl das eigentliche Handwerk und die technischen Berufe ins Auge zu fassen und sich so nicht voreilig und gegen ihr Können für die Fabrikarbeit oder für gelehrte Berufe zu entscheiden.

Endlich aber ist mir die manuelle Arbeit darum willkommen, weil sie in den technischen Fächern die Ausgestaltung formal wertvoller Arbeitsvorgänge ermöglicht und in den wissenschaftlichen Fächern erleichtert. Ich meine so: Die manuellen Arbeiten in ihrer Gegenständlichkeit, mit ihrem Zwang zum Eigentum, mit ihrer Kontrollierbarkeit durch den jugendlichen Arbeiter selbst, mit ihrer Zwangslage bei der Abfolge der Teilarbeiten gestatten, den jungen Arbeiter bald zur Freitätigkeit zu entlassen und sind so eine Schule für die geistige Freitätigkeit.

In summa: Die stärkere Betonung der manuellen Arbeit wird den Wert der deutschen Schule erhöhen. Aber die Reform, deren die deutsche Schule bedarf, wird durch die manuelle Arbeit nicht erreicht.

Wohl muß die deutsche Schule - Arbeitsschule werden (ein köstlicher Name!). Aber Arbeitsschule in anderem Sinne, als wir bisher annahmen; Arbeitsschule in dem Sinne, daß die selbsttätige Arbeit des Schülers die den Charakter der Schule bestimmende Tätigkeitsform ist.

„Selbsttätige Arbeit des Schülers!" „Selbsttätigkeit": eins der meistgebrauchten Schlagworte unserer Zeit, vielleicht das gebrauchteste. Dies Wort hat in den letzten Jahrzehnten eine wahre Siegesgeschichte erlebt. - Als Wort! Denn von den Taten, die dies Wort fordert, spüre ich nicht allzuviel in der deutschen Schule, obwohl mein Auge auf Wirkungen dieses Prinzips eingestellt ist.

Das Wort „Selbsttätigkeit des Schülers" ist keine Flaumfeder, es fällt zentnerschwer ins Gewicht. Es befiehlt und verbietet, es treibt und drängt und hält zurück; es gibt den Trost des guten Lehrergewissens und die Qual des schlechten Gewissens. „Selbsttätigkeit des Schülers" - ich liebe dies Wort als den Regulator meines pädagogischen Tuns und Denkens, obwohl es mich auch jetzt noch manchmal straft.

Selbsttätig soll der Schüler sein; d.h. nicht ab und zu, wenn es sich trifft. Selbsttätigkeit ist die Grundform der Tätigkeit in der Schule.

Selbsttätig soll der Schüler während eines gesamten Arbeitsvorgangs sein; selbsttätig beim Zielsetzen, selbsttätig beim Ordnen des Arbeitsgangs, selbsttätig bei der Fortbewegung zum Ziel, selbsttätig bei den Entscheidungen an den Kreuzwegen, selbsttätig bei der Kontrolle, bei der Korrektur usw.

„Selbsttätige Arbeit des Schülers" - so lautet unsere Formel.

„Arbeit". Es klingt banausisch, so nach Werkstatt. - Ja, allerdings - kein Hörsaal, sondern eine Werkstatt soll unsere Schulstube sein; eine Stätte, wo der Schüler sich Erkenntnis und Fertigkeit arbeitend erwirbt, nicht eine Stätte, wo ihm Wissen eingedrillt wird, wo man an ihm arbeitet, ihn „bearbeitet"; eine Stätte, wo er unter der Anleitung des Meisters die Arbeitstechnik gewinnt, vor allem die Technik, mit (arbeitendem) Wissen neues Wissen zu erwerben.

Geadelt aber wird die Arbeit dadurch, daß sie getragen wird von den Kräften des guten Willens und der starken Arbeitsfreude. Eigentätige Arbeit kann kein stumpfes, dumpfes Tun, kann nur ein scharfes, helles Schaffen sein.

„Selbsttätige Arbeit des Schülers". Des Schülers. Des einzelnen Schülers, nicht der Klasse; der Klasse nur, 1. sofern Selbsttätigkeit der Klasse zur Selbsttätigkeit des einzelnen Schülers führt und 2. sofern die selbständig im arbeitsteiligen Verfahren schaffenden Einzelnen sich zu einem Arbeitsverband höherer Ordnung zusammenschließen.

Des Schülers. Unsere Methodik vergißt oft über dem Lehrer den Schüler; vom Tun des Lehrers spricht sie und dies Tun regelt sie so, daß seine Kunst viele Künste übersteigt. Hier muß, wollen wir gesunden, eine radikale Verlegung des Schwerpunkts eintreten. In der Schule handelt es sich um den Schüler; um seinetwillen ist alles da, vom kleinsten Anschauungsbild - bis zum Lehrer.

Kein höheres Ziel aber ist dem Lehrer gesteckt, als daß er dem Schüler zum Arbeitenkönnen verhilft. - Der Schüler darf nicht eine Marionette in der Hand des Lehrers sein; der Lehrer darf auch nicht der Protagonist sein, der den Schüler zum Deuteroagonisten herabdrückt. Überhaupt ist nicht das Zusammenwirken von Lehrer und Schüler Endziel, sondern das Alleinwirken des Schülers. „Das Geheimnis der Kraft" des Lehrers ist nicht das Wirken durch den Schüler, auf den Schüler, mit dem Schüler, sondern das Wirkenlassen und Wirkenmachen des Schülers.

Sich selbst ins Passivum und den Schüler ins Aktivum setzen, das ist die Forderung. - Der Lehrer muß immer wieder die tiefe Sittlichkeit des Wortes: „Er muß wachsen, ich aber muß abnehmen" erproben...

„Selbsttätige Arbeit des Schülers". Ich sehe sie in einer Fülle von Bildern: Ich sehe den kleinen Former der Elementarklasse, der etwas Kugliges formt; meine kleine sechsjährige Tochter, die einen Satz ihrer Fibel auf eigene Kosten und Gefahr abschreibt; den Schüler, der täglich das Längenwachstum seiner Stangenbohnen und zugleich den Stand des Thermometers notiert; eine ganze Klasse aus der mittleren Schulregion, die in stiller Arbeit - jede Schülerin für sich - sich in eine Dichtung vertieft; den Papparbeiter, der die mathematischen Formen seiner Arbeit studiert; den jugendlichen Geographen, der ein Anschauungsbild analysiert; den jungen Geometer, der im Gelände vermißt; die ausschwärmende Klasse, die auf Raub, d.h. auf biologische Erkenntnis, im Gelände ausgeht; ja, ich bin so kühn, es zu sagen: ich sehe den jugendlichen Arbeiter, der selbständig und mit heller Arbeitslust - einen Aufsatz schreibt.

Unser Arbeitsschulprinzip ist radikal. Es beherrscht den Unterricht vom ersten Tage eines 13jährigen Schulkursus, an dem der Lehrer Fühlung sucht mit dem, was seine kleinen Arbeiter schon „arbeiten" können, bis zu dem Tage des Abiturientenexamens, wo er nicht nach seinem Wissen abgefragt wird; sondern in freier Arbeit sein Können darlegt. Es beherrscht auch sämtliche Disziplinen, geisteswissenschaftliche, naturwissenschaftliche, manuelle.

Es beherrscht alle Schulgattungen, von der einfachen Volksschule bis zu der neunstufigen höheren Knabenschule. Es sollte auch die Universität beherrschen.

Es beherrscht alle Arbeitsformen, die Arbeit am anschaulichen Objekt und am Text, das entwickelnde Verfahren und alles darstellende Tun.

Indes - das sei denen gesagt, die an der Durchführbarkeit des Prinzips zweifeln: So sehr immer und überall der freitätige Arbeitsvorgang Ziel ist: immer und überall werden zur Freitätigkeit Vorstadien führen; bald längere, bald kürzere Zeiträume gebundener Arbeit, bei der der Lehrer mehr handeln muß. Nur daß alles gebundene Arbeiten auf freies Arbeiten hinausgehe, und zwar so früh als irgend möglich.

Die Gesamtheit schreitet fort von Phasen gebundener Arbeit zu Phasen freierer Arbeit. Neue Stoffe fordern gebundene Arbeit, bis dann wieder die Phase freier Arbeit erreicht ist; den Anschluß muß immer die freie Arbeit bilden; den Abschluß und darum das den ganzen Arbeitsprozeß bestimmende Ziel. Ein behagliches Verweilen in der Region der gebundenen Formen ist gegen den Geist unserer Arbeitsschule. Gebundene Form, wenn durchaus nötig; freie Form, wenn irgend möglich.

Unser Prinzip ist ein Formalprinzip; aber mit der Form der Arbeit bestimmt es auch den Stoff der Arbeit in hohen Maße. Es fegt alle Arbeitsstoffe weg, die nur überliefert, nicht erarbeitet werden können. Es beseitigt alles Übermaß an Stoff, weil dies Übermaß die freie Arbeit hemmt. Es stimmt kritisch gegenüber den Stoffen, für die auf die Dauer keine Arbeitsgesinnung, kein Arbeitswille, keine Arbeitslust zu erwekken ist...

„Die selbsttätige Arbeit des Schülers" macht aus seiner Tätigkeit - eine Handlung, eine Handlung, bei der er „handelndes Subjekt" ist. So entwickelt die Arbeitsschule alle die Eigenschaften, die selbständiges Handeln zu entfalten vermag: Energie, Ausdauer, Entschlußkraft; Verantwortlichkeitsgefühl, Selbstgefühl; Selbstkritik, Fähigkeit der Selbstbesinnung usw. usw.

Indem aber die selbsttätige Arbeit die individuellen Kräfte, die Kräfte des einzelnen, mobil macht, wirkt sie tief in das werdende Personenleben ein. In der selbsttätigen Arbeit läutert sich das Individuum zur Persönlichkeit. Im Zeichen der selbsttätigen Arbeit vermag die deutsche Schule sich von einer großen Zahl der mit Recht an ihr kritisierten Mängel zu befreien.

Unsere Zeit ist eine der problemreichsten Zeiten der Geschichte; und es sind Lebensprobleme, die zur Verhandlung stehen; dazu Lebensprobleme, zu deren Lösung keine Nation so berufen erscheint wie die deutsche; die Probleme der Gesellschaftsordnung, des religiösen Lebens, der Kunst usw.

Das deutsche Volk hat in einem beispiellosen Aufschwung wirtschaftliche und technische Kräfte entfaltet, die niemand im Volke der Dichter und Denker vermutete. Aber es fehlt nun die Energie des Denkens, Wollens und Handelns auf den anderen Gebieten nationalen Lebens. Wie lange noch? Wie lange hat die bürgerliche Gesellschaft noch Zeit, die großen Fragen zu lösen, die für sie Existenzfragen sind? Wie lange wollen wir z.B. im Schutz der Bajonette damit zögern, ernstlich politisch zu denken und zu arbeiten? Packt uns nicht ab und zu mit Grausen der Gedanke: Wenn nur die Politisierung der bürgerlichen Gesellschaft nicht zu spät kommt?

Aber die Schule? Sie bleibt doch dem politischen Streit und den religiösen Kämpfen fern? Gewiß. Aber was die Nation von der Schule fordern muß, wenn sie selbst zu freier Selbstbestimmung fortschreiten will, ist vor allem das eine, daß die Schule die Jugend mit Denkkraft, Denklust, Denkwillen (auch im Gebiet der modernen Probleme) ausrüstet, daß sie die Jugend nach dem Maß ihres Vermögens zu einem wachen, von persönlichen Kräften getragenen Geistesleben erzieht.

Ich habe sehr oft Gelegenheit, mit Ausländern über Schulfragen zu sprechen. Was mir dabei auffällt, ist die Leidenschaft, mit der sie pädagogisch denken, und die Bestimmtheit, mit der sie den Zusammenhängen der Pädagogik und den Lebensfragen ihrer Völker nachgehen. Und wir Deutschen? Vielleicht ist es die Angst um unser Volk, die mich diese Leidenschaft vermissen läßt.

Bei Gott! Die deutsche Schule fordert unsere volle Energie; fordert unsere Leidenschaft, nicht die Leidenschaft des Kampfes widereinander, sondern die Leidenschaft, die bereit ist, für unsere Jugend und damit für die Zukunft unserer Nation - alles zu tun.

c) Aus dem Schlußwort Kerschensteiners:

Wie ich vorausgesehen habe, richten sich die Haupteinwände gegen den Fundamentalsatz meiner Ausführungen, der behauptet, daß, weil der Staat als sittliches Gemeinwesen ein höchstes äußeres Gut ist, das Ziel der Erziehung der Staatsbürger sein müsse. Gaudig bekämpft meine Auffassung vom Ziel der Erziehung, Trüper meine Auffassung von der Bedeutung des ethischen Staatsbegriffes. Meine Schlußbemerkung braucht sich also nur gegen diese Einwände zu richten. Die sonstigen Einwände, die von anderen Herren gemacht werden, widerlegen sich von selbst, sobald man meine Ausführungen aufmerksam durchdenkt.

Herr Trüper behauptet, der Staat ist nicht das sittliche Universum. Es gäbe noch andere sittliche Gemeinwesen, die Kirche, die Familie, in welche der Staat nicht eingreifen darf. Die Kirche arbeitet auch an der sittlichen Erziehung, wie die Familie. Der gegebene Staat ist natürlich nicht das sittliche Universum, und gewiß gehört der einzelne verschiedenen Verbänden an, der Familie, dem Stande, der Religionsgemeinschaft. Aber die Interessen dieser Gemeinschaften dürfen den sittlichen Staatsinteressen nicht widerstreiten. Solange und soweit sie nicht widerstreiten, sind sie frei in allen ihren Rechten und Ansprüchen auf das Individuum. Sobald sie ihm aber widerstreiten, was dann? Soll dann der Staat sich der Familie, dem Berufe, der Religionsgemeinschaft unterordnen? Und wer soll dann den einzelnen in seinen Rechten gegenüber streitenden Familien, Ständen, Religionsgemeinschaften schützen? Man erkennt sofort die Widersprüche, in welche sich Herr Trüper verwickelt, wenn er leugnet, daß das Erziehungsziel der Staatsbürger im vollendeten Rechts- und Kulturstaat ist... Mit seiner anderen Behauptung: „Neben dem Staat ist noch ein Reich, ein Volk vorhanden“, kann ich überhaupt nichts anfangen. Der Staat ist nicht neben uns, der Staat sind wir. Das zu einer autonomen Rechtsgemeinschaft organisierte Volk, das ist der Staat. Das ist das Abc der allgemeinen Staatslehre.

Was dann das Erziehungsziel des Herrn Gaudig betrifft, der die Persönlichkeitsbildung über die staatsbürgerliche Bildung stellt, so müßte er vor allem streng logisch definieren, was er denn eigentlich unter Persönlichkeitsbildung versteht; dann würde sich wahrscheinlich herausstellen, daß wir beide ungefähr das gleiche Ziel meinen. (Gaudig: Durchaus nicht!) Nun, wenn er sagt, das Erziehungsziel ist Selbstbestimmung, so muß er doch auch sagen, welches Ziel diese Selbstbestimmung hat. Eine

Selbstbestimmung ohne Ziel ist ein formales Ding, mit dem ich wenigstens nichts anfangen kann. Der Persönlichkeitsbegriff ist einer der verschwommensten, den ich kenne. Persönlichkeit als eine bloße Summe von angeborenen Eigenschaften ist zunächst durchaus nichts Wertvolles an sich, nicht einmal für das Individuum selbst, geschweige denn für die Gesamtheit... Damit aber kommt Gaudig bei konsequenter Durchführung seiner Gedanken zu dem gleichen Ergebnis wie ich selbst.

d) Aus dem Schlußwort Gaudigs:

Der Gedanke, in dem Bildungs- und Erziehungsgang unserer Schulen müsse die *Menschheitsentwicklung* gleichsam *rekapituliert* werden, verschwindet am besten völlig aus der Pädagogik, da er fast wertlos ist. - Die *Universität* muß gleichfalls das Prinzip der Arbeitsschule annehmen, wenn sie ihre Idee als die einer Anstalt der Erziehung zu wissenschaftlicher Forscherarbeit klar ausgestalten will. Sie muß mithin auf den Lehrvortrag grundsätzlich zugunsten der Seminararbeit verzichten, weil der Lehrvortrag dem Forschungstriebe der akademischen Jugend nicht Genüge tut. -

Die Arbeitsschule muß das Prinzip des *Gesamtunterrichts* vor allem darum ablehnen, weil der fachmäßig gruppierte Unterricht viel eher und viel besser die Gelegenheit zu wirklicher Selbsttätigkeit bietet...

Wenn man mir eingeworfen hat, *ich* habe zu wenig Zutrauen zur Kindesnatur und lasse darum der Kindesnatur zu wenig Freiheit, so bekenne ich mich zum Glauben an das Kind und fordere von der Schule, daß sie die lebendigen Kräfte des Kindes in ihren Dienst nimmt. Aber mein Glaube an das Kind ist kein Aberglaube; ich verwerfe das Dogma von der „absoluten" Energie des Kindes, halte vielmehr die Entwicklung, vor allem die Sammlung der kindlichen Energie für eine ebenso dringende wie oft sehr mühsame Aufgabe der Schule.

Wenn man in meinen Ausführungen die Berücksichtigung der besonders in Amerika heimischen Idee der Selbstregierung vermißt hat, so bin ich gegen diese Provenienz aus einer ganz anderen, und zwar sehr jungen Kultur von vornherein skeptisch; jedenfalls darf das Recht der Selbstregierung, d.h. doch der vor allem ethischen Selbstbestimmung der Schule und der Klassen auf dem Gebiet der Lebensordnung der Schule, nur mit großer Vorsicht den Schülern übertragen werden. Ein Gebiet aber, auf das ich der Selbstbestimmung der Klassen wie der einzelnen Schüler so bald und soviel wie möglich Spielraum gewähren möchte, ist das der eigentlichen *Schularbeit.* -

Man hat in der Debatte vielfach versucht, die Unterschiede zwischen den Ansichten *Kerschensteiners* und den meinigen als im Grunde geringfügig hinzustellen. Es wäre mir eine hohe Ehre und Freude, mit Kerschensteiner einer Meinung zu sein; aber wir differieren zunächst in den letzten Zwecksetzungen der Erziehung sehr erheblich; denn wenn man auch den Begriff des Staates noch so sehr ethisiert und sublimiert und in seine Zwecke auch die Pflege des persönlichen Lebens hineinnimmt, es ist doch ein ander Ding, ob ich Staatsbürger erziehen will, die mit der Bejahung des Staates auch die Kultur persönlichen Lebens bejahen oder wenn ich als Ziel der Erziehung die Persönlichkeit setze, die, indem sie sich bejaht, zugleich die Staatszwecke in das System ihrer Lebenszwecke aufnimmt. Und dann das Zweite, für uns heute besonders Wichtige. Die Bestimmung des Begriffs der Arbeitsschule leidet bei Kerschensteiner an einem Dualismus, indem er ein Materialprinzip, die manuelle Arbeit, und ein Formalprinzip, die Eigentätigkeit, in seinem Begriffe vereinigen will. -

Man hat eine formulierte Bestimmung des Begriffs der *Persönlichkeit* in meinen Ausführungen vermißt; diese Formulierung jetzt zu geben, ist nicht die Zeit. Aber so viel sei gesagt, daß mir Personalität ein höheres, über Individualität und Sozialität hinausliegendes Prinzip ist. Persönlichkeit wird gewonnen durch Selbstsetzung, und zwar auf das Ideal der eigenen Individualität hin; dieses Ideal aber wird gewonnen durch Auseinandersetzung zwischen der Individualität und den die Lebensgebiete beherrschenden Normen. -

Man hat gemeint, ich drängte die *Lehrerpersönlichkeit* zu stark zurück. Allerdings halte ich es für eine der höchsten Pflichten des Lehrers, daß er sich nicht zwischen den Schüler und die Dinge, Menschen, Ideen stellt, zu denen der Schüler ein unmittelbares Verhältnis gewinnen soll. Seine „Größe" wird der Lehrer nicht darin suchen dürfen, daß er die Schüler an seine Person fesselt, sondern darin, daß er den werdenden Persönlichkeiten als Helfer zur Personwerdung dient.

A-5.1.1 Martin Wagenschein: Entdeckung der Axiomatik (1974)

Ausschnitt aus dem gleichnamigen Aufsatz in: Der Mathematikunterricht, Heft 1, 1974 (zitiert nach M. Wagenschein: Verstehen lehren. Weinheim: Beltz (5. erw. Aufl.:) 1975, S. 105-130.)

Wagenschein erläutert zunächst in einigen kurzen Abschnitten seine Auffassung des genetischen Prinzips und betont dabei die Rolle der sokratischen Methode, der „Wissenschaftsorientierung durch Wiederentdeckung" und der Motivation aus der Sache heraus. Damit „Seltsames aus Selbstverständlichem ohne Rest verstanden werden kann" und damit der Lehrer nicht „Antreiber" sein müsse „der den Fluß des Verstehens-Prozesses in Gang hält", brauche es „motivierende Initial-Probleme der Geometrie". Bei solchen Problemen habe der Lehrer nur eine Uferfunktion, „er kann sich den Ufern vergleichen, zwischen denen jener Fluß seinen Weg sucht, bewegt allein vom Problem." Als Beispiele für Initial-Probleme der Geometrie nennt Wagenschein das Treffen der drei Mittelsenkrechten im Dreieck, das Thales-Phänomen vom rechten Winkel über dem Kreisdurchmesser oder - „weiter 'oben' in der Mathematik" - die Sache mit der Quadratwurzel aus 2. Schließlich führt er das folgende Beispiel in den Abschnitten 10 bis 17 detailliert aus:

10. Die Formulierung der Frage

Der Zirkel wirkt auf Kinder und Naive fast schon wie ein magisches Instrument. Er 'übersteigt' vornehm die Strecke, die er doch meint; er lenkt von ihr ab. Anfangs sollte sie sichtbar sein. Deshalb wählen wir ein Seil. Der Gegenstand unseres Nachdenkens ist die Abb... [282]

„Es sieht ganz so aus", als ginge es „wirklich" und „genau" sechsmal. Hier kann die Diskussion um die Idealität der Figur, wenn nötig, wieder aktuell werden. Es wird klar, daß die Frage „empirisch" nicht entschieden werden kann. Schon eine Abweichung von 1 Promille würde bedeuten: nicht genau. (Wer hier sagt: „mir reichts!", hat Geometrie zu früh begonnen. Wer es lebenslang sagt, sollte durch sie nicht bedrängt werden.)

Schon die Frage muß von den Schülern formuliert werden. Man kann nicht vorher wissen, was sie sagen. Dazu gehört, daß auch ausgesprochen wird, *warum hier etwas Verwunderliches, also Zweifel Erregendes vorliegt:* Weil es auch „genau so gut" anders sein könnte. Warum nicht 5.98 mal? Nützlich ist der Vergleich mit der anderen Frage, wieviel mal der Radius (als Seilstück) außen herumgebogen werden kann? Offenbar nicht 6 mal. Offenbar mehr als 6 mal. Also dann 7 mal?

Das *volle Verstehen der Fragestellung ist notwendig, um das Suchen zu motivieren.* Dazu gehört, daß man (Wertheimer, M. Produktives Denken. Frankfurt a.M.: 1957. S. 62, 78) das „Problem ernsthaft ins Auge faßt", ohne Zeitdruck also, „nicht mit stückhaft verbissener Sorgfalt", sondern „strukturell". „Erwartend", schreibt *Simone Weil* (S. Weil: Über den rechten Gebrauch des Schulunterrichts..., zum Teil abgedruckt in meinem Buch „Ursprüngliches Verstehen und exaktes Denken. Stuttgart: Bd. I, 2. Aufl., 1970. S. 354 f.) („vor allem soll der Geist leer sein").

11. Das Anlaufen des Suchprozesses

Die erste „Ufer-Hilfe", die erste allgemeine Regel kann sich sofort ergeben, wenn ein Teilnehmer etwa das einwendet, was im letzten Absatz des Abschnitts 6 stand, und der Lehrer oder ein anderer Teilnehmer dann erwidert, was zu Anfang des Abschnitts 7 gesagt wurde.

Regel I: Benutze nur das, was wir in die Figur eingebracht haben (das „Gegebene"), das aber vollständig. Sonst benutze nichts außer dem Selbstverständlichen.

Sollte dann niemand die Radien zeichnen, die zu den 6 Punkten führen, so kann die nächste Regel folgen:

Regel II: Alles Eingebrachte sollte sichtbar sein.

Dann werden die gespannten Seilstücke kommen und da man ihnen ja nicht ansieht, daß sie so lang wie die Radien sind, auch die beteiligten Radien. Schließlich wird es gut sein, allem, was gleiche Länge hat, auch dieselbe Farbe zu geben. Dann wird alles rot, nur der Kreis nicht. Es entsteht Abb... (Wir zeichnen sie in ihrer Unsicherheit. Sie *muß* sich ja nicht schließen!)[283]

Alles ist rot außer dem Kreis. Vielleicht genügt das für einen der Teilnehmer, um ihn

---

[282] Es handelt sich um die bekannte Kreisfigur mit Einstechpunkt auf der Peripherie und fünf Bogenspuren vom rundherum-Abzirkeln. L.F.

[283] Sechseck mit Diagonalen im Kreis. Die Figur ist nicht ganz geschlossen gezeichnet: die sechste Seite ist nur angefangen, man weiß ja noch nicht, ob sie am Ende paßt. L.F.

stumm wegzuwischen.

Wahrscheinlich ist es aber nötig, daß der Lehrer die Regel empfiehlt:

Regel III: Können wir die Figur vereinfachen, indem wir Überflüssiges wegwischen?

Dann wird der Kreis sofort geopfert. Bisher die „Hauptperson"! Das deutet darauf hin, daß die ganze Sache vielleicht nicht so schwierig ist, wie man dachte. Denn das Geradlinige ist doch wohl immer leichter zu durchschauen als das Krumme.

Aber Regel III ist problematisch: Wie entscheidet man denn, was „überflüssig" ist? Darüber wird lange gesprochen werden. Das Ergebnis: Entbehrlich ist das, dessen Preisgabe das Problem nicht antastet, so daß es unvermindert, unverkürzt bestehen bleibt. Der Rückweg muß offen bleiben. Aber: Das Problem muß neu formuliert werden in der „Sprache" der neuen Figur, als ob es nie einen Kreis gegeben hätte.

Regel IIIa: Nach jeder Vereinfachung der Figur ist das ursprüngliche Problem neu zu formulieren, und es ist zu prüfen, ob es verkürzt dasselbe geblieben ist.

Nun hat man längst die gleichseitigen Dreiecke in der vom Kreis befreiten Abbildung ... bemerkt.[284] Gleichseitige Dreiecke, also selbstverständlich auch gleicheckige. (Denn wer in einer Ecke Platz nimmt, hat immer, in welcher er auch sitzt, die gleiche Situation vor sich: zwei gleiche Seiten rechts wie links und eine ebensolange gegenüber. Der Begriff des Winkels ist überflüssig. Es geht um Ecken.) Und wie lautet jetzt das Problem?

Da sind gleichseitige Dreiecke (als „Bauklötze" zu denken). Von „Radius" und „Kreis" brauchen sie nichts mehr zu „wissen". Lassen sich gerade 6 von ihnen lükkenlos rundum zusammenschieben? („Rundum": die letzte Erinnerung an den „Kreis") Offenbar ist das die unverkürzte Frage. (Denn: tun sie es, so läßt sich der Kreis wieder um das Sechseck herumlegen, und die Frage ist auch für ihn beantwortet.)

Dieses Zusammenschieben muß unbedingt mit Pappdreiecken (als Stellvertretern) *getan* werden. Es „sieht so aus", als wäre das Gewünschte „selbstverständlich". Aber keineswegs: Mit 5 Dreiecken geht zwar alles zunächst zweifellos gut. Es entsteht eine Tafelrunde mit einem freien Platz. Das 6. Dreieck wartet draußen. Paßt es nun in die Lücke oder nicht? „Muß" es passen? (Abbildung ...)[285]

Gelegenheit, zu verunsichern durch gespielte Sicherheit: Natürlich muß es passen, denn es paßt ja rechts und auch links. Was wollen wir mehr?

Eine Klippe der Formulierung. Sie darf nicht überrannt werden. Es genügt nicht, zu sagen, daß das 6. Dreieck „sowohl" rechts „wie auch" links genau „paßt". Es könnte den einen Nachbarn überdecken, während es bei dem anderen anliegt. Es könnte auch einerseits anliegen und dabei gar nicht zur Berührung kommen. (Der Schuh ist zu

[284] Diesmal zeigt Wagenschein ein geschlossenes Sechseck mit Diagonalen, aber ohne Kreis. L.F.

[285] Die anschließende Zeichnung bringt fünf kongruente, aneinander gelegte gleichseitige Dreiekke und ein sechstes, das schräg vor der Lücke liegt. L.F.

weit.) Man wird also etwa sagen: Wenn das 6. Dreieck auf der einen Seite anliegt, so muß es, ohne daß es verschoben wird, auch drüben anliegen. Besser wohl: Es muß genau *eine* Stellung des letzten Dreiecks geben, in welcher es zugleich links wie rechts anliegt. - Das ist nicht selbstverständlich, also zu beweisen:

Unter den verschiedenen Vorschlägen, die jetzt kommen, wird wahrscheinlich auch der einfachste sein: *noch* einmal etwas zu opfern: Genügt nicht die halbe Figur? Kommt diese Idee nicht (bisweilen erscheint sie schon vor der Preisgabe des Kreises), so kann der Lehrer ihr Auftauchen begünstigen durch eine neue allgemeine

Regel IV: Was einmal geholfen hat, das kann auch ein zweites Mal (oder bei anderer Gelegenheit) helfen.

(In ähnlicher Form findet sie sich auch bei *Polya*).

Nun muß wieder nach Regel IIIa das Problem neu formuliert werden: Wenn wir drei der gleichseitigen Dreiecke aneinander schieben, so ist es nicht selbstverständlich, daß sie mit einer Geraden abschließen. Tun sie es, dann ist alles gut. - Man kann auch anders fragen: Legen wir eine Gerade (ein Lineal) hin und setzen auf ihr zwei der Dreiecke nebeneinander, paßt dann das dritte genau in die Lücke? (Wenn ja, brauchten wir nur eine zweite solche Dreiergruppe anzugliedern und wir hätten, was wir hoffen.)

Die zweite Fassung scheint eher als die erste zu einer einfachen Lösung zu führen.

Man darf annehmen, daß bald einer sieht, worauf es ankommt: ob die Strecke, die die beiden Spitzen überbrückt, ebenfalls gleich der Dreiecksseite ist.

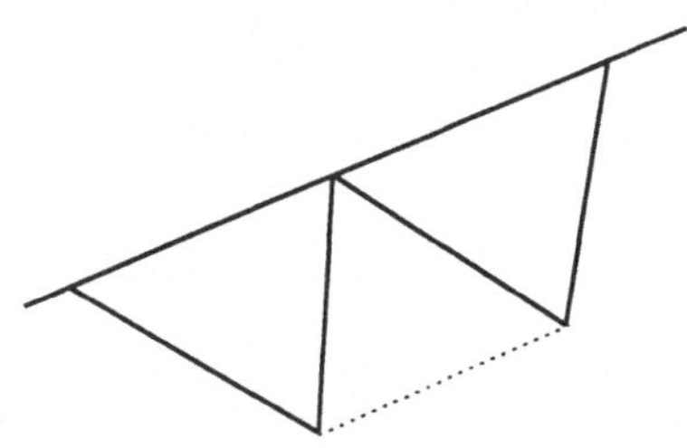

12. Der Einfall

Hier ist, scheint es, der Kulminationspunkt des Verstehensprozesses erreicht. Hier muß dem Betrachter etwas einfallen. Soviel ich sehe, ist keine „Ufer-Hilfe" möglich.

Es kommen, wie ich in verschiedenen Abläufen des Themas erfahren habe, mehrere Vorschläge, zunächst meist aus der Schule gewohnte: Höhen einzeichnen, die Figur ausbauen (auch das ist erlaubt). Es kommen aber auch höchst originelle. Ich werde im Anhang zwei nennen.[286] (Sie sollen hier nicht verfolgt werden, weil sie kaum so leicht zu einer „Selbstverständlichkeit" führen (einem „Axiom") wie der folgende. Im Unterricht dürfen sie keinesfalls deshalb einfach abgewiesen werden.)

Man kann diese Einfälle verfolgen, oder auch zurückstellen; jedenfalls darf man sagen, es gebe einen, einfacher als sie alle. (Zum ersten Mal hörte ich ihn von einem jungen Assistenten, der nicht Mathematik betrieben hatte, einer der sich mit Sprache beschäftigte und pädagogisch mit Schwachbegabten.) Der Einfall besteht darin, daß man die beiden Dreiecke, I und II, da sie doch dasselbe Dreieck sind, als *ein* Dreieck in zwei verschiedenen Lagen sieht: Nicht zwei Dreiecke I und II, sondern *das* Dreieck, auf die die Gerade gesetzt, dort skizziert, und dann längst dieser Geraden verschoben, bis es an die erste Lage angrenzt, also um die Seitenlänge. Das ist eine Umstrukturierung der Situation aus einer fixierten in ein bewegliche, Umsetzung in Handlung. Manche sehen nach diesem Gedanken auch sofort, wozu er gut ist.

Wenn nicht, kann man sagen: Stellen Sie sich dieses Schieben ganz langsam und eindringlich vor. Das ganze Dreieck, nicht bloß sein Rahmen, rutscht. Man mache es auf sandiger Ebene, rauh, daß es schrammt.

Dann kann es zu der Einsicht kommen: Alle Punkte des Dreiecks legen offenbar auf dem Sandboden dieselbe Spur zurück. Alle diese Spuren sind Strecken von gleicher Länge. Alle sind parallel. Und alle sind so lang wie die Dreiecksseite; man sieht es an den unteren Eckpunkten.

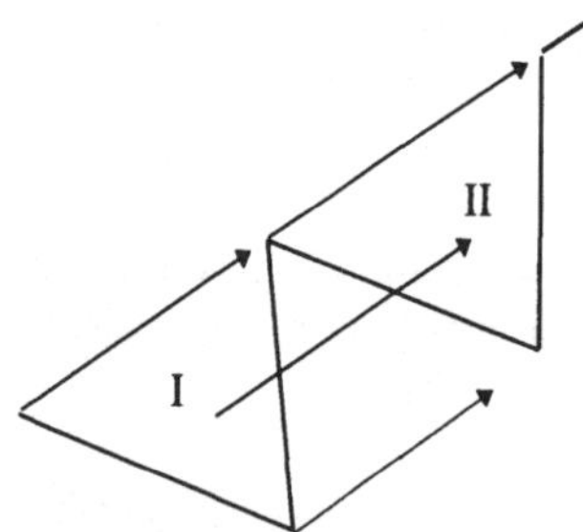

Also gilt dasselbe auch für die Spitze!

Nicht jeder bemerkt sofort, daß damit das Ziel erreicht ist. Aber fast alle haben das Gefühl, zuletzt eine offene Tür eingerannt zu haben. Und so ist es auch.

286 Hier nicht abgedruckt. L.F.

13. Ergebnis

Es ist unbedingt notwendig, hier zu verweilen, und die Gruppe nun sich darüber aussprechen und klar werden zu lassen, was eigentlich geschehen ist. Sind wir fertig? Ist es nun sicher, (daß „es sechsmal geht")? Die Frage liegt schon weit zurück. Man muß den ganzen Weg noch einmal durchlaufen, hin und zurück: Die Parallelverschiebung geht immer. Sie ist selbstverständlich. Deshalb paßt das dritte Dreieck zwischen die beiden anderen, wie wir sahen. Deshalb sitzen drei Dreiecke fugenlos aneinander auf der Geraden. Deshalb kann man eine ebensolche Gruppe von der anderen Seite der Geraden heranschieben. Das Sechseck, das fugenlose, ist fertig. Durch seine Ecken führt ein Kreis. Sein Radius ist genau sechsmal in seiner Peripherie herumgespannt. Etwas ganz und gar nicht Selbstverständliches (daß es „genau 6 mal geht") ist damit „zurückgeführt" auf etwas ganz Selbstverständliches. Es „kommt von ihm" her. Es „hängt" allein von ihm „ab", „geht aus ihm" ohne Zutat „hervor". Ist also gleichsam dasselbe. Es „muß" so sein. Damit ist es nicht mehr seltsam.

Wir haben ein Beispiel vor uns für das nur in der Mathematik Mögliche eines vollständigen Verstehens. Das höchst Sonderbare wird trivial. (Ein Gefühl der Enttäuschung läßt sich nicht verhehlen, es unterläuft den Triumph.) - ...

Um das zugrunde Liegende auf seine Selbstverständlichkeit noch einmal ganz zu prüfen, ist es nötig, es scharf zu formulieren. Das macht große Mühe und ist ein interessanter Teil des Gesprächs. Am Ende wird etwa folgendes dastehen:

„Es ist immer möglich, in der Ebene ein Dreieck, ja jede Figur, so zu bewegen, daß seine Punkte Spuren zurücklegen, die alle 1. gerade, 2. gleich lang, 3. parallel sind. (Was „Ebene", was „parallel", was „gerade" bedeutet, ist zunächst kein Problem.) Man kann dieses „Translations-Axiom" sofort für den Raum verallgemeinern: „Es ist immer möglich, einen Körper so zu bewegen, daß ..."

Daß durch unseren Such-Prozeß etwas einsehbar wurde, was zuvor verschlossen erschien, *durchschaubar was anfangs undurchsichtig war, ist ein intellektuelles Ereignis,* das hier jedem zugänglich wird. „Es gehört zum Schönsten im Leben, Zusammenhänge klar zu überschauen", schrieb Einstein an Born[287]

Dieses Ereignis kann zunächst als lokal erscheinen, eine „Sechseck-Sache".

14. Die Aufklärung des Thales-Phänomens

Man kann auf den Gedanken kommen, sich zu fragen: Geht das, dieses „Beilegen" des Sonderbaren an das „Selbstverständliche", auch sonst, bei anderen geometrischen Merkwürdigkeiten, zum Beispiel bei dem schon genannten Thales-Phänomen? ...

Die Klärung kann versucht werden mit Hilfe der schon gesammelten „Regeln". Dabei sollten sie möglichst nicht wieder vom Lehrer aufgerufen werden, sie sollten auf der Tafel sichtbar zur Verfügung stehen. Dort können neue Regeln, die sich als erwünscht anbieten (hier V bis VII) angefügt werden. So entsteht unter der Hand eine wachsende Liste...

---

[287] Fußnote bei Wagenschein: Albert Einstein an Max Born, Briefwechsel 1916-1955, Rowohlt Taschenbuch 1478, S. 25.

Wagenschein betrachtet nun den bekannten Beweis des Thalessatzes, der die zwei gleichschenkligen Teildreiecke ausnutzt, in die das vermeintlich rechtwinklige Dreieck über dem Durchmesser durch einen Hilfsradius geteilt wird. Das eigentliche heuristische Problem, nämlich die Hilfslinie einzuzeichnen, erörtert er nicht.

Dazu vergleiche man auch Wagenscheins Vorgehen beim Sechseck und meine diesbezügliche Detailkritik in Abschnitt 6.3. - Ein heuristischer Zugang wäre etwa: „Unsere Vermutung aufgrund von Experimenten zeigt ja, daß erstaunlicherweise alle Punkte auf dem Halbkreisumfang rechte Winkel mit dem Durchmesser bilden. Geht man mit einem Punkt vom Halbkreis weg, so werden die entsprechenden Winkel offensichtlich spitzer oder stumpfer. Das Geheimnis muß also im Abstand zur Kreismitte liegen, denn der Kreis sammelt alle Punkte, die von dort gleichweit entfernt sind. Machen wir also den Abstand sichtbar und zeichnen den Radius ein!" - Wagenscheins Behauptung, der Kreis sei „entbehrlich", kann ich nicht folgen. Für mich und für die meisten Menschen dürfte der Thalessatz ein Kreisphänomen bleiben, vielleicht - wie Wagenschein zwischendurch sehr hübsch durch Einklappen der beiden gleichschenkligen Hilfsdreiecke zeigt - eines, das sich auf Rechtecke zurückführen läßt. Den Bezug zum Translationsaxiom, auf das Wagenschein hinaus will, finde ich dagegen reichlich gekünstelt.

Der Hilfsradius wird nun in Wagenscheins Darstellung eingezeichnet, der Halbkreis als „entbehrlich" gelöscht und dann alles auf eine Parallelverschiebung zurückgeführt. Im Rückblick erwähnt Wagenschein noch, daß sich auch die Winkelsumme im Dreieck leicht aus einer Translation ergibt, und der Stuhl-der-Braut-Beweis für den Pythagoras aus zwei Translationen (wenn man ihn schon kennt).

Dann kommt Wagenschein zum Titel seines Aufsatzes. Es sei jedem zu wünschen, „ein solches Durchschauen mit einem Mindestmaß an fremder Hilfe einmal, zweimal selber mitgemacht, 'durchgemacht' zu haben." Dabei sollte die Vermutung aufkeimen, „daß die letzten Selbstverständlichkeiten für alle geometrischen Probleme dieselben sein könnten". Als ein leistungsfähiges Axiom für die euklidische Geometrie im Sinne einer „letzten Selbstverständlichkeit" könne nach diesen Erfahrungen das Translationsaxiom dienen, auch wenn Euklid das sogenannte Parallelenaxiom vorzieht.

A-5.1.2 Martin Wagenschein: Ein Unterrichtsgespräch über Primzahlen (1949)

Gekürzt und ohne Fußnoten des Originals aus: Martin Wagenschein: Ein Unterrichtsgespräch zu dem Satz Euklids über das Nicht-Abbrechen der Primzahlenreihe. In: M. Wagenschein: Ursprüngliches Verstehen und exaktes Denken - Pädagogische Schriften. Stuttgart: Klett 1965, S. 102-110 und S. 459f.

Der ebenso einfache wie geniale antike Beweis dafür, daß die Reihe der Primzahlen niemals abbrechen kann, gehört zu den wenigen wirklich unentbehrlichen Stücken des mathematischen Lehrgutes. Ohne irgendwelche Vorkenntnisse vorauszusetzen, läßt er erfahren, was es heißt, mathematisch zu denken. Für die überhaupt nicht Empfänglichen ist das aktive Begreifen dieses souveränen Verfahrens ein unvergeßliches Erlebnis.

Der Beweis geht (in seiner heute üblichen Fassung), bekanntlich so vor, daß das Produkt aller Primzahlen hinauf bis zu irgendeiner, p, gebildet wird und daß dann durch Hinzufügen der Eins eine Zahl entstehen muß,

$$N = 1 \cdot 2 \cdot 3 \cdot 5 \cdot 7 \cdot \ldots \cdot p + 1,$$

die durch keine dieser Primzahlen teilbar sein kann. Wenn sie also nicht selber Primzahl ist, so kann sie nur solche Primfaktoren haben, die oberhalb von p liegen. Es gibt also in jedem Falle Primzahlen, die größer sind als p.

Das ist schnell gesagt und vom mathematisch Geübten auch leicht verstanden. Es dem Anfänger einfach zu erzählen hieße, das Kind auf den Berg hinauftragen, statt es ihn ersteigen zu lassen. Wie anders sieht es dann die Aussicht, tief atmend, durchblutet, mit weiten Augen. Nur wer die Höhe gewann, weiß, was Höhe ist.

Wie wenige mathematische Fragen ist dieses Problem geeignet, im aktiven Gespräch einer Gruppe *errungen* zu werden. Nur muß die *Frage* erst einmal *gesehen* werden, und dazu muß der Lehrer vieles sagen, ehe er dann schweigt, indem der eigentliche Unterricht beginnt. Er wird sehen lassen, wie die Abstände von Primzahl zu Primzahl sich immer mehr dehnen, wie sie (nicht ausnahmslos, doch im Durchschnitt) immer größer werden.[288] Und das ist begreiflich: je größer eine Zahl ist, desto mehr andere, kleinere stehen unter ihr als Teiler für sie bereit. So sieht man die Lücken sich immer weiter dehnen, und es dämmert die Möglichkeit, daß es einmal mit den Primzahlen ganz aus ist, daß einmal keine mehr kommt, daß sie aussterben, daß es eine letzte, eine größte gibt.

Setzt man diese, recht intensiv so vorbereitete Frage in einen Kreis junger Menschen, so beginnt sofort ein Prozeß, der mit einer chemischen Reaktion verglichen werden kann in der Gesetzlichkeit seines Ablaufs. Schöner aber und tiefer erscheint der Vergleich mit dem Vorgang der *Erinnerung,* dem Gleichnis, das Platon gebraucht (Menon). Denn ist es gerade so, als sei die Lösung insgeheim gegenwärtig, wie hinter dem Vorhang des Unbewußten, und setze sich langsam und in Stufen durch. Der Lehrer ist dabei unentbehrlich, doch nicht wie einer, der etwas stückweise preisgibt, sondern wie ein Agens, das die Leitungswege gleichsam ionisiert, auf denen das seelische Kollektiv kommuniziert: in sich selbst und mit dem geistigen Reich, in welchem die mathematischen Wahrheiten bestehen.

Als Beispiel für diesen überpersönlichen Verwirklichungsprozeß gebe ich hier den Bericht über den Weg, den das Unterrichtsgespräch genommen hat in einer Gruppe von 13 Jungen und Mädchen verschiedener Nationen im Alter zwischen 14 und 17 Jahren in Paul Geheebs Ecole d'Humanité (Goldern, Schweiz), eine der wenigen Schulen, die noch die „Muße" (was ja der Ursinn des Wortes „Schule" ist) lassen, in der allein Bildung geschehen kann... Wie sehr eine Heimschule wie diese den Bildungsvorgang begünstigt, zeigt sich unter anderem darin, daß die entscheidenden Einfälle und Vorschläge oft nicht in der Unterrichtsstunde, sondern tagsüber in Gesprächen oder gar nachts gefunden worden sind. Zuweilen bildeten die Primzahlen

288 Eine Anekdote vom kleinen Gauß erzählt, er sei ganz traurig geworden, als er entdeckte, daß die großen Primzahlen immer einsamer in der Zahlenfolge stünden. L.F.

den Gesprächsstoff auf Treppen und Gängen... Dem Kurs standen täglich 60 Minuten zur Verfügung. „Hausaufgaben" sind in dieser Schule nicht üblich.

Die *erste Stunde* war ganz dazu verbraucht worden, das *Thema* sichtbar zu machen und die Verbindung zwischen ihm und der Gruppe zünden zu lassen.

Schon vor der zweiten Stunde hatte die sechzehnjährige Deutsch-Engländerin Gabi geglaubt, eine Primzahl-Formel gefunden zu haben, nämlich $2n \pm 1$. In der Tat, sie stimmte immer in dem Sinn, daß (außer 2) jede Primzahl in diese Form paßte (in der n irgendeine natürliche Zahl bedeutet). Doch hatte Gabi bald bemerkt, daß damit ja nur die Selbstverständlichkeit ausgesagt ist, daß eine jede Primzahl ungerade sein muß.

In der *zweiten Stunde* wurde deshalb der Gedanke gar nicht mehr ganz bewußt ins Auge gefaßt und nur noch historisch gestreift. Im Gespräch mit Gabi war nämlich der vierzehnjährige Deutsche Peter auf einen Satz gekommen, den er zwar noch nicht beweisen konnte, den er aber überzeugt vertrat, zumal alle Stichproben stimmten.

(1) Jede Primzahl, behauptete er, habe die Form $6n+1$ oder (wenn nicht das, so doch) $6n-1$. n bedeutete dabei wieder eine beliebige natürliche Zahl. Man prüfe: 23; 37; 41; 43.

Wie er darauf gekommen war, konnte er nicht ganz deutlich zurückrufen; aber er hatte, wie er sagte, „die 3 *auch* berücksichtigen" wollen. - Der Kundige bemerkt, wie der Anfang der Operation Euklids, das $1 \cdot 2 \cdot 3 \ldots$ ..., sich schon durchsetzt.

Wir verteilten nun aus einer Tabelle die P.Z. (Primzahlen) bis 10 000 unter uns zur Durchmusterung: Die Formel stimmte immer. Doch war allen klar, daß damit nichts entschieden war, daß nur ein *Versager* eine endgültige Entscheidung bringen könnte und daß Peters Satz noch zu beweisen wäre. Es begann ein wildes Suchen.

Diesen etwas blinden Wetteifer mußte ich steuern, indem ich daran erinnerte, was wir denn eigentlich wollten? Was würde denn der Satz (1), wäre er richtig, für unsere Frage nach der letzten Primzahl bedeuten? Würde er helfen?

Ja, das würde er, fand man einstimmig, denn dieses $6n \pm 1$ ließe sich ja „mit n beliebig hochschrauben".

Nur einer bemerkte hier etwas Entscheidendes: Nein, die Gültigkeit des Satzes (1) werde uns leider gar nichts nutzen (wir brauchten uns also um einen Beweis gar nicht zu bemühen), denn er sage ja nicht, daß $6n \pm 1$ *immer* auf eine P.Z. führe!

Es bedurfte eines längeren Gesprächs, um fast alle dahin zu bringen, daß sie unterscheiden lernten zwischen einem *Satz* und seiner *Umkehrung*. Wir formulierten gemeinsam jetzt *zwei* Sätze, wozu besonders der sechzehnjährige Isreali Elnis beitrug:

Satz I: *„Alle Primzahlen passen in die Form* $6n \pm 1$*."* Dieser, wie es scheint, richtige Satz ist von uns nicht bewiesen, braucht aber auch nicht bewiesen zu werden, denn er kann uns nicht weiterhelfen.

Satz II: (Umkehrung von I): *„Alle Zahlen von der Form* $6n \pm 1$ *sind Primzahlen"* (n bedeutet in beiden Sätzen eine beliebige natürliche Zahl).

Dieser zweite Satz könnte uns helfen. Leider erwies er sich als *falsch*. Denn bald sammelten wir Versager ...

Wesentlich ist, wie der Euklidische Ansatz sich schrittweise verwirklicht.

So auch in dem nächsten Vorschlag, der nun kommt. Elnis glaubt, daß zwar nicht jedes $6n \pm 1$ (wo n eine *natürliche* Zahl ist) auf eine P.Z. führt, daß aber (2) $6p+1$ (wo p eine *Prim*zahl ist) immer eine neue (und größere!) P.Z. aufbaut!

Der Euklidische Ansatz ist jetzt also in der Form $1 \cdot 2 \cdot 3 \cdot p + 1$ noch näher gerückt. Wer am Ziel steht, erkennt sofort, daß dieser Satz (2) falsch ist. Denn es war durch Elnis' Ansatz nun außer 2 und 3 der Teiler p auch ausgeschlossen, aber p ist ja nicht die einzige P.Z. außer 2 und 3, es gibt ja mehr als diese drei. Die Arbeitsgruppe selbst durchschaute es noch nicht. Aber sie fand, daß der Satz nicht stimmen könne: Der eine Versager $6 \cdot 29 + 1 = 175$ genügt dazu...

Der Neuling tastet ins Dunkel, diesmal wieder Elnis. Und zwar so: Er steht vor der Tafel und schreibt und denkt laut (nach der Stunde): „42 ist 2 mal 3 mal 7. Da ist die 2 drin und die 3 und die 7. Und in 43 ist sie nicht drin. Jetzt müßte man nur noch sehen, ob vielleicht die 5 drin sein könnte? Man müßte die Teilbarkeitsregeln benutzen. Bei 3 die Quersumme usw.?" - Das ist ein guter Weg, sage ich ihm, aber die Teilbarkeitsregeln, die brauchst du nicht! Es geht ohne sie!

Am nächsten Morgen kommt er strahlend zum Frühstück: Ich hab' die Lösung! Im Unterricht verkündet er sie:

(3) Wenn p die größte P.Z. ist, die ich kenne, dann ist

$$N = 1 \cdot 2 \cdot 3 \cdot 5 \cdot 7 \cdot \ldots \cdot p + 1$$

(wobei das Produkt *alle* Primzahlen bis p enthalten soll) bestimmt auch eine P.Z., und zwar eine größere als p.

Damit hat sich der Euklidische Ansatz durchgesetzt. Wenn auch noch gebunden an einen Irrtum: Elnis' Begründung ist nämlich wörtlich diese: „Diese Zahl ist nicht durch 2, nicht durch 3 usw. und nicht durch p, *also durch 'Nichts'* teilbar!" (Er meint: durch keine Zahl.)

Alle stimmten überzeugt zu. Auch stimmen die Proben ... Soweit stehen sie alle in der Tafel der P.Z. Aber $1 \cdot 2 \cdot 3 \cdot 5 \cdot 7 \cdot 11 \cdot 13 + 1 = 30031$ wird ja wohl auch eine P.Z. sein, sie sieht so aus.

Ich bleibe zögernd und fordere zur schärfsten Kritik und Prüfung auf.

Merkwürdigerweise kommt die Lösung *nicht* auf experimentellem Wege durch Entlarvung der Zahl 30031, wie ich angenommen hatte.

Am Abend überrascht mich die sehr spröde und bisher fast schweigsame Marianne, eine aus dem Baltikum vertriebene Fünfzehnjährige, dadurch, daß sie mir den *Fehler* in der Begründung des Satzes (3) klar ausspricht.

Noch mehr: Am Morgen ein Jubelschrei von Gabi. Nicht nur das: Sie könne sogar nun beweisen, daß es keine letzte P.Z. geben könne! Sie hat den Beweis wirklich, er ist da.

Vierte Stunde: Zuerst gibt einer, der noch an den Satz (3) glaubt (der Finder Elnis selbst ist schon schwankend), noch einmal den vermeintlichen Beweis wieder: „... also ist diese Zahl durch *keine* Zahl teilbar."

Dann lasse ich Marianne ihre Widerlegung geben. Sie sagt (und gibt es mir zugleich auf einen Zettel geschrieben):

„Die Behauptung von Elnis ist nicht vollständig. Denn es gibt zwischen p und N noch andere P.Z. N kann eine P.Z. sein. Es kann aber auch sein, daß N keine P.Z. ist. Dann gibt es noch P.Z. im Zwischenraum zwischen p und N, durch welche die Zahl N teilbar ist."

Das sehen bald alle ein ...

Nun erst kam das Erstaunliche zur Sprache, das, was Gabi in der Nacht klar geworden und was, wie sich herausstellte, auch Marianne am Abend schon aufgeschrieben hatte. Ihr Zettel geht nämlich weiter:

„In *beiden Fällen* ist bewiesen, daß es keine letzte P.Z. gibt, da man dies weiterführen kann."

Nun, das ist reichlich konzentriert. Ich bitte Gabi, es zu sagen: Es gelingt ihr in vollendeter Präzision, aber es ist so einfach und klar gesagt, daß keiner die Pointe erkennt. Sie vergißt auszumalen, was hier das „Aufregende" ist und es ihr war: daß nämlich das Versagen von Satz (3), seine Widerlegung, gerade eben das schafft, was der erledigte Satz (3) nicht mehr schaffen kann. Der Feind wird zum Freund. Das Blatt wendet sich. Zwar muß die so schön große Zahl N selbst nicht Primzahl sein. Sie ist nicht (immer) die P.Z., die berufen ist, p zu übertreffen. Aber ihre Teiler, wenn sie welche hat, sind ja *auch* oberhalb p, müssen es sein, *sie* leisten das, was N selbst nicht immer leisten kann.

Dieses Stück der Beweisführung müßte „feierlich gesagt werden", meint einer, „mit Trompetensignalen", ein anderer.

Zunächst haben es vielleicht nur zwei verstanden. Sie wiederholen es nun in ihren eigenen Worten, zur Not auf Französisch oder Englisch, bis neue Anhänger entstehen, die es nun auf ihre Weise noch einmal sagen. So gewinnen wir schließlich fast alle.

Zum Überfluß lasse ich es gleichzeitig noch einmal *aufschreiben,* jeden auf einen Zettel. Etwa die Hälfte bringt den Beweis sachlich richtig zuwege. Manche bleiben unvollständig, bei nur wenigen befriedigt auch die sprachliche Präzision. Am besten ist das, was Gabi geschrieben hat. Es ist druckfertig. Kurioserweise tut sie nach der Stunde die Äußerung, dieser Beweis sei wunderbar, aber „Mathematik" sei scheußlich. (Sie meint das, was sie bisher dafür hielt.)

Fünfte Stunde: Sie dient ausschließlich der *Formulierung.* Ich hatte mir aus den Niederschriften die besten Stellen herausgezogen; sie lagen vor mir. Dann formten wir aus den Vorschlägen, wie sie bald von diesem, bald von jenem kamen, Satz für Satz. Die ausgesuchten besten schriftlichen Vorschläge bot ich besonders an. Das meiste diktierte Elnis. Obwohl er sonst einen hartnäckigen Widerstand gegen Übungen in der ihm noch ungeläufigen deutschen Sprache zeigte, bewährte er sich hier sehr. Sein Widerspruchsgeist brachte sich selber um: Indem er fast jedem Vorschlag widersprach, konnten wir ihm fast jeden zur endgültigen Fassung übergeben. Sie gelang ihm gut, und er konnte sie dann gleich diktieren. (Im Grunde fand er es überflüssig, Dinge aufzuschreiben, die man begriffen hatte. Gegen Ende der Stunde bemerkte er sehr erstaunt, daß auch ich mitschrieb, und fragte in seinem Anfängerdeutsch: „Du schreibst den Euklid *auch* noch mal auf?")

...

Wagenschein gibt noch die Ausarbeitung an, erwähnt einen Vergleich mit Euklids knapperen Formulierungen (in deutscher Übersetzung) und zitiert aus einer begeisterten Erinnerung, die die Schülerin Gabi später verfaßt hat.

A-5.1.3 Real-existierender Mathematikunterricht

Aus Diether Hopf: Mathematikunterricht - Eine empirische Untersuchung zur Didaktik und Unterrichtsmethode in der 7. Klasse des Gymnasiums. Stuttgart: Klett-Cotta 1980, S. 157-160.

Die folgende Zusammenfassung bezieht sich auf eine breite, repräsentative Untersuchung des Max-Planck-Instituts für Bildungsforschung aus den Jahren 1968-70, die sich auf 7. Gymnasialklassen bezog. (Nähere Angaben finden sich am Schluß des Abschnitts 5.1 im Haupttext.) Das geschilderte Bild hat aber m. E. inzwischen nichts von seiner Gültigkeit eingebüßt und blieb für den landläufigen Mathematikunterricht in den Sekundarstufen aller Schultypen charakteristisch, wie durch eine Reihe neuerer, allerdings weniger umfassender Untersuchungen belegt werden könnte.

Die im Originaltext jeweils genannten Nummern beziehen sich auf den verwandten Fragebogen und werden in unserem Zitat durch Pünktchen ersetzt. Bis auf das Schaubild, die erwähnten Nummern und vier Fußnoten ist der Abschnitt 3.1 des Hopfschen Buches vollständig zitiert.

3. Einheitlichkeit und Vielfalt im Mathematikunterricht

3.1. Methodische Selbstverständlichkeiten im Mathematikunterricht

Die im Verlauf der Untersuchung herausgearbeiteten voneinander unabhängigen Faktoren lassen sich als Unterrichtsformen verstehen, die in einzelnen Phasen der Mathematikstunde auftreten können, ohne das übrige Lehrerverhalten in der Unterrichtsstunde in voraussagbarer Weise zu bestimmen. Sie zeichnen sich, soweit sie nicht selbst aus überdurchschnittlich häufig verwendeten Items bestehen, von einem Strom methodischer Selbstverständlichkeiten ab, die im folgenden zusammenhängend skizziert werden sollen. Hierbei kommt uns der bei der Konstruktion des Fragebogens unternommene Versuch zustatten, nicht nur speziell interessierende Fragen zu ausgewählten Aspekten des Unterrichts zu formulieren, sondern möglichst alle seine Phasen inhaltlich abzudecken, so daß sich aus den Antworten, die die Lehrer besonders häufig (beziehungsweise besonders selten) gaben, grobe Umrisse eines „modalen Mathematikunterrichts“ in der 7. Klasse rekonstruieren lassen. Auf diese Weise entsteht das Bild eines Basisverhaltens, zu welchem sich die Lehrer einhellig bekennen beziehungsweise welches sie unisono ablehnen.

Die Verteilung der aufsummierten Antworten zu den besonders häufigen beziehungsweise besonders seltenen Items zeigt Schaubild ... (hier nicht wiedergegeben; s. Originaltext. L.F.)

Die Hauptziele des Mathematikunterrichts bestehen danach in der Vermittlung mathematischer Techniken, das heißt von Fertigkeiten im Gebrauch der Rechen- und Konstruktionsverfahren ..., sowie in der Entwicklung von Problemlösungsstrategien, welche die Schüler dazu befähigen sollen, das mathematische Problem in einer Aufgabenstellung zu erfassen und ein Verfahren zur Lösung der Aufgabe anzugeben ...; die Übermittlung abfragbaren Wissens ... spielt dagegen eine geringere Rolle.

Den Ablauf einer Normalstunde kann man sich etwa folgendermaßen vorstellen: Zunächst werden die Hausaufgaben vom Lehrer stichprobenartig überprüft ... - Hausaufgaben, welche der kurzfristigen ... Einübung besprochener Sachverhalte dienen ... und für die ganze Klasse ..., aber nicht differenziert für Gruppen oder einzelne ... aufgegeben waren und auch nicht zur Auswahl standen ... Auf die exakte Ausführung geometrischer Zeichnungen legen die Lehrer großen Wert ...

Bevor der Lehrer dann einen neuen Sachverhalt einführt, schiebt er eine Wiederholung bekannter - und das heißt in der vorhergehenden Stunde behandelter ... - Sachverhalte ein, an die sich anknüpfen läßt ...

Die Neueinführung ist methodisch vor allem durch ein Verfahren charakterisiert, welches die Lehrer selbst als „fragend-entwickelndes Unterrichtsgespräch“ verstehen, dessen Ablauf sie lenken ... Im übrigen gibt es eine breite Palette methodischer Vorgehensweisen. Ausgesprochen selten beschränkt sich der Lehrer auf eine kraß deduktive Strategie, das heißt darauf, daß er ein Ergebnis vorgibt, um erst danach den Weg zu erarbeiten, der zu diesem Ergebnis hinführt ... „Technische Hilfsmittel“ verwenden die Lehrer praktisch überhaupt nicht, wenn man vom Gebraucht bunter Kreide und von vervielfältigten Unterlagen einmal absieht ...

Die Lehrerreaktion auf einen fehlerhaften Schülervorschlag in der Phase der Neueinführung ist nicht ganz einheitlich: Die übliche Verhaltensweise der Mathematiklehrer besteht darin, den Fehler durch die Schüler erkennen und auch korrigieren zu lassen ..., und nicht darin, sich als Lehrer selbst in den Mittelpunkt zu stellen, den Fehler zu diagnostizieren und zu korrigieren ... Allerdings sind es auch nur vereinzelte Lehrer, die in einer solchen Situation im Sinne des genetischen Unterrichtskonzepts reagieren, die also den (falschen) Vorschlag als richtig bezeichnen, um ein Streitgespräch über diesen Punkt einzuleiten ...

Auf die Neueinführung folgt eine Übungsphase, „gemeinsam im Unterrichtsgespräch“ ..., nicht jedoch in Gruppen ... Man beginnt dabei typischerweise mit einfachen Aufgaben und steigert allmählich deren Schwierigkeitsgrad ... Die Aufgaben entstammen überwiegend dem Lehrbuch ..., welches überhaupt eine wichtige Rolle im Mathematikunterricht spielt. (Daß es im Prinzip auch als Grundlage für die selbständige Erarbeitung eines Sachverhalts ... dienen könnte oder als weitere Informationsquelle für den Schüler, beispielsweise über die im Unterricht nicht behandelten Bereiche ..., faktisch aber nicht oder kaum zu diesem Zweck genutzt wird, verdient ausdrücklich vermerkt zu werden.)

In allen Phasen achten die Lehrer darauf, daß sich jeder Schüler am Unterricht beteiligt und daß auch Schüler aufgerufen werden, die sich nicht gemeldet haben ..., Kontrollmaßnahmen, die auf den normalen Klassenunterricht zugeschnitten sind und die bei dem ganz und gar unüblichen gruppenteiligen Arbeiten ... widersinnig wären. Überhaupt gibt es nur wenig Raum für selbständige Schülerbetätigung: Weder bei den Hausaufgaben ... noch bei Klassenarbeiten ... bestehen nennenswerte Wahlmöglichkeiten; auch gibt es kaum Gelegenheit, sich an der Gestaltung des Unterrichts (Reihenfolge der zu behandelnden Stoffe, Stoffauswahl aus vorgegebenen Bereichen, Besprechung und Festlegung der Unterrichtsorganisation, ...) zu beteiligen. Von den beschränkten Möglichkeiten, sich einen neuen Sachverhalt anhand des Lehrbuchs oder sonstiger Quellen selbständig zu erarbeiten, war oben bereits die Rede.

Klassenarbeiten dienen überwiegend dem Zweck, die Grundlage für die Notengebung bereitzustellen ... Sie bestehen sehr häufig aus einer Mischung von leichten, mittleren und schwierigen Aufgaben ... und werden in einer Schulstunde absolviert ... Informelle Tests haben als Instrumente zur Messung der Leistung praktisch keine Bedeutung ...

Das beschriebene methodische Basisverhalten der Mathematiklehrer, so wenig attraktiv es in dieser Zusammenstellung auch wirken mag, erfüllt möglicherweise die Funktion, breite Teile des Unterrichts zu routinisieren und damit den Lehrer zu entlasten. So mag in einzelnen Unterrichtsperioden - und auch dort vielleicht nur gelegentlich - jener Freiraum entstehen, in welchem der Lehrer seine besonderen Ziele verfolgen und seine speziellen Kenntnisse, Interessen und methodischen Vorlieben einbringen könnte.

Welche Wirkungen modaler Mathematikunterricht in Kombination mit unterschiedlichen Verhaltensweisen und Verhaltenssyndromen, wie sie in den Faktoren und Einzelitems in Erscheinung getreten sind, auf die Schüler ausübt, bleibt eine offene Frage.

A-5.2.1 Entdeckendes Üben (Heinrich Winter, 1984)

Aus: Heinrich Winter: Begriff und Bedeutung des Übens im Mathematikunterricht. In: Mathematik lehren, Heft 2 (1984), S. 4-16.

Heinrich Winters Versuch, eine zeitgemäße Theorie des Übens für den Mathematikunterricht anzuregen, lebt, wie viele seiner Aufsätze, von der unnachahmlichen Kunst Winters, jedem Thema Aufgaben mit den vielfältigsten Aspekten abzugewinnen. Für die zahlreichen Aufgabenvorschläge sei der Originalartikel jedem Leser wärmstens empfohlen.

> ... Solange es Unterricht gibt, in dem irgendeine Fertigkeit oder Fähigkeit erworben werden soll, gilt es als selbstverständlich, daß geübt werden muß. „Repetitio est mater studiorum" heißt es in der Didaktik des Mittelalters, wo das Studium über weite Strecken Sprachstudium ist. Comenius, der Erzvater jeder Didaktik der Neuzeit, stellt in seiner Didactica magna „Grundsätze zu dauerhaftem Lehren und Lernen" auf, und der 10. besagt, daß „alles durch fortwährende Übungen gefestigt wird"...
>
> Auch in den didaktischen Konzepten der Folgezeit wird dem Üben ein mehr oder minder hoher Rang eingeräumt. So gibt es in den verschiedenen Formalstufenvorschlägen des 19. Jahrhunderts immer auch mindestens eine Stufe, in der wiederholt und geübt wird. Bei Herbart z.B. (Klarheit, Assoziation, System, Methode) wird auf der Stufe der Klarheit Bekanntes wiederholt, um das Neue vorzubereiten, und die Stufe der Methode dient ausdrücklich der Schulung des Könnens, dem Anstreben von Transfer durch Üben. Ziller hat bekanntlich die 4 Stufen Herbarts zu 5 ausgebaut und gewissermaßen für den täglichen Schulgebrauch perfektioniert: Analyse, Synthese, Assoziation, System und Methode. Sowohl auf der 1. wie auf der 3. und besonders auf der 5. Stufe sind Übungen und Wiederholungen wichtige Bestandteile: Die Analyse enthält die Bereitstellung vorhandener Vorstellungen, die Assoziation verknüpft die neuen mit den schon gelernten Vorstellungen, und die Methode übt das Neue durch Anwenden und durch Bewußtmachen von heuristischen Strategien. So heißt es bei Ziller bezüglich der Stufe der Methode: „Hier sollen auf jedem Gebiete die zweckmäßigen und notwendigen Gedankenoperationen und Methoden für einen sicheren, gewohnheitsmäßigen Gebrauch eingeübt werden, durch deren Ausbildung und Überlieferung der Fortschritt der Kultur so sehr beschleunigt wird. Hier können sich wiederum neue wahrhaft heuristische Bestandteile ganz ungesucht ergeben" (S. 48[289]). „Zu den Übungen der Methode gehört auch das nochmalige Durcharbeiten früherer Pensa ... Es wird dadurch ein reiferes Verständnis des Früheren, ein tieferes Eindringen in dasselbe erreicht ..." (S. 49).
>
> Der hervorragende Stellenwert, den Wiederholen und Üben in der Pädagogik des 19. Jahrhunderts einnehmen, wird zum Hauptstein des Anstoßes in der Reformpädagogik seit der Jahrhundertwende, in der heftig gegen die alte „Lern- und Drillschule" zu Felde gezogen wird. So urteilt Odenbach, dessen Buch über Übung nach wie vor ein Klassiker bis heute ist: „Die Persönlichkeitspädagogik, die Bewegung 'Vom Kinde

---

[289] Dieser Verweis zielt wie der folgende auf T. Ziller 1965. L.F.

aus', die Erlebnispädagogik, der Arbeitsschulgedanke, der Gesamtunterricht - sie alle wirkten theoretisch oder praktisch, gewollt oder ungewollt daran mit, die Vormachtstellung der Übung zu untergraben und sie mehr und mehr aus dem Unterricht zu verdrängen" (S. 14[290])...

Wie sieht es heute um die Wertschätzung der Übung im Unterricht - im Mathematikunterricht - aus? ...

Unter Hinweis auf D. Hopf 1980 (vgl. unseren A-5.1.3) wird nun ein „höchst uneinheitliches, ja ein widersprüchliches Bild" beschrieben. Einerseits werde das Üben, Wiederholen, Einprägen, Fertigkeitstraining und Sichern im Unterricht, in Schulbüchern und bei Klagen über Schulbücher und Lehrpläne sehr hochgehalten...

Auf der anderen Seite gibt es gleichzeitig auch eine große Unsicherheit gegenüber dem Üben, vor allem im Hinblick auf seine psychologische Rechtfertigung, und weiterhin beträchtliche Defizite, was die Kenntnis von Typen und Formen des Übens angeht. Die zahlreichen konkurrierenden Lerntheorien und vor allem ihre Zurichtungen für die Schulpraxis lassen kaum den Stellenwert von Übungen in einem plausiblen Gesamtbild von Mathematiklernen erkennen (sofern es sich nicht um deutlich behavioristische Theorien handelt, die aber mit Recht als wenig relevant für das Mathematiklernen angesehen werden), und erzeugen somit im Lehrer einen gewissen Zwiespalt, wenn er trotzdem ausgedehnt übt, wozu er sich auf Grund der Rückmeldungen über das Leistungsvermögen der Schüler einfach gezwungen sieht. Da die Grenze zwischen sinnvollem Üben und sturem Drill vielfach sehr schwankend und unbestimmt erscheint und das letztere (wenigstens offiziell) negativ bewertet wird, wird es erklärlich, daß in Vorführstunden möglichst ein neuer interessanter Stoff eingeführt und überhaupt das Üben mehr privat, hinter verschlossenen Schultüren im grauen Alltag vollstreckt wird...

H. Winter interessiert sich dann für die Funktion des Übens in den zwei „idealtypischen" Auffassungen vom Lernen, nämlich dem „Lernen durch Belehrung versus Lernen durch Entdeckung".

Hier interessiert vor allem der jeweilige Stellenwert der Übung. Beim *belehrenden Unterricht* haben wir im reinen Fall eine Zweiphasigkeit: 1. Kennenlernen des Stoffes (Begriffes, Sachverhaltes, Verfahrens, ...), 2. Einüben des neuen Stoffes, und häufig werden die beiden Phasen mit gänzlich unvereinbaren Vorstellungen über das menschliche Lernen begründet und praktisch gestaltet. Hier spiegelt sich die klassische Zweiteilung des Gebarens an der Hochschule in Vorlesung und Übung wider, wobei bezeichnenderweise die Vorlesung vom Professor und die Übung vom Assistenten (oder einem anderen Nichthabilitierten) durchgeführt wird. Immerhin kennt die Hochschule auch noch das Seminar (mit weitgehender Selbsttätigkeit der Studenten) und das Praktikum, das stark Einübungscharakter trägt...

Völlig anders ist die Stellung des Übens im Konzept des *Lernens durch gelenkte Entdeckung.* Zunächst muß dem verbreiteten (auch in der psychologischen Literatur, siehe Ausubel) Mißverständnis entgegengetreten werden, entdeckendes Lernen erstrecke

[290] K. Odenbach 1981.

sich (allenfalls) auf die Phase der Einführung, wo man (wenn es die Zeit erlaubt) so etwas wie ein sokratisches Findungsgespräch führen könne, habe aber nichts mehr mit der Phase der Einübung zur Sicherstellung von Wissen und Können zu tun, wo ganz einfach hart gearbeitet werden müsse. Ebenso falsch ist die Einschätzung, die Pflege kreativer Verhaltensweisen stehe von Natur aus im Widerspruch zur Schulung von Fertigkeiten und der Einprägung von Wissenselementen.

Tatsächlich ist das Üben dem entdeckenden Lernen inhärent: Einerseits sind Entdekkungen nur möglich, wenn auf verfügbaren Fertigkeiten und abrufbaren Wissenselementen aufgebaut werden kann. Lernen ist immer nur ein Weiterlernen, ein Fortweben von schon Bestehendem, das Einfügen neuer Maschen in das Netz des Langzeitgedächtnisses. Die Wahrscheinlichkeit, auf einen Einfall zu kommen, eine Lösung zu finden usw., erscheint um so größer, je umfangreicher und je flexibler organisiert das einschlägige gedächtnismäßige Wissen ist, das als Suchraum zur Verfügung stehe. (Freilich *garantiert* ein großer Wissensschatz keine neuen Einfälle!) Andererseits wird umgekehrt beim entdeckenden Lernen ständig wiederholt und geübt, und zwar vorwiegend immanent, also im Zuge der Lösung einer übergeordneten Fragestellung.[291] Ein aktueller Suchprozeß besteht ja in einem Zusammenspiel von 3 Komponenten: 1) den Daten des anstehenden Problems, die wahrgenommen werden; 2) den vorhandenen Fertigkeiten und Wissensbestandteilen im Langzeitgedächtnis, die reaktiviert werden; 3) heuristischen Strategien des Langzeitgedächtnisses, die ebenfalls reaktiviert werden und die die beiden erstgenannten Komponenten - oft unbewußt - verknüpfen und steuern (Dörner[292]). Naturgemäß sind Phasen im Prozeß des entdekkenden Lernens weniger scharf voneinander unterscheidbar und eindeutig fixierbar als im Konzept des belehrenden Lernens.[293] Vereinfachend darf man 4 Phasen unterscheiden: 1. Auseinandersetzung mit einer herausfordernden Situation, Explorationen, Entwicklung einer Problemstellung; 2. Simulationen und Rekonstruktionen mit vorhandenem Material, dabei Entwicklung neuer Begriffsbildungen oder Verfahren und evtl. Lösung des Problems; 3. Einbettung des neuen Inhalts in das vorhandene System; Ausgestaltung vielfältiger Beziehungen; 4. Bewertender Rückblick auf den neuen Inhalt und die Methode seiner Gewinnung; Thematisierung von Heurismen; bewußte Versuche des Transfers.

Alle 4 Phasen enthalten mehr oder weniger starke Anteile von Übung und Wiederholung. Eine spezielle Form in der Einstiegsphase besteht in der rechnerischen Exploration; etwa dann, wenn eine Vermutung durchgetestet wird. Man spricht dann gelegentlich auch von Vorübungen. (Beispiel: Untersuchen der Dezimalbruchentwicklung von $1/p$ mit einer Primzahl p. Was fällt auf?) Wichtig ist der produktive Charakter des Übens in der 2. Phase, es wird zwar aus dem gelernten Repertoire reproduziert, aber dabei im Hinblick auf die Problemstellung ein neues Muster hergestellt. Die 3. Phase ist verwandt mit der Stufe der Assoziation bei Herbart und Ziller. Jedenfalls wird hier bewußt die Frage verfolgt, wie sich das Neue in das Bisherige einordnet. Hier wird es

[291] Das läßt sich freilich auch für alle anderen Unterrichtsmethoden behaupten. L.F.

[292] D. Dörner: Problemlösen als Informationsverarbeitung. Kohlhammer (2. Aufl.:) 1979.

[293] Die scharf akzentuierte Phasentrennung im fragend-entwickelnd-einübenden Unterricht ist - wenn sie gelingt - eine erhebliche Konzentrationshilfe, ja geradezu ein Qualitätsmerkmal. L.F.

häufig notwendig sein, daß gesondertes, auf bestimmte Könnensziele hin ausgerichtetes Üben im Sinne von gezieltem Trainieren eingerichtet wird. Jedoch bleibt auch dabei der Bezug zum Sinnganzen erhalten.[294] In der 4. Phase wird vor allem insofern geübt, als der neue Inhalt vielerlei Versuchen der weiteren Anwendung und Erprobung unterworfen wird. Das Üben geht hier einher mit der Erweiterung von Wissen.

Insgesamt läßt sich somit die These vertreten, daß Ziel und Organisation des Übens im Rahmen eines Konzepts des Lernens durch gelenkte Entdeckung weitaus besser aufgehoben sind als im genannten alternativen Konzept des belehrenden Unterrichts, insofern als - kurz gesagt - entdeckend geübt und übend entdeckt wird. „Man könnte fast sagen, daß sich Denken und Gedächtnis so zueinander verhalten wie Wellenbewegungen zu Wasser" (Dörner, S. 28.)...

Sinn des Übens ist es, das strukturelle Gefüge, das Schema (im Sinn von Aebli, Wittmann u.a.), zu stabilisieren, damit es möglichst in jeder einschlägigen Situation mit zunehmender Verbesserung herangezogen wird, um das Handlungsziel zu erreichen. Und solch eine generalisierende Übertragungsleistung bezeichnet man als *Transfer*.

Was aber Transfer eigentlich ist, wie er genau funktioniert und wie man Transferleistungen durch didaktische Maßnahmen beeinflussen kann, ist indes noch weithin unbekannt...

Was wir beobachten, ist, daß es glücklicherweise Übertragungsleistungen gibt, am deutlichsten wohl beim Erwerb lokaler Fertigkeiten. Wenn z.B. das Addieren/Subtrahieren im Zahlenraum bis 100 (2. Schuljahr) gelernt wird, so besteht das ja nicht in dem absurden Versuch, jede einzelne Addition wie eine Telefonnummer auswendig lernen zu lassen, sondern *allgemeine* Vorgehensweisen herauszustellen und diese einzuverleiben. Wunderbarerweise und erfeulicherweise ist dies möglich, beim einen Kind früher, beim anderen später: Das Verfahren, das der Schüler in den Beispielen wie 47 + 36 kennenlernt (etwa schrittweise vorzugehen, zuerst +30, dann +6), überträgt er - plötzlich und selbständig - auf 57 + 36, 59 + 26, ... und alle weiteren gleichartigen Fälle...

Nach neuerer Ansicht (Bauersfeld[295]) vollziehen sich Verallgemeinerungen, Transfers nicht simpel dadurch, daß auf irgendeine geheimnisvolle Art von den spezifischen Besonderheiten der Situationen abstrahiert wird, um zur reinen Form zu gelangen, sondern wohl eher in der Weise, daß zu den erworbenen Erfahrungsbereichen neue (übergeordnete) konstruiert werden (spontan oder durch Unterrichtsmaßnahmen), die sich deutend auf bereits vorhandene beziehen. So können die Erfahrungsbereiche „Geld addieren" und „Auf dem Zahlenstrahl addieren" verknüpft werden, indem ein dritter „Auf Papier rechnen mit Klammern" aufgebaut wird, der die ersten beiden zu vergleichen gestattet und dabei beide in neuem Licht erscheinen läßt.

294 Dieser Gesichtspunkt geht beim allzu populären „Prinzip der Isolierung der Schwierigkeiten" völlig unter. Es ist deshalb nur ab und zu, und dann mit Vorsicht und Erläuterungen angebracht. L.F.

295 H. Bauersfeld u.a.: Lernen und Lehren von Mathematik. Köln: Aulis 1983. Vgl. auch das Bruner-Zitat in A-6.1.1. L.F.

Im Rahmen dieser Theorie der subjektiven Erfahrungsbereiche besteht Üben einmal im variierenden Erkunden der Möglichkeiten innerhalb eines Bereichs („enge" Transfers) und ferner in der systematischen Parallelisierung bekannter Bereiche von einem neuen, höheren aus („weite" Transfers), der erst konstruiert werden muß.

Offensichtlich spielt dabei die Sprache eine leitende Funktion, insoweit es gelingt, mit den Mitteln der Umgangssprache über den Zusammenhang zweier Bereiche zu sprechen, um die verschiedenen Verkörperungen „desselben" Schemas Stück für Stück offenzulegen.

Es folgt ein Absatz „Üben und zielerreichendes Lernen" entsprechend den vier Zielkategorien, die H. Winter für den Mathematikunterricht sieht: Fertigkeiten, Begriffliches Wissen, Fähigkeiten bzw. Haltungen/Einstellungen, bevor er zum Hauptkapitel kommt, das seine vier „Prinzipien des Übens" empfiehlt:

> ... Der Leitgedanke einer kreativen Übungspraxis kann nicht besser ausgedrückt werden als durch folgende Worte des kürzlich verstorbenen Heinrich Roth: „Übungen unter immer wieder *neuen Gesichtspunkten,* an immer wieder *anderem Material,* in immer wieder *neuen Zusammenhängen,* anderen Anwendungen, unter immer wieder neuen *größeren Aufgaben* - darin steckt das Geheimnis des Übens" (S. 275[296]).

In abgesetzten und gerasterten Kästen sind dann die vier Prinzipien formuliert, die im (hier ausgelassenen) Text mit zahlreichen Beispielen erläutert werden. (Statt mit 4.1-4.4 numerieren wir sie mit 1-4:)

1. *Prinzip der Problemorientierung des Übens:*

   Übungen und Wiederholungen sollten im Umkreis von Problemen, von übergeordneten Fragestellungen angesiedelt sein. Bei der Schulung von Fertigkeiten sollten die gleichartigen Übungsaufgaben nach Möglichkeit der Lösung eines Problems dienen. Umfassendere Rückschauen sollten durch Problemstellungen motiviert sein und zusammengehalten werden.

2. *Prinzip des operativen Übens:*

   Gleichartige Übungsaufgaben sollten im Sinne des operativen Prinzips als systematische Variation der Daten erzeugt werden, um dadurch Gesetzmäßigkeiten zu erkennen und somit Kenntnisgewinn zu erzielen.

3. *Prinzip des produktiven Übens:*

   Wo immer es möglich erscheint, soll das Üben mit der Herstellung von Gegenständen - Figuren, Zahlen, Termen, Zeichen - verbunden werden.

4. *Prinzip des anwendungsorientierten Übens:*

   Nach Möglichkeit soll das Üben mit einer Bereicherung des sachkundlichen Wissens einhergehen.

---

[296] H. Roth: Pädagogische Psychologie des Lehrens und Lernens. Hannover: Schroedel (12. Aufl.:) 1970.

A-5.3.1 George Polya: Wie lehren wir Problemlösen? (1966)

Aus einer Vortragsmitschrift. Zuerst erschienen in: The Conference Board of the Mathematical Sciences (Ed.): The Role of Axiomatics and Problemsolving in Mathematics. Washington 1966; hier zitiert nach der gekürzten deutschen Fassung in der Zeitschrift „Mathematiklehrer", Heft 1 (1980), S. 3-5.

1. Kunst - nicht Wissenschaft

Unterrichten ist offensichtlich keine exakte Wissenschaft mit allgemein anerkannter präziser Terminologie. Daher können Ziele und Methoden des Unterrichtens ohne sorgfältig und ausführlich beschriebene konkrete Beispiele nicht angemessen diskutiert werden. Aus Platzgründen muß ich hier jedoch auf solche verzichten und auf meine Bücher verweisen.

Unterrichten ist eine komplexe Tätigkeit, welche von den beteiligten Personen und den äußeren Umständen entscheidend abhängt. Es gibt derzeit keine Wissenschaft vom Unterricht im eigentlichen Sinn, und es wird auch kaum jemals eine geben. Insbesondere gibt es keine nachweislich beste Lehrmethode - genausowenig wie es eine nachweislich beste Art und Weise gibt, eine Beethoven-Sonate zu spielen. Es gibt genauso viele gute Unterrichtsmethoden, wie es gute Lehrer gibt: Unterrichten ist eher eine Kunst denn eine Wissenschaft. (Das soll natürlich nicht heißen, daß psychologische Experimente und Theorien für das Unterrichten nicht nützlich sein könnten.)

2. Ziele

Unterrichtsziele und -gegenstände sowie Lehrmethoden hängen von den jeweils herrschenden örtlichen und zeitlichen Umständen ab: sie sollen den Bedürfnissen der Allgemeinheit dienen, und sie finden an der Verfügbarkeit an Lehrpersonal und an Mitteln ihre Grenze. Ohne ein ausdrückliches Ziel vor Augen, können wir nicht sinnvoll über Unterricht diskutieren. Meiner persönlichen Überzeugung nach ist die *Hauptaufgabe des Mathematikunterrichts: den jungen Menschen Denken beizubringen.* Nebenziele sind: Vorbereitung auf den Physikunterricht und Vorbereitung künftiger Ingenieure und Naturwissenschaftler auf ihr Studium. Was die künftigen Mathematiker betrifft, so sollten sie nicht durch schlecht geführten Unterricht abgeschreckt werden. Andererseits wäre es gegenüber der großen Mehrheit der Schüler unfair, nur Gegenstände zu behandeln, welche die künftigen Mathematiker interessieren.

3. Denken

Man hat für den Mathematikunterricht vielerlei Ziele vorgeschlagen; etwa: Erfahrung unabhängigen Denkens, Verbesserung der Arbeitshaltung, Aufbau wünschbarer geistiger Einstellungen, Erweiterung des Blickfeldes, geistige Reifung, Einführung in wissenschaftliche Denkweise. Mir scheint, daß diese Ziele, konkret und vernünftig für die Schule interpretiert, sich weitgehend mit dem von mir oben genannten Ziel decken: Denken lehren.

Unser Unterricht sollte die wichtigsten Aspekte mathematischen Denkens umfassen, soweit dies auf der Schule möglich ist. Die auffälligsten Tätigkeiten des Mathematikers sind das Entdecken strenger Beweise und der Bau von Axiomensystemen. Aber es gibt andere Tätigkeiten, welche im abgeschlossenen, veröffentlichten Werk nur wenig Spuren hinterlassen haben und somit weniger auffallen. Sie sind aber dennoch nicht weniger wichtig; ich meine: das Herauslösen und Erkennen eines mathematischen Begriffs aus einer konkreten Situation, weiter das Vermuten in unterschiedlicher Gestalt, die Vorwegnahme eines Ergebnisses oder der großen Linie eines Beweises, bevor Einzelheiten ausgefüllt werden. „Vermuten" umfaßt Verallgemeinern von beobachteten Fällen, induktives Argumentieren, Analogiedenken etc.

Wenn der Mathematikunterricht die „informellen" Tätigkeiten des Vermutens und des Herauslösens mathematischer Begriffe aus der sichtbaren Welt um uns unterdrückt, so vernachlässigt er gerade den Teil der Mathematik, welcher für den Schüler allgemein am interessantesten, für den Benutzer von Mathematik am inspirierendsten ist.

4. Aktives Lernen

Der Lernende sollte unter den jeweils gegebenen Umständen soviel wie möglich seines Lerngegenstandes selbst entdecken. Dies „Prinzip des aktiven Lernens" ist das am wenigsten strittige und das älteste Erziehungsprinzip (es läßt sich bis auf Sokrates zurückverfolgen). Mathematik ist kein Zuschauersport: man kann ohne aktive Beteiligung an ihr keine Freude finden und sie nicht lernen; daher ist das Prinzip des aktiven Lernens für uns Mathematiklehrer besonders wichtig, insbesondere wenn wir es als unser wichtigstes Ziel ansehen, unsere Schüler Denken zu lehren.

Wenn wir den Geist der Schüler entwickeln wollen, müssen wir die richtige Reihenfolge beachten.

Manche Tätigkeiten fallen ihnen leichter und sind für sie natürlicher als andere: Vermutungen fallen leichter als Beweise, das Lösen konkreter Aufgaben kommt vor dem Aufbau von abstrakten Begriffen, Begriffe kommen vor Symbolen etc.

Da die Schüler nicht passiv, sondern aus eigenem Einsatz heraus lernen sollten, beginnen wir da, wo die Anstrengung geringer und das Ziel der Anstrengung vom Standpunkt des Schülers aus verständlicher ist: es sollte zunächst mit dem Konkreten vertraut gemacht werden, dann mit dem Abstrakten; mit der Vielfalt der Erfahrung von den vereinheitlichenden Begriffen etc.

Dies führt zur Lösung mathematischer Aufgaben, welches m.E. diejenige mathematische Tätigkeit ist, die dem alltäglichen Denken am nächsten steht. Ein Problem liegt vor, wenn wir die Mittel zu einem Zweck suchen. Wenn wir einen Wunsch haben, den wir nicht unmittelbar erfüllen können, sinnen wir auf Mittel und Wege, ihn zu befriedigen: und damit ist uns ein Problem gestellt. Die meiste Zeit (außer wenn wir tagträumen) befassen wir uns mit Dingen, die wir zu erreichen suchen, und mit den Mitteln, um jene zu erlangen: also mit Problemen.

Alltagsprobleme führen oft auf einfache mathematische Aufgaben, und der Abstraktionsschritt vom alltäglichen zum mathematischen Problem kann mit etwas Geschick von seiten des Lehrers dem Schüler leichtgemacht werden. Und wie Alltagsprobleme im Mittelpunkt unseres täglichen Denkens stehen, können mathematische Probleme im Zentrum des Unterrichts stehen.

Seit dem Altertum ist die Lösung von Aufgaben das Rückgrat mathematischer Unterweisung. Euklids Werk kann insofern als Vollendung der Pädagogik angesehen werden, als es das große Gebiet der Geometrie in handhabbare Einzelprobleme zerlegt. Problemlösen ist m.E. auch heute noch immer das Rückgrat des Mathematikunterrichts - eigentlich sollte man dies überhaupt nicht betonen müssen.

Sicher müssen auch andere Dinge auf der Schule gebracht werden: mathematische Beweise, die Idee eines Axiomensystems, vielleicht ein Blick auf die Beweismethodologie und auf Strukturen. Doch sind diese Dinge vom Alltagsdenken weiter entfernt; sie können vom Schüler ohne einen Hintergrund mathematischer Erfahrungen, welchen er sich hauptsächlich beim Aufgabenlösen erwirbt, jedoch weder gewürdigt noch überhaupt verstanden werden.

5. Aufgabenarten

Es gibt alle möglichen Unterscheidungsmerkmale zwischen Aufgaben; der für den Lehrer wichtigste Unterschied ist der zwischen Routine- und Nichtroutineaufgabe. Die letzteren verlangen vom Schüler ein gewisses Maß von Kreativität und Originalität, die Routineaufgaben dagegen nicht. Die Nichtroutineaufgabe kann vieles, die Routineaufgabe dagegen kann praktisch nichts zur geistigen Entwicklung des Schülers beitragen. Die Grenzlinie zwischen beiden Arten von Aufgaben mag nicht besonders scharf sein; aber die Extremfälle sind klar erkennbar.

Eine Aufgabe kann durch unmittelbare mechanische Anwendung einer Regel gelöst werden, wobei der Schüler keine Schwierigkeit beim Herausfinden der Regel hat: sie wurde ihm vom Lehrer oder vom Lehrbuch direkt vor die Nase gehalten. Hier ist keine Erfindungsgabe vonnöten, keine Herausforderung der Intelligenz enthalten; was der Schüler von einer solchen Aufgabe profitieren kann, besteht in ein wenig Routine bei der Anwendung dieser einen Regel und in etwas isolierter mechanischer Fertigkeit.

Eine Frage dient der Überprüfung, ob der Schüler eine kürzlich eingeführte Bezeichnung oder ein Symbol des mathematischen Vokabulars korrekt benutzen kann; der Schüler beantwortet sie sofort, wenn er die Erklärung der Bezeichnung oder des Symbols verstanden hat. Kein Funke von Erfindungsgabe, keine Herausforderung geistiger Fähigkeiten ist daran beteiligt - es handelt sich eben um eine Vokabelfrage. Routineaufgaben der beiden eben beschriebenen Arten können nützlich und auch notwendig sein, wenn sie zur rechten Zeit und in der richtigen Dosierung eingesetzt werden. Wogegen ich bin, ist ein Übermaß an Routinefragen: dadurch werden intelligente Schüler von einem Gegenstand abgestoßen, der ihnen unter der Bezeichnung „Mathematik“ dargeboten wird.

„Herkömmliche“ Lehrbücher werden heutzutage herb kritisiert, aber die meisten Kritiker nehmen meiner Meinung nach gar nicht zur Kenntnis, was deren Schwäche gewöhnlich ist: fast alle Aufgaben sind vom oben angesprochenen Typ: „eine Regel vor der Nase“.

„Moderne“ Lehrbücher sind oft voll von neuen Bezeichnungen und Symbolen, welche zur Erfahrungswelt der Schüler keine Beziehung haben und von denen dieser daher keinen ernsthaften Gebrauch machen kann. Und so sind die Übungen am Ende eines Kapitels oft platte Routineaufgaben, die meisten davon Vokabelfragen. Mir scheint, daß in beiden Fällen den Schülern der gleiche schlechte Dienst erwiesen wird. Was eine Nichtroutineaufgabe ist, werde ich nicht erläutern.

Wer noch nie eine gelöst hat, wer noch nie Spannung und Triumph der Entdeckung erlebt hat, ist ein armer Tropf. Wer aber - nach diversen Unterrichtsjahren - dergleichen Spannung und Triumph nie bei einem seiner Schüler beobachtet hat, sollte den Mathematikunterricht aufstecken und sich einen anderen Job suchen!

6. *Aufgabenwahl*

Die Lösung einer Nichtroutineaufgabe verlangt vom Schüler eine beträchtliche Anstrengung. Er wird sie nur erbringen, wenn er dazu motiviert worden ist. Die beste Motivation ist Weckung des Interesses. *Daher müssen wir größte Sorgfalt darauf verwenden, interessante Probleme auszuwählen und sie attraktiv zu machen.* Vor allem0 muß die *Aufgabe sinnvoll* und vom Standpunkt des Schülers aus als relevant erscheinen. Sie muß in natürlicher Weise mit Dingen in Verbindung stehen, die ihm vertraut sind, und sie muß einen ihm verständlichen Zweck haben. Erscheint die Aufgabe dem Schüler als bedeutungslos, so ist des Lehrers Versicherung, sie werde später einmal von Bedeutung für ihn sein, nur ein armseliges Surrogat.

Neben der Auswahl erfordert die Art der Darbietung der Aufgabe unsere Sorgfalt. Eine gute Art und Weise, wie wir die Aufgabe bringen, weist Verbindungen mit vertrauten Gegenständen auf und läßt ihren Zweck faßbar erscheinen. Aus dem *Prinzip des aktiven Lernens* ergibt sich ein kleiner Kunstgriff: der Lehrer sollte nicht mit der endgültigen Fassung der Aufgabe, sondern mit einer vorläufigen Fassung, einem Vorschlag beginnen, um die Schüler dann die endgültige Formulierung der Aufgabe finden zu lassen.

Hin und wieder sollte die Klasse ein umfangreiches Problem mit reicherem Hintergrund bearbeiten, welches als ein Tor zu einem ganzen Kapitel Mathematik dienen kann. Und an einer solchen „Forschungsaufgabe" sollte die Klasse ohne Hast arbeiten, damit die Schüler - gemäß dem Prinzip des aktiven Lernens - die Lösung möglichst selbständig entdecken (bzw. dazu hingeführt werden) und Folgerungen aus der Lösung selbst finden können. Dies ist ein erster Blick auf Wagenscheins „paradigmatischen Unterricht".

7. *Zum Entdecken führen*

Die Lösungsidee sollte in des Schülers Hirn geboren werden; der Lehrer spielt nur die Hebamme. Diese Metapher ist alt (Sokrates) jedoch nicht veraltet. Das heißt: Man darf dem Schüler nicht zuviel helfen; *soviel wie möglich sollte er selbst* tun. Der Lehrer fungiert als Hebamme - er sollte in den natürlichen Geburtsvorgang nicht allzusehr eingreifen.

Weniger metaphorisch ausgedrückt: Um die Schüler zu unterstützen, sollte der Lehrer nur „Hilfe von innen" geben, d.h. solche Anregungen, die auch vom Schüler selbst hätten ausgehen können; „Hilfe von außen" sollte er vermeiden, d.h. Teile der Lösung verraten, welche dem geistigen Stand des Schülers nicht entsprechen. Solche „Hilfe zur Selbsthilfe" ist wichtig - allerdings nicht leicht zu geben. Der Lehrer muß dazu sowohl die Aufgabe als auch den Schüler gut kennen; weiterhin muß er mit Lösungsschritten, welche häufig vorkommen und natürlich sind, vertraut sein.

8. Heuristik

Heuristik untersucht Mittel und Wege zur Entdeckung und Erfindung; insbesondere studiert sie solche Schritte beim Problemlösen, welche oft und in natürlicher Weise auftreten und die uns möglicherweise einer Lösung näherbringen.

Die einfachsten Ideen der Heuristik sind die für den Lehrer wichtigsten; er kann sie Versuchen mit sich selbst entnehmen, da sie eine Angelegenheit des gesunden Menschenverstandes sind.

Hier einige Ratschläge zu Alltagsaufgaben, die trivial erscheinen mögen:

„Fasse das Problem ins Auge, frage dich: Was will ich? Ist der Zweck klar, durchmustere die zur Verfügung stehenden Dinge und frage dich: Was habe ich? Ist ein Überblick über die in Frage kommenden Hilfsmittel vorhanden, kehre zur ersten Frage zurück und baue sie aus: Was will ich? Von welcher Art ist das, was ich will? Wie kann ich dergleichen bekommen? Wo kann ich dergleichen Dinge herbekommen? Mit welchen Fragen kommst du näher an das Problem heran."

Weniger selbstverständlich ist die Beobachtung, daß Alltagsprobleme und mathematische Probleme vieles gemeinsam haben. Der Lehrer, der dem Schüler „Hilfe von innen" geben will, welcher sich auf der Suche nach der Unbekannten in einer der gewöhnlichen Schulaufgaben befinden, kann etwa folgende Fragen stellen (bzw. analoge Fragen mittels mathematischer Bezeichnungen):

Der Lehrer fragt: Was ist gesucht? Welches ist die Unbekannte? Scheint dies hinreichend klar, fährt der Lehrer fort: Was ist gegeben, was ist bekannt, welches ist die Bedingung? Gibt der Schüler hier hinreichend klare Antworten, kehrt der Lehrer zur Ausgangsfrage zurück und baut sie aus: Was ist gesucht? Welches ist die Unbekannte? Wie kannst du diese Art Unbekannte fassen? Durch welche Angaben kannst du diese Art Unbekannte festlegen? Fragen dieser Art können vorhandenes relevantes Wissen freisetzen und der Lösung näherbringen.

Die genannten Fragen sind Beispiele anspruchsloser, praktischer Heuristik des gesamten Laienverstandes. Der Lehrer sollte sie zunächst in solchen Fällen benutzen, wo sie den Schüler leicht zur Lösungsidee führen. Dann sollte er sie mit viel Fingerspitzengefühl - immer öfter benutzen. Schließlich gelangt der Schüler dazu, die Fragen selbst zu stellen: so lernt er, seine Aufmerksamkeit auf die wesentlichen Dinge zu richten, wenn er einem Problem gegenübersteht. Und so hat er eine Gewohnheit methodischen Denkens erworben: der größtmögliche Gewinn, den die Mehrheit der Schüler, welche in ihrem späteren Beruf nie Mathematik im technischen Sinn (mathematische Techniken) benötigen werden, von der Schule mitnehmen.

A-6.1.1 Aus Bruners „Der Prozeß der Erziehung“ (1960)

Aus: Jerome S. Bruner: Der Prozeß der Erziehung. Berlin/Düsseldorf: Berlin Verlag/Schwann 1970 (nach dem amerikanischen Original von 1960)

Wir zitieren zunächst aus dem Vorwort des Herausgebers Werner Loch (S. 13ff.):

> *Bruner,* geboren 1915, ist Professor für Psychologie in Harvard seit 1952 und Mitbegründer und Direktor des Center for Cognitive Studies dieser Universität. In seinen Forschungen hat er sich überwiegend mit Problemen der Wahrnehmung, des Denkens und der kognitiven Lernprozesse befaßt. Im Vordergrund dieser Forschungen, die durch eine Abkehr von den behavioristischen Modellen gekennzeichnet sind, stehen die Strategien der Begriffsbildung, vor allem aber der Bewahrung und Verfeinerung, der Anwendung und Umformung der Begriffe („concept attainment“), die Einwirkungen motivationaler und kultureller Faktoren auf diese kognitiven Prozesse und in diesem Zusammenhang die Leistungen der dem Menschen zur Verfügung stehenden Repräsentationssysteme (z.B. Handlung, Vorstellung und symbolischen Formen, besonders der Sprache[297]) für die intellektuelle Entwicklung und damit die Persönlichkeitsentwicklung überhaupt. Was ins Auge fällt, ist der enge Kontakt dieser Theorie mit verwandten europäischen Richtungen, vor allem mit *Piaget* und seiner Schule, aber auch mit dessen bedeutenden russischen Gegenspielern *Wygotski* und *Lurija.*
>
> Das ist der lerntheoretische Hintergrund, der *Bruners* Disposition für pädagogische Fragen, insbesondere für die pädagogische Dimension der Naturwissenschaften, verständlich macht und der dem hier folgenden Buch „Der Prozeß der Erziehung“ das Konzept liefert. Dessen systematischer Gedankengang läßt sich auf wenige Thesen von allerdings großer Tragweite reduzieren. Erstens: die Konstruktion neuer Curricula erfordert die Mitarbeit der führenden Forscher der Wissenschaftsgebiete, die den Unterrichtsfächern zugrundeliegen. - Zweitens: das entscheidende Unterrichtsprinzip in jedem Fach oder jeder Fächergruppe ist die Vermittlung der Struktur, der „fundamental ideas“, der jeweils zugrundeliegenden Wissenschaften und die entsprechende Wiederholung der Einstellung des Forschers durch den Lernenden, dessen Bemühungen, wie bescheiden sie auch sein mögen, sich nicht der Art, sondern nur dem Niveau nach von der in einer bestimmten Wissenschaft geforderten Forschungshaltung unterscheiden. - Diese Grundlagen eines Faches können drittens jedem Menschen gleich welcher Altersstufe und sozialen Herkunft auf der Grundlage der Denk- und Darstellungsmittel, die er mitbringt, in einfacher Form vermittelt werden. - Das erfordert viertens einen „spiraligen“ Aufbau des Curriculums, der eine Wiederholung der Grundbegriffe auf den verschiedenen kognitiven und sprachlichen Niveaus ermöglicht bis hin zu den abstrakten, formalisierten Operationen der wissenschaftlichen Begriffsbildung. - Fünftens: der Aufstieg des Lernenden von den konkreten zu den formalen Operationen wird ermöglicht und erleichtert durch die antizipierende Funktion des intuitiven Erfassens von Zusammenhängen, das die Konzepte entwirft, die das analytische Denken ausarbeitet; deshalb ist diese Grundform des Denkens gerade auf den elementaren Stufen des Unterrichts besonders zu kultivieren. - Sechstens: die ent-

[297] Zünftiger heißt das bekanntlich „enaktiv, ikonisch, symbolisch“. L.F.

scheidenden Motive des Lernens erwachsen nicht aus der Leistungsorientierung und dem Konkurrenzstreben der gegenwärtigen Gesellschaft, sondern aus dem Interesse an den Gegenständen des Lernens selbst, das allerdings nur auf dem Wege des aktiven Nachvollzugs ihrer Strukturen geweckt werden kann.

Anschließend bringen wir eine Zusammenfassung aus Bruners Einleitung (S. 25-28). An manchen Stellen wird man anderer Meinung sein. Bruners Formulierungen und die vieler anderer Befürworter der Strukturreformen in den 60er- und 70er-Jahren waren mitunter allzu marktschreierisch, was dem Ansehen der ganzen Branche und speziell dem der New Math arg geschadet hat. In einem Abschnitt spricht Bruner ausdrücklich von einer „Überzeugung". Man muß nicht demselben Glauben anhängen, um die Stoßrichtung zu akzeptieren.:

> Vier Themen werden in den folgenden Kapiteln behandelt. Das erste ist bereits eingeführt worden: die Rolle der Struktur beim Lernen und die Möglichkeit, sie in den Mittelpunkt des Unterrichts zu stellen. Der gewählte Ansatz ist ein praktischer. Der Zugang der Schüler zu dem Stoff, den sie lernen sollen, ist zwangsläufig begrenzt. Wie kann man erreichen, daß seine Darstellung in ihrem Denken für den Rest ihres Lebens etwas bedeuten wird? Nach der vorherrschenden Ansicht derer, die mit der Entwicklung und der Erprobung neuer Lehrpläne zu tun haben, liegt die Antwort auf diese Frage darin, den Schülern ein Verständnis der Grundstruktur jeglichen Lehrgegenstandes zu vermitteln, den wir für den Unterricht auswählen. Das ist ein Mindesterfordernis für die Anwendung von Wissen, für seine Relevanz für Probleme und Ereignisse, denen man außerhalb des Klassenzimmers begegnet - oder in Klassenzimmern, die man später zwecks weiterführender Ausbildung betritt.
>
> Das Lehren und Lernen von Strukturen steht mehr als das bloße Beherrschen von Fakten und Techniken im Mittelpunkt des klassischen Transferproblems. Bei einem Lernvorgang dieser Art spielt vieles eine Rolle, nicht zuletzt unterstützende Gewohnheiten und Fertigkeiten, die den aktiven Gebrauch des Stoffes ermöglichen, den man zu verstehen gelernt hat. Wenn früheres Lernen späteres Lernen erleichtern soll, dann muß es ein allgemeines Bild ergeben, das die Beziehungen zwischen den früher und den später begegnenden Dingen deutlich macht.
>
> Bei der Bedeutung dieses Problems ist viel zu wenig darüber bekannt, wie man grundlegende Strukturen nachhaltig lehren kann oder wie man Bedingungen schaffen kann, die ein entsprechendes Lernen begünstigen. Die Diskussion in dem diesem Thema gewidmeten Kapitel befaßt sich mit den Mitteln und Wegen, um solches Lehren und Lernen zu ermöglichen, und mit Forschungsansätzen, die nötig sind, um bei der Gestaltung strukturell orientierter Curricula zu helfen.
>
> Das zweite Thema betrifft die Bereitschaft zum Lernen. Während der letzten zehn Jahre gewonnene Erfahrungen deuten darauf hin, daß unsere Schulen möglicherweise wertvolle Jahre dadurch vergeuden, daß sie den Unterricht in vielen wichtigen Fächern mit der Begründung, sie seien zu schwierig, zurückstellen. Gleich zu Anfang dieses Kapitels wird der Leser die Behauptung finden, daß die Grundlagen eines jeden Faches jedem Menschen in jedem Alter in irgendeiner Form beigebracht werden können. Diese Behauptung mag zunächst überraschend klingen, aber sie soll einen wesentlichen, beim Aufstellen von Lehrplänen oft übersehenen Punkt unterstreichen,

nämlich daß die basalen Ideen, die den Kern aller Naturwissenschaft und Mathematik bilden, und die grundlegenden Themen, die dem Leben und der Dichtung ihre Form verleihen, ebenso einfach wie durchschlagend sind. Um diese Kategorien beherrschen und wirksam anwenden zu können, muß man sein Verständnis für sie stetig vertiefen, dadurch daß man lernt, sie in immer komplexeren Formen zu gebrauchen. Nur wenn solche Grundbegriffe in einer formalisierten Ausdrucksweise, wie bei mathematischen Gleichungen oder sprachlich komplizierten Gedankengängen, vorgetragen werden, liegen sie außerhalb der Reichweite des jüngeren Kindes, wenn es nicht zuvor Gelegenheit hatte, sie intuitiv zu verstehen und selbst auszuprobieren.

Der Anfangsunterricht in den Naturwissenschaften, in Mathematik, Sozialkunde und Literatur sollte so angelegt sein, daß diese Fächer mit unbedingter intellektueller Redlichkeit gelehrt werden, aber mit dem Nachdruck auf dem intuitiven Erfassen und Gebrauchen dieser grundlegenden Ideen. Das Curriculum sollte bei seinem Verlauf wiederholt auf diese Grundbegriffe zurückkommen und auf ihnen aufbauen, bis der Schüler den ganzen formalen Apparat, der mit ihnen einhergeht, begriffen hat. Kinder der vierten Klasse können durch Spiele gefesselt werden, deren Regeln sich von den Prinzipien der Topologie und der Reihentheorie herleiten, und dabei selbst neue „Ableitungen“ oder Lehrsätze entdecken. Sie können das Wesen der Tragödie und die im Mythos dargestellten grundlegenden menschlichen Konflikte begreifen. Aber sie vermögen diese Ideen nicht in eine formale Sprache zu übersetzen oder mit ihnen umzugehen, wie es Erwachsene tun. Man muß noch viel über die „Curriculum-Spirale“ lernen, die auf höheren Ebenen immer wieder zu sich selbst zurückkommt. Viele der hier noch zu beantwortenden Fragen werden im dritten Kapitel erörtert werden.

Das dritte Thema betrifft die Natur der Intuition, jener intellektuellen Technik, durch die man zu plausiblen, aber provisorischen Formulierungen gelangt, ohne den analytischen Stufengang zu durchlaufen, der beweisen würde, ob diese Formulierungen gültige oder ungültige Schlüsse sind. Intuitives Denken, das Verfolgen von Vermutungen, ist ein sehr vernachlässigter, wesentlicher Zug des produktiven Denkens, nicht nur in den formalen akademischen Disziplinen, sondern auch im täglichen Leben. Die scharfsinnige Mutmaßung, die fruchtbare Hypothese, der beherzte Sprung zu einer provisorischen Schlußfolgerung, das sind die wertvollsten Trümpfe des am Werke befindlichen Denkers, mit welcher Arbeit er auch immer beschäftigt sein mag. Können Schulkinder dazu gebracht werden, diese Gabe zu nutzen?

Die drei bisher erwähnten Themen gründen sich alle auf eine zentrale Überzeugung: daß geistige Tätigkeit überall dieselbe ist, an den Fronten des Wissens ebenso wie in einer Dritten Klasse. Was ein Naturwissenschaftler an seinem Arbeitstisch oder in seinem Laboratorium, was ein Literaturkritiker beim Lesen eines Gedichts tut, ist nicht grundsätzlich verschieden von dem, was irgendein anderer tut, der sich mit der gleichen Tätigkeit beschäftigt - wenn er dabei zu einem Verständnis gelangen will. Der Unterschied liegt im Niveau, nicht in der Art der Tätigkeit. Der Schüler, der Physik lernt, ist Physiker, und Physik zu lernen ist leichter für ihn, wenn er sich wie ein Physiker benimmt, als wenn er etwas anderes täte. „Etwas anderes“ beinhaltet gewöhnlich die Aufgabe, etwas zu beherrschen, was dann ... eine „mittlere Sprache“ genannt wurde - wie sie bei Diskussionen in Schulklassen und in Lehrbüchern üblich ist, die mehr über die Forschungsergebnisse auf einem Gebiet handeln als über die Forschung selbst. Wenn man so an die Sache herangeht, dann sieht die Physik an High Schools oft sehr wenig nach Physik aus, dann steht die Sozialkunde den wichtigsten Problemen des Lebens und der Gesellschaft fern, wie sie gewöhnlich diskutiert werden, und auch die Schulmathematik hat dann oft den Kontakt mit dem Kern des Faches, der Idee der Ordnung , verloren. (Die Forschung übrigens auch. L.F.)

Das vierte Thema bezieht sich auf den Wunsch zu lernen und auf die Möglichkeiten, ihn zu wecken. Der beste Anreiz zum Lernen ist - idealiter - das Interesse am Lernstoff und weniger so äußerliche Ziele wie Abschlußprüfungen oder spätere Vorteile im Wettbewerb mit anderen. Während es sicher unrealistisch ist anzunehmen, der Druck des Wettbewerbs könne völlig ausgeschaltet werden oder man sollte mit Vorbedacht versuchen, ihn auszuschalten, so ist es durchaus angebracht, sich darüber Gedanken zu machen, wie man das Interesse am Lernen um seiner selbst willen verstärken kann ...

A-6.2.1 Themenkreis Ähnlichkeit (Alexander I. Wittenberg, 1963)

Stark gekürzt aus: Alexander Israel Wittenberg: Bildung und Mathematik. Stuttgart: Klett 1963, S. 131-145.

Wittenberg schlägt vor, den Unterricht über Ähnlichkeit in einem „Themenkreis" zu organisieren. Was er damit meint, erläutert er nach dem Beispiel.

> Schon die erste Betrachtung geometrischer Figuren hatte uns auf den Begriff der Ähnlichkeit zweier Figuren geführt und auf dessen Anwendung insbesondere in Geographie und Vermessung. Wir blieben dabei aber auf das umständliche und nicht sehr genaue Verfahren des Nachzeichnens von Dreiecken im verkleinerten Maßstab angewiesen.
>
> Von hier aus öffnet sich ein erster Weg - in die Trigonometrie, die sich als einfache Anwendung des Ähnlichkeitsgedankens aufdrängt:
>
> Die Form eines Dreiecks, insbesondere seine Seitenverhältnisse, ist durch die Winkel bestimmt; genauer: durch *zwei* Winkel, da der dritte ja durch diese beiden, wie wir jetzt wissen, festgelegt ist. Bei zwei verschiedenen Dreiecken mit gleichen Winkeln sind diese Verhältnisse dieselben, es lohnt sich nicht, die Dreiecke zweimal zu zeichnen...

Es wird nun vorgeschlagen, die Schüler mögen eine Tabelle anlegen und mittels Nachmessen ausfüllen. Als Parameter sollten (von 10° zu 10°) die Basiswinkel in einem Dreieck dienen, das die Grundseite Eins habe. Aber die Tabelle wirke kompliziert und zeige keine Möglichkeit der Berechnung. Als Vereinfachung liege die Idee nahe, sich auf rechtwinklige Dreiecke zu stützen. Dies liefere bereits die volle Allgemeinheit und einen

Weg zur Berechnung der trigonometrischen Funktionen über Additionstheoreme.[298]

> Ein zweiter Weg, der sich vom Begriff der Ähnlichkeit aus öffnet, ist derjenige zum „Strahlensatz". Er erschließt sich beispielsweise, wenn man eine einheitliche und einfache Methode zur Vergrößerung einer beliebigen Figur in einem gegebenen Verhältnis sucht. Eine solche Methode liegt anschaulich nahe, weil sie im wesentlichen mit dem Projektionsverfahren im Kino übereinstimmt. Es ist die Methode der „Vergrößerung (des Aufblasens) von einem Punkte aus"...
>
> Die Entdeckung dieses Satzes wirft ein neues Licht auf eine Tatsache, über die wir uns früher aufgehalten hatten: nämlich, daß zwei Dreiecke mit gleicher Grundlinie und Höhe gleiche Fläche besitzen, so verschieden ihre Form auch sein mag...

Es wird jetzt an das Cavalieri-Prinzip erinnert, hier in Form gleichlanger Parallelstrecken zur jeweiligen Dreiecksgrundseite auf gleichen Höhen. Trotz ihrer „Unstrenge" sei das „eine fruchtbare mathematische Idee", die zum Flächen- und Volumenvergleich tauge und historisch - nach langen Auseinandersetzungen - zum Integralbegriff geführt habe.

> Ein dritter Weg führt uns zur Untersuchung des Verhaltens der Flächen von Figuren bei ähnlicher Vergrößerung.
>
> Diese Untersuchung ist leicht durchzuführen, wenn die Figur ein Quadrat ist... Ihre Ausdehnung auf andere Figuren beruht auf der fast selbstverständlichen Beobachtung, daß sich das Verhältnis der Flächen zweier Figuren *zueinander* nicht ändert, wenn beide im gleichen Verhältnis ähnlich vergrößert werden ...[299]

Wittenberg gibt nun eine Reihe sehr interessanter Bezüge an: die Quadratverdopplung in Platons Menon (s. den Kasten im Abschnitt 5.1 unseres Haupttextes), einen sehr eleganten Beweis „des Pythagoras" von Gonseth[300], die „Möndchen des Hippokrates"[301], die naheliegende Frage nach der Kreisquadratur, Gullivers Ernährung durch die Lilliputaner[302], Ausbreitung von Wirkungen auf Kugelflächen (Gravitationsgesetz, Coulombge-

---

298 Es geht auch ohne Additionstheoreme; vgl. z.B. meinen enzyklopädischen Aufsatz „Die Kreisberechnung als Brennspiegel der Schulmathematik" in PM 23.10 (1982), S. 289-298, mit Fortsetzung in PM 23.11 (1982), S. 323-337. L.F.

299 Dies ist ein guter Grund, „ähnlich" in der Mathematik enger aufzufassen als im alltäglichen Sprachgebrauch da „so ähnlich". L.F.

300 Man ziehe im rechtwinkligen Dreieck die Höhe zur Hypotenuse ein. Es entstehen zwei neue Teildreiecke, die einander wie zum Ausgangsdreieck ähnlich sind und die zusammen das Ausgangsdreieck bilden. Klappt man letztes und die beiden Teildreiecke an ihren Hypotenusen aus, so hat man den Flächensummensatz zunächst für die Dreiecke. Dann schließe man: „Die Flächen der beiden kleinen Dreiecke zusammen ergeben das große; und daran ändert sich nichts, wenn alle diese Flächen im gleichen Verhältnis vergrößert werden, insbesondere also, wenn wir die drei Dreiecke durch die drei Quadrate über ihren Hypotenusen ersetzen... Der Satz bleibt für beliebige Figuren über den Seiten richtig, wenn sie nur ähnlich sind!" (S. 136f.)

301 Auch Archimedes' „Schustermesser" (Arbelos) paßt hierher. L.F.

302 J. Swift: Gullivers Reisen, Eine Reise nach Lilliput, Kap. 3. - Dort überlegen die Liliputaner, wie sie den am Strand aufgefundenen „Riesen" Gulliver ausreichend ernähren könnten. Sie schließen aus dem Verhältnis der Körpergrößen 1:12, daß Gulliver 1728 Liliputaner-Mahlzeiten brauche. (Swifts Buch ist 1726, nicht 1728 erschienen, aber es ist - insbesondere im

setz, Lichtausbreitung), Oberflächen-Volumen-Verhältnis bei Vergrößerung (Festigkeitsprobleme in Baustatik oder Knochenbau, Wärmeabstrahlung, Wärmestau bei „Riesen", Erfrieren der Lilliputaner, zu kleine Sehstäbchen bei zu kleinen Menschenaugen), sehr große Zahlen. Anschließend kommt er zum Grundsätzlichen (ab S. 141):

> Soweit unsere Beispiele. Worin bestehen Idee und Durchführung der Themenkreismethode, wie sie durch diese Beispiele nahegelegt wird, und wie ordnet sich die Methode unserem generellen Programm, den Schüler eine Wiederentdeckung der Mathematik von Anfang an vollziehen zu lassen, ein?
>
> Vor allem liegen der Methode zwei an sich verschiedene, aber eng miteinander verbundene und einander gegenseitig bedingende Vorgänge zugrunde:
>
> *In sachlicher Hinsicht* eine solche Auswahl und Gestaltung des Unterrichtsstoffes, die diesen als organische Verknüpfung einiger weniger, bedeutungsvoller, verhältnismäßig umfassender, um eine sehr geringe Zahl einfacher mathematischer Tatsachen angeordneter Themenkreise erscheinen läßt; als einen wohlgestalteten, überzeugenden, überschaubaren gedanklichen Bau.
>
> Die Bemerkung ist dabei nicht überflüssig, daß es der *Schüler* ist, den dieser Bau zu überzeugen hat - es genügt nicht, wenn er seine Überzeugungskraft nur für, sagen wir, den Präsidenten der Akademie der mathematischen Wissenschaften besitzt. Unseren allgemeinen Grundsätzen gemäß muß die innere Notwendigkeit des Aufbaus dem Schüler innerhalb seines eigenen begrenzten Erfahrungsbereichs zum eindringlichen Erlebnis werden.
>
> Der einzelne Themenkreis stellt dabei selber ein durchgespanntes, dynamisches geistiges Gebilde dar, bestimmt durch Vektoren (Fußnote bei Wittenberg: Ich gebrauche dieses Wort im Sinne von Wertheimer...), die von einer einfachen zentralen Gegebenheit - einer Feststellung, einem Problem, einer Figur - zu wenigen bedeutsamen Ergebnissen weisen; Ergebnissen, die unser Bemühen wirklich lohnen. Was an sich nebensächlich, aber im Ganzen unentbehrlich ist, erscheint deutlich als Baustein, der nur um seiner Funktion im Ganzen willen da ist. Nach Durcharbeiten eines Themenkreises muß für den Schüler ein überblickbares, um eine sehr kleine Zahl von Ideen und Ergebnissen zentriertes Ganzes verbleiben, dessen gedankliche Gliederung sich allenfalls in durchsichtigen Diagrammen ... festhalten läßt...
>
> *In unterrichtlicher Hinsicht* bedingt die Methode einen Unterricht, der diese Gestaltung des Unterrichtsstoffes ausnützt, um an ihm den Prozeß der Wiederentdeckung Wirklichkeit werden zu lassen. Die geschilderten Grundsätze der Stoffgestaltung laufen ja darauf hinaus: die Gegenstände des Unterrichts so zu organisieren, wie sie tatsächlich in einer sachgemäß fortschreitenden Untersuchung ursprünglich hätten er-

---

Teil, der von der Reise in die Gelehrtenrepublik Laputa berichtet - voll von erstaunlichen Anspielungen und keineswegs nur ein Kinderbuch.)

schlossen werden können. Damit ist die Voraussetzung geschaffen, um den Unterricht tatsächlich als eine solche Untersuchung durchzuführen, und das soll wirklich geschehen. Der Schüler soll in folgerichtiger, verhältnismäßig vielseitiger und tiefschürfender Weise in einige wenige und interessante Themenkreise eindringen, deren Gehalt sich allmählich seinem staunenden Blick erschließt. Es soll ein Stück lebendiger Mathematik in der Schule erstehen, - das, was man, in Abwandlung einer Formulierung Einsteins, „Geometrie als Abenteuer der Erkenntnis" nennen könnte.*

(Fußnote bei Wittenberg:) In diesen Grundsätzen ist eine Erklärung dessen enthalten, was wir unter einem genetischen Unterricht verstehen. Man beachte besonders, daß ein solcher Unterricht keineswegs darin besteht, die tatsächliche historische Entwicklung durch den Schüler nachvollziehen zu lassen - eine irrtümliche Auffassung, die gelegentlich anzutreffen ist. Das genetische Prinzip ist nicht ein Grundsatz der historischen Treue, sondern ein solcher der Sachgemäßheit. Wenn es uns die Weitergabe der zu unterrichtenden Sache in ihrer fertigen, gewordenen Gestalt verbietet, so um an deren Stelle ein konsequentes gedankliches Neuerschließen der Sache von Grund auf durchzuführen. Wenn historische Gesichtspunkte hierbei praktisch eine beträchtliche Rolle spielen, so lediglich deshalb, weil der Unterrichtende häufig erst in der historischen Perspektive, im nachträglichen Sich-einfühlen in vergangene Entwicklungen, Schwierigkeiten und Kontroversen, den Schlüssel zu solcher Sachgemäßheit finden wird...

A-6.3.1 Hans Freudenthal über Axiomatik und Sprache im Mathematikunterricht (1963)

Aus: H. Freudenthal: Was ist Axiomatik, und welchen Bildungswert kann sie haben. In: Der Mathematikunterricht, Heft 4 (1963), S. 5-29.

E. Axiomatik auf der Schule (ab S. 22)

Es ist wohl klar, daß ich mich hier nicht auf die geometrische Axiomatik beschränken kann, und ebenso daß ich die Axiomatik nicht als eine Krone sehe, die man dem mathematischen Unterricht in seiner klassischen Form einfach aufs Haupt setzen kann. Andererseits wissen wir Mathematiker, was die axiomatische Methode wert ist, und wie sie das Wachstum der Mathematik in diesem Jahrhundert gefördert und wie sie die Mathematik durchdrungen hat. Gehört die Axiomatik auf die Schule? Wenn die Frage so wie in den meisten Entwürfen der letzten Jahre beantwortet wird, sage ich: nein. Auf die Schule paßt keine präfabrizierte Axiomatik, ebensowenig wie präfabrizierte Mathematik im Allgemeinen. Aber das, was der erwachsene Mathematiker an der Axiomatik hochschätzt, gehört wohl auf die Schule: *das Axiomatisieren.* Nach dem lokalen Ordnen[303] soll der Schüler auch das globale lernen und schließlich auch das Lösen der ontologischen Bindung[304]. Aber dazu muß er das Gebiet, das er zu ordnen hat, kennen, und die Bindung, die er zu lösen hat, muß erst einmal vorhanden und kräftig sein. Das ist eine gewaltige Forderung. Der Schüler, der im selbständig Ordnen nicht geübt wurde, sieht nur weniggliedrige Zusammenhänge, und die Bindungen mit der Realität sind wenig gepflegt und dürftig. Natürlich erübrigen sich die Forderungen, die ich stellte, wenn man dem Schüler ein fertiges Axiomensystem vorsetzt, aus dem er brav seine Schlüsse ziehen soll. Man kann ihn in dieser Kunst abrichten, aber man wird ihn nicht zum Verständnis der Axiomatik bringen. Man wird nur wieder einmal den Umfang denaturierter Schulmathematik vergrößern...

Es gibt zahlreiche Felder, in denen man Axiomatik lernen kann. Die Geometrie gehört jedenfalls nicht zu ihnen. Könnte man aber nicht den Schüler, wenn er einmal mit der Axiomatik vertraut ist, auch zur geometrischen Axiomatik hinführen? Ehe man diese Frage stellt, muß man erklären, welches Ziel man dabei im Auge hat. Die Antwort, daß es nun einmal ohne Axiomatik keine Strenge in der Geometrie gibt, und daß der Schüler auch geometrische Strenge lernen muß, lehne ich ab. Was Strenge bedeutet, hängt vom Kontext ab, und wer die geometrische Axiomatik aus einem Strengebedürfnis rechtfertigen will, hat erst einen geometrischen Kontext anzugeben, der vom lokalen Ordnen nicht adäquat erfaßt wird. Es gibt solche Kontexte, aber die gebräuchlichen Axiomatik-Programme passen kaum zu ihnen. Daß der Schüler etwas lernen muß (etwa axiomatisch-geometrische Strenge) ist nur richtig, wenn dem „Muß" ein Bedürfnis des Schülers (nicht des Lehrers) vorangeht.[305] Wie solch ein Bedürfnis entstehen kann, würde etwa ein Gedankenexperiment zeigen. Das letzte Glied in diesem Gedankenexperiment könnte der Zweifel an der Zuverlässigkeit der bisher geübten Geometrie sein. Ich sehe nicht, wo dieser Zweifel im heutigen Unterricht genährt wird. ...

... Mein Vorschlag besagt nicht, daß man geometrische Axiomatik auf die Schule bringen *muß*. Und das besagt wiederum nicht, daß ich moderne Geometrie für die Schule in den Schornstein schreibe. Ganz im Gegenteil: Geometrie, und dann vom Anfang bis zum Ende vom Gruppenbegriff durchsetzt, gehört auf die Schule, und ich bin davon überzeugt, daß man mehr und bessere Geometrie unterrichten kann, wenn man seinem eignen Gewissen für mathematische Strenge folgt, als wenn man sich seine Gewissensbisse vom stirnrunzelnden Axiomatiker vorschreiben läßt. (Gemeint ist hier, wie der voranstehende Satz belegt, „moderne Geometrie", vermutlich im Sinne des Erlanger Programms Felix Kleins. Man kann auch die Meinung vertreten, daß diese Geometrieauffassung inzwischen überholt ist, etwa durch die Differentialgeo-

303 „lokales Ordnen": Sätze aus anderen folgern, die gewissermaßen die Rolle von Axiomen übernehmen, dabei aber nicht im Interesse der Unabhängigkeit irgendeines Axiomensystems (Hilbert) abgemagert sind. L.F.

304 „ontologische Bindung": Gemeint ist die Frage nach irgendeinem vertrauten, gegenständlichen und bestimmten „Sinn" der z.B. implizit - d.h. durch ihre Wechselbeziehungen und Gebrauchsregeln absichtlich unvollständig - definierten Gedankenobjekte. Beispiel: Neutrales Element einer Gruppe. L.F.

305 Ich habe im vorliegenden Buch eine ganz andere Meinung begründet. L.F.

metrie und -topologie... Der schulische Geometrieunterricht hat jedenfalls den Versuch, ihn mit dem Gruppenbegriff zu durchsetzen, bis auf ein paar Rudimente der Abbildungsgeometrie wieder abgestoßen. L.F.)

F. Formalisieren auf der Schule

In *A 4* habe ich vom Formalisieren als einer wichtigen mathematischen Tätigkeit gesprochen. Ich kann nicht umhin, nun von der Didaktik her, auf diese Äußerung der modernen Mathematik zurückzukommen. Ich tue das systematisch, überall wo über moderne Mathematik und Axiomatik auf der Schule diskutiert und das Formalisieren systematisch totgeschwiegen wird.

Formalisieren ist mathematisches Ordnen der Sprache, auch der mathematischen Sprache. Dies Ordnen, schon wenn es ganz im Kleinen geübt wird, wirkt sich durch seine Beispielhaftigkeit in großer Breite aus; jede neue Ordnungsübung ist sozusagen ein Paradigma mit zahlreichen Anwendungsmöglichkeiten. Das sprachliche Ordnen, das man am besten in der mathematischen Fachsprache lernt, ist eine Fähigkeit, die sich in andere Fachsprachen und in die Gemeinsprache erfolgreich übertragen läßt. In wenigen Jahrzehnten wird von allen mathematischen Tätigkeiten das Formalisieren die mit den weitesten Anwendungen sein.

Wenn man die Mathematik in Kapitel einteilen und in Kapiteln unterrichten will, weiß man allerdings nicht, wo man das Formalisieren hinstecken soll. Obendrein läßt das Formalisieren sich nicht auseinandersetzen nach dem Schema: Axiome, Definitionen, Satz, Voraussetzung, Behauptung, Beweis. Man kann dazu also keinen programmatischen Kurs schreiben wie etwa zur Mengenlehre, Gruppentheorie usw. So fällt es bei den Diskussionen über moderne Mathematik auf der Schule ganz unter den Tisch. Das Formalisieren kann eben nur als Tätigkeit, nicht als Stoff, unterrichtet werden, und darum paßt es nicht in den Kram des traditionellen Mathematikunterrichts.

Ich habe anderswo auseinandergesetzt, wie zwangsläufig die neuerliche Stilwandelung der mathematischen Fachsprache war. Für den Schüler sind unsere mathematisch-sprachlichen Gewohnheiten durchaus nicht selbstverständlich und zwangsläufig (sogar nicht für unsere Studenten, wenn wir ihnen etwa unsere von der der Physiker abweichende Funktionsbezeichnung motivieren müssen). Der Schüler muß sich die mathematische Fachsprache erarbeiten, und das kann er nur, wenn er jeweils die sprachlichen Möglichkeiten analysiert und die Konsequenzen gewisser Ausdrucksweisen abschätzt. Er kann diese kritische und selbstkritische Tätigkeit an vielerlei Beispielen lernen; ein äußerst fruchtbares Feld ist unsere mit einer 2000jährigen Tradition belastete und bis ins Lächerliche altertümliche geometrische Sprache....

A-6.3.2 Mathematik als Sprache (Herbert Mehrtens, 1993)

Aus dem Nachwort von Herbert Mehrtens zu J.D. Barrow: Warum die Welt mathematisch ist. Frankfurt a.M.: Campus 1993, S. 91-104 (zitiert ab S. 100).

Warum also nicht Mathematik als Technik der Zeichen denken, als die Arbeit an komplexen Maschinerien von großen Systemen von Zeichen und Regeln? Mathematik als Wissenschaft unterscheidet sich dann von den Technikwissenschaften dahingehend, daß weit, weit mehr Raum ist zur freien Erkundung des Konstruierbaren, unbehindert durch ökonomisch-politische Rahmenvorgaben.

So gesehen ist der von Barrow eingangs erwähnte Übergang von der Zahlenmystik zur Zahlenkunde der Übergang zur Zahlen*technik*, zum konstruktiven Umgang mit Struktur und Funktion von Zeichensystemen, denen der semantische Gehalt, der mystische Deutungen möglich macht, entzogen wird. Eine zeichentheoretische Deutung, die die auch von Barrow gebrauchte Wendung von der Mathematik als „Sprache" gehaltvoll macht, würde uns eine Antwort auf die Frage „Was ist Mathematik" deswegen erlauben, weil wir nun ein Objekt haben, an dem die Wissenschaft Mathematik arbeitet: Zeichensysteme. Und es ist keine Arbeit des Erkennens gegebener Wahrheiten oder des Ausarbeitens einer gegebenen „Ur-Intuition" von Zahl und Raum, sondern eine des Konstruierens.

Zu dieser Position kann sich Barrow nicht entschließen. Ihr entgegen steht immer wieder die wunderbare Anwendbarkeit. Man könnte fast den Eindruck haben, daß die Mathematik aus der Natur kommen *muß,* und es folgt der Verdacht, daß dies an der Perspektive des Naturwissenschaftlers liegt, der nach wie vor seine Autorität aus der Autorität der Natur zieht. Wir sind der Natur ausgeliefert, wir entstehen und vergehen in ihr, wir sind Natur. Das Paradigma der Naturbeherrschung, und sei es nicht die reale technische Kontrolle, sondern die imaginäre Herrschaft im Wissen um die regelnden Gesetze, dieses Paradigma ist auch eines der Selbstversicherung über die eigene natürliche Hinfälligkeit hinaus. Vielleicht darum dieses Festhalten an der Gegebenheit von Mathematik aus der Natur?

Die Mathematik als Wissenschaft setzt ihre Zeichen, sie setzt deren Eigenschaft und Beziehungen und erkundet sie konstruierend. Die Setzungen schaffen eine Welt von Bedeutungen, die strikt geregelt sind. Die Setzungen der Mathematik haben den Charakter von Befehlen, die Theoreme und Schlußfolgerungen sollen immer zwingende Folge der Befehlssysteme sein. Das macht den eigenartigen Charakter dieser Sprache aus; sie besteht aus Befehlen, die das Setzen von Zeichen regeln. Die Gewißheit der Mathematik liegt in ihrer befehlsmäßig zwingenden Struktur. Was an derart konstruierten Zeichensystemen anwendbar ist auf die physische Welt, ist nicht vorhersehbar. Daß sie es immer wieder ist, ist aber gar nicht so wunderbar, wie es scheinen mag.

Zum ersten ist die Arbeit an der Mathematik historisch immer mehr oder minder lose mit der der Technik, der Naturwissenschaften und der Sozialwissenschaften verbunden. Deren Zielsetzungen beeinflussen, oft in sehr indirekter Weise, die „freie" Arbeit an den Zeichensystemen. Zum zweiten ist die Arbeit der Naturwissenschaft weitestgehend darauf ausgerichtet, die Natur symbolisch so darzustellen, daß das Regelhafte in Gesetz und Vorhersage oder im physischen Experiment beherrschbar herausdestilliert wird. Die Sprache der Symbolisierung muß eine der Regelhaftigkeit und der zwingenden Beherrschung sein. Die Mathematik produziert genau diesen Typ einer Sprache. Das beginnt mit den Zahlen, mit denen, in Barrows Beispiel, der Schäfer seine Herde kontrolliert und der Gutsherr seinen Schäfer. Das endet mit der Mathematik der Superstrings, die noch nicht ausgearbeitet ist, und die einen neuen Versuch darstellt, eine physikalisch-kosmologische Theorie zu formulieren. Auf das „Formulieren" kommt es an. Die Mathematik liefert Formulierungshilfen äußerst komplizierter Art, und in aller Regel müssen die Naturwissenschaftler die Formulierung für ihren Gegenstand dann selbst ausarbeiten.

Die mathematisch-symbolische Darstellung der Natur wird in den Naturwissenschaften erarbeitet, und ein Vorrat an Darstellungsmitteln wird in der Wissenschaft Mathematik erarbeitet. Hier deutet sich die Perspektive des Historikers an, der Mathematik im menschlichen Leben, im historischen Prozeß sieht, nicht gegeben von Gott oder Natur, sondern erarbeitet, Produkt kultureller Entwicklung.

Das Universum erweist sich als technisch-symbolisch abbildbar; die konstruktive Arbeit von Mathematikern, Physikern, Astronomen und Kosmologen an diesem Welt-Bild in der Codesprache Mathematik ist erfolgreich. Warum? Dies ist Barrows Frage. Man kann das anthropische Prinzip durchaus übernehmen, sollte es aber präzisieren.

Zum „anthropischen Prinzip": Die Außenwelt muß wirklich so regelmäßig sein, wie wir sie sehen, sonst hätte Gott (oder die Evolution) uns nicht so gemacht, wie wir sind. Mehrtens zitiert zunächst (S. 96) Hawkings Kurze Geschichte der Zeit: „Wir sehen das Universum so, wie es ist, weil wir nicht da wären, um es zu beobachten, wenn es anders wäre." Später wird Mehrtens noch in unserem Zitat eine etwas andere Formulierung vorschlagen:

> Wir haben verschiedenste Formen der symbolischen Repräsentation der Welt und unserer, der Menschen, Stellung in ihr, von den alten Ursprungsmythen über die Astrologie und das mechanische Universum der Aufklärung hin zur modernen kosmologischen Theorie mit all ihren Gewißheiten und Ungewißheiten. Der Erfolg der komplizierten Arbeit von Himmelsbeobachtung und mathematischer Darstellung verdankt sich der Arbeit der Menschen und den Regelmäßigkeiten der Welt. Historisch ist der Weg zu einer Kultur eingeschlagen worden, die dieser technischen Regelmäßigkeit in der Darstellung der Welt fast absolute Priorität gibt und dazu viel Geld und viel Arbeit investiert.
>
> Die Natur - das Universum und unsere menschliche Natur - hat uns die Möglichkeit zu diesem historischen Weg geboten. Und es ist plausibel, daß, wenn die Natur nicht so wäre, auch wir nicht wären. Aber *ist* die Welt darum mathematisch? Sie läßt sich in vieler Weise symbolisch darstellen, und jedesmal erscheint die Welt anders. Können wir *die* Welt außerhalb jeder Symbolisierung überhaupt denken? Ist es nicht ein wenig vermessen, die mathematische, kosmologisch beschriebene Welt zu der einzigen zu erklären, die als „Realität" hinter allen anderen Varianten steckt?
>
> Barrow schreibt, daß alles mathematisierbar sei, daß es aber doch wohl ziemlich sinnlos sei, eine Symphonie von Beethoven nur mathematisch als Variation von Druckschwankungen der Luft zu beschreiben. Das „Universum", das „All", die „Welt" - dieses Umfassende, in das wir uns einzuordnen versuchen, und sei es mit

dem „anthropischen Prinzip" - ist es sinnvoll, das als mathematische Maschine zu beschreiben? Mir scheint, die Frage hat Sinn.

Wenn wir die Mathematik nicht als aus der Natur genommen, sondern als technisches Konstrukt denken, dann eröffnet sich nämlich auch die Frage nach Sinn, Wert und Zweck des Konstrukts, nach den Möglichkeiten und den Grenzen seiner Anwendung, eine politisch-moralische Frage, und eher die Frage des Historikers als die des Naturwissenschaftlers. Ich möchte jenes „anthropische Prinzip" gern umformulieren: Wir können das Universum so sehen und deuten, wie wir es tun, weil wir in ihm und Teil von ihm sind. Wir haben historisch den Weg zu einer mathematischen Symbolisierung des Universums eingeschlagen, und wir sprechen anderen Deutungen, die es auch noch gibt, „Realität" ab. Wir haben uns entschieden zu sagen, das Universum *ist* so wie unsere mathematische Theorie es beschreibt. Dann folgt, daß das Universum so ist, wie es ist, weil wir nicht da wären, um es zu beobachten, wenn es anders wäre.

Die technische Leistung der Darstellung des Universums mit der konstruierten Zwangssprache Mathematik hat zur Konsequenz, daß wir letztlich auf unser Dasein zurückkommen müssen. Ich würde vorschlagen, dieses Dasein, auch wenn es um Mathematik und Kosmologie geht, etwas historischer und insofern auch politischer zu denken.

A-6.4.1 Die Winkelsumme im Dreieck - eine Wiederholungsstunde in Klasse 7

Aus: L. Führer: (Titel wie oben). In: Mathematik lehren, Heft 5 (1984), S. 47-48.

„Katrin, schreibst du uns bitte den Satz über die Winkelsumme im Dreieck an die Tafel?" Sie tut es: „In jedem Dreieck beträgt die Summe der Innenwinkel 180°." „Könnt ihr euch noch an unsere Begründungen dafür erinnern?" Ein paar gute Schüler bringen das Wesentliche zum Parkett-Beweis, zum euklidischen und zu Thibauts Umlaufs-Beweis zusammen.

„Heute sollt ihr sehen, daß das alles ganz falsch ist." Ich lege abwechselnd die

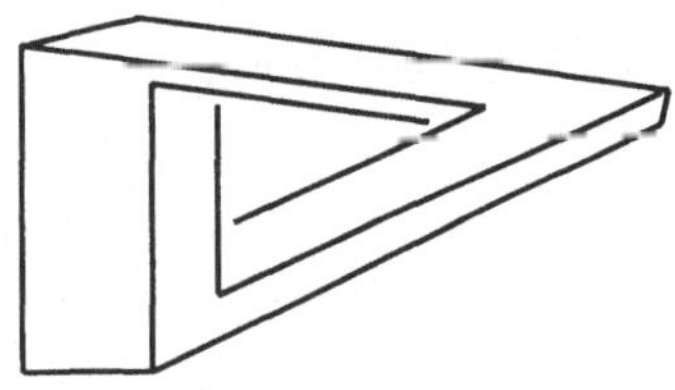

Bruchstücke[306] auf den Projektor und lasse sie als Bilder rechter Winkel identifizie-

[306] eines unmöglichen Dreiecks, wie es die folgende Abbildung zeigt und wie es aus zahllosen Abbildungen in Büchern über optische Täuschungen oder auf Briefmarken bekannt ist. Einige der berühmtesten Escher-Bilder (Die Mühle oder Treppauf-treppab) benutzen die Idee dieses Dreiecks als Grundlage.

ren. Schließlich werden die Puzzle-Teile zu einem „Dreieck" zusammengeschoben:

„Ihr seht: In machen Dreiecken beträgt die Winkelsumme 270°." Noch während ich diesen Merksatz anschreibe, kommen Proteste:

S.: „Das kenne ich, so geht das nicht." - „So'n Dreieck gibt's gar nicht." - „Das is'n Trick, darauf fallen wir nich mehr rein." - „Das ist gar kein Widerspruch zu Katrins Satz, weil ... das ist gar kein richtiges Dreieck."

Jan faßt zusammen: „Das gilt nicht. So ein Dreieck gibt's in Wirklichkeit überhaupt nicht."

L.: „Was ihr nicht sagt. Natürlich gibt's das." Ich lege eine Folie mit Eschers Mühle so über das „unmögliche" Dreieck, daß die obere Plattform gerade umrahmt wird. Wieder kommen Proteste, aber auch Signale der Verwirrung:

S.: „Das hab' ich schon gesehen, das ist'n alter Hut." - „Das geht überhaupt nicht." - „Wieso, was ist denn los?" - „Mensch, siehste denn nicht, das Wasser fließt doch bergauf!". - „Wieso?" - „Na, in Wirklichkeit fließt es doch immer bergab. Guck doch mal!"

Frank läuft an die Projektionswand, fährt den oberen Kanal mit dem Finger ab, und Zurufer machen klar, daß man tiefer und viel weiter hinten zum Wasserfall kommen müßte. Jemand bemerkt:

S.: „Hat der doll gemacht, der das gemalt hat." Ein anderer Schüler berichtet von Eschers Bild über die „Mönchsarbeit" (Sisyphusarbeit), und wir sprechen kurz über die merkwürdigen Fehler, die wir offenbar alle - oder fast alle - machen, indem wir räumlich korrekte Einzelheiten nacheinander aufnehmen, zu einem Gesamtbild gewohnheitsmäßig zusammenfassen und erst anschließend „irgendwie" mit geometrischen Gesetzen der Wirklichkeit prüfend vergleichen. Viele Menschen mögen solche verwirrenden Bilder, weil sie - wie die Schüler vermuten - zum Nachdenken herausfordern.

L.: „Und doch 'gibt' es solche Dreiecke in der Wirklichkeit. Stellt euch einen Eisbären vor, der vom Nordpol zum Äquator wandert. Dort stößt er auf ein Schild mit der Aufschrift '60°'."

Natürlich zeichne ich alles - möglichst lustig - an.

L.: „Erschreckt dreht er um 90° und reist auf dem Äquator bis zum Schild '-30°'. Da es dort auch nicht kälter ist, dreht er nochmals um 90° und kehrt schnurstracks nach Hause zurück. Unter welchem Winkel stößt er auf seine alte Spur?"

An einigen Apfelsinen machen die Schüler einander die Verhältnisse klar:

L.: „Wie oft hat der Bär sich um seine Achse gedreht, bis er wieder in die frühere Startrichtung blickte?" Wir zeichnen es an.

Endlich sind wir uns einig. Dreimal muß der Bär seinen Kurs um 90° ändern, und da er schließlich in die Startrichtung blickt, hat er sich um 360° gedreht. Der Lehrer rechnet vor:

$$3 \cdot (180° - \alpha) = 360°$$
$$540° - 3\alpha = 360°$$
$$\alpha = 60°$$

L.: „Wir sehen und wissen aber, daß Alpha jedesmal 90° betrug, als sich der Bär nach rechts drehte. Und außerdem sieht man auch an der Skizze, daß dieses Dreieck zusammen 270° als Winkelsumme hat..."

Es entsteht, wie man sich denken kann, ein gewaltiges Durcheinander.

S.: „Die Winkel sind nicht genau 90°, weil die Erde krumm ist." - „Er kommt eben schon vorher in der alten Spur an." - „Sie haben beim Rechnen geschummelt." - „Das mit den Nebenwinkeln stimmt nicht, weil die 'Dreiecksseiten' an den Ecken krumm sind." ...

Zwei Schüler sehen das Wesentliche:

E.: „Wenn man die Ecken zusammen schiebt, wird es nicht richtig platt."

St.: „Man muß die kleinen Stellen, auf denen der Bär dreht, immer parallel lassen. Das gibt dann keinen richtigen Winkel, sondern eine Würfelecke, oder so..."

Natürlich habe ich Mühe, den beiden Gehör zu verschaffen, und es fehlt auch nicht an wegwerfenden Zwischenbemerkungen. Aber allmählich wird den meisten Schülern klar, daß das Zusammen„fassen" von Winkeln durch behutsame Parallelverschiebung erfolgen sollte und daß die Wölbung der Erdoberfläche hier ins Spiel kam. Die Sache mit der Winkelsumme ist nur in der Ebene einfach. Im Raum aber...

Wir sprechen von Science Fiction und davon, warum unsere Schule nach Albert Einstein benannt ist und davon, daß sich die einfache und genaue Schulgeometrie eigentlich nur in unseren Köpfen abspielt. Jemand bemerkt pfiffig:

J.: „Als wir am Anfang die Winkelsumme zeichnerisch bestimmt haben, hätte doch mehr als 180° herauskommen müssen, denn die Hefte kann man sich doch als Teil der Erdoberfläche denken. Und Sie haben doch gesagt, daß für solche Bogendreiecke immer mehr herauskommt."

Alle blicken mich schadenfroh an, und während ich zögere, sagt

Chr.: „Ich hatte damals auch 181,5° raus. Ich hab's ja gesagt!"

L.: „Aber dein Geo-Dreieck wäre doch dann auch Teil der Erdoberfläche."

St.: „Dann können wir doch nie genau messen? Ist das alles krumm oder nicht?"

L.: „Das wissen die Fachleute noch nicht genau..."

Die Schüler wirken sehr unzufrieden, manche fast wütend. Es klingelt. Was soll ich sagen?

A-6.4.2 Carl Friedrich Gauß und die Winkelsumme in einem wirklich großen Dreieck (ca. 1827)

Es wird gern erzählt, der „Fürst der Mathematiker" (und Geodäten), Carl Friedrich Gauß, habe ein riesiges Dreieck nachgemessen, um die Winkelsumme zu prüfen. Ganz so war es nicht. Die Messungen waren im Rahmen der Vermessungsarbeiten, die Gauß für das Königreich Hannover betreute, sowieso angefallen. Der Große Inselsberg (916 m) liegt südlich des Brocken (1142 m) im Thüringer Wald, und der Hohe Hagen (508 m) liegt zwischen Göttingen und Hannoversch Münden. Gauß rechnete wirklich nach und erhielt 180° 15", also im Rahmen der Meßgenauigkeit 180° - wie erwartet, denn er wußte, daß auch sein Riesendreieck viel zu klein war, um eine systematische Raumkrümmung ggfs. messen zu können (Brief vom 1.3.1827 an Olbers; s. W.K. Bühler 1986, S. 97 und 103).

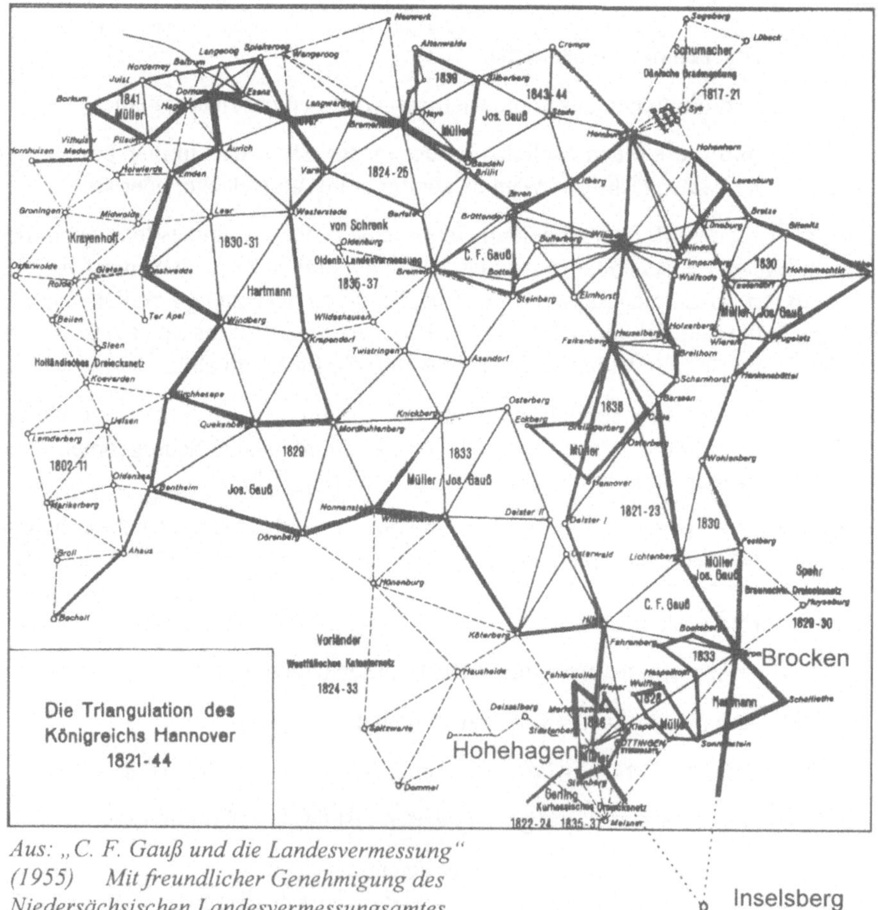

Aus: „C. F. Gauß und die Landesvermessung" (1955) Mit freundlicher Genehmigung des Niedersächsischen Landesvermessungsamtes

Lobatschewski schlug statt eines irdischen Dreiecks eines zwischen Sternen vor. Es hat bis jetzt nichts genützt. Immerhin tut man inzwischen das, was Musgrave nur andeutet: Man glaubt heute nicht mehr, daß sich Lichtstrahlen im Großen geradlinig ausbreiten. Für unser Thema ist dabei vor allem ein Aspekt wichtig: Die großen physikalischen Theorien des 20. Jahrhunderts, die Relativitäts- und die Quantentheorie, sind nicht durch direkte Beobachtung verifizier- oder falsifizierbar (Newtons Theorie war es übrigens auch nicht). Man ist auf Indizien und indirekte Schlüsse angewiesen, auf theoretische Deutungen der Meßanordnungen und -ergebnisse. Anders ausgedrückt: Ohne Theorie sieht man „wirklich" gar nichts Genaues - und das ist nicht nur an den Grenzen des uns Wahrnehmbaren so. Es ist dort nur offensichtlicher.

Details zum Gaußschen Dreieck:[307]

Nach W. Jordan: Handbuch der Vermessungskunde, Band 3.1, S. 284, bzw. Band 3.2, S. 62, betragen die Entfernungen Inselsberg-Brocken 105,97285 km, Brocken-Hohehagen 69, 194 km, Hohehagen-Inselsberg 84, 941 km, und die gemessenen Winkel waren (genähert) am Inselsberg 40° 39' 30", am Hohehagen 86° 13' 59" und am Brocken 53° 6' 46", so daß ein Überschuß von etwa 15" über 180° entstand. Leider ist der Inselsberg nicht auf der abgebildeten alten Karte, weil er nicht zur hannoverschen Trinagulation gehörte. Er befand sich auf einer Netzskizze des französischen Oberst Epailly (Messungen von 1803-1805), die Gauß 1821 erhielt. Gauß' Interesse an dem besonders großen Dreieck galt weniger der Winkelsumme als der theoretischen und praktischen Untersuchung des sphärischen bzw. sphäroidischen Dreiecksexzesses für Messungen (er benutzte das „Walbecksche Ellipsoid") auf der gekrümmten Erdoberfäche. Dieses Thema gehört inzwischen zur Geodäsiegeschichte: Die heutige Satellitengeodäsie (GPS-Messungen) erlaubt es, „trigonometrische Punkte" sehr genau und ganz ohne Winkelberechnungen zu bestimmen.

A-7.1.1 Eine anwendungsorientierte Rechenstunde (O. F. Kanitz, 1924)

Aus: Otto F. Kanitz: Eine objektive, doch gefährliche Rechenstunde. In: Sozialistische Erziehung. Wien 4. Jg. (1924), S. 51-59; zitiert nach D. Volk: Didaktik und Mathematikunterricht. Weinheim: Beltz 1980, S. 174-202.

Das folgende Beispiel nimmt in einer Weise Partei, die nicht jeder akzeptieren wird. Man mag es als ein drastisches Beispiel dafür lesen, daß der Mathematikunterricht durchaus explizit politische Züge annehmen kann. Kanitz unterstellt nicht ganz zu unrecht, daß jeder Mathematikunterricht - so oder so - politisch wirkt. Darüber nachzudenken sollte sich auch dann lohnen, wenn man Kanitz' Polemik ablehnt. Man bedenke auch, daß der Text von einem bekennenden Sozialdemokraten in der Weimarer Zeit geschrieben wurde. Natürlich denken und reden heutige Sozialdemokraten nicht mehr so parteiisch.

I.

Wir Sozialdemokraten fordern eine Schule, die auf wissenschaftlicher Grundlage aufgebaut ist. Wir verlangen, daß unsere Kinder mit den Ergebnissen der wissenschaftlichen Forschung vertraut gemacht werden. Unsere Schulen kommen dieser Forderung

[307] Herrn Fricke vom Niedersächsischen Landesvermessungsamt möchte ich an dieser Stelle für seine Hilfe bei der Beschaffung des Abbildungsrechts und für die folgenden Detailinformationen herzlich danken.

wenigstens teilweise auf dem Gebiet der Naturwissenschaft nach. Das ist bekanntlich nicht immer so gewesen. Es hat eine Zeit gegeben, in der sich die Kirche und mit ihr die Pädagogen ihrer Geistesrichtung scharf gegen die naturwissenschaftliche Bildung gewendet haben, ja in der sie Naturforschung und Naturwissenschaft der Ketzerei gleichstellten.[308] Und noch im 19. Jahrhundert mußten die Verfechter der naturwissenschaftlichen, vor allem der technischen Schulbildung einen schweren Kampf führen gegen die Vertreter der „alten Bildung", auf der „alles Ideale in Staat und Kirche" beruhe. Sie sei die „Burg der Zivilisation". Die neue Schule, besonders die Naturwissenschaft habe eine „für die Sittlichkeit gefährliche Seite".[309] Der erbitterte Kampf zwischen den Vertretern des alten, feudalen, kirchlichen Bildungsideals und den Vertretern des neuzeitlichen, kapitalistischen, modernen Bildungsideals tobte durch das ganze vergangene Jahrhundert. Jene hielten mit aller Kraft die humanistischen Gymnasien mit ihrer „idealen" Dogmatik, diese forderten eine dem Zeitalter des Dampfes, der Elektrizität, des gesteigerten Weltverkehrs entsprechende technische und naturwissenschaftliche Schulung in Realschulen, technischen Hochschulen und im Zusammenhang damit auch in den Volksschulen. Doch selbst in die Hochburg der feudalen Bildung, in die Gymnasien, drang die Naturwissenschaft ein.

In den preußischen Gymnasien im Jahre 1856 betrug die Zahl der für naturwissenschaftliche Bildung eingesetzten Stunden 18 unter 252.[310] Der Kapitalismus schuf eben Schulen nach seinem Willen, nach seinen wirtschaftlichen Bedürfnissen. Die Naturwissenschaft hat die Schulen erobert. Sie ist heute kein Politikum mehr. Die Kirche hat sich ja ebenfalls mit ihr ausgesöhnt.

Ganz anders aber steht es mit der Gesellschaftswissenschaft. Die ist für den Kapitalismus noch viel gefährlicher als die Naturwissenschaft für die Kirche. Wohl hat die Naturwissenschaft die Dogmen der Kirche und damit die Kirche selbst schwer erschüttert. Sie hat es verstanden, ihre Dogmen mit den naturwissenschaftlichen Erkenntnissen in Einklang zu bringen. Anders geht es dem Kapitalismus mit der Gesellschaftswissenschaft. Hier gibt es keine Kompromisse. Die Kirche kann als eine rein geistige Macht, also wenn sie sich jeder wirtschaftlichen und politischen Stellungnahme enthielte, auch innerhalb der wirtschaftlich und politisch vollkommen neugestalteten sozialistischen Gesellschaft als eine Gemeinschaft der Gläubigen weiterbestehen. Wir wissen ja, daß es besonders in England viele Sozialisten gibt, die streng religiös sind. Der Kapitalismus aber ist eine wirtschaftliche und politische Macht: aus seiner wirtschaftlichen und politischen Wesensart entwickelt sich naturnotwendig der Widerpart des Kapitalismus, das Proletariat, das durch den Klassenkampf die kapitalistische Gesellschaftsordnung überwindet und die sozialistische Gesellschaft begründet. Die geistigen Waffen für diesen Kampf, der den Kapitalismus vernichten wird, liefert die Gesellschaftswissenschaft. Naturwissenschaft also hat die Kirche schwer getroffen, aber nicht vernichtet; nun aber hat sich die Kirche angepaßt und kann weiterleben, trotz unseres naturwissenschaftlichen Zeitalters. Gesellschaftswissenschaft

---

[308] Vergleiche meinen Aufsatz: O. F. Kanitz: ... in Sozialistische Erziehung, April 1923.

[309] Äußerungen Friedrich Klirsch, Leiter des bayerischen Schulwesens um 1840. Zitiert bei Barth, Geschichte der Erziehung, Seite 626.

[310] Barth, a.a.O., Seite 705 f.

aber wird den Kapitalismus auflösen. Und so begreifen wir, daß der Kapitalismus alle jene Elemente ängstlich von der Schulbildung fernhält, die zur Erkenntnis der gesellschaftlichen Verhältnisse führen. Besonders jene Elemente, die zur Erkenntnis des Wahnwitzes der kapitalistischen Produktionsweise hinleiten. Das tut der Kapitalismus in den Mittelschulen, das tut er noch viel nachdrücklicher in der Schule seiner Todfeinde, in der Schule des Proletariats, in der Volksschule.

Welche Mittel wendet der Kapitalismus an, um gesellschaftliche Erkenntnisse den Kindern vorzuenthalten: Zweierlei: Entweder er führt die Kinder irre, also er will ihnen einreden, daß diese Gesellschaftsordnung prächtig, wohlgeordnet, gottgewollt oder naturgesetzlich sei, oder aber er redet überhaupt nicht davon, stellt damit die bestehende Gesellschaft als eine Selbstverständlichkeit hin, mit der sich jedermann abfinden müsse. Und diese Methode hat er so geschickt ausgebildet, daß man nur schwer hinter ihre Gefährlichkeit kommen kann. Diese Methode durchzieht alle Gegenstände. Unter dem Deckmantel der Neutralität verschweigt der Kapitalismus den Kindern in der Schule die wichtigsten Tatsachen. Er ist keineswegs neutral, sondern parteiisch für das Bürgertum. Er unterschlägt wichtige gesellschaftswissenschaftliche Erkenntnisse und nennt das dann „objektiven" Unterricht. Den Beweis für diese Behauptungen möchte ich gerade an dem Gegenstand der Volks- und Bürgerschule erbringen, der als das Muster der Objektivität angesehen wird, bei dem es niemand einfallen würde, Parteilichkeit zu vermuten. Es handelt sich um die Rechenstunde.

In der fünften Volksschulklasse, beziehungsweise in der ersten Bürgerschulklasse werden die einfachsten Zinsrechnungen durchgenommen. Also da taucht folgendes Beispiel auf: Jemand legt 100 000 Kronen in die Sparkasse, er bekommt 10 Prozent Zinsen. Wieviel kann er am Ende des Jahres beheben? Und nun wird gerechnet. 10 Prozent, das ist 10 von Hundert. Hundert ist in Hunderttausend tausendmal enthalten. Tausend mal zehn ist zehntausend. Antwort: Der Einleger erhält nach Ablauf eines Jahres 110 000 K. Das ist gar nicht schwer. Und bald können die Kinder recht gut zinsrechnen. Sie lernen die entsprechenden Formeln kennen und rechnen je nachdem die Zinsen, die Prozente, das Kapital. Alles recht schön und gut. Warum wird nur nicht die Frage aufgeworfen, woher die zehntausend Kronen Zinsen kommen? Denn an und für sich ist das doch eine merkwürdige Sache. Da legt jemand 100 000 K in die Bank, kümmert sich ein ganzes Jahr lang nicht darum, geht am Ende des Jahres wieder zum Schalter und erhält mir nichts dir nichts 110 000 K. Woher sind die 10 000 K? Bekommt denn das Geld Junge? Wächst es? Wenn man die 100 000 Kronen in eine Tischlade legt, zusperrt und nach einem Jahr wieder aufsperrt, wird man dann richtig die 110 000 K finden? Nicht? Also woher kommen die 10 000 K? Eine mysteriöse Sache. In erinnere mich nicht, daß diese interessante Frage, als ich zinsrechnen lernte, einmal aufgeworfen worden wäre. Ein Bekannter von mir hatte einen Lehrer, der sagte wenigstens: „Die Bank läßt das Geld arbeiten." Eine Genossin erzählte mir, daß sie sich als Kind darüber den Kopf wohl zerbrochen habe. Sie habe sich schließlich folgendes Phantasiebild entworfen: „In der Sparkasse ist ein Hof. Da hängen lauter kleine Säckchen mit dem eingelegten Geld; darüber ist der Name der Einleger zu lesen. Und da gehen schöngekleidete Mädchen herum und legen von Zeit zu Zeit die Zinsen hinein." Aber nur ein kleiner Teil der Kinder denkt darüber überhaupt nach. Sie nehmen die Tatsache, daß sich Geld auf eine nicht näher beschriebene Weise vermehrt, als selbstverständlich hin, rechnen eifrig Zinsen und - ahnen nicht, daß hinter diesem einfachen Rechenbeispiel der ganze entsetzliche Mechanismus der kapitalistischen Wirtschaftsordnung steckt. Sie ahnen es nicht - und die kapitalistische Schule hütet sich wohl, auf die Sache näher einzugehen. Sie geht „zum nächsten Beispiel" über.

II.

Wir aber wollen bei diesem Beispiel noch ein wenig verweilen. Also woher kommen die 10 000 K? Kinder merkt auf: Die Bank läßt das Geld nicht in ihrer Kasse liegen. Denn Geld kann nicht wachsen. Oder glaubt ihr, daß aus einem Tausender ein zweiter herauswachsen wird? Oder daß ein Zehntausender Junge kriegen kann? Ja, das ist wirklich zum Lachen. Also die Bank leiht das Geld wieder weiter. Wem denn? Einem Fabrikanten. Und was macht er damit? Nun, er verwendet es als Betriebskapital. Was ist das? Nun, der Fabrikant braucht ja Geld um Rohwaren einzukaufen, die Maschinen instand zu halten und neue zu kaufen, um seine Arbeiter zu bezahlen. Also nehmen wir an, unsere 100 000 K hat ein Schuhfabrikant von der Bank erhalten; er läßt dafür Leder kaufen. Das Leder gibt er einem seiner Arbeiter und der stellt nun ein Paar Schuhe her. Der Arbeiter liefert nun die Schuhe wieder dem Fabrikanten ab und der läßt sie verkaufen. Wie teuer? Um 100 000 K? Natürlich nicht. Er verkauft sie an einen Händler um sagen wir 200 000 K. Wie groß also ist sein Gewinn? Ihr meint 100 000 K? Nein, das stimmt doch nicht. Die ganzen 100 000 K bleiben natürlich nicht dem Fabrikanten. Fürs erste muß er den Arbeiter bezahlen. Er zahlt ihm etwa 40 000 K Lohn. Verbleiben noch 60 000 K. Davon muß er nun die Herstellungskosten bezahlen; also Maschinen, Kohle, Steuern usw. (man nennt das *„Regie"*). Das sind etwa 20 000 K. Bleiben also noch 40 000 K. Davon muß er nun der Bank Zinsen bezahlen, denn die hat ihm ja die 100 000 K geliehen. Er bezahlt also 25 000 K Zinsen. So, und nun bleiben ihm noch 15 000 K; die sind sein Gewinn oder sein Profit. Die Bank, finden wir, bekommt also 25 000 K Zinsen. Davon bezahlt sie ihre Regien (die Beamten, die Erhaltung der Bankgebäude usw.); das sind 10 000 K. Bleiben 15 000 K. 5 000 K behalten die Besitzer der Bank als Gewinn und 10 000 K erhält der Einleger - als Zinsen. Jetzt wissen wir, woher die zehntausend Kronen kommen! Vielleicht zeichnen wir die ganze Sache noch einmal übersichtlich auf: ... [311]

Jetzt sehen wir aber nicht nur deutlich, woher die 10 000 K Zinsen kommen, die also jemand erhält, ohne zu arbeiten. Wir sehen noch viel mehr; wir sehen, daß der Fabrikant 15 000 K reinen Gewinn einsteckt. Der Fabrikant oder die Besitzer der Fabrik, die gar nichts mit der Fabrik zu tun haben müssen. Sie erhalten von jedem Paar Schuhe 15 000 K Gewinn, ohne etwas gearbeitet zu haben. Und noch mehr: Wir sehen, daß die Besitzer der Bank, die Anteilscheine (Aktien) haben, also die Aktionäre der Bank, 5 000 K Bankgewinn haben. Das nennt man Dividende. Die Aktionäre der Bank bekommen diese 5 000 K ebenso ohne etwas gearbeitet zu haben, wie die Besitzer oder Teilhaber (Aktionäre) der Fabrik. So bekommen dreierlei Leute Geld, ohne arbeiten zu müssen: die Einleger, die Bankbesitzer, die Fabrikbesitzer. Wieso ist

[311] s. die Tabelle auf der nächsten Seite oben. L.F.

das möglich? Nun ganz einfach deshalb, weil der Arbeiter mehr gearbeitet hat, als er bezahlt bekommt. Der Arbeiter hat nicht nur für seinen Lohn, er hat gleichzeitig für den Gewinn des Einlegers, des Bankbesitzers und des Fabrikanten gearbeitet!

...

A. Der Weg der 100 000 K vom Einleger zum Arbeiter

Einleger:	Bank:	Fabrikant:	Arbeiter:
ibt 100 000 K	Erhält 100 000 K und leiht sie dem Fabrikanten.	Erhält 100 000 K, läßt Leder kaufen und dem Arbeiter geben.	Verarbeitet das Leder zu einem Paar Schuhe im Werte von 200 000 K.

B. Der Weg der 200 000 K (besser einer Ware im Werte von 200 000 K) vom Arbeiter zum Einleger

Arbeiter	Fabrikant:	Bank:	Einleger:
Liefert einen Schuh im Wert von 200 000 K ab und bekommt 40 000 K Lohn.	Läßt den Schuh verkaufen um 200 000 K; gibt dem Arbeiter 40 000 K Lohn, zahlt für Regien 20 000 K, der Bank an Zinsen 25 000 K, ihm verbleiben als Gewinn 15 000 K.	Erhält 25 000 K Zinsen. Zahlt an Regien 10 000 K. Gibt dem Einleger 10 000 K an Zinsen. Ihr verbleiben als Gewinn 5 000 K.	Erhält als Zinsengewinn 10 000 K.

Wir sehen also: An den aus der Arbeit des Arbeiters erwachsenen 100 000 K nehmen drei Leute teil, die nicht gearbeitet haben. Das ursprüngliche Geld hat sich also nicht von selbst vermehrt, sondern es wurde vermehrt durch Arbeit. *Nur menschliche Arbeit vermag Geld zu vermehren.* Diese 100 000 K also sind durch unseren Arbeiter wohl vermehrt worden, und zwar um 100 000 K. Aber an dieser Vermehrung des Geldes nehmen nicht nur er, durch dessen Arbeit das Geld vermehrt wurde, teil, sondern auch drei andere Leute, die nichts gearbeitet haben. Der Arbeiter mußte also viel mehr arbeiten, als man ihm bezahlt hat, er hat also weniger bekommen, als er verdient hatte. Seine Arbeit war mehr wert als sein Lohn. (Mehrwert!) Und den Betrag, um den seine Arbeit mehr wert war als sein Lohn, diesen Betrag teilen der Einleger, der Bankherr und der Fabrikbesitzer. Wir wiederholen also: Der Arbeiter mußte für diese drei müßigen Leute arbeiten, sie genießen den Mehrertrag (Mehrwert!) seiner Arbeit. Aus seiner Arbeit entsteht der Gewinn, das arbeitslose Einkommen des Einlegers. Die 10 000 K Zinsen, von denen wir ausgegangen sind, sind also ein Teil des Wertes, den der Arbeiter durch seine Arbeit geschaffen hat. Sie sind ein Teil des Lohnes, der dem Arbeiter weggenommen wurde. Der Arbeiter muß nebst dem Gewinn des Fabrikbesitzers und des Bankherrn auch noch den Zinsgewinn des Einlegers bezahlen. So, und nun wissen wir ganz genau, woher die zehntausend Kronen gekommen sind. Und jetzt gehen wir zum „nächsten Beispiel".

III

Nun könnten zwei schwerwiegende Einwände erhoben werden. Ein pädagogischer und ein soziologischer. Vielleicht sind viele Erzieher der Ansicht, daß die Sache für Kinder zwischen 11 und 12 Jahren zu schwierig sei. Nun; ich habe in ähnlicher Weise schon mit bestem Erfolg mit den Kindern gearbeitet. Ist denn die Sache wirklich so schwierig? Ist sie nicht vielmehr außerordentlich einfach? Und Hand aufs Herz: Müssen unsere Zwölfjährigen nicht ungleich schwierigere, ungleich abstraktere Dinge in anderen Gegenständen, zum Beispiel in der Naturlehre lernen? Die Lehre vom freien Fall, von der Wärme, der Optik, der Elektrizität? Und die Kinder lernen es trotzdem, ja sie verstehen es sogar, wenn die Methoden des Arbeitsunterrichtes angewendet werden, wenn die Kinder nicht verurteilt sind, dogmatische Lehren zu hören, sondern wenn ihnen ermöglicht wird, ihr Wissen zu erarbeiten. So wird es auch nützlich sein, die Kinder für diese Probleme der Produktion und des Geldverkehrs zu interessieren, sie zur regen Mitarbeit anzuregen! Die Methoden dieses soziologischen Arbeitsunterrichtes werden bald gesucht und gefunden sein, wenn nur erst in den Kreisen der sozialistischen Methodiker die Notwendigkeit dieses soziologischen Arbeitsunterrichtes erkannt sein wird.

Sagt der pädagogische Einwand, daß die Sache für die Kinder zu schwierig sein dürfte (was ich entschieden bestreiten will), so sagt der soziologische, daß die Dinge in Wirklichkeit nicht so einfach sind wie in unserem Beispiel. Das stimmt natürlich. Der kapitalistische Produktionsprozeß, das moderne Bankwesen, die hochentwickelte Geldwirtschaft - sie komplizieren und verdunkeln die Beziehungen zwischen Arbeiter und Unternehmer, zwischen Unternehmer und Banken, zwischen Banken und Einlegern außerordentlich. Und so glatt wie die Dinge vorher berechnet wurden, werden sie sich tatsächlich nicht abspielen. Aber es handelt sich ja nur um die Klarmachung des Prinzips der kapitalistischen Wirtschaftsordnung. Es handelt sich um eine Vereinfachung, um eine Verdeutlichung eines gesellschaftlichen Vorganges. Ebenso wie in der Physik bei der Lehre vom freien Fall das Prinzipielle, das in jedem Fall tatsächlich Wiederkehrende gelehrt wird, wobei von mannigfachen Komplikationen (Reibung, Form des fallenden Gegenstandes, Höhe des Fallortes) meist abgesehen wird, so ist es natürlich auch möglich, ja sogar notwendig, diese wirtschaftlichen Tatsachen auf eine Form zu bringen, die, von allen zeitlich oder örtlich bedingten Komplikationen absehend, das Prinzip zum deutlichen Ausdruck bringt. So glatt wie auf der Rechentafel wird sich der Produktions- und Kreditprozeß niemals vollziehen. Aber so glatt wie auf der Rechentafel vollzieht sich auch der freie Fall niemals.

Aber diese pädagogischen und soziologischen Einwände sind es wahrhaftig nicht, die den Kapitalismus in seiner Schulpolitik beeinflussen. Er beschäftigt sich nicht damit, wie man Kinder am besten mit den gesellschaftlichen Vorgängen vertraut machen könne. Er sorgt nur dafür, daß sie in der Schule nie und niemals damit vertraut gemacht werden können! Ja wenn nur das Wie, wenn die Methodik des gesellschaftlichen Unterrichtes schon zur Diskussion stünde! Aber davon ist nirgends die Rede. Wir leben zwar im Zeitalter des Arbeitsunterrichtes, wir erleben mit Freude, wie sehr sich die Schulreform bemüht, die Schule in größere Lebensnähe zu bringen. Aber dieses interessante, die Kinder gewiß anregende, zur Mitarbeit einladende Gebiet, das sie mit dem wirklichen Leben vertraut machte - dieses Gebiet gesellschaftlicher

Schulung, es wird nirgends methodisch durchgearbeitet, wird nirgends - außer in Rußland - zum Unterricht empfohlen. Kein Wunder! Diese Rechenstunde stößt an die Schranken der kapitalistischen Gesellschaftsordnung! Diese Rechenstunde wäre ein Politikum! Diese Rechenstunde wäre ein Stück Klassenkampf. Denn was wäre die natürliche Folge dieser Rechenstunde? Kinder, die so unterrichtet werden, daß sie immer wieder fragen, die würden natürlich von der Rechnung nicht befriedigt sein. Die würden alsbald den Weg von der theoretischen Rechnung ins wirkliche Leben einschlagen. Die würden fragen: „Wieso ist das möglich? Warum muß der Arbeiter auf einen Teil des ihm zufallenden Lohnes verzichten? Warum erhält er weniger Lohn als ihm zusteht, während drei andere ein arbeitsloses Einkommen haben? Warum läßt sich der Arbeiter das gefallen?“ Das sind böse Fragen für die kapitalistische Wirtschaftsordnung. Denn die einfache, wiederum jedem Bürgerschüler verständliche Antwort lautet: Das muß sich der Arbeiter gefallen lassen; er kann sich seine Arbeitsweise nicht aussuchen. Denn wenn man arbeiten will, genügt nicht allein der Wille zur Arbeit. Man braucht auch die Mittel zur Arbeit, die Mittel zur Erzeugung von Waren. (Produktionsmittel!) Die hat aber der Arbeiter nicht. Er hat die Arbeitskraft, hat den Arbeitswillen, aber nicht die Arbeitsmittel. Die hat der Fabrikbesitzer. Sie sind sein Privateigentum. Wenn also der Arbeiter arbeiten will, um leben zu können, so muß er sich den Bedingungen des Fabrikbesitzers unterwerfen. Er muß auf einen Teil seines Lohnes verzichten und ihn an unsere drei Bekannten (Fabrikbesitzer, Bankherr, Einleger) abliefern. Er wird natürlich immer, verbündet mit seinen Arbeitsgenossen, wieder versuchen, seinen Lohnanteil zu steigern (Lohnkämpfe, Streiks). Aber an der Tatsache, daß er nicht den vollen Ertrag seiner Arbeitsleistung empfängt, läßt sich nichts ändern, wenigstens so lange nicht, als der Fabrikbesitzer die Arbeitsbedingungen festsetzt. Und der kann es tun, weil er die Fabrik besitzt, weil er die Maschinen besitzt, weil er das Leder besitzt.“

Und meint man, daß diese Aufklärung den Kindern genügen würde? Ich weiß aus Erfahrung, daß die Kinder, die diesen Ausführungen mit höchstem Interesse folgen, nun fragen: „Ja, warum ist das so? Kann man das nicht anders machen?“ Und jetzt sind wir bei der Grundfrage angelangt. Der sozialistische Lehrer würde vielleicht sagen, daß das natürlich nicht so sein muß. Daß die Wurzel der Macht des Unternehmers, das Privateigentum an Produktionsmitteln, aufgehoben werden kann. Daß die Gesellschaft in den Besitz dieser Produktionsmittel gesetzt werden müsse (Sozialisierung, Sozialismus). Der bürgerliche Lehrer würde sagen, daß diese Ordnung entweder die „gottgewollte“ oder die „natürliche“ sei, daß es Arme und Reiche geben müsse, daß es doch ein ‘Risiko’ sei, eine Fabrik zu besitzen und daß der Fabrikbesitzer für dieses Risiko entschädigt werden müsse usw. Aber das sind ja ganz theoretische Betrachtungen! In Wirklichkeit läßt es der Kapitalismus gar nie zu diesen für ihn so verfänglichen Fragen kommen. Das wäre ja alles ‘Politik’ und hat an den Schulen nichts zu suchen. Nein, nein, der Kapitalismus läßt eine Rechenstunde nicht so weit reifen. In diese Gefahrenszone läßt er weder Kinder noch Lehrer vordringen. Und so verschweigt er den ganzen interessanten Werdegang dieser zehntausend Kronen; Zinsrechnen müssen die Kinder lernen. Die Proletarier müssen ja geschult werden, die Geschäfte des Kapitalismus besorgen zu können. Aber das, was hinter diesen so einfachen Zinsrechnungen steckt, das sollen die Kinder nicht erfahren. Sie sollen sich mit der Tatsache, daß Geld Zinsen trägt, ruhig und ohne nachzufragen abfinden, es als Dogma des Kapitalismus betrachten. Als eine bare Selbstverständlichkeit, über die man weiter kein Wort zu verlieren braucht. 100 000 K ergeben zu 10 Prozent angelegt im Jahr 10 000 K. Erledigt. Und der Kapitalismus geht „zum nächsten Beispiel" über.

Das ist aber nur ein Beispiel aus einem Unterrichtsgegenstand. Beinahe aus jeder Rechnung läßt sich eine solche Stunde konstruieren! Denn überall herrscht die kapitalistische Dogmatik, überall werden Rechenbeispiele aus der bürgerlichen Gesellschaft, aus der kapitalistischen Wirtschaft genommen, ohne daß untersucht wird, was hinter diesen Beispielen steckt. Und so wird den Kindern diese Wirtschaftsordnung als etwas Selbstverständliches, Eindeutiges, nicht anders zu Denkendes hingestellt. So wird diese Wirtschaftsordnung in den Schulstuben immer wieder stillschweigend bejaht. Denn es ist eine stillschweigende Bejahung, wenn ein Beispiel, hinter dem sich die ganze kapitalistische Ungerechtigkeit verbirgt, ohne ein Wort der Kritik, ja auch nur ohne ein Wort der Erläuterung gerechnet wird. Ist das Objektivität? Im Gegenteil! *Was das Bürgertum in der Schule treibt, ist schreiende Parteilichkeit, ist deutliche bürgerliche Klassenerziehung!* Und daran ändert nichts, daß diese bürgerliche Klassenerziehung von Lehrern geleistet wird, die gar nicht wissen, daß sie dadurch, daß sie zum „nächsten Beispiel" übergehen, nicht nur das Rechenbeispiel als richtig berechnet bezeichnen, sondern auch die kapitalistische Wirtschaftsordnung, aus deren Wesensart das Rechenbeispiel erwachsen ist, als richtig und in Ordnung befindlich bezeichnen.

Vielleicht ist es nützlich, diese „Objektivität" des Rechnens an einem grotesken Beispiel zu erläutern. Nehmen wir an, in einer Klasse soll Dividieren gelehrt werden. Und der Lehrer gibt folgendes Beispiel: In einem chinesischen Dorf wird ein Mann geschlachtet, der 100 kg wiegt. In dem Dorf wohnen 25 Familien. Wieviel Kilogramm Fleisch entfallen auf jede Familie? Dieses Beispiel wird in der guten alten Schule gerechnet, wo die Kinder alles dogmatisch entgegennehmen und keine Fragen wagen, wo aber der Lehrer als unbedingte Autorität betrachtet wird. Was wird nun geschehen? Nehmen wir nun noch an, die Kinder haben noch nie etwas über Menschenfressertum gehört, haben sich noch nie Gedanken darüber gemacht. Was wird geschehen? Die Kinder werden dividieren. Resultat: Auf jede Familie kommen 4 Kilogramm Fleisch. Und nun fügt der Lehrer kein Wort dazu. Weder: Es ist in Ordnung, Menschenfleisch zu essen - noch: Es ist niederträchtiger Kannibalismus. Alles, was er nun sagt, ist: „Gehen wir zum nächsten Beispiel!" Was ist nun die Folge? Die Kinder nehmen an, daß die Sache, die sie da gerechnet haben, ganz in Ordnung ist, daß also in chinesischen Dörfern die Menschen Menschenfleisch essen. Und da der Lehrer keinerlei Haltung zu der Sache nimmt, so billigt er sie stillschweigend. Denn sonst würde er doch etwas sagen!

Die scheinbare Objektivität des autoritativen Lehrers enthüllt sich als Parteilichkeit für den bestehenden Zustand - in diesem grotesken Beispiel für die Menschenfresserei. Wenn man übrigens weiß, wie sehr sich Sitten und Gebräuche, wie sehr sich moralische Anschauungen im Laufe der Jahrhunderte - in letzter Zeit selbst im Laufe der Jahrzehnte - ändern, so ist das Beispiel nicht einmal allzu grotesk. Denn wir Sozialisten sind überzeugt, daß eine künftige Menschheit auf die Tatsache der kapitalistischen Ausbeutung mit gleichem Entsetzen zurückblicken wird, wie wir auf das Zeitalter des Kannibalismus. Kommende Generationen werden, wenn sie dem Zeitalter der kapitalistischen Ausbeutung entronnen sind, diese Ausbeutung als die Ungeheuerlichkeit empfinden, die sie tatsächlich ist: daß Menschen es wagen, andere Menschen, die das gleiche Menschenantlitz tragen wie sie, fortwährend um den Ertrag ihrer Arbeit zu prellen. In unserer Schule aber wird diese Ungeheuerlichkeit als eine Selbstverständlichkeit betrachtet, sie wird in Rechenbeispielen behandelt und immer wieder durch Stillschweigen sanktioniert. Hier ist keine Objektivität! Objektiv wäre, die Wanderung der 100 000 K eines Einlegers bis zum Arbeiter tatsächlich zu verfolgen; objektiv wäre es, die Aufteilung des Arbeitsertrages zwischen arbeitendem Arbeiter einerseits, Unternehmer, Bankherr, Einleger andererseits festzustellen. Objektiv wäre ferner, den nun einsetzenden, vielleicht empörten Fragen der Kinder zu antworten: „Ja, es gibt viele Menschen - und es sind insbesondere die Arbeiter - die behaupten, das müsse nicht immer so bleiben, dies könne geändert werden; sie meinen, man könne an Stelle der gegenwärtigen Art der Warenherstellung (Produktionsweise) eine bessere setzen. Dagegen gibt es viele Menschen - und das sind insbesondere die Unternehmer, die Bankherren, die Kapitalisten - die meinen, es sei ganz in Ordnung so und müsse immer so bleiben. Wer recht hat von den beiden - das mögt ihr, wenn ihr ins Leben tretet, selbst entscheiden." Die Aufrollung des Problems - nicht dessen Umhüllung - das wäre objektiver, das wäre neutraler Unterricht. Und der Lehrer braucht ganz am Ende keineswegs Partei zu ergreifen. Denn die Sache selbst ergreift Partei - für den Sozialismus. Wenn aber ein Lehrer in dieser korrekten, wahrheitsgetreuen Art unterrichten würde - allseits tönte ihm der Vorwurf der Parteilichkeit entgegen. Wenn er hingegen ruhig weiterrechnen läßt, also damit stillschweigend Partei ergreift (die Partei des Bürgertums), dann ist alles in Ordnung, dann ist er „neutral" geblieben; O, wie prächtig es das Bürgertum verstanden hat, die Begriffe umzukehren! Der objektive Lehrer würde zum Manne gestempelt, der Parteipolitik in die Schule trägt, der (bewußt oder unbewußt) parteiisch-bürgerliche Lehrer trägt den Glorienschein der Neutralität. Und so fein hat die bürgerliche Gesellschaft diesen Schwindel aufgebaut, daß viele, viele tausende klassenbewußte Proletarier, Erzieher und Lehrer, ihn noch immer nicht durchschaut haben!

So - das war aber nur die Rechenstunde. Nicht anders geht es in allen übrigen Gegenstunden. Überall laute oder stillschweigende Sanktionierung der bürgerlichen Gesellschaft; überall ein Ausweichen vor den Tatsachen. Überall die Meinung, daß man sich vor 'Politik' in der Schule hüten müsse, weil der kluge Kapitalismus diesen streng sachlichen, gesellschaftswissenschaftlichen Unterricht als 'politischen' Unterricht denunziert. Aber für den Kapitalismus naht auch auf dem Gebiet der Erziehung die Dämmerung. Man kommt ihm allmählich auf seine Schliche. Noch ist sie allzusehr Domäne der herrschenden Klasse, die keine objektive Erziehung duldet, sondern bürgerlich-parteiische, die sie 'objektiv' oder 'neutral' nennt. Daß solch ein moderner, auf strengste Wissenschaftlichkeit aufgebauter, mit psychologisch entsprechender Methodik durchgeführter Unterricht durchaus im Rahmen der Schulreform Platz finden müßte, scheint mir außer Zweifel zu sein. Dazu gehört natürlich eine entsprechende soziologische und nationalökonomische Schulung der Lehrer, die die kapitalistische Lehrerbildung selbstredend nicht durchgeführt hat. Hoffentlich wird gerade auf diesem Gebiet recht bald gründlich reformiert werden ! Erfreuliche Anfänge hierzu sind an der Wiener Lehrerakademie festzustellen.

Aber solche Rechenstunden sind vor allem in unseren Horten, in unseren Erziehungsgemeinschaften abzuhalten! Mag die Schule den Kindern nur die Zinsrechnung zeigen und dann zum nächsten Beispiel übergehen - wir wollen gemeinsam mit den Kindern den Zinsen nachspüren und damit den Kindern, immer ihrem Verhältnis angemessen, das Wesen der kapitalistischen Produktionsweise aufzeigen. Machen wir allerorten solche Rechenstunden! Lehren wir unsere Kinder wirklich objektiv rechnen! Das werden sehr gefährliche Rechenstunden für den Kapitalismus werden. Denn Kinder, die so rechnen lernen, werden einst nicht nur imstande sein, im Dienst des Kapitalismus gründlich Zinsen zu rechnen, sondern die werden das Wissen und den Willen aufbringen, mit der ganzen kapitalistischen Wirtschaftsordnung gründlich und entscheidend - abzurechnen.

A-7.2.1 Öffentliches Meinungsdesign: Sieben Jahre Matte reichen! (1995)

Ungekürzter Artikel aus der Frankfurter Rundschau vom 12. Oktober 1995

Mythos Mathe - Bis zur siebten Klasse lernen Kinder, was sie brauchen

Von Bärbel Schubert

Bonn. Was Erwachsene an Mathematik brauchen, lernen sie in den ersten sieben Schuljahren. Alles, was den Schülern danach oft mit viel „Qual" eingetrichtert wird, spielt im späteren Leben praktisch keine Rolle. Der Bielefelder Mathematiker Hans Werner Heymann überprüfte in seiner Habilitationsarbeit den Beitrag der Mathematik zur Allgemeinbildung. Von dem verbreiteten Vorurteil, Mathematik als solche sei allgemeinbildend, blieb dabei wenig übrig.

Sollte es wirklich so sein, daß die mühsame Vermittlung der hohen Mathematik in der Schule zuerst dem Selbstverständnis deutscher Studienräte Rechnung trägt, indem schlicht wiederholt wird, was diese in jungen Jahren auf der Universität gelernt haben? Seit Jahrzehnten werden Kinder und Jugendliche mit Logarithmen, Winkelfunktionen und den Ritualen der hohen Mathematik traktiert. All dies mit dem Argument, die Mathematik sei allgemeinbildend und gehöre in genau dieser Form unverzichtbar zur Bildung.

Doch gebraucht werden dagegen für das spätere Berufsleben eher Übungen für den Kopf wie Schätzen, Überschlagen und vor allem Problemlösen, dazu das Interpretieren von Daten in Graphiken und der Gebrauch von technischen Hilfsmitteln. Bis zur siebten Klasse lernen Kinder in der Regel Prozentrechnung, Zinsrechnung und Dreisatz. Heymann: „Wer später nicht in einem Beruf arbeitet, der besonders viel mit Mathematik zu tun hat, braucht hauptsächlich diese Rechenarten."

Heymanns Arbeit geht von dem verbreiteten Unbehagen am herkömmlichen Standard-Mathematikunterricht aus. Der heutige Mathematikunterricht entspreche weder den gesellschaftlichen Anforderungen noch vermittele er das, was Kinder später im Beruf brauchen. Dies gelte nicht nur für das Gymnasium, sondern auch für die Hauptschule. Heymann: „Generell sollte der verbindliche Stoffkanon stärker auf diejenigen

Schüler Rücksicht nehmen, die später keinen mathematiknahen Beruf ausüben."

Einen allgemeinen „Bedarfszuwachs" an mathematischen Fertigkeiten angesichts gesellschaftlicher Veränderungen stellt die Untersuchung nicht fest. Zwar sind immer mehr gesellschaftliche Bereiche einer intensiven „Mathematisierung unterzogen": die industrielle Fertigung, die betriebliche Planung, das Marketing oder die statistische Erfassung vieler zusätzlicher Bereiche. Dies führt aber nach Erkenntnis des Wissenschaftlers eher dazu, daß noch weniger mathematische Fähigkeiten benutzt werden. Der Siegeszug des Taschenrechners ist ein Beispiel dafür. Auch eine effektive Nutzung solcher Werkzeuge setze „keineswegs komplexe mathematische Qualifikationen voraus".

Heymanns provokante Thesen platzen nun ausgerechnet mitten in die aktuelle Diskussion der Kultusminister über den Wert der Mathematik im Abitur. Dabei dreht sich die Auseinandersetzung wesentlich um die Frage, ob die „Kernfächer" Deutsch, Mathematik und Fremdsprache gestärkt, das heißt in größerem Umfang verpflichtend festgelegt werden sollen. Die vielen begleitenden Stellungnahmen und Diskussionsbeiträge haben bisher meist nicht das geleistet, was Heymann in seiner Arbeit unternimmt: zu hinterfragen, ob die alten Urteile noch stimmen.

Dabei untersucht der Wissenschaftler die allgemeinbildende Wirkung der Mathematik im wesentlichen an sieben zentralen Aufgaben. Das sind Lebensvorbereitung, Einbettung in den kulturellen Zusammenhang, Weltorientierung, Anleitung zum kritischen Vernunftgebrauch, die Entfaltung von Verantwortungsbereitschaft, Einübung in Verständigung und Kooperation sowie Stärkung des Schüler-Ichs.

Heymanns These: Für eine Reform des herkömmlichen Mathematikunterrichts muß man sich von der Ideologie verabschieden, daß die übliche Schulmathematik allgemeinbildend ist. Das, was heute in der Schule für angehende Mathematiker eine ideale Vorbereitung für Studium und Beruf ist, sei für viele andere keine angemessene Lebensvorbereitung. Als Lösung schlägt er eine frühere Differenzierung in der Schule vor.

Zur Verwirklichung eines allgemeinbildenden Mathematikunterrichts gehöre auf seiten der Lehrenden auch die Bescheidenheit und die Einsicht, daß Mathematik nicht für alle Schüler gleich wichtig ist. Heymann: „Kaum eines der ungelösten Probleme, mit denen wir uns als Menschen im globalen Raum konfrontiert sehen (und im privaten Bereich gilt das nicht minder), ist darauf zurückzuführen, daß zu viele von uns zu wenig Mathematik können."

Glosse von Harald Pleines zum eben wiedergegebenen dpa-Artikel (Darmstädter Echo vom 7. Oktober 1995):

Oller Kram

„Non scholae, sed vitae discimus" - Nicht für die Schule, sondern für das Leben lernen wir, meinten die alten Lateiner, und Generationen von Lehrern haben diesen Satz ihren unwilligen Schülern vorgekaut.

Doch sie haben sich damit verrechnet, wie ein Mathematikprofessor jetzt nachgewiesen hat. Das bißchen Rechnen, das jeder braucht, um im Leben zurechtzukommen, wird in den ersten sechs, sieben Schuljahren gelehrt. Was danach kommt, ist nur noch unnützer Schrott und curriculare Selbstbefriedigung gymnasialer Mathelehrer.

Der Mann hat recht, ist aber leider nicht weit genug gegangen. Nehmen wir den Sportunterricht: Wurden je erwachsene Menschen bei einem Bocksprung beobachtet? Wer hat - außer in seiner Schulzeit - 10 000 Meter zu Fuß zurückgelegt? Unter den fatalen Folgen des frühkindlichen Kunstunterrichts leidet so mancher Galerist, der unmöglich alle ihm angebotenen Klecksereien ausstellen kann.

Wieviel sinnlose Zeit wird auch im Sprachunterricht vergeudet. Wer anhand der Bedienungsanleitungen ein koreanisches Videogerät an einen japanischen Fernseher anschließen und auf die finnische Satellitenschüssel abstimmen kann, kommt ohne Verständigungsschwierigkeiten durch die ganze Welt.

„Aber Deutsch!" rufen jetzt die Lehrer. „Was soll aus der Kulturnation Deutschland werden, wenn niemand mehr die deutsche Sprache beherrscht und keiner mehr die Klassiker kennt?"

Gemach, gemach. Wie groß ist wohl der Grundwortschatz von Kommissar Derrick? Und der Mann ist ein Exportschlager.

8.1.1 Ein fehlerprovozierender Test nach der Mittelstufe

s. Haupttext, S. 135ff.

A-8.2.1 „Pädagogischer Bezug" und „pädagogischer Takt" (Herman Nohl, 1935)

zitiert aus H. Nohl 1982, S. 127-140.

Die folgenden Passagen aus Herman Nohls Klassiker der (leider) sogenannten „geisteswissenschaftlichen" Pädagogik berühren einige schmerzhafte Punkte im Lehrer-Schüler-Verhältnis. Es geht Nohl zugleich um zwei Spannungsverhältnisse, die auch in unserem Buch immer wieder explizit oder implizit vorkamen: die Spannung zwischen pädagogischem Eros und Contrat social einerseits (These 4), und die Spannung zwischen uneigennütziger Liebe zum Schüler und Rollenpflicht des verantwortlichen, erwachsenen Lehrers andererseits. Natürlich stimme ich Nohls Auffassungen nicht in allen Einzelheiten zu, erst recht nicht in den - gelegentlich sehr pathetischen - ausgelassenen Passagen; das sollte aus dem Haupttext des vorliegenden Buches deutlich sein. Trotzdem bin ich überzeugt, daß hinsichtlich des „pädagogischen Bezugs" - einer heute etwas seltsam klingenden Bezeichnung, die aber in der Pädagogik zwecks Anspielung auf Nohl noch gebräuchlich ist - einige Bemerkungen wohl zum Besten gehören, was über den verantwortungsbereiten Lehrer als „Bezugsperson" geschrieben wurde. Ich meine vor allem folgende Aspekte: Hingabe versus Formung, *beiderseitige* Bildungsgemeinschaft, lebenslanger Einfluß versus Entzugsziel, Lehrerpersönlichkeit hinter (besser: über) dem Stoff und Distanz aus „pädagogischem Takt". Es lohnt sich unbedingt, über die folgenden Passagen aus heutiger Sicht (und in heutiger Ausdrucksweise) nachzudenken.

... Hier ist das Ich, das sich aus sich und seinen Kräften entwickelt und sein Ziel zunächst in sich selbst hat, und dort sind die großen objektiven Inhalte, der Zusammenhang der Kultur und die sozialen Gemeinschaften, die dieses Individuum für sich in Anspruch nehmen und ihre eigenen Gesetze haben, die nicht nach Wille und Gesetz des Individuums fragen. Pädagogisch gewendet heißt das: das Kind ist nicht bloß Selbstzweck, sondern ist auch den objektiven Gehalten und Zielen verpflichtet, zu denen es hin erzogen wird, diese Gehalte sind nicht nur Bildungsmittel für die individuelle Gestalt, sondern haben einen eigenen Wert, und das Kind darf nicht bloß sich erzogen werden, sondern auch der Kulturarbeit, dem Beruf und der nationalen Gemeinschaft... *Es ist die große Leistung der Pädagogik im Haushalt des geistigen Lebens, daß sie die von Generation zu Generation regelmäßig einsetzende Verobjektivierung immer wieder aufhebt in der neuen Jugend,* so daß die „Bücher leben" und die Kultur spontane Bildung wird...[312]

... Das ursprüngliche Bildungserlebnis ist nicht die Erfahrung einer Spaltung des Ichs in Vorwaltendes und Geführtes, sondern das in einem pädagogischen Bezug Stehen zu einem Führer: „Beginnt nicht Erziehung erst in dem Augenblick, wo das Selbst durch eine höhere Ganzheit abgelöst wird, die uns aus uns selbst herauszieht und von selbst befreit?" (Fr. W. Förster) Im Bildungserlebnis des jungen Menschen ist wesensmäßig die Hingabe an den Lehrer und die Erfahrung von einem Wachstum und einer Formung durch den anderen enthalten. Die bloße Erfahrung des Sollens in sich - wenn sie überhaupt ohne die Bildungsgemeinschaft in mir lebendig aufgeht - ist eine ethische Erfahrung, die gewiß ihre große Bedeutung für die Pädagogik hat, aber noch nicht die erzieherische Erfahrung als solche. Die Erziehung endet da, wo der Mensch mündig wird, das heißt nach Schleiermacher: wenn die jüngere Generation auf selbständige Weise zur Erfüllung der sittlichen Aufgabe mitwirkend der älteren Generation gleichsteht, die Pädagogik hat also das Ziel, sich selbst überflüssig zu machen und zur Selbsterziehung zu werden, die dann bis zu unserm Tode fortreicht, aber damit ist gerade die Grenze der Pädagogik nach oben ausgedrückt, wo sie in Ethik übergeht. Es ist ja leider auch nicht so, daß uns das höhere Selbst in uns ohne Erziehung geschenkt würde, sondern es muß selbst erst geweckt, gereinigt und gefestigt werden ehe es erziehen kann, und auch dann bleibt immer noch ein Moment von Hingabe und Empfangen im religiösen Verhältnis, das pädagogischen Charakter hat. Also auch vom Bildungserlebnis des Zöglings aus ist die Grundlage der Erziehung die Bildungsgemeinschaft zwischen dem Erzieher und Zögling mit seinem Bildungswillen. Und wie sich in dem pädagogischen Verhalten, in dem Vatersein, Muttersein, Lehrersein, ein Stück unseres Lebens selbst erfüllt, das nicht nur Mittel ist, sondern seinen eigenen Sinn hat, eine Leidenschaft mit eigenen Schmerzen und Freuden, so ist auch für den Zögling der pädagogische Bezug ein Stück seines Lebens selbst und nicht nur Mittel

312 Der Vergleich mit Kerschensteiners Kulturprinzip drängt sich hier auf. L.F.

zum Erwachsenwerden - dazu dauert er auch zu lange, und wie viele erleben das Ziel nie! Unter den wenigen Verhältnissen, die uns im Leben gegeben sind, Freundschaft, Liebe, Arbeitsgemeinschaft, ist das Verhältnis zum echten Lehrer vielleicht das grundlegendste, das unser Dasein am stärksten erfüllt und formt...

... Ist das Ziel der Erziehung die Erweckung eines einheitlichen geistigen Lebens, so kann sie nur wieder durch ein einheitliches geistiges Leben gelingen, persönlicher Geist sich nur an persönlichem Geist entwickeln. Die pädagogische Wirkung geht nicht aus von einem System von geltenden Werten, sondern immer nur von einem ursprünglichen Selbst, einem wirklichen Menschen mit einem festen Willen, wie sie auch auf einen wirklichen Menschen gerichtet ist: die Formung aus einer Einheit. Das ist der Primat der Persönlichkeit und der personalen Gemeinschaft in der Erziehung gegenüber bloßen Ideen, einer Formung durch den objektiven Geist und die Macht der Sache... Meine Begabung führt mich zur Sache, aber der erzieherische Bezug formt auch die Begabung, und formt sie nicht aus der Sache, sondern aus den persönlichen Kräften, zu denen dann allerdings auch die Sachlichkeit gehört. Darum kann ein großer Lehrer seine Wirkung behalten, auch wenn der Inhalt seiner Lehre längst überholt ist...[313]

Die Grundlage der Erziehung ist also das leidenschaftliche Verhältnis eines reifen Menschen zu einem werdenden Menschen, und zwar um seiner selbst willen, daß er zu seinem Leben und seiner Form komme...

... Wie ein Kunstwerk nicht aus einer bloßen Neutralität erwächst, sondern aus der Leidenschaft eines Glaubens und trotzdem ganz in sich beruhen soll und keine Tendenz haben, so ist auch der Erzieher kein Tendenzpädagoge. Dieses eigentümliche Gegeneinander und Ineinander von zwei Richtungen der Arbeit macht *die pädagogische Haltung* aus und gibt dem Erzieher eine eigentümliche *Distanz* zu seiner Sache wie zu seinem Zögling, deren feinster Ausdruck ein *pädagogischer Takt* ist, der dem Zögling auch da nicht „zu nahe tritt", wo er ihn steigern oder bewahren möchte, und der spürt, wenn eine große Sache nicht pädagogisch klein gemacht werden darf. Und auch der Zögling will bei aller Hingabe an seinen Lehrer im Grunde doch sich, will selber sein und selber machen, schon das kleine Kind im Spiel, und so ist auch von seiner Seite in der Hingabe immer zugleich Selbstbewahrung und Widerstand, und das pädagogische Verhältnis strebt - das ist sein Schicksal und die Tragik des Lehrerseins - von beiden Seiten dahin, sich überflüssig zu machen und zu lösen, - ein Charakter, der so keinem anderen menschlichen Bezuge eigen ist... Der Veränderungswille, der im Pädagogischen, im Unterschied von dem Politischen, nicht Verhältnisse, sondern Menschen ändern will, wird zu einer *pädagogischen* Leistung nur durch eine solche vorbildende Konzeption, die der ungehemmten Auswirkung vorangeht, und deren *schöpferisches Geheimnis in jener Ineinssetzung des missionarischen Kulturwillens mit dem persönlichen Ideal und der Spontaneität des Zöglings* liegt. In dieser

---

[313] Erzählt man einem alten Menschen, man sei Lehrer, so wird er in schöner Regelmäßigkeit von seinen Erinnerungen aus der Schule und besonders von einigen Lehrern plaudern, von schrecklichen, kantigen, skurrilen oder auch von lebenslang prägenden. An alle seine Liebschaften, Freizeitaktivitäten oder Arbeitsverhältnisse wird er sich kaum so detailliert erinnern... L.F.

Spannung liegt der spezifisch pädagogische Ton auf dem Festhalten jener Distanz, die bei aller persönlichen Überzeugtheit von der Wahrheit des eigenen Glaubens immer die Lebendigkeit des Zöglings achtet, die in der Freiheit seiner sittlichen Selbstentscheidung gipfelt.

A-8.2.2 Der reale Mathematiklehrer ...

... kommt 15 Minuten vor Unterrichtsbeginn in die Schule. Er schaut gewohnheitsmäßig zuerst ins Mitteilungsbuch. Dort findet sich neben viel Unwichtigem oft auch Wichtiges zum Abzeichnen: Vertretungsstunden, Klausuraufsichten, Schüler- und Lehrerschicksale, neue Vorschriften oder Termine.

Ist das erledigt, hastet der Normallehrer heutzutage meist in den Kopierraum: Trotz aller guten Vorsätze sind die Arbeitsblätter wieder erst gestern Abend fertig geworden. Zeit zur Kontaktpflege mit den wartenden Kollegen, denen es ebenso erging. (Es sind meist die netteren.)

Wird ein Overhead-Projektor oder Computer gebraucht? Hat man keinen in der Klasse oder einen zuverlässigen, mitfühlenden Schüler, der das besorgt, dann muß ihn der Lehrer selbst aus dem Geräteraum holen. Vorsicht: Erst testen, ob wenigstens ein Gerät in Ordnung ist! (Falls nicht, oder wenn der Schulrat im Hause ist, muß man auch ohne Projektor weiterwissen.) Dann ab in die Klasse, die Zeit wird schon knapp, und das Gerät muß noch aufgestellt werden. Hoffentlich klingelt es zur Stunde erst, wenn auch das geschafft ist. (Waren die 15 Minuten Vorlauf zu kurz? Gut, morgen wird man alles besser machen...) Jetzt tief durchatmen, der offizielle Teil beginnt. Da heißt es ruhig, gelassen und bestimmt auftreten. (Die Befindlichkeit des Lehrers braucht Schüler nicht zu interessieren.)

In den jüngeren Klassen sind wenigstens fast alle da. Bei Oberstuflern kann es vorkommen, daß man erst einmal im Kursraum allein ist, bevor sich die jungen Damen und Herren auf ihre Plätze bequemen. Wie dem auch sei, der Lehrer muß Pünktlichkeit fordern und vorleben. Ohne Not ist er immer pünktlich da, begrüßt Anwesende wie Nachzügler freundlich und notiert Fehlende wie Verspätungen *sofort und kommentarlos* im Klassen- oder Kursbuch - er weiß ja noch nicht, ob vielleicht doch Ernstes dahinter steckt.

Pünktlicher Beginn, rasche Buchführung und zügiger, konzentrierter Anfang mit Inhaltlichem sind gleichermaßen wichtig. Der pünktliche und bestimmte Lehrerauftritt (Körpersprache!) wie auch die lästige Buchführung erleichtern mittelfristig vielen Schülern und dem Lehrer selbst die Konzentration auf die anstehende Sache, und sie fördern zivilisierte Selbstkontrolle und kultivierte Umgangsformen. Die Buchführung fällt übrigens leichter, wenn man alle Schüler und eine konstante Anfangssitzordnung im Kopf hat.[314]

[314] Früh auswendig lernen! Manche Lehrer haben für jede Stunde eine neue, datierte Sitzplankopie mit ein paar Stichworten zum geplanten Stundenablauf. Dort können sie die Buchführung auch über mündliche Leistungen, Hausaufgaben usw. sehr rasch informell mit eigenen Kürzeln erledigen und das Nötige ggfs. später ins Klassenbuch oder in den eigenen Vorbereitungshefter übertragen.

Ein Profi weiß das. Entschuldigungen, Ermahnungen und eventuelle Präventivmaßnahmen vertagt er auf eine Stillarbeitsphase oder Pause, die Hausaufgabenbesprechung auf später, sie stören den Anfang in der Sache - er vergißt sie aber auch nicht.

Überhaupt, der Anfang in der Sache[315]: Nach meiner Erfahrung aus dem eigenen Unterricht, der auch nicht immer „so lief", und aus einigen hundert Stundenbeobachtungen scheint es eine Art Normalverteilung der Aufmerksamkeits- und Anstrengungsbereitschaft zu geben. Die entsprechende Kurve sieht etwa so aus:

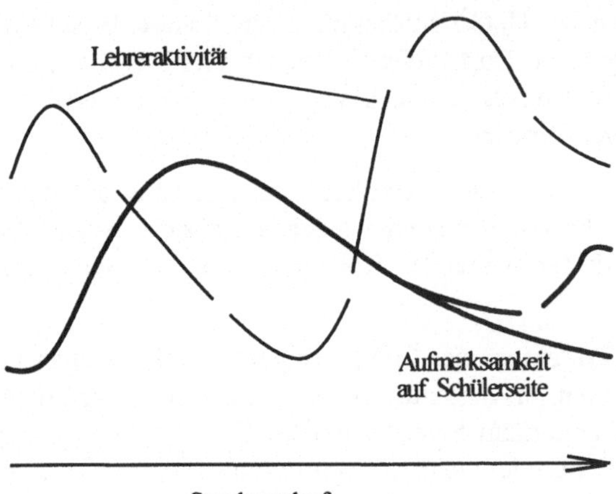

Mit der dick durchgezogenen Linie ist folgendes gemeint: Verhält sich der Lehrer unauffällig und schülerkonform, dann sind die meisten Schüler im alltäglichen Normalfall nach kurzer Anfangsunruhe bereit, sich auf Neues zu konzentrieren und einzulassen. Dem entspricht der erfahrene Lehrer, indem er die Anfangsbereitschaft zur Neueinführung von „Stoff", Gedanken, Begriffsfeldern oder Methoden, nutzt und Einübungen oder Hausaufgabenbesprechungen erst danach ansetzt. (Ein Vergleich mit den Normalstufen der Herbartianer in Kapitel 3 ist interessant.)

Bis dahin hat sich der routinierte Lehrer nur mäßig angestrengt. Die üblicherweise anschließenden Still-, Partner- oder Gruppenarbeiten dienen nicht nur dem „Methodenwechsel" bzw. Entdeckungslernen, sie geben dem Lehrer auch notwendige Gelegenheiten zu Einzelbeobachtungen und -hilfen, zu Kontrollgängen (Hausaufgaben, Entschuldigungen, Maßnahmen) und zu Notizen über das Bisherige (Buchführung, mündliche Beteiligung, verabredete Maßnahmen usw.).

Wie effektiv der Lehrer die Stunde tatsächlich gestalten kann, d.h. wie stark der Lernzuwachs auf Schülerseite wird (im Bild dick gestrichelte Alternative), hängt nun in aller Regel ganz entscheidend von einem „Knackpunkt" ab: ob es ihm nämlich gelingt, die

---

[315] Eigentlich hätte er längst geschehen sein sollen. Aber der bürokratische Treibsand läßt sich nicht entfernen, nur minimieren, und dazu helfen feste Rituale wie pünktlicher und konzentrierter Stundenbeginn, Höflichkeit, Ruhegebot, Meldepflicht bei fehlenden Hausaufgaben zu Stundenbeginn und bekannte Regeln für die Konsequenzen (z.B. Verweigerungsnote und Anruf zu Hause nach dem dritten Mal ohne vorausgegangenes Fehlen im Halbjahr).

Aufmerksamkeit der Schüler im letzten Stundendrittel noch einmal zu konzentrieren. Diese erneute Konzentration bekommt man nicht geschenkt. Hier muß sich der Lehrer wirklich anstrengen, und er braucht (wenigstens) eine Idee: Läßt sich dem Stundenthema eine überraschende Wendung geben? Gibt es eine spannende Vertiefung? ... eine erstaunliche Verbindung zu Früherem? ... eine wirklich interessante Anwendung? ... eine amüsante (Haus-) Aufgabe? ... einen aufregenden Streit über Sinn und Zweck des Gelernten?

Nur Könner schütteln so etwas aus dem Ärmel, normale Lehrer haben es sich bei der häuslichen Planung zurecht gelegt und müssen sich doch noch vor Ort anstrengen, um die Schüler mitzureißen - das sollen die gestrichelten Kurven andeuten. Mitunter ergibt sich eine neue Idee im Stundenablauf, die noch besser als das Geplante zum tatsächlichen Unterrichtsverlauf paßt.[316] Ist die neue Idee brauchbar, so wird man sich - schon aus atmosphärischen Gründen - gern auf sie einlassen und die geplante Steigerung zurückstellen. (Geplante Varianten werden dadurch nicht überflüssig, sie sind auch bei völlig abweichendem Verlauf äußerst nützlich, wenn auch im Verborgenen: sie garantieren fachliche Sicherheit und einen intuitiven Qualitätsmaßstab für spontane Ideen.)

Noch einmal sei es gesagt: Auch erfahrene Lehrer planen ihren Unterricht, und dies mit besonderem Blick auf inhaltliche Schwerpunktsetzungen und auf die rechtzeitige Sicherung von Abprüfbarem[317]. Nur sieht die Planung nach einigen Dienstjahren anders aus als bei Novizen. Mit wachsender Erfahrung verlagert sich der Arbeits*schwerpunkt* bei der Unterrichtsvorbereitung von Einzelstunden auf ganze Themenkreise. Auch der Anfänger tut gut daran, sich dies im Wechsel für jeweils *eine* aktuelle Unterrichtsreihe in *einer* Klasse vorzunehmen. Das Wichtigste ist, seinen „Geschmack" von den üblichen Unterrichtsthemen (fort-) zu bilden und ab und zu Neues zu wagen.

Die Vorbereitung der Einzelstunden kann sich dann auf das Nötigste beschränken und die Akzente aus eigener Erinnerung mit ein paar Seitenblicken ins eingeführte Schulbuch setzen: Auftritt, konzentrierter Einstieg, gezielte Beachtung bisher vernachlässigter Schüler (Noten? individuelle Beratung in der Pause?), Arbeitsaufträge, Material für die Klassenarbeit, Außenstände (Hausaufgaben? Frühere Maßnahmen? Unerledigtes), Gestaltung des letzten Stundendrittels, neue Hausaufgaben?

Apropos Hausaufgaben. Darüber wird seit zweihundert Jahren unendlich viel geschrieben und diskutiert.[318] Ich finde nur drei Punkte wichtig:

1. Man sollte kein Ritual daraus machen und sie nur da geben - dann allerdings mit Nachdruck verbindlich -, wo man sie wirklich nötig und hilfreich findet. Auf Eltern-

---

[316] Verlassen kann der Lehrer sich darauf freilich nicht.

[317] für die leider überall vorgeschriebenen und oft langfristig terminierten Klassenarbeiten oder Klausuren.

[318] Im frühen 19. Jahrundert hatte sich ein Medizinalrat Lorinser mit dem populären Schlagwort „Überbürdung" in der Tagespresse schon fast unsterblich gemacht, als im anglophilen 20. Jahrhundert daraus jener „Schulstreß" wurde, der in Wellen noch immer wieder einmal durch die Journale geistert. (Lorinser: Zum Schutze der Gesundheit in den Schulen, 1836; s. F. Pahl 1913, S. 282f.) Wer die nachmittäglichen Terminkalender von 8jährigen oder Teenagern gesehen hat, wird sich seine eigene Meinung bilden.

nachhilfe soll man nicht rechnen, also bleiben nur Trainingssequenzen (bitte keine „grauen Kästchen“) oder offen-freiwillige „vorbereitende“ Erkundungsaufgaben.

2. Wer das zu Übende schon kann, sollte nicht mit Treibsandschaufeln bestraft werden. Vielleicht bietet man eine komplexere Aufgabe als Ersatz für mehrere Routineaufgaben an, oder man schneidet die Aufgabenauswahl individueller, etwa gruppenweise zu. (Differenzierungsmittel: Aufgabensammlungen mit Lösungskontrollen, Freiarbeitsmaterialien, Schülerbücherei, Facharbeitsräume...).

3. Man sollte zumindest erwägen, Zahlenlösungen (evtl. in vermischter Reihenfolge oder in Form einer Kontrollsumme) vorab mitzuteilen. Der Vergleich numerischer Werte in der Schule bringt, für sich genommen, nichts Gutes (s. Haupttext, Abschnitt 8.1), und es muß ein wichtiges Ziel allen Unterrichts bleiben, die Selbstverantwortung der Schüler für ihr Lernen zu entwickeln.

Zurück zum Unterrichtsablauf. Gegen Stundenende wird der Lehrer seine Uhr im Auge behalten. Zu den erwähnten sinnvollen Ritualen sollte ein ebenso pünktliches Stundenende gehören wie Pünktlichkeit am Anfang. Beides nützt dem Streßabbau bei Schülern und Lehrern, denn von den umrahmenden Pausen bleibt meist nicht viel: Einzelgespräche, Aufsichtsverpflichtungen, Notizen, Terminabsprachen, Kontaktpflege, freundliche Würdigung neuster Einfälle der Schulleitung, Gerätebeschaffung für die nächste Stunde, Wege im Schulhaus...

So geht es weiter bis zum Unterrichtsschluß. Wenn keine Besprechungen oder Konferenzen anstehen, wird sich der Lehrer zu Hause erst einmal entspannen müssen. Dies wird ihm um so eher gelingen, je konsequenter er den Großteil des entstandenen alltäglichen Ärgers mit einiger Routine abgeschüttelt oder gleich dort gelassen hat, wo er entstand. (Auch das braucht Haltung und Rückgrat.) Seine berufliche Hausarbeit wird er damit beginnen, das Erlebte Revue passieren zu lassen und seine Tagesnotizen hier und da zu ergänzen.[319] Danach wird er überlegen, wie es in jeder seiner Lerngruppen sinnvoll weitergehen kann, und sich vielleicht noch einmal Notizen machen. Schließlich wird er sich den Korrekturen von schriftlichen Schülerarbeiten zuwenden, d.h. Klassenarbeiten, Klausuren und Hausheften.[320] Bleibt dann noch Zeit, so wartet noch eine angenehmere Arbeit: eigene Fortbildung, literarische Umschau für die mittelfristige Planung und Akzentuierung der Unterrichtsreihen, die dieses Halbjahr eigentlich neu ausgefeilt werden sollten.

Auf die übrigen Belastungen wie Elterngespräche, Klassenleitung, Verwaltungsaufgaben, Klausurentwürfe, Notenverwaltung, Planung von Wandertagen, Schulfahrten und -festen, Schulleben, Schulprofil, Erlaßstudien, Imagekosmetik, Verbands- Gewerkschafts- und Parteiengehudel usf. möchte ich hier nicht eingehen. Ein guter Lehrer, wird sich all dem

---

[319] Ohne solche Notizen (vielleicht in speziellen Klassenheftern) wird er bei Vollzeitarbeit auf Dauer kaum imstande sein, die zwei- bis dreihundert Schüler individuell einzuschätzen und zu fördern, die ihm regelmäßig anvertraut sind.

[320] Nach einigen Enttäuschungen mit ausgesprochen originellen Selbstverwirklichungen in Klassenarbeiten wird man merken, daß es sich für beide Seiten lohnt, die Schülertexte rechtzeitig auf ihre äußere und innere Form hin zu begutachten, bevor es ernst wird und um Noten geht. Hat man kurze Zeit jeden Tag *alle* Haushefte angeschaut und ggfs. schriftlich kritisiert, dann reichen anschließend erfahrungsgemäß (heimlich gezielte) Stichproben.

nur in vernünftigen Maßen widmen wollen - und können. Mit Bewunderung und öffentlichen Belobigungen rechnet er nicht, der kleine, heimliche, alltägliche Respekt genügt ihm.

Und auf lange Sicht vermutlich auch seinen Schülern.

Literatur

Im folgenden werden einige didaktische Zeitschriften mit den üblichen Kürzeln genannt: MU für „Der Mathematikunterricht", MNU für „Der mathematisch-naturwissenschaftliche Unterricht", PM für „Praxis der Mathematik", JMD für „Journal für Mathematik-Didaktik" und ZDM für „Zentralblatt für Didaktik der Mathematik". Einige Bücher werden zur Ergänzung des vorliegenden besonders empfohlen. Sie sind kursiv angegeben und mit (G) markiert, wenn sich die Empfehlung eher an Gymnasiallehrer wendet.

Adorno, T.W.: Erziehung zur Mündigkeit. Frankfurt am Main: Suhrkamp 1971.

Algra, K.: Concepts of Space in Greek Thought. Leiden: E.J. Brill 1995.

Amon, J.: Das TempoRisiko. Mathematikreihe (quadratische Funktionen) zu einem fächerübergreifenden Projekt mit Ethik und Physik zur Verkehrserziehung. Mülheim 1990.

Andelfinger, B.: Arithmetik, Algebra und Funktionen - Didaktischer Informationsdienst Mathematik. Soest: Landesinstitut für Schule und Weiterbildung 1985.

Andelfinger, B.: Mathematik, Sekundarstufe I - Umgebung und Perspektiven für einen anderen Lehrplan. In: ZDM 19.1 (1987).

Andelfinger, B.: Geometrie - Didaktischer Informationsdienst Mathematik. Soest: Landesinstitut für Schule und Weiterbildung Ebenda 1988.

Andelfinger, B.: Mathematikunterricht - Fokus: Sekundarstufe I. Ulm: Werkstatt Schule 1991.

Andelfinger, B.; H.N. Jahnke u.a.: Verständnis- und Verständigungsprobleme im Arithmetik- und Algebraunterricht der Sekundarstufe I. Bielefeld: IDM (Occasional Paper 72) 1985.

Asmus, W.: Johann Friedrich Herbart - Eine pädagogische Biographie. Heidelberg: Quelle & Meyer 1968.

Ausubel, D.P. u.a.: Psychologie des Unterrichts, Bd. 2. Weinheim: Beltz 1974 und 1980.

Baruk, S.: Wie alt ist der Kapitän? Basel: Birkhäuser 1989.

Bauersfeld, H. (Hrsg.): Fallstudien und Analysen zum Unterrichtshandeln. Hannover: Schroedel 1978.

Beck, U.: Mathematikunterricht zwischen Anwendung und Reiner Mathematik. Frankfurt a.M.: Diesterweg 1982.

Bildungskommission Nordrhein-Westfalen: Zukunft der Bildung - Schule der Zukunft. Denkschrift der Kommission „Zukunft der Bildung - Schule der Zukunft" beim Ministerpräsidenten des Landes NRW. Neuwied: Luchterhand 1995.

Birkemeier, W.: Über den Bildungswert der Mathematik. Leipzig: Teubner 1923.

Blankertz, H.: Bildung im Zeitalter der großen Industrie - Pädagogik, Schule und Berufsbildung im 19. Jahrhundert. Hannover. Schroedel 1967.

Blechman, I.I.; A.D.Myskis; J.G. Panovko: Angewandte Mathematik - Gegenstand, Logik, Besonderheiten. Berlin: DVW 1978. (G)

Blum, W.: Anwendungsorientierter Mathematikunterricht in der didaktischen Diskussion. In: Mathematische Semesterberichte 32 (1985), Heft 2, S. 195-232.

Böhme, G.; H. Kernler, H.-V. Niemeier, D. Pflügel: Aktuelle Anwendungen der Mathematik. Berlin: Springer (2. Aufl.:) 1989.

Borovcnik, M.: Stochastik im Wechselspiel von Intuitionen und Mathematik. Mannheim: BI 1992.

Böttcher, W.; K. Klemm (Hrsg.): Bildung in Zahlen - Statistisches Handbuch zu Daten und Trends im Bildungsbereich. Weinheim: Juventa 1995.

Bourbaki, N.: Die Architektur der Mathematik. In: M. Otte 1974, S. 140-160.

Braun, K.-H.: Die Unterrichtsschule am Ende ihrer Epoche - Diskursethische Reflexionen zum neuen Hessischen Schulgesetz. In: Neue Sammlung 33.1 (1993), S. 71-99.

Bromme, R.: Die alltägliche Unterrichtsvorbereitung des (Mathematik-) Lehrers im Spiegel empirischer Untersuchungen. In: Journal für Mathematikdidaktik, 7.1 (1986), S. 142-156.

Bromme, R.: Der Lehrer als Experte - Zur Psychologie des professionellen Wissens. Bern: Huber 1992.

Bruner, J.: Der Prozeß der Erziehung. Berlin/Düsseldorf: Berlin Verlag/Schwann 1970.

Bruner, J.: Das Unbekannte denken - Autobiographische Essays. Stuttgart: Klett-Cotta 1990.

Bühler, W.K.: Gauß - Eine biographische Studie. Berlin: Springer 1986.

Burckhardt, M.: Metamorphosen von Raum und Zeit - Eine Geschichte der Wahrnehmung. Frankfurt am Main: Campus 1994.

Carnap, R.: Logische Syntax der Sprache. Wien: Springer 1968.

Copei, F.: Der fruchtbare Moment im Bildungsprozeß. Heidelberg: Quelle & Meyer (9. Aufl.:) 1969 (1. Aufl. 1930).

Courant R.; H. Robbins: Was ist Mathematik? Heidelberg: Springer, (mehrere Aufl., z.B.:) 1973.(G)

Damerow, P.: Was ist mathematische Leistung und wie entstehen die Leistungsunterschiede im Mathematikunterricht? In: Neue Sammlung 20.3 (1980), S. 253-270.

Damerow, P.; W. Lefèvre (Hrsg.): Rechenstein, Experiment, Sprache. Stuttgart: Klett-Cotta 1981.

Davis, P.J.; R. Hersh: Erfahrung Mathematik. Basel: Birkhäuser 1986.

Deschauer, S.: Das zweite Rechenbuch von Adam Ries. Vieweg: Wiesbaden 1992.

Dessoir, M. (Hrsg.): Die Geschichte der Philosophie. 1925. Nachdruck: Wiesbaden: Fourier o. J.

Dewey, J.: Demokratie und Erziehung - Eine Einleitung in die philosophische Pädagogik. Weinheim: Beltz 1993 (Nachdruck der 3. Aufl. von 1964; 1. Aufl. im engl. Original 1916).

Diederich, J.: Vom Fluch der Liebe zur Mathematik. In: JMD 1 (1980), S. 277-297.

Dietrich, T. (Hrsg.): Die pädagogische Bewegung „Vom Kinde aus". Bad Heilbrunn/Obb.: Klinkhardt (3. Aufl.:) 1973.

Dieudonné, J.: Sollen wir „Moderne Mathematik" lehren? In: M. Otte 1974, S. 403-418.

van Dormolen, J.: Methodik des Mathematikunterrichts. Braunschweig: Vieweg 1978.

Dorner, A.: Mathematik im Dienste der nationalpolitischen Erziehung mit Anwendungsbeispielen aus Volkswisenschaft, Geländekunde und Naturwissenschaft - Ein Handbuch für Lehrer. Herausgegeben im Auftrage des „Reichsverbandes Deutscher mathematischer Gesellschaften und Vereine". Frankfurt a. M.: Diesterweg 1935.

von den Driesch, J.; J. Esterhues: Geschichte der Erziehung und Bildung, Bd. II. Paderborn: Schöningh 1952.

Eigenmann, P.: Geometrische Denkaufgaben. Stuttgart: Klett 1981.

Engels, E.-M. (Hrsg.): Die Rezeption von Evolutionstheorien im 19. Jh. Frankfurt/M.: Suhrkamp 1995.

Fetscher, I.: Rousseaus politische Philosophie. Frankfurt am Main: Suhrkamp (7. Aufl.:) 1993.

Fischer, R.; G. Malle: Mensch und Mathematik. Mannheim: BI 1985.

Flessau, K.-I.: Schule der Diktatur. München: Ehrenwirth 1977.

Flitner, A.: Reform der Erziehung - Impulse des 20. Jahrhunderts. München: Piper 1992.

Freudenthal, H.: Was ist Axiomatik und welchen Bildungswert soll sie haben? In: Der Mathematikunterricht, Heft 4 (1963), S. 5-29.

Freudenthal, H.: Mathematik als pädagogische Aufgabe, 2 Bände. Stuttgart: Klett 1973.

Freudenthal, H.: Didaktische Phänomenologie mathematischer Grundbegriffe. In: MU 3/1977, S. 46-73.

Freudenthal, H.: Didactical Phenomenology of Mathematical Structures. Dordrecht: Reidel 1983.

Freudenthal, H.: Muttersprache und Mathematiksprache. In: Mathematik lehren, Heft 9 (1985), S. 3-5.

Frey, K.: Die Projektmethode. Weinheim: Beltz (3. Aufl.:) 1990.

Führer, L.: Zur Entstehung und Begründung des Analysisunterrichts an allgemeinbildenden Schulen. In: MU 27.5 (1981), S. 81-122.

Führer, L.: Die Winkelsumme im Dreieck - eine Wiederholungsstunde in Klasse 7. In: Mathematik lehren, Heft 5 (1984a), S.47-48.

Führer, L.: Ich denke, also irre ich - Anfänge und Grenzen der Fehlerkunde. In: Mathematik lehren, Heft 5 (1984b), S. 2-9.

Führer, L.: „CoMu" und die Reaktion. In: Mathematik lehren, Heft 7 (1984c), S. 3.

Führer, L. (Hrsg.): Rechner II. Heft 13 (1985) der Zeitschrift „Mathematik lehren".

Führer, L. (Hrsg.): Geschichte - Geschichten. Heft 19 (1986) der Zeitschrift „Mathematik lehren".

Geck, E.: Die Bedeutung von Mathematik und Physik für die Erziehung zum deutschen Menschen. (Vortrag vom 23.11.1933 in Stuttgart auf der Hauptversammlung des Mathematisch-Naturwissenschaftlichen Vereins in Württemberg). Sonderdruck der MNU von 1933.

Gericke, H.: Geschichte des Zahlbegriffs. Mannheim: BI 1970.

Gille, A.: Herbarts Ansichten über den mathematischen Unterricht. Halle an der Saale: Buchdrukkerei des Waisenhauses 1888.

Glöckel, H.: Vom Unterricht - Lehrbuch der Allgemeinen Didaktik. Bad Heilbrunn/Obb.: Klinkhardt 1990.

Gropengießer, I. u.a. (Hrsg.): Schule - Zwischen Routine und Reform. Velber: Friedrich-Jahresheft XII 1994.

Gutzmer, A.: Bericht betreffend den Unterricht in der Mathematik an den neunklassigen höheren Lehranstalten - Reformvorschläge von Meran 1905 (zitiert nach MU, Heft 6, 1980, S. 53-62).

Heitger, M.: Die Arbeit des Lehrers im Spannungsfeld von pädagogischem Auftrag und öffentlichen Erwartungen. In: Niedersächsisches Kultusministerium 1988, S. 46-64.

Hellmich, A.; P. Teigeler (Hrsg.): Montessori-, Freinet-, Waldorfpädagogik - Konzeption und aktuelle Praxis. Weinheim: Beltz (3. Aufl.:) 1995.

von Hentig, H.: Die Schule neu denken. München: Hanser (2. Aufl.:) 1993.

Hermann, H.D.: Mathematik im Projektunterricht. In: Ästhetik und Kommunikation, Heft 22/23, 1975/76, S. 70-85.

Hessisches Kultusministerium (Hrsg.): Rahmenplan Mathematik - Sekundarstufe I. Frankfurt am Main: Diesterweg 1995a.

Hessisches Kultusministerium (Hrsg.): Pläne für die Pädagogische Ausbildung für die Lehrämter. Wiesbaden: Hess. Kultusministerium 1995b.

Heymann, H.-W.: Allgemeinbildung und Mathematik. Weinheim: Beltz 1996.

van Hiele, P.; D. van Hiele-Geldorf: La signification des niveaux de pensée dans l'enseignement par la méthode déductive. In: Mathematica et Paedagogica 16 (1958/59), S. 25-34 (dt. Übers. in H.-G. Steiner (Hrsg.): Didaktik der Mathematik. Darmstadt: Wiss. Buchges. 1978, S. 127-139).

van Hiele, P.: Structure and Insight - A Theory of Mathematics Education. Orlando u.a.: Academic Press 1986.

Hofstätter, P. (Hrsg.): Fischerlexikon Psychologie. Frankfurt am Main: Fischer 1968.

Holland, G.: Geometrie in der Sekundarstufe. Heidelberg: Spektrum (2. Aufl.:) 1996.

Hopf, D.: Mathematikunterricht - Eine empirische Untersuchung zur Didaktik und Unterrichtsmethode in der 7. Klasse des Gymnasiums. Stuttgart: Klett-Cotta 1980.

Humenberger, J.; H.-C. Reichel: Fundamentale Ideen der Angewandten Mathematik. Mannheim: BI 1995.

Illich, I.: Die Entschulung der Gesellschaft - Entwurf eines demokratischen Bildungssystems. Reinbeck: Rowohlt 1973.

Illich, I.: Vom Recht auf „Gemeinheit". Reinbeck: Rowohlt 1982.

Ingenkamp, K. (Hrsg.): Die Fragwürdigkeit der Zensurengebung. Weinheim: Beltz 1971.

Ingenkamp, K.; R. S. Jäger u.a. (Hrsg.): Empirische Pädagogik 1970-1990 - Eine Bestandsaufnahme der Forschung, 2. Bände. Weinheim: Deutscher Studienverlag 1992.

Inhetveen, H.: Die Reform des gymnasialen Mathematikunterrichts zwischen 1890 und 1914. Bad Heilbrunn/Obb.: Klinkhardt 1976.

Jahnke, H.N.: Mathematik und Bildung in der Humboldtschen Reform. Göttingen: Vandenhoeck und Ruprecht 1990.

Jammer, M.: Das Problem des Raumes - Die Entwicklung der Raumtheorien. Darmstadt: Wissenschaftliche Buchgesellschaft 1960.

Kanitscheider, B.: Kosmologie - Geschichte und Systematik in philosophischer Perspektive. Stuttgart: Reclam 1984.

Kerschensteiner, G.: Die Schule der Zukunft eine Arbeitsschule. 1908. In: G. Kerschensteiner: Texte, Band II. Paderborn: Schöningh 1968.

Kerschensteiner, G.: Die Winkelsumme im Dreieck beträgt zwei rechte. Die Praxis der Arbeitsschule. Band 4, Heft 5. München: Warmuth 1914, S. 91-100.

Kerschensteiner, G.: Die Seele des Erziehers und das Problem der Lehrerbildung. Leipzig: Teubner 1921.

Kerschensteiner, G.: Die Bildungswerte von Mathematik und Naturwissenschaften. In: Unterrichtsblätter für Mathematik und Naturwissenschaften, 36 (1930), S. 211-218.

Kerschensteiner, G.: Ausgewählte pädagogische Schriften, 2 Bände (Hrsg. G. Wehle). Paderborn: Schöningh 1968.

Kersting, W.: Die politische Philosophie des Gesellschaftsvertrags. Darmstadt: Wiss. Buchgesellschaft 1994.

Klafki, W.: Studien zur Bildungstheorie und Didaktik. Weinheim: Beltz 1963.

Klein, F.: Elementarmathematik vom höheren Standpunkt, 3 Bände. Leipzig: Teubner 1911; Berlin: Springer 1928. (G)

Kline, M.: Mathematics - The Loss of Certainity. New York: Oxford University Press 1983.

Köhler, Ha.: Über Relevanz und Grenzen von Mathematisierungen. Buxheim: Polygon 1992.

Köhler, He.: Bildungsbeteiligung und Sozialstruktur in der Bundesrepublik. Berlin: Max-Planck-Institut für Bildungsforschung (Reihe: Studien und Berichte Nr. 53) 1992.

Konforowitsch, A.G.: Logischen Katastrophen auf der Spur. Leipzig/Köln: Fachbuchverlag (2. Aufl.:) 1992.

Kroll, W.: Eine Methode zum Auffinden des Ansatzes bei sogenannten Textaufgaben. In: Praxis der Mathematik, 22 (1980), 325-335.

Krummheuer, G.: Rahmenanalyse zum Unterricht einer 8. Klasse über „Termumformungen“. In: H. Bauersfeld u.a.: Analysen zum Unterrichtshandeln. Köln: Aulis 1982.

Krummheuer, G.: Zur unterrichtsmethodischen Dimension von Rahmungsprozessen. In: Journal für Mathematikdidaktik, 5.4 (1984), S. 285-306.

Lammert, N. (Hrsg.): Persönlichkeitsbildung und Arbeitsmarktorientierung. Baden-Baden: Nomos 1992.

Ledermann, W. (Hrsg.): Handbook of Applicable Mathematics, 8 Bände. Chichester/New York: Wiley 1980.

Lenné, H.: Analyse der Mathematikdidaktik in Deutschland. Stuttgart: Klett 1969, (2. Aufl.:) 1975. (G)

Lietzmann, W.: Methodik des mathematischen Unterrichts, 1. Teil. Leipzig: Quelle & Meyer 1919.

Lümets, H./Naumann, W.: Didaktik. Berlin: VEB DVW 1982.

Mainzer, K.: J. Dewey - Instrumentalismus und Naturalismus in der technisch-wissenschaftlichen Lebenswelt. In: J. Speck (Hrsg.): Grundprobleme der großen Philosophen - Philosophie der Neuzeit V. Göttingen: Vandenhoeck & Ruprecht 1991, S. 170-209.

Mehrtens, H.: Moderne - Sprache - Mathematik - Eine Geschichte des Streits um die Grundlagen der Disziplin und des Subjekts formaler Systeme. Frankfurt/M.: Suhrkamp 1990.

Mehrtens, H.: (Nachwort.) In: J.D. Barrow: Warum die Welt mathematisch ist. Frankfurt am Main: Campus 1993, S. 91-104.

Meumann, E.: Vorlesungen zur Einführung in die experimentelle Pädagogik. Leipzig (2. Aufl.:) 1916.

Meyer, Karlhorst: Gymnasialer Mathematikunterricht im Wandel. Bad Salzdetfurth: Franzbecker 1996.

Mittelstraß, J.: Wissenschaft als Lebensform. Frankfurt am Main: Suhrkamp 1982.

Münzinger, W. (Hrsg.): Projektorientierter Mathematikunterricht. München: Urban & Schwarzenberg 1977.

Münzinger, W.; E. Liebau (Hrsg.): Proben auf's Exempel - Praktisches Lernen in Mathematik und Naturwissenschaften. Weinheim: Beltz 1987.

Musgrave, A.: Alltagswissen, Wissenschaft und Skeptizismus. Tübingen: Mohr 1993.

Neber, H. (Hrsg.): Entdeckendes Lernen. Weinheim: Beltz 1973 und (3. Aufl. als Neuausgabe:) 1981.

Niedersächsisches Kultusministerium (Hrsg.): Die Stellung des Lehrers in Schule und Gesellschaft. Hannover: Nds. KM 1988.

Nipperdey, T.: Volksschule und Revolution im Vormärz. In: U. Herrmann (Hrsg.): Schule und Gesellschaft im 19. Jahrhundert. Weinheim: Beltz 1977.

Nissen, H.J.; P. Damerow; R.K. Englund: Frühe Schrift und Techniken der Wirtschaftsverwaltung im alten Vorderen Orient. Bad Salzdetfurth: Franzbecker 1991.

Nohl, H.: Die pädagogische Bewegung in Deutschland und ihre Theorie. Frankfurt/M.: Schulte-Bulmke, 1. Aufl.: 1935, 9. Aufl. 1982.

Nohl, H.; E. Weniger (Hrsg.): Das Problem der Unterrichtsmethode. Weinheim: Beltz o.J. (ca. 1950).

Odenbach, K.: Die Übung im Unterricht. Braunschweig: Westermann (7. Aufl.:) 1981.

OECD (Hrsg.): Synopsis für moderne Schulmathematik. Frankfurt/M.: Diesterweg (2. Aufl.:) 1974.

Oelkers, J.: Reformpädagogik - Eine kritische Dogmengeschichte. Weinheim: Beltz (2. Aufl.:) 1992.

Oelkers, J.: Dewey in Deutschland - ein Mißverständnis. Nachwort zu J. Dewey 1993, S. 497-517.

Otte, M. (Hrsg.): Mathematiker über Mathematik. Berlin: Springer 1974. (G)

Otte, M.: Das Formale, das Soziale und das Subjektive - Eine Einführung in die Philosophie und Didaktik der Mathematik. Frankfurt a. M.: Suhrkamp TW 1994.

Padberg, F.: Didaktik der Bruchrechnung. Heidelberg: Spektrum (2. Aufl.:) 1995.

Pahl, F.: Geschichte des naturwissenschaftlichen und mathematischen Unterrichts. Leipzig: Quelle & Meyer 1913.

Paulos, A.: Zahlenblind. München: Heyne 1990.

Picker, B. (Hrsg.): Die Vermittlung grundlegender Ideen im Mathematikunterricht. In: MU 31.4 (1985).

Polya, G.: Schule des Denkens - Vom Lösen mathematischer Probleme. Bern: Francke (mehrere Auflagen seit) 1949 (Sammlung Dalp, Bd. 36).

Polya, G.: Wie lehren wir Problemlösen? In: Mathematiklehrer, Heft 1 (1980), S. 3-5.

Reble, A. (Hrsg.): Die Arbeitsschule. Bad Heilbrunn/Obb.: Klinkhardt (4. Aufl.:) 1979.

Riedel, K.: Lehrhilfen zum entdeckenden Lernen - Ein experimenteller Beitrag zur Denkerziehung. Hannover: Schroedel 1973.

Ringer, F.K.: Die Gelehrten - Der Niedergang der deutschen Mandarine 1890-1933. München: dtv 1987

Röhrig, R.: Mathematik mangelhaft. Reinbeck: Rowohlt 1996.

Röttel, K.: Lernziele der Mathematik und ihre Verwirklichung. München: Oldenbourg (Reihe: Pädagogische Grund- und Zeitfragen) 1980.

Röttel, K.: Legitimation und Auftrag des Mathematikunterrichts - Zur historischen Kontinuität mathematischer Lernziele. In: Praxis der Mathematik 25.1 (1983), S. 17-22.

Röttel, K.: Fehler von Mathematiklehrern aus Schülersicht. In: MNU 43.4 (1990), S. 240-244.

Röttel, K.: Der Bezug des Adam Ries zur Mathematikdidaktik. In: Adam Ries - Humanist, Rechenmeister, Bergbeamter. Annaberg-Buchholz: Schriften des Adam-Ries-Bundes, Band 1, 1992, S. 79-91.

Rolff, H.-G. u.a.: Jahrbuch der Schulentwicklung, Band 7. Weinheim: Juventa 1992.

Rousseau, J.-J.: (Auszug aus dem „Emile".) In: T. Dietrich (Hrsg.): Die pädagogische Bewegung „vom Kinde aus". Bad Heilbrunn/Obb.: Klinkhardt 1973, S. 145-155.

Rucker, R.: Infinity and the Mind. Boston: Birkhäuser 1982.

Russell, B.: Denker des Abendlandes. Stuttgart: Belser 1976.

Scheibe, W.: Die reformpädagogische Bewegung 1900-1932. Weinheim: Beltz 1969 (7. Aufl.:) 1980.

Schmiedeberg, W.: Der mathematische Unterricht. In: W. Schmiedeberg u.a.: Die Bedeutung des mathematischen und naturwissenschaftlichen Unterrichts für die Erziehung unserer Jugend. Berlin: Salle 1917, S. 1-93.

Schuberth, E.: Die Modernisierung des mathematischen Unterrichts. Stuttgart: Freies Geistesleben 1971.

Schubring, G.: Das genetische Prinzip in der Mathematik-Didaktik. Stuttgart: Klett-Cotta 1978.

Schubring, G.: Die Entstehung des Mathematiklehrerberufes im 19. Jahrhundert. Weinheim: Beltz 1983 (Vgl. die ausführliche und kritische Rezension von W. Hestermeyer in ZDM, Heft 4 (1985), S. 107-112.)

Schubring, G.: Die Geschichte des Mathematiklehrerberufs in mathematikdidaktischer Perspektive. In: ZDM 17.1 (1985), S. 20-26.

Schweiger, F.: Fundamentale Ideen - Eine geistesgeschichtliche Studie zur Mathematikdidaktik. Journal für Mathematikdidaktik, Heft 2/3 (1992), S. 199-214.

Schwerdt, T.: Kritische Didaktik. Paderborn: Schöningh (8. Aufl.:) 1952.

Seemann, J.: Die Rechenfehler - Ihre psychologischen Ursachen und ihre Verhütung. Langensalza: Beyer 1931.

Seemann, J.: Psychologie der Fehler und ihre Bekämpfung im Unterricht. Crailsheim: Baier 1949.

Speichert, H.: Umgang mit der Schule. Reinbeck: Rowohlt 1976.

Steiner, G.: Mathematik als Denkerziehung. Stuttgart: Klett 1973.

Stöcker, K.: Neuzeitliche Unterrichtsgestaltung. München: Ehrenwirth (9. Aufl.:) 1960.

Struik, D.J.: Abriß der Geschichte der Mathematik. Berlin: VEB DVW (7. Aufl.:) 1980.

Strunz, K.: Pädagogische Psychologie des mathematischen Denkens. Heidelberg: Quelle & Meyer (4. Aufl.:) 1962.

Svajcer, V.: Sinn und Stellenwert der Kleingruppenarbeit - Diskutiert am Beispiel der Zweiten Bildungsstufe. In: K. Wöhler 1981, S. 21-31.

Swetz, F.J.: Capitalism & Arithmetic - The New Math of the 15th Century. La Salle, Illinois: Open Court 1987.

Thom, R.: „Moderne Mathematik" - Ein erzieherischer und philosophischer Irrtum? In: M. Otte 1974, S. 371-402.

Tietze, U.-P.; M. Klika; H. Wolpers: Didaktik des Mathematikunterrichts in der Sekundarstufe II. Braunschweig: Vieweg 1982 (G; Eine aktualisierte Neubearbeitung erscheint demnächst.)

Toeplitz, O.: Die Entwicklung der Infinitesimalrechnung, Band 1 (alles Erschienene). Darmstadt: Wiss. Buchgesellschaft 1972. (G)

Tropfke, J.: Geschichte der Elementarmathematik, Band 1 - Arithmetik und Algebra. Berlin: de Gruyter (vollständig neu bearbeitet von K. Vogel, K. Reich und H. Gericke: 4. Aufl.:) 1980. (Leider sind die anderen Bände des „Tropfke" bisher nicht aktualisiert worden.)

VanLehn, K.: Bugs are not enough, ... In: The Journal of Mathematical Behavior, 3 (1982), No. 2.

Voigt, J.: Der kurztaktige, fragend-entwickelnde Mathematikunterricht - Szenen und Analysen. In: Mathematica didactica, 7 (1984a), S. 161-186.

Voigt, J.: Interaktionsmuster und Routinen im Mathematikunterricht. Weinheim: Beltz 1984b.

Volk, D. (Hrsg.): Didaktik und Mathematikunterricht. Weinheim: Beltz 1980.

Volk, D.: Mathematik für's tägliche Leben. Soest: Landesinstitut für Schule und Weiterbildung 1994.

Vollrath, H.-J. (Hrsg.): Sachrechnen - Didaktische Materialien für die Hauptschule. Stuttgart: Klett 1980.

Vollrath, H.-J. (Hrsg.): Geometrie - Didaktische Materialien für die Hauptschule. Stuttgart: Klett 1982.

Vollrath, H.-J. (Hrsg.): Zahlbereiche - Didaktische Materialien für die Hauptschule. Stuttgart: Klett 1983.

Vollrath, H.-J. (Hrsg.): Praktische Geometrie - Didaktische Materialien für die Hauptschule. Stuttgart: Klett 1984.

Vollrath, H.-J.: Algebra in der Sekundarstufe. Heidelberg: Spektrum 1995.

Waerden, B.L. van der: Erwachende Wissenschaft. Basel: Birkhäuser (2. Aufl.:) 1966.

Wagenschein, M.: Ursprüngliches Verstehen und exaktes Denken, Band I. Stuttgart: Klett 1965.

Wagenschein, M.: Verstehen lehren. Weinheim: Beltz 1968.

Wagenschein, M.: Erinnerungen für morgen - Eine pädagogische Autobiographie. Weinheim: Beltz 1983.

Wallrabenstein, W.: Offene Schule - Offener Unterricht - Ein Ratgeber für Eltern und Lehrer. Reinbeck: Rowohlt 1994 (1. Aufl. 1991).

Wältz, B.: Berufsbelastung und Realitätsdeutung von Lehrern. Bensheim 1980.

Washburne, C.: The „long division". In: School and Society, 12.1.1929, S. 5-10.

Wehle, G. (Hrsg.): (Kritische Stimmen zu) Kerschensteiner. Darmstadt: Wissenschaftliche Buchgesellschaft 1979.

Weierstrass, K.: Über die sokratische Lehrmethode und deren Anwendbarkeit beim Schulunterrichte. In: Mathematische Werke, 3. Band, Abhandlungen III. Berlin: Mayer & Müller 1903, S. 315-329.

Wertheimer, M.: Produktives Denken. Frankfurt am Main: Kramer (2. Aufl.:) 1964 (amer. Original 1946).

Winter, H.: Begriff und Bedeutung des Übens im Mathematikunterricht. In: Mathematik lehren, Heft 2 (1982), S. 4-16.

Winter, H.: Entdeckendes Lernen im Mathematikunterricht - Einblicke in die Ideengeschichte und ihre Bedeutung für die Pädagogik. Braunschweig: Vieweg 1989.

Wittenberg, A.I.: Bildung und Mathematik. Stuttgart: Klett 1963.

Wittmann, E.C.: Grundfragen des Mathematikunterrichts. Braunschweig: Vieweg 1974.

Wittmann, E.C.: Elementargeometrie und Wirklichkeit. Braunschweig/Wiesbaden: Vieweg 1987.

Wittmann, E.C.: Wider die Flut der „bunten Hunde" und der „grauen Kästchen". In: G. Müller / E.C. Wittmann: Handbuch produktiver Rechenübungen, Band 1. Stuttgart: Klett (2. Aufl.:) 1995, S. 157-171.

Wode, D.: Logische Aspekte der Umgangssprache, 2 Teile. In: MNU 23.7 (1970), 396-403, bzw. 24.1 (1971), S. 29-37.

Wode, D.: Mathematikunterricht und Spracherziehung. In: MU 22.1 (1976), S. 44-64.

Wöhler, K. (Hrsg.): Gruppenunterricht - Idee, Wirklichkeit, Perspektive. Hannover: Schroedel 1981.

Wußing, H.: Vorlesungen zur Geschichte der Mathematik. Berlin: VEB DVW (2. Aufl.:) 1989.

Wußing, H.: Adam Ries. Stuttgart/Leipzig: Teubner 1992.

Ziller, T.: Die Theorie der formalen Stufen des Unterrichts (hrsg. von J. Muth). Heidelberg: Quelle & Meyer 1965.

Zimbardo, P.G.: Psychologie. Berlin: Springer (5. Aufl.:) 1992.

Index

A

B

F

G

M

N

O

P

Q

R

S

T

U

V

W

Z